普通高等教育"十一五"国家级规划教材

新编21世纪经济学系列教材

博弈论教程

第四版·数字教材版

王则柯 李 杰 欧瑞秋 李 敏 编著

Introduction to Game Theory

U0386356

中国人民大学出版社
·北京·

虽然博弈论的教材已经不少，但博弈论还是不容易进入大学的本科教学，这主要是因为教材的技术难度大，提高了博弈论的进入门槛。有鉴于此，本书作者用多年的时间编写了这本难度适中、绝大部分本科生都能够不太辛苦地学好的入门教材，以通俗、浅白然而准确的文字，向读者系统地介绍博弈论的基本概念和基本方法，内容主要集中于完全信息静态博弈、完全信息动态博弈、不完全信息静态博弈以及不完全信息动态博弈的范畴，也伸延到其他一些专题。教材中的例子和习题非常丰富，渗透了作者的学问、经历和研习体验，适合作为各专业尤其是经济类本科生以及其他读者学习博弈论的入门教材。经济学是一门科学，经济学的应用是一门艺术。博弈论及其应用，实在很有意思。

作者简介 ─────────────────────────────○─

王则柯　男，生于浙江永嘉，在广州长大，毕业于北京大学数学力学系数学专业，现为中山大学退休教授，此前主要致力于经济学教育现代化的工作，特别是在微观经济学、博弈论和信息经济学方面，偶尔对经济发展和社会进步发表观察和提供意见。发表论文《价格机制劳动价值说的局限和误导》《经济学：捍卫理论，还是发展理论？》《国家现代化是整体的演进》《私权是大公无私的基础》等数十篇；出版著作《价格与市场》《经济学拓扑方法》《图解微观经济学》《博弈论平话》《混沌与均衡纵横谈》《我所知道的普林斯顿》《五十年前读北大》《微观经济学十讲》等30余本。

李　杰　男，广东南海人，暨南大学杰出人才岗位教授，产业经济研究院博士生导师，《产经评论》执行主编。主要研究领域为产业经济学、国际贸易以及公司金融。近年来在*Journal of Economic Behavior and Organization*、*Journal of Comparative Economics*和*Journal of International Money and Finance*等国际知名SSCI期刊上发表论文30余篇，在《经济研究》《世界经济》《管理科学学报》《中国工业经济》等国内权威期刊上发表论文20余篇。曾主持包括国家社科、科技部、教育部、省社科重点、省自科基金在内的多项国家级、省部级课题，获"安子介国际贸易研究优秀论文奖"。

欧瑞秋　男，广东湛江人，电子科技大学中山学院副教授。主讲课程有经济学（广东省线下一流课程）和趣味博弈论等。主要研究领域为组织、技术创新和复杂网络分析。曾主持中国博士后科学基金项目，参与多个国家自科和国家社科项目。在*Review of Development Economics*和*Career Development International*等国际期刊和《世界经济》《管理学报》等国内期刊上发表学术论文20余篇。出版《图解微观经济学》《图解经济博弈论》等著作。

李　敏　女，浙江金华人，华南理工大学经济与金融学院副教授，博士，区域经济学学术型研究生导师，国际商务专业硕士生导师，博弈论平台课程负责人。主要研究领域为技术创新、产业集群以及社会网分析。主讲课程有博弈论基础、经济地理、比较制度分析。曾主持多个教育部哲学社科项目、广东省软科学项目、广东省哲学社科规划项目和企事业委托项目。在《经济社会体制比较》《科学学和科学技术管理》《系统工程》等期刊上发表论文10余篇，发表EI、ISSHP、ISTP等索引论文10余篇。

按照每个参与人是否都知道所有参与人在各种对局下的得失，博弈可分为完全信息博弈和不完全信息博弈两大类。与完全信息博弈相比，不完全信息博弈的学习难度比较大。因此，本书第一版和第二版主要取材于完全信息博弈，期望为本科生提供比较容易的博弈论入门教材。不过，不完全信息博弈中有不少有趣且难度适中的内容。事实上，在第一版和第二版的第八章，我们在没有系统介绍不完全信息博弈相关知识的情况下讲解了不完全信息博弈的一个精彩专题——拍卖。与此同时，经过多年的教学实践，我们也逐渐掌握了讲解和分析不完全信息博弈的图表方法，大大降低了不完全信息博弈的学习难度。因此，在第三版和第四版的修订中，我们加入了更多的不完全信息博弈的内容。

第三版的主要修订有：第一，将第二版的第九章"讨价还价与联盟博弈"调整为第三版的第八章，具体内容维持不变。第二，将第二版的第八章"拍卖"扩充为第三版的第九章"不完全信息同时博弈"。具体修改包括：增加两节内容系统讲解不完全信息同时博弈，并在不完全信息同时博弈的框架下重新叙述拍卖的相关内容，同时删除"完全信息拍卖"一节，因为这一节不属于不完全信息同时博弈的范围。第三，增加第十章"不完全信息序贯博弈"，系统讲解不完全信息序贯博弈及它的一个精彩应用——信号示意博弈。

第四版的主要修订有：第一，第十章增加不完全信息序贯博弈的一个精彩应用——机制设计。第二，增加一个附录，提供部分习题的参考答案，以电子文档的方式放在网上，供有需要的师生免费获取。经过上述修订，本书的结构更加完备。第一章"引论"之后的内容分成两部分：第一部分为第二章到第八章，讲解完全信息博弈；第二部分为第九章和第十章，讲解不完全信息博弈。

第三版修订的工作量比较大，王则柯教授和李杰教授邀请我（欧瑞秋）加入，于是我很荣幸地加入本教材的编写工作。第四版的修订，我们又邀请华南理工大学的李敏老师加入本教材的编写工作，从而使我们能够更好地为教师、学生和读者提供服务。我们商定，由我来负责本教材的日常事务。我的电子邮箱是 ouruiqiu@163.com，敬祈读者和专家，特别是学生和教师惠予指教和批评。对于大家提出的问题和建议，我会转达给王则柯教授、李杰教授和李敏教授，并将他们的回复转达给大家。读者蔡前方和学生李东枝等人热心发来电子邮件，帮助我们改正了第三版的多处错误，在此表示由衷的感谢。同时由衷感谢人大社编辑周华娟，她认真专业的编辑工作，帮助我们改正了第四版的多处问题。

欧瑞秋，2021 年 4 月

最近四十多年，经济学经历着一场博弈论革命。1994 年度的诺贝尔经济学奖被授予三位博弈论专家——哈萨尼（John C. Harsanyi）、纳什（John Nash，Jr.）和泽尔滕（Reinhard Selten），2005 年度的诺贝尔经济学奖又被授予两位博弈论专家——奥曼（Robert J. Aumann）与谢林（Thomas Schelling），这可以被看作是一个标志，而这也进一步激发了人们了解博弈论的热情。20 世纪末期以来一个重要的社会现象，是世界经济一体化的发展。伴随其进行的，是大众传媒中经济术语的一体化。现在，人们对于"零和博弈""囚徒困境""双赢对局"这些博弈论术语已经耳熟能详。难怪被称为"当代最后一个经济学全才"的保罗·萨缪尔森（Paul Samuelson）教授会说："要想在现代社会做一个有文化的人，你必须对博弈论有一个大致的了解。"① 何况，本书的读者即使不是经济学专业的学生，也是对经济学有特别兴趣的文化人。

经典意义上的经济学，以经济主体人的自利行为以及相应的市场反应作为研究的出发点。无论是消费者还是生产者，也无论是竞争形势还是垄断形势，基本上都是由经济主体人面对市场做出自己的最优决策。形势严峻也好，宽松也罢，行为的结果都是主体人自己决策的结果。

拿同质商品的市场来说吧，一方面，在像完全竞争（perfect competition）那样每个企业都有很多对手的情况下，企业的决策是比较简单的，因为对手多了，这些对手的意愿、能力，特别是他们的决策，会相互融合，其中也包括相互抵消。结果，由全体对手的决策合成的市场供给，和市场需求结合在一起，呈现可以预见的规律，从而企业可以把对手们的整体反应归结为自己面对的"一个"不再具有人格化面貌的市场。完全竞争模型假定其中的每个企业都只占有很小的市场份额。因为一个占有市场份额很小的竞争企业，不能影响所论商品的市场价格，所以我们说竞争企业是价格的接受者（price

---

① 迪克西特，奈尔伯夫. 策略思维. 北京：中国人民大学出版社，2002.

taker）。这时候，给定商品的市场价格，竞争企业要做的，就是"计算"应该生产和供应多少商品到市场上去，才可以实现自己的最大利润。

但是另一方面，像垄断企业那样没有对手的企业的决策也是比较简单的，垄断企业只需要"计算"应该生产和供应多少商品到市场上去才能实现最大利润。这时候，所论商品的市场价格由市场的需求和垄断企业的供给共同决定，因此说垄断企业是价格的决定者（price maker）。当然还有另外"一个"价格决定者，那就是市场的需求，但是因为市场需求是千千万万个消费者的消费意愿和消费能力的总合，所以它已经不再具有人格化的面貌。

现代经济活动早已超出上述模式。特别是当主体人不但面对非人格化的市场而且面对其他少数作为对手的主体人的时候，每个主体人决策的后果，都要由他自己的决策和他的对手的决策共同决定。这种竞争，叫作寡头（oligopoly）竞争。前面说了，垄断和完全竞争这两种极端情形的决策，都可以说是计算型的决策。最困难和最不确定的竞争，是只有一两个对手的寡头竞争，每一方的市场份额都很大，每个主体人的行为后果受对手的行为的影响都很大。这种竞争，是相当人格化的竞争。每个主体人的行为，对对手的利益影响都很大，每个主体人的利益，又都受到对手的行为的很大影响。博弈论（game theory）就是研究利益关联（包括利益冲突）的主体人的对局的理论，是分析人们在博弈中的理性行为的理论，是讨论人们在博弈的交互作用中如何决策的理论。

体现博弈论思想的学术讨论，至少可以追溯到两百多年以前，例如，经济学中大家熟悉的古诺（Augustin Cournot）模型。人类活动中的博弈论思想，则可以追溯到古远的年代，例如，战国时期的"田忌赛马"的故事。以 1943 年冯·诺依曼（John von Neumann）和摩根斯坦（Oskar Morgenstern）的巨著《博弈论与经济行为》（*Theory of Games and Economic Behavior*）在美国普林斯顿大学出版社的出版为标志，博弈论"正式"成为一门学科，迄今也已经有超过大半个世纪的历史。

半个多世纪以来，博弈论有了重大的发展，博弈论的应用引起了广泛的注意，这其中，纳什、谢林、哈萨尼、泽尔滕、奥曼和夏普利（Lloyd Shapley）等学者做出了巨大的贡献。随着学科的发展和成熟，20 世纪 50 年代至 80 年代冷战时期的国际关系讨论，20 世纪 70 年代和 80 年代的进化生物学研究，20 世纪 80 年代和 90 年代的政治科学研究，更不必说无休无止的劳资角力和贸易谈判了，都非常倚重博弈论的思想、概念和方法。在经济学内部，博弈论带来了全新的视角、全新的理念和全新的方法，以至依博弈论思想和方法改写经济学和经济学各学科，一时成为潮流。

但是一直到最近，将博弈论作为一门学科系统地学习，还不是一件容易的事情。事实上目前在我国，许多很好的大学，也只在经济学研究生层次开设博弈论的必修或者选修课程。最近一二十年，已经有数以十计的博弈论教材出现，可是与此形成对照的却是，博弈论迟迟未能成规模地进入大学本科教学。这其中的原因，一是专门的教材以专门的学生为对象，取向比较狭窄，要求学生具有相当高程度的专业预备知识，二是博弈论对数学基础的要求比较高，除了要求学生熟练运用微积分以外，还要求他们熟练掌握以贝叶斯公式为核心的概率论知识。

前些年，出于向报纸读者普及一些博弈论知识的考虑，我编写了《博弈论平话》并在中国经济出版社出版，通过比较浅显的例子和故事，介绍博弈论的一些知识和方法，阐发博弈论的一些思想和观念。这一尝试获得了出乎意料的成功。有些院校甚至指定《博弈论平话》为经济管理类学生的必读或选读书目。能够顺应潮流做一些力所能及的工作，个人固然感到欣慰，但同时也萌生了不安：像《博弈论平话》这样的普及读物，实在是满足不了经济管理类大学生旺盛的求知欲。欣慰，是因专业外的成功而感到欣慰；不安，是因愧对专业内的渴望而感到不安。出于这种不安，多年来我都在思考写一本给本科生用的博弈论教材的事情。在此期间，先后有几家出版社表示过请我写这样一本书的意向，只是我自己当时还没有多少把握。

正在思路逐渐成形并变得清晰的时候，我读到美国经济学家迪克西特（Avinash Dixit）和斯克丝（Susan Skeath）给本科生写的博弈论教材《策略博弈》（Games of Strategy，Norton，New York）。早在1991年再次访问普林斯顿大学的时候，我就曾经因贸易理论的问题而向迪克西特教授请教，后来我又因为被吸引而主持迪克西特和奈尔伯夫（Barry J. Nalebuff）的博弈论普及著作《策略思维》（Thinking Strategically，Norton，New York）的翻译工作。现在读到《策略博弈》，我对自己已经比较清晰的思路就有了把握。这主要是内容取舍方面的把握。

恰好在这个时候，中国人民大学出版社再次向我约稿，我们就签订了由我主持写作本科生《博弈论教程》的合同。

迪克西特和斯克丝的《策略博弈》写得非常好。我马上向熟悉的出版社提议购买这本书的中文版权，尽快翻译出版。许多读者曾经因为我的推荐而阅读迪克西特和奈尔伯夫的《策略思维》，认为那本书写得很好。现在我要说，如果你真的希望学到一些博弈论的知识和方法，真的希望学到博弈论的一些理论，你应该进而学习《策略博弈》。对于《策略思维》，我推荐大家去"读"；对于《策略博弈》，我建议有能力的读者去"学"。"学"与"读"高度相关，但不是一回事。按照我的习惯用法，"学"的要求更高。

已经有了迪克西特和斯克丝的《策略博弈》那么好的教材，为什么我们不是等待它的翻译出版，而是还要写我们自己的这本《博弈论教程》呢？这里，主要的考虑有三：一是我们的取舍与迪克西特及斯克丝有很大不同。作为长期从事经济学教育的教师，我对我们的取舍更有信心。二是倚重案例与倚重学科脉络的区别。我们更加向学科脉络倾斜。三是如果迪克西特和斯克丝的《策略博弈》可以被比作大气磅礴的行书，那么我们的《博弈论教程》可以被看作中规中矩的宋体。我们还努力增加习题的分量，以便我们的这本《博弈论教程》好用。最后还可以指出，迪克西特和斯克丝展开他们的《策略博弈》的文化背景，距离我们比较遥远。遥远不是不好，因为距离常常产生美，但是距离也会带来一些不便。比如说，我们总不能预设我们的读者都了解橄榄球比赛的规则、术语和战术。

博弈按照参与人是否同时决策，可分为静态博弈和动态博弈。参与人同时决策的博弈被称为静态博弈，参与人不是同时决策的博弈被称为动态博弈。博弈按照每个参与人是否都知道所有参与人在各种对局下的得失，可分为完全信息博弈和不完全信息博弈。每个参与人都知道所有参与人在各种对局下的得失的博弈，被称为完全信息博弈。至少有一个参与人不知道其中一个参与人在一种对局下的得失的博弈，被称为不完全信息博弈。这是博弈的最基本的分类。因此，标准的博弈论教材，通常包括完全信息静态博弈的讨论、完全信息动态博弈的讨论、不完全信息静态博弈的讨论以及不完全信息动态博弈的讨论这样四大部分。

需要在这个前言中就明确交代的是，我们的这本教材并不这样全面展开。我们的材料，多半集中在完全信息静态博弈和完全信息动态博弈的范畴，并不全面。追求内容全面的教师，不宜选用我们的这本书做教材。

我们这样取舍，固然出自教学难度的考虑，因为上述完全信息静态博弈、完全信息动态博弈、不完全信息静态博弈和不完全信息动态博弈，一个比一个难，全面的讨论在研究生阶段展开比较合适，但是这并不等于说本科生就一定学不了不完全信息博弈的理论。一方面，大家都知道我对本科生总体素质的高度评价，本科生程度整齐、天资聪慧，这是我喜欢给本科生上课的重要原因。另一方面，事实上我们中山大学岭南学院的一些本科生，博弈论就学得很好。按照我的估计，我们这样的学校中等以上的本科生，如果能够花费很大力气，是可以把像美国吉本斯教授的《博弈论基础》（*A Primer in Game Theory*）那样的教程学好的，问题是我不想做同样取舍的安排。事实上，我不想走像吉本斯教授的《博弈论基础》那样的路，不想因为要花费很大力气而把大部分本科生挡在博弈论门外。

我赞成陈平原教授的大学教育理念，大意是：为中材提供规范，给天才预留空间。天才不是课堂教育的产物。我要为"中材"们写一本难度适中、绝大部分本科生都能够不太辛苦地学好的博弈论入门教材。

这样处理，全面性要承受相当大的割舍，但是换回来的却是广大学生对博弈论的了解、兴趣和热爱。兴趣和热爱，会使往后进一步的研习变得事半功倍。

爱因斯坦曾经评说："现代教学方法如果没有完全扼杀人类神圣的好奇心，就已经可称奇迹。"我同意爱因斯坦对自 20 世纪初叶开始的世界教育形式化潮流的批评。其实，爱因斯坦时代的人们，在这方面还是比我们幸运得多。想想我们从小学到大学十几年时间在拿不到八九十分就不得安宁的压力或恐惧下成长起来的一代，难道还不足以发人深省？

在数理经济学方面也做出了很大贡献的美国大数学家斯梅尔，对数学的形式主义潮流表现出强烈的叛逆精神。他曾经满怀深情地写道："我、妹妹和父母一家四口住在离弗林特（密歇根州的一个小城）十英里的乡下地方。从小学到初中，每天我和妹妹步行一英里到一所只有一个房间的学校上课。我至今非常赞赏那所小小的学校：统共只有一个上过一两年大学的女教师，她教九个年级的学生，每个年级都有语文、数学、历史等课程。此外，女教师还兼管借还图书、看门、烧午饭等杂事。尽管这样，我们还是受到了良好的教育。"

在我看来，这不仅仅是怀旧的回忆。

爱因斯坦评论的教育已经过去了整整一个世纪，斯梅尔的只有一个女教师的学校，也是 70 多年前的事情了。我们现在的教育怎么样了？很值得大家深思。教育形式化的后果，在我们中国可能更加严重。论考试，中国学生往往第一；论后来的研究和创造，我们可没有同样比例的第一。这是大家都看到的事实。唤醒读者对博弈论的好奇心，激发相关专业大学生对博弈论的热爱，是我的梦想。为此，我宁愿牺牲内容的全面性。我不愿意我的学生只是追随理论、方法、例题、练习、复习、考试这样的教学环节，毫无自己的探索。在这个意义上，我宁愿做一个弱势的教师，做一个有机会站在一旁欣赏学生的探索的教师，像斯梅尔教授童年回忆中那个兼管杂事、远非全知但是爱护和激发学生的好奇心的女教师一样。

本书主要由李杰和我共同编写。王晓刚曾经提供了第九章的部分初稿；欧瑞秋指出了我们关于奇数定理的一个猜想的错误，并且帮助绘制了若干插图；蔡泽辉曾经通读全稿，并且提出很好的意见。他们都是我的学生。华南师范大学数学系易建新教授也参加过初期的讨论。第一版交稿以后，出版社委托当时刚刚从中国人民大学国际经济与贸易专业毕业的刘西同学初读，他也提出了一些很好的意见。

我一向认为与读者交流自己的学问经历和体验是一件愉快的事情，这次写作也不例外。说到经历和体验，就不免带有故事色彩。为此需要说明，如果不另外申明，本书文字中出现的"我"，指的就是本人。事实上，我对全书的内容负责。

不做习题，学不好现代经济学的主干课程。学习微观经济学、宏观经济学、计量经济学是这样，学习博弈论和信息经济学也是这样。本书每章都编有习题，附于各章之后。少数习题在教材正文里提到，那是出于正文叙述逻辑的需要，就是说做了这些习题，正文的叙述才算完整。不过这样的情况很少，而且正文的这些部分相对来说重要性会小一些。我们的习题还有示范作用，教师和学生都可以仿而自行编制练习，或者是体现自己的心得，或者是作为相互的测试。我们还鼓励读者编写博弈故事。

最后要做一个排版方面的技术性说明。当作为一个式子来书写包含几行的公式的时候，现行编辑软件通常把式子后面的标点符号标在作为一个整体的几行的中位，显得很别扭。有鉴于此，当作为一个式子书写单独成段的不止一行的公式、方程或者算式的时候，我们可能采用干脆省略公式后面的标点符号的处理方式。好在公式后面应该是什么标点符号，上下文已经清晰隐喻，不会带来歧义。另外，本书的图表，统一按照"图表3-4"这样的规格编排，而不管它是图还是表。于是，"图表3-4"就是指第三章的第四个图或者表。

本教材第一版的每次重印，都有一些改进。现在的新版即第二版，进一步集中地把这几年教学的体会和读者的反馈吸收进来，并且配备了核心内容的课件。我们非常看重作为教材是否好用。例如，在我们的教学中，确定动态博弈纳什均衡时原来使用的虚线指向法，已经改进为一方面更加方便另一方面信息含量更为丰富的箭头指向法。为此，我们花很大工夫改写了有关章节，虽然这一改进的价值主要还是在教学法方面。另外，我们还增加了许多新的习题。

第二版最大的变化，则是增加了有关展望应用的一章作为尾声，主要通过介绍讨论慕尼黑谈判的一篇论文，说明支付赋值在博弈论应用中的位置，说明应用博弈论的本领要在实践中修炼。

王则柯，识于己丑年盛夏

目录 *

第一部分

完全信息博弈

第二章　同时决策博弈

---

　*　在目录及正文中，我们采取前置两颗星星 ** 的方式，标示超出基本要求的内容。

第七章　零和博弈

第八章　讨价还价与联盟博弈

第二部分
不完全信息博弈

第九章　不完全信息同时博弈

第一章

引　论

　　这一章是全书的热身，意在为后面的论述提供一个铺垫。第一节试图向读者提供在没有任何预备知识的条件下体会博弈论力量的一个机会，随后两节以具体的例子说明博弈的矩阵型表示和博弈的展开型表示。第四节专门解说交易利益。看起来，这一节似乎游离于全章之外，但是我们认为，如果不把微观经济学的这个专题说清楚，博弈论和信息经济学的一些重要内容就无法展开。最后在第五节，我们将讨论博弈的基本分类和本教材的取舍。

　　必须说明，本章初涉的所有重要概念，都将在随后的章节得到准确完整的刻画和展开。

第一节　策略博弈，从故事开始

　　1981年我在美国普林斯顿大学第一次找到一份大学低年级学生博弈论入门课程的练习题的时候，就被练习题的精妙设计所吸引。不仅平常的讲稿和练习题喜欢讲一点儿俏皮话，甚至最严肃的考试往往都富于幽默，这是名校和大师的特点。也是在这一年，普林斯顿大学物理学研究生的博士学位候选人资格考试试题的第一面，就写道："请注视离你最近的那个同学，假设他或她是圆的，估计一下他或她的电容量是多少，你需要写几句话支持你的估计……"

　　深深吸引着我的这道博弈论练习题是这样的：

　　假设给你两个师的兵力，由你来当"司令"，任务是攻克"敌人"占据的一座城市，而敌方的守备力量是三个师。规定双方的兵力只能整师调动。通往城市的道路只有甲和乙两条。当你发起攻击的时候，如果你的兵力超过敌人，你就获胜；如果你的兵力比敌人的守备兵力少，你就失败；如果你的兵力和敌人的守备兵力相等，你也失败。那么，你将如何制订攻城方案？

你可能要说，"为什么给敌人三个师的兵力而只给我两个师？这太不公平。兵力已经吃亏，居然还要规定兵力相等则敌胜我败，连规则都不公平，完全偏袒敌人。"为此你也许会大为不满，你这个"司令"要来个躺倒不干。

其实，抽掉假象、情报、气象、水文乃至装备、训练、士气等要紧的因素以后，上述练习题表示的模拟"作战"，每一方取胜的概率都是 50%，即谁胜谁负的可能性是一半对一半。你这个"司令"能否神机妙算，指挥队伍克敌制胜，还得看你的本事。

为什么说取胜的概率是一半对一半呢，这就需要博弈论的分析。

现在，敌方有三个师，布防在甲和乙两条通道上。由于必须整师布防，敌方有四种策略，即：

策略 A，三个师都驻守甲方向；

策略 B，两个师驻守甲方向，一个师驻守乙方向；

策略 C，一个师驻守甲方向，两个师驻守乙方向；

策略 D，三个师都驻守乙方向。

同样，你有两个师的攻城部队，可以有三种策略，即：

策略 x，集中全部两个师的兵力从甲方向攻击；

策略 y，兵分两路，一师从甲方向，另一师从乙方向，同时发起攻击；

策略 z，集中全部两个师的兵力从乙方向攻击。

如果我们用"＋，－"表示我方攻克、敌方失守，用"－，＋"表示敌方守住、我方败退，就可以画出交战双方的胜负分析表，如图表 1-1 所示。

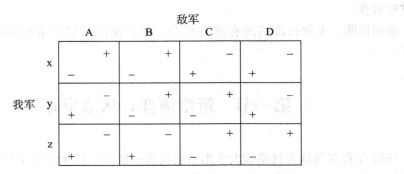

图表 1-1　攻防作业演练

在上述攻防分析表中，每一个格子代表一种对局形势。例如，左上角格子代表我方取策略 x、敌方取策略 A 的对局，第二行第三列的格子代表我方取策略 y、敌方取策略 C 的对局，等等。

假设你采取策略 x，那么如果"敌方"采取策略 A，你的两个师将遇到敌方三个师的抵抗，你要败下阵来，所以结果是（－，＋）；如果"敌方"采取策略 B，你的两个师遇到敌方两个师以逸待劳的抵抗，你也要败下阵来，结果同样是（－，＋）；但是如果

"敌方"采取策略C，你以两个师打"敌方"一个师，你就会以优势兵力获得胜利，从而结果是（＋，－）；同样，如果"敌方"采取策略D，你攻在敌方的薄弱点上，你就能长驱直入，轻取城池，结果也是（＋，－）。

现在，每个格子里只有正负号，没有数字。希望这不会使你感到不安。如果你还是喜欢数字，那也容易得很，每个正负号后面都加上同一个数字就行，同一个1，同一个1 944，或者同一个2 004，同一个2 010。要紧的只是表达出输赢。这样你就知道，在上述表达中，正负号要紧，具体数字无所谓。

交战双方的攻防分析表画出来以后，只从＋和－的原始分布看，似乎就已经预示双方取胜的机会都一样大（见图表1-2）。但是我们不要急于现在就下结论。我们需要起码的分析和处理，分别考虑站在我方和敌方的立场，哪些策略不可取，从而在所有12种形式上可能的对局中，有哪些应该被排除在实际可能性之外。

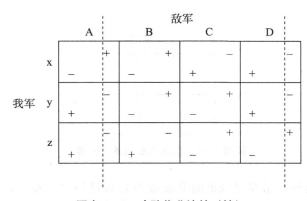

图表1-2 攻防作业演练（续）

这样考虑的时候，如果先从我方入手，一下子是分不出优劣来的，因为策略x和策略y、策略y和策略z、策略x和策略z之间，都说不上谁比谁优，谁比谁劣。于是我们换一个角度，从敌方入手，尝试站在敌方的立场，比较策略A和策略B。如果我方采取策略x，敌方采取策略A或策略B都会赢，结果一样。如果我方采取策略y，敌方采取策略A会输采取策略B会赢。如果我方采取策略z，敌方采取策略A或策略B都会输。可见，站在敌方的立场，策略B比策略A好：如果采取策略A会赢（如我方采取策略x），采取策略B也一定会赢；如果采取策略A会输（如我方采取策略y或策略z），采取策略B却不一定会输，因为假如我方采取策略y，敌方就赢了。这样，比较策略A和策略B，我们知道策略B具有压倒策略A的优势。所以，只要敌方是趋利避害、争赢防输的"理性人"，就没有道理采取策略A。

同样的分析让我们知道，策略C和策略D比较，策略C具有压倒策略D的优势，从而敌方不会采用策略D。这样，把敌方在理性情况下不会考虑采用的"备选"策略A和D从图表1-2中删去，我们得到下面新的分析表格（见图表1-3）。

现在，在剩下的那个三行两列的表格的六个格子当中，（－，＋）比（＋，－）多，似乎敌方的赢面比较大。其实不然。因为到了明白敌方不会采用"笨蛋"策略A和策略D，只会在策略B和策略C之间做出选择的时候，在我方原来的三个策略之中，策略y

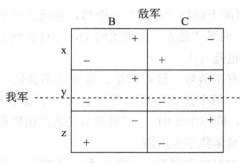

图表1-3 攻防作业演练（再续）

就变得没有意义了。因为我们也不是笨蛋，我们也是理性的经济人，所以我们应该在备选策略中把策略y删去。最后，得到下面那个两行两列的矩阵型博弈表示（见图表1-4）。

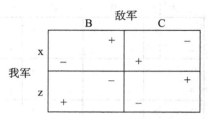

图表1-4 攻防作业演练（三续）

情况最终就是这样：敌军必取策略B或策略C那样的二一布防，一路两个师，另一路一个师，而我军必集中兵力于某一路实施攻击，即如策略x或策略z那样的攻击策略。这样，我军若攻在敌军的薄弱处，我军就获胜；我军若攻在敌军兵力较多的地方，我军就失败。总之，敌我双方获胜的可能性一样大。"司令"先生：不要躺倒不干，你不比对方吃亏。

这虽然是一个模拟的例子，却具有相当大的现实意义。诺曼底战役前盟军和德军对峙的情况，大体上就是这个样子。事实上，上述练习题的名称，就叫作**诺曼底战役模拟**（Simulation of Invasion of Normandy）。

第二次世界大战进行到1944年的时候，包括中国、美国、英国和苏联在内的盟国反法西斯战线，已经开始对日本和德国这两个法西斯轴心国展开大反攻。在欧洲，以艾森豪威尔将军为总司令的盟国远征军，经过近一年的准备，在英国集结了强大的军事力量，准备横渡英吉利海峡，在欧洲开辟第二战场。

当时可供盟军渡海登陆的地点有两个：一是塞纳河东岸的布洛涅—加来—敦刻尔克一带，这里海峡最狭窄的地方只有几十千米，是一个理想的登陆地点；另一个是塞纳河西岸的诺曼底半岛，但是这里海面比较宽阔，渡海时间将比较长，比较容易被德军发现。

这时候，德军在欧洲西线的总兵力是58个师，要布防的海岸线长达3 000英里。因此，德军只能把主要兵力放在他们认为盟军最有可能渡海登陆的上述两个地方。另外，盟军在英国集结能够用于渡海作战的兵力，由于受空降能力和登陆舰船容量的限制，数量也有限，只能考虑集中有限的兵力重点进攻一个地方。所以，无论是对于盟军来说还是对于德军来说，选择和判断盟军将在哪里登陆，已经成为这次跨海作战成败的关键。

跨海作战，攻方能够调动来渡海作战的兵力，通常总是比守方可以用于守备的兵力少。模拟作战中假设攻方兵力为两个师而守方的兵力为三个师，就反映了这样的背景。另外，渡海登陆作战，通常至少在一开始的时候，攻方要承受很大的牺牲。模拟作战中规定若攻守双方兵力相等，则攻方失败，就体现了这个意思。

打仗讲究"参谋做计划，司令下决心"。如果说分析计算对于参谋工作非常重要，那么灵感和直觉对于司令下决心就十分要紧。你攻在敌人的弱处，就赢，攻在敌人的强处，就输。一切条件都符合要求的情况是很少的，常常是顾得了这头顾不了那头。诺曼底战役本来是预备在 1944 年 6 月 5 日打响的，但是遇上了暴风雨。德军参谋部认为，在这样恶劣的天气下，任何像样的渡海作战都不可能发生。正是因为这个判断，诺曼底防线德军司令隆美尔元帅回到了柏林，为他的妻子过生日。但是技高一筹的盟军参谋部预测到，在暴风雨的间隙中，1944 年 6 月 6 日英吉利海峡将会有一段时间的好天气。机不可失，时不再来。艾森豪威尔当机立断，决定冒险抓住这个机会，下达发动战役的命令。

1944 年 6 月 6 日凌晨两点，盟军三个伞兵师空降到德军防线后面。接着，盟军的飞机和军舰猛烈轰击德军的防御阵地。清晨六点半，盟军的第一批地面部队终于在法国西北部的诺曼底地区登陆。经过激烈的战斗，盟军 15.6 万人占领了诺曼底滩头。三个星期以后，盟军才最后巩固了自己的阵地。

这就是第二次世界大战中著名的诺曼底战役。战役的胜利，固然首先取决于世界反法西斯战线艰苦战斗得来的反攻制胜的大局，取决于艾森豪威尔将军的运筹帷幄，不过，盟军参谋部出色的参谋工作，的确也功不可没。1944 年的德国，虽说已经开始走下坡路，但是当年横扫欧洲大陆的余勇犹存，而且掌握着欧洲大陆的全部资源，力量还是很大。现在，由于德军参谋部气象预测等错误，在盟军发起攻击的时候，德军的司令不在前线，诺曼底地区整个防备相对比较松懈，所以让盟军占了先机。但是即使这样，动用几十万人的部队、几千艘舰艇和上万架作战飞机的盟军，也需要再苦战三个星期才最终巩固了在诺曼底的胜利。那么我们可以设想，如果德军的参谋工作做得好一点，不给盟军以"攻其不备"的优势，战事的进行，恐怕就不是这个样子。至少，在反法西斯同盟方面，可能要承受更大的牺牲。

第二节　博弈三要素与囚徒困境

表达一个博弈，最要紧的是讲清楚以下三个元素：

一是谁参与这个博弈。参与这个博弈的，叫作这个博弈的**参与人**或者**局中人**（player）。在诺曼底战役模拟博弈中，盟军和德军就是博弈的两个参与人。

n 个参与人的博弈，叫作 n **人博弈**（n-person game）。上述诺曼底战役模拟博弈，就是**二人博弈**（two-person game）。

二是可供参与人选择的**行动**（action）或者**策略**（strategy）。暂时我们可以笼统地只说策略，以后将会知道它们的区别。在诺曼底战役模拟博弈中，可供盟军选择的策略是

x、y 和 z，可供德军选择的策略是 A、B、C 和 D。

盟军采取策略 x 而德军选择策略 B 的**对局**（strategy profile）或者**策略组合**（strategy combination），记作（x，B）。

三是在博弈的各种对局下各参与人的盈利或者得益，叫作参与人的**支付**（payoff）。

注意，支付不是付出，而是得到。

支付也可以比较通俗地被说成**得益**（gain）。支付一般是一个实数，但也可以是**序数**（ordinal number），序数支付以后再说。实数是**基数**（cardinal number）。从实数支付可正可负，我们知道支付实际上反映了参与人的得失。负的得益或负的盈利就是损失。

因为支付一般来说是一个实数，我们把上一节的诺曼底战役模拟博弈重新写成下面的形式，原来的 ＋、－ 现在写成 ＋1、－1（见图表1-5）。

德军

		A	B	C	D
盟军	x	+1 / -1	+1 / -1	-1 / +1	-1 / +1
	y	-1 / +1	+1 / -1	+1 / -1	-1 / +1
	z	-1 / +1	-1 / +1	+1 / -1	+1 / -1

图表 1-5　诺曼底战役模拟博弈

这样排列出来的矩阵，叫作二人博弈的**支付矩阵**（payoff matrix）。博弈的这种表达，叫作**博弈的矩阵型表示**（matrix-form representation of games）、**博弈的正规型表示**（normal-form representation of games）或者**博弈的策略型表示**（strategic-form representation of games），这样表达的博弈，叫作**矩阵型博弈**（games in matrix form）、**正规型博弈**（games in normal form）或者**策略型博弈**（games in strategic form）。这时候，支付矩阵也叫作**博弈矩阵**（game matrix）。矩阵型博弈也可以在口头上被简称为博弈矩阵。

二人博弈的支付矩阵与高等代数、线性代数中的矩阵不一样。首先是样子不一样：代数里面的 m 行 n 列的矩阵，用圆括号或者方括号界定，支付矩阵则是 m 行 n 列的表格，m、n 分别是两位参与人可以选择的策略的数目。上述诺曼底战役模拟博弈的支付矩阵，是 3 行 4 列的表格，因为按照题目，盟军有 3 种可供选择的策略，德军有 4 种可供选择的策略。

更大的区别在于，高等代数、线性代数中的矩阵，每个位置一个数。上述二人博弈的支付矩阵，却是每个格子一对数，左下角的是在相应对局下"左方"参与人盟军的得益，右上角的是在相应对局下"上方"参与人德军的得益。为了与代数中的矩阵相区别，现在这种每个格子里面一对数的表格，叫作**双矩阵**（bi-matrix）。由于这个原因，有些作者把矩阵型博弈的英文写作 games in bi-matrix form。

当以上述支付矩阵的形式表达一个二人博弈的时候，我们总是把一个参与人写在左方，把另一个参与人写在上方。文献中的"左方参与人"与"上方参与人"就是这么一种形式上方便的说法。但是更多的作者喜欢**行参与人**（row player）与**列参与人**（column player）这样的说法，左方参与人就是行参与人，上方参与人就是列参与人。

本书一般不使用圆括号的矩阵表示，而选择和约定矩阵的方括号界定方式，个别地方甚至只用左右两条竖线表示一个矩阵，这主要是因为本书的矩阵有时候采用表格的形式，有时候要嵌套在表格里，所以矩阵用方括号表示看起来在视觉上比较协调。

现在我们说说著名的**囚徒困境**（prisoners' dilemma）博弈。

这个博弈的背景故事，在大半个世纪以前出自美国的经济学家，不同的博弈论著作有不同的演绎。囚徒困境的背景故事例如可以这样描述：一次严重的仓库纵火案发生后，警察在现场抓到甲和乙两个犯罪嫌疑人。事实上正是他们为了报复而一起放火烧了这个仓库，但是警方没有掌握足够的证据。于是，警方把他们隔离囚禁起来，要求他们坦白交代。如果他们都承认纵火，每人将入狱三年；如果他们都不坦白，由于证据不充分，每人将只入狱一年；如果一个抵赖而另一个坦白并且愿意做证，那么抵赖者将入狱五年，而坦白者将因为立功受奖得到宽大处理而被释放，即免受刑事处罚。

至此，我们可以把被"隔离审查"的甲和乙两个犯罪嫌疑人的利害关系，刻画为一个博弈。博弈的参与人是甲和乙。他们可以选择的策略都是两个：坦白和抵赖。他们在各种可能的策略对局下的支付或者得益，也已经清楚。这样，两个囚徒面临的处境，可以表达为下述正规型博弈，其中每个格子中左下角的数字是甲的支付或得益，右上角的数字是乙的支付或得益，现在都不是正数（见图表1-6）。

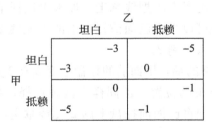

图表 1-6 囚徒困境博弈

由于这个博弈历史久远，并且深刻揭示了博弈论的一些基本发现，所以这个囚徒困境博弈是几乎每一本博弈论著作在一开始都不可回避的话题。我们将从第二章开始展开博弈论的实质内容。但是，基于对博弈的正规型表示的理解，面对囚徒困境博弈的上述支付矩阵，读者现在就可以琢磨出博弈论的一些简单的道理。

至于为什么叫作"囚徒困境博弈"，读者以后自然会有比较准确的体会。值得注意的是，前面我们说"事实上正是他们为了报复而一起放火烧了这个仓库"，读者应该把这个"事实上"理解为上帝知道他们做了什么事情。要注意我们同时还写了"但是警方没有掌握足够的证据"。在"无罪推定"的法律环境预设之下，"没有掌握足够的证据"才是问题的关键。至于"事实上"如何，反而只有理论描述的价值。

多人博弈原则上不能使用如上述支付矩阵那样的平面表示，而需要以后将介绍的比较形式化的表示方法。这里所说的形式化，是如数学意义上以 $y=f(x)$ 表示 y 是 x 的函数那样的形式化。

但是对于三人博弈，假定三个参与人分别有 l 个、m 个和 n 个可供选择的策略，读者可以想象一种立体的"支付矩阵"，l 层 m 行 n 列，共 $l \times m \times n$ 个正方体"笼子"，每个"笼子"里面有三个数字，按照一定的方位安排。三人博弈的一种变通的表达形式，则是把三维的 l 层的立体支付矩阵切成 l 片，一片一片地摊开，每一片是一个二维平面上的 $m \times n$ 支付矩阵表格，但是每个格子里面有三个数。

在后面，我们会具体接触三人博弈的这种表示。有兴趣的同学不妨先行自己考虑一下。

至此已清楚，三人博弈所谓"立体的支付矩阵"，实际上是一个三维的棚架状的数据阵式，其中数据按照约定的规律分布。但是因为这种三维的数据阵式没有流行的专门术语，若我们在这里仍然称"支付矩阵"，则将是不准确的惯性借用，故以定语"立体的"界定，以示区分。

第三节　抓钱博弈

假设甲和乙两个人参加一个"抓钱"游戏，他们在各自的托盘前面坐定。托盘上将会长出钞票，想象这是老天爷的恩赐。

时刻 1：甲面前的托盘上有 1 元钱，乙面前的托盘上也有 1 元钱，甲处于决策的位置。甲有两种选择，把钱拿走或者不把钱拿走。如果甲选择把钱拿走，即他把自己面前托盘上的 1 元钱拿走，乙也可以把自己面前托盘上的 1 元钱拿走，游戏就此结束；如果甲选择不把钱拿走，游戏进入时刻 2。

时刻 2：这时候托老天爷的福，甲面前的托盘上变成有 2 元钱，乙面前的托盘上也变成有 2 元钱，轮到乙处于决策的位置。乙同样有两种选择，把钱拿走或者不把钱拿走。如果乙选择把钱拿走，即他把自己面前托盘上的 2 元钱拿走，甲也可以把自己面前托盘上的 2 元钱拿走，同样游戏就此结束；如果乙选择不把钱拿走，游戏进入时刻 3。

时刻 3：甲面前的托盘上变成有 3 元钱，乙面前的托盘上也变成有 3 元钱，甲再次处于决策的位置。甲仍然有两种选择，把钱拿走或者不把钱拿走。如果甲选择把钱拿走，即他把自己面前托盘上的 3 元钱拿走，乙也可以把自己面前托盘上的 3 元钱拿走，于是游戏就此结束；如果甲选择不把钱拿走，游戏进入时刻 4。

时刻 4：这时候甲面前的托盘上变成有 4 元钱，乙面前的托盘上也变成有 4 元钱，又轮到乙处于决策的位置。乙还是有两种选择，把钱拿走或者不把钱拿走。如果乙选择把钱拿走，即他把自己面前托盘上的 4 元钱拿走，甲也可以把自己面前托盘上的 4 元钱拿走，游戏同样结束；如果乙选择不把钱拿走，老天爷被他们不为金钱所动的精神感动，决定额外再奖励他们每人 1 元钱，游戏结束。

如果我们把这个游戏看作是甲和乙二人的博弈，需要注意甲和乙二人不是同时决策的，而是轮流决策。在前面两节我们谈的是同时决策的博弈：盟军和德军同时决策；疑犯甲和疑犯乙同时决策。所谓同时，不必是在物理意义上的同时。例如，虽然甲的决策时刻比乙晚，但是甲决策的时候并不知道乙"已经做出"的决策，那么在博弈论的讨论中，甲和乙仍然算是同时决策。这里的关键在于，乙在做决策的时候固然不知道甲的决策，因为甲的决策时刻比乙晚，但是甲在做决策的时候同样不知道乙的决策，所以他们在有关博弈的信息方面处于同等的位置。

典型的例子是工程招标。假定截标时刻是 7 月 8 日中午 12 点，那么因为密封投标，甲在 7 月 6 日投标，乙在 7 月 7 日投标，丙在 7 月 8 日上午投标，在博弈论意义上是同时投标。当然，如果丁在 7 月 8 日下午甚至 7 月 9 日投标，我们不能认为丁和甲、乙、丙同时投标。

前面两节所说的**同时决策博弈**（simultaneous-move game）是**静态博弈**（static game）；现在所说的决策有先有后的所谓**序贯决策博弈**（sequential-move game），是**动态博弈**（dynamic game）。这里需要注意，只要参与人的决策不是同时的，就是序贯决策博弈，而不必非得是轮流决策不可。例如，甲、乙、丙三人博弈，假定决策按照"甲—乙—丙—甲—乙—甲—丙—乙—丙"这样的次序进行，也是序贯决策博弈。

序贯决策博弈因为决策有先有后，一般不采用前面两节介绍的矩阵表示方法，而多采用"树型"表示方法。想象自左往右从"根"长起的一棵树（tree），在生长的过程中不断分支，根和分支点是**决策节点**（decision node），树梢即各枝梢是**末端节点**（terminal node）。博弈的**"树型表示"**（tree-form representation），就是在每个决策节点说明这是谁的决策点，并且说明在这个决策点供他选择的策略或者行动是什么，而在每个末端节点，因为博弈如果"走到"这里，就会结束，所以我们在每个末端节点标示出博弈如果走到这里每个参与人的支付。在每个树型博弈中，末端节点的括号，按照明确约定或者默认约定的顺序，给出各参与人的支付。通常的做法是，如果不另外申明，就按照博弈参与人在博弈中首次出场决策的自然顺序来排列各参与人的支付。假如甲、乙、丙三人参与的序贯决策博弈的决策顺序是"甲—丙—甲—乙—甲—丙—乙—丙"，那么如果不另外申明，末端节点那里的括号，就按照（甲的支付，丙的支付，乙的支付）这样的顺序，给出参与人的博弈支付。

这样，我们就可以把刚才讲的**抓钱博弈**（money-making game）表达成下面的**博弈树**（game tree），黑圆点是决策节点，黑菱形是末端节点。整个博弈按照时间顺序自左往右进行。仔细端详，这是一棵"半拉子"树，更像是一株"藤"。无论是像"树"，还是像"藤"，以后我们都会知道，它符合数学的分支学科"图论"（graph theory）中"树"的概念。

每一棵博弈树都有一个**根**（root），并且只有一个根。有时候，像在图表 1－7 中那样，我们用大黑圆点表示博弈树的根。当然，这只是怎么方便怎么做的约定。假如约定用空心圆圈表示博弈树的根，也没有什么不妥。更多的时候，树的根很清楚，也就没有必要特别地按照是大还是小或者是空心还是实心把它从图形上区分开来。

决策节点位置上写着的甲或者乙，表示当博弈进行到这个决策节点的时候是轮到甲决策还是乙决策。从一个节点指向另一个节点的"枝"，叫作**棱**（edge）。博弈树的棱，都是确定了走向的**有向棱**（directed edges）。棱的指向与博弈树生长的方向一致。按照博弈树"生长"即博弈进行的方向，对于除根以外的每个决策节点，都只有一条棱指向这个节点。博弈树必须不存在两条或者两条以上的棱按照博弈树生长的方向指向同一个决

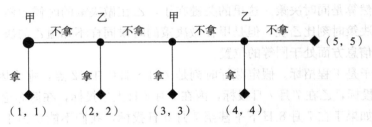

图表1-7 你好我好抓钱博弈

策节点或者同一个末端节点的情况，因为如果有两条或者两条以上的棱指向同一个节点，那么我们的树就会出现"打圈"的几何现象，不再成为图论或者博弈论术语所说的"树"。对于作为根的决策节点，它只生长出棱来，而没有任何棱指向它。

按照博弈树"生长"的方向，每个决策节点一般至少分出两枝，一枝代表一种可能的选择。但是，树的生长偶尔也可以只是经过一个决策节点继续单枝生长，并不分枝，不过这时候因为在这个决策节点并没有选择可言，这个决策节点实际上已经丧失决策功能。这样的决策节点，可以被叫作退化的决策节点。

博弈进行到任何一个末端节点，都要结束。如前所述，每个末端节点旁边括号里面的数据，记录如果博弈走到那里结束，每个参与人的博弈所得。在抓钱博弈的例子里，每个括号中的头一个数据，是参与人甲之所得，第二个数据，是参与人乙之所得。

如果读者能够体会抓钱博弈的上述表示完全反映了我们的抓钱博弈，那么你对序贯博弈的树型表示就有了基本的把握。

用树型表示的博弈，简称**树型博弈**（games in tree form）。博弈的"树型表示"的说法，是非正式的说法，正式的说法是**博弈的展开型表示**（extensive-form representation of games）。这样表示的博弈，被叫作**展开型博弈**（games in extensive form）。

上面这个抓钱博弈，可以叫作"你好我好"或者"利益一致"抓钱博弈，因为随着博弈的进行，双方的得益都在单调上升，所以双方都愿意等待博弈进行到博弈树的最远端，双方都不会在自己的决策节点选择拿掉自己面前托盘上的钱而提前结束这个"赏钱"一直在增加的游戏。

现在，我们考虑下述你死我活抓钱博弈（见图表1-8）。

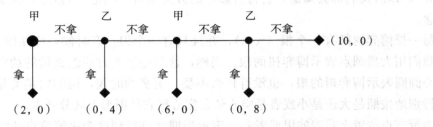

图表1-8 你死我活抓钱博弈

对于你死我活抓钱博弈，故事可以这样编排：

在开始时刻1，甲面前的托盘上有2元钱，乙面前的托盘上没有钱。甲处于决策的位置，他有两种选择：如果甲选择把面前的2元钱拿走，游戏就结束，乙什么也得不到；

如果甲选择不把钱拿走，游戏进入时刻 2。

到了时刻 2，甲面前的托盘上变成没有钱了，但是乙面前的托盘上变成有 4 元钱，轮到乙决策。乙同样有两种选择：如果乙选择把面前的 4 元钱拿走，游戏就结束，甲什么也得不到；如果乙选择不把钱拿走，游戏进入时刻 3。

在时刻 3，甲面前的托盘上变成有 6 元钱，乙面前的托盘上再次变成没有钱。甲再次处于决策的位置：如果甲选择把钱拿走，游戏结束，甲得 6 元钱，乙什么也得不到；如果甲选择不把钱拿走，游戏进入时刻 4。

最后，在时刻 4，甲面前的托盘上变成没有钱，乙面前的托盘上却变成有 8 元钱，又轮到乙决策：如果乙选择把钱拿走，乙得 8 元，甲什么也得不到，游戏结束；如果乙选择不把钱拿走，老天爷责怪乙怎么那么糊涂，决定奖励甲 10 元钱，游戏结束，一分钱也不给乙。

读者明白这两个抓钱博弈的树型表示以后，可以自己先行考虑在两个不同的抓钱博弈中甲和乙双方博弈的结果将会怎样的问题。我们在后面的章节中会讲述具体的方法。但是在学习这些方法之前读者自己先行琢磨一下，可以试探和唤醒自己的博弈论悟性。我们希望大家保持热爱探索的好奇心，而不只是被老师的课堂教学牵着走。这样做，对于开发学术潜质和培育学术思维，非常有益。

值得注意的是，在你好我好抓钱博弈和你死我活抓钱博弈中，老天爷在相同时刻惠予两个参与人的金钱数额是一样的，都是 2、4、6、8、10。可是"制度安排"不同，也就是说，博弈结构不同，博弈的结果就大相径庭。

前面我们说过："对于你死我活抓钱博弈，故事可以这样编排"。可能有人会问：堂堂大学课本，怎么可以编排故事？

关于"编排"，首先需要说明"编排"不是口误，更不是笔误。读者以后可以体会到，对于博弈论讨论，矩阵型博弈中的矩阵表格和支付数据，展开型表示中的"树"和支付数据，才是实质的东西，而博弈叫作什么名称、参与人姓名叫什么、身份是什么、角色是什么，甚至参与人可以选择的各个策略叫作什么策略，都不是实质的东西。这就留下"编排"故事的空间。

关于策略的名称，我们还可以多说几句。由于策略的名称不具备实质的重要性，博弈论经常使用左策略、中策略、右策略这样的说法，被叫作左策略只因为写在左，被叫作右策略只因为写在右。例如，诺曼底战役模拟博弈中可供德军选择的策略 A、B、C、D，可以被叫作左策略、中左策略、中右策略和右策略，这不会给博弈分析带来任何影响。同样，经常使用的是上策略、中策略、下策略这样的说法，被叫作上策略只因为写在上，被叫作下策略只因为写在下，对于这些策略的主体人即可以选择这些策略的博弈参与人来说，选择他的这个上策略并不一定比选择他的那个下策略更好。还以诺曼底战役模拟博弈为例，可供盟军选择的 x 策略、y 策略和 z 策略，可以被叫作上策略、中策略和下策略，这样做不影响整个博弈的分析。

以后我们会谈到对主体人比较有利的优势策略，相应地会谈到对主体人比较不利的劣势策略。汉语博弈论著作的一些作者，把优势策略叫作"上策略"或者"上策"，把劣势策略叫作"下策略"或者"下策"。本书不采用他们这种说法，就是因为博弈论文献中常常使用上策略（T）、中策略（M）、下策略（B）这样的记号，完全只是出于相应的策略按照书写位置究竟在上、在中还是在下的考虑。

上面说了有编排的空间。现在说说编排的价值。博弈论的许多理论和方法都是在游戏中发展起来的。博弈论大师纳什对棋牌游戏就十分迷恋，还曾经发明出足以申请专利的游戏，有兴趣的读者可参见我们翻译的《美丽心灵》（上海科技教育出版社出版）。在前言中我们引述过爱因斯坦对"现代教学方法"扼杀人类神圣的好奇心的批评，而编排博弈故事，不但有助于加深人们对具体博弈的理解，而且有助于加深人们对博弈一般理论的掌握。著名的"囚徒困境博弈"，就可以说纯粹是编排的结果。编排出像"囚徒困境博弈"这样深刻的博弈故事，会在博弈论史上留名。这种说法并不夸张。

既然编排博弈故事既有空间又有价值，我们就不妨试试。学问讲究心得的喜悦和发现的乐趣。读者如果能够编排出有趣的博弈，固然自得其乐，还应该受到称赞。若你们有了有趣的博弈故事，我也渴望能够分享你们的智慧。

如果我们把原来的抓钱博弈的数据修改成下面的样子，就会出现温和对抗抓钱博弈（见图表1-9）。

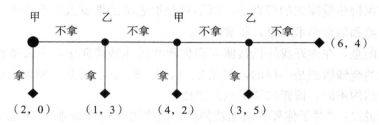

图表1-9　温和对抗抓钱博弈

在温和对抗抓钱博弈当中，老天爷恩赐给博弈的两个参与人的财富总数，也是像2、4、6、8、10这样越来越多，但是每个参与人可以得到的财富，既不是像你好我好抓钱博弈中那样单调上升，也不是像你死我活抓钱博弈中那样，这次有钱不拿下次可以拿到的钱就只是0。在现在的情况下，财富总数是单调上升的，而每个局中人可以拿到的财富数额，大体上还是上升，不过却是曲折上升：这次你不拿下次你能拿的就少了一些，但是如果下次对方不拿，再下次你可以拿的就多了很多。在这样的小跌—大涨—小跌—大涨的循环之中，规律是这次跌1元钱，下次涨3元钱。请读者考虑编排适当的故事，并且琢磨这个博弈的结果。

以后我们将知道，按照经济学**"理性人"**（rational agents）（简称"经济人"）的前提假设，只要博弈的参与人都是追求自身利益最大化的所谓"理性的主体人"，那么不但你死我活抓钱博弈一开始就会结束，在帕累托意义上没有好的结果，而且温和对抗抓钱博弈也将一开始就结束，同样没有好的结果。这里所说的帕累托标准，具体来说就是博弈一开始，甲就把面前的财富拿走，迫使博弈停止，老天爷预备的恩赐绝大部分实现不了。只有在你好我好抓钱博弈中，因为每个参与人可以拿到的财富的数额都单调上升，所以双方都乐观博弈延续，直到实现老天爷预备恩赐的全部财富。

对于各种抓钱博弈为什么会导致不同的结果，我们在前面说过问题出在制度设置上。

为了进一步说明这一点，我们可以赋予抓钱博弈以另外的解说：老天爷赐予人们生长良好的一个果园。因为经济人是理性人，他们必然关注自己的利益。假设正因为利益驱动，一旦博弈的任何局中人选择采摘，其他局中人也就要跟着采摘，以免自己的利益进一步受损。

但是如果在这些自利的局中人之间做出某种制度安排，就可以影响博弈的结果。一种制度是果园已经按照可能的产出公平地划分好了，每个人只能采摘自己范围内的果子。这就得到你好我好抓钱博弈。另一种制度是谁采摘归谁并且谁要采摘就让他采摘个够，哪怕他雇工采摘甚至利用机器采摘。这就得到你死我活抓钱博弈。最后一种情况同样是谁采摘归谁，但是不许雇工采摘或者不许利用机器采摘。这样，一旦有人开始采摘，别人就会跟上，否则他们就不是经济学预设的理性人了。结果，在财富总量由"时刻"决定的前提下，先下手采摘的人会占便宜。也许可以说，第三种情况并不完全是制度设置，而是包括采摘的"生产力水平"的因素。不管怎么说，这导致温和对抗抓钱博弈。

抓钱博弈也可以被称为"抢钱博弈"，只是名称不那么好听。写到这里，我们再次提请读者注意，讨论一个博弈，最主要的是弄清楚矩阵型博弈的矩阵表格和表格里面的支付数据，即弄清楚树型博弈的树和各树梢的支付数据，而参与人姓甚名谁、扮演什么角色，他们可供选择的策略叫作什么名称，乃至博弈本身叫作什么博弈，实质上并不重要。叫作抓钱博弈将这样分析，叫作抢钱博弈也将进行完全同样的分析，而且结果完全一样。

具体的抓钱博弈的博弈树，不但是半拉子树，而且根本就是一株藤。这是很特殊的一类"树"。博弈论中讨论的动态博弈，其博弈树典型地还可以具有多种形式。图表1-10是随便举出的三例，其中前面两例的树并不对称。既然连抓钱博弈那么不对称的博弈树都见过，那么一边多枝一边少枝的博弈树和一边壮一边弱的博弈树，也就毫不奇怪了。

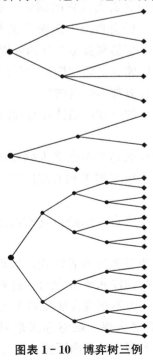

图表 1－10 博弈树三例

最后需要说明，除了自左往右生长以外，博弈树也可以自上往下生长，还可以自左上往右下生长，等等。我们以后会遇到这样的博弈树。当然，博弈树也可以自下往上生长。总之，"树"的生长方向，就是博弈进行的方向，"树"的生长反映博弈决策时刻的进程。

照理说，自下往上生长，自右往左生长，自右上往左下生长，自右下往左上生长和自左下往右上生长，原则上都没有什么不可以。只不过，人们自左往右和自上往下的书写习惯、画图习惯和阅读习惯等在理论上非本质的因素，排除了自下往上、自右往左、自右上往左下、自右下往左上和自左下往右上的做法。

第四节　利益是交易的前提

大家知道，交易是互利的行为。对你有好处，对他也有好处，交易就做成了。本来，交易利益是交易的前提，可是对于这一点，人们有时候并没有那么清醒的认识。

何以见得？这只要看老太太买东西常常唠叨又吃了亏就可知一二。

买东西是自愿的行为。如果你觉得吃亏，不买就是了。一方面唠叨吃亏，另一方面却还是要买，那不是"口是心非"是什么？没有人强迫你买呀。真的觉得吃亏，不掏钱就是了，为什么自愿掏钱来吃亏？

不过，我们也不要过多责备老太太，更不要讥笑老太太。如果说老太太是口是心非，那也是不自觉的口是心非，因为她不明白。虽然她并不吃亏，但是她真的觉得自己吃亏了。她的感觉是失真的，但是她的话语却是她的感觉的忠实反映。值得注意的是，饱受经济学教育的学子和学者，也会犯老太太这样的糊涂。事实上，虽然我们的经济学教育也孤立地讨论了交易利益，但是在融会贯通方面做得很差，以至我们常常自觉或者不自觉地否定了这样一个重要的事实：交易利益是交易的前提。

因为交易是自愿的，我们可以建立下面这样的命题：

命题　在交易的当时，交易各方都不会真的吃亏。

证明　若不然，只要有一方真的吃亏，他就没有理由参与和实施这笔交易。

这是很简单的反证法的证明。

既然交易一定是互利的，为什么却有那么多人感觉因为交易而吃亏了呢？这可能是两个因素在作怪：一是人们混淆了事实需求和心理期望，二是人们混淆了当时需求和事后检讨。

关于事实需求和心理期望，要注意人们是否吃亏的感觉有两个层次：一个是事实上是否吃亏，一个是心理上是否吃亏。

举例来说，你到一个陌生的地方旅游或者探险，渴得不得了。这时候你遇到了一个卖瓶装水的小贩，一瓶350毫升的纯净水卖5元钱。这种瓶装水你很熟悉，往常在你知道的一些超市，顶多也就卖1元，想不到现在居然卖5元。"这小贩心真黑，怎么没有反暴利警察之类的人管管？"你心里这么想，虽然你素来对"反暴利"之类的事情不以为然。可是眼下你嗓子冒烟，渴得不得了。救命要紧，5元就5元，咬咬牙，你还是买了。

整个过程，是一番紧张的权衡取舍：在你嗓子冒烟的当时，5元钱留在兜里好，还是拿来换一瓶纯净水好？反复权衡取舍的结果是最后你掏钱了。不管你心里是什么感觉，掏钱的行为说明在那个时候、那个场景你认为5元钱买一瓶水值，因为这是你权衡取舍的结果。可见，你事实上并不吃亏。

买了纯净水，你咕噜咕噜就灌了下去。久旱逢甘雨，你痛快极了，仿佛从来没有喝到过这么甘甜的纯净水似的。

那么，为什么你内心还是愤愤不平念叨被宰了呢？这就是心理因素在作怪了。前面说了你感觉好像从来没有喝到过这么甘甜的纯净水。本来，这应该是你那5元"大价钱"的心理补偿，可惜你算不过这个账来。买东西谁不想便宜？最理想的情况，是有人知道你要到这里来巡视，老远把瓶装水替你运到这个地方来，等候你口渴的时候光顾，而且价钱还像城里的超市一样，1元钱一瓶。可是你想想，谁会做这样辛苦赚吆喝的生意？除非他对你别有所求！不过，那将是他宁愿现在吃小亏要在将来占你大便宜的营销策略了，那是钓鱼放出的鱼饵，不是独立完整的交易。当然，也可能是他对你"情有独钟"，可是在经济分析的意义上，这种"情有独钟"的激励行为，与别有所求并无二致。

所以，经济学人更加关注人们的行为而不是人们的言辞。

我们需要把故事接着讲下去：掏出5元钱买了一瓶纯净水，咕噜咕噜地你就灌了下去。你不是在旅游吗？你不是还要走下去吗？想不到往下没走几步，刚拐了个弯，你就看到一个小卖部，同样的纯净水在那里只卖3元钱一瓶。这下你真的火了："被那个家伙坑了，我真是亏得很！"

可不是？再走两步就可以买到3元钱一瓶的纯净水，你刚才却买了5元钱一瓶的，真的很亏。可是，这仍然没有违反我们的上述命题，因为命题强调"在交易的当时"，交易各方都不会真的吃亏。

讨论人们的经济行为，不可不注意其中的信息要素。在你嗓子冒烟、渴得不得了并且不知道旁边不远处就有价钱合理得多的店铺的时候，权衡取舍的结果，是你自愿掏出5元钱买下小贩的一瓶纯净水。这里，你不知道旁边不远处就有价钱合理得多的店铺这一信息因素，至关重要。当信息因素变化的时候，人们的以货币表达的需求也要变化（股票市场是突出的例子）。事实上，如果你知道旁边不远处有便宜许多的店铺，哪怕你嗓子已经冒烟，渴得不得了，因为预计只要再熬顶多半分钟，就能够买到价钱合理得多的纯净水，你是熬得起的，从而你不会急着买那5元钱一瓶的纯净水。可惜你先前决策买下那瓶纯净水的时候，你并不掌握旁边不远处有便宜许多的店铺这一信息。

信息结构变了，一切都可能变化。谈生意，为什么要讲究签订合同？就是为了防止当事人因为信息结构变化和其他变化而变卦反悔。

在实际经济生活中，不仅在交易的当时交易各方都不会真的吃亏，而且在交易的当时通常各方都得到**交易利益**（trade benefit）。这也是一个可以证明的命题，同样可以用反证法证明：如果没有交易利益，人们没有道理参与交易。

回到我们的故事中来。当你和那个小贩交易的时候，你已经渴得不得了，如果不是遇上这个出价5元钱的小贩，而是遇上暂时没有竞争对手的一个开价6元钱的小贩，甚至遇上开价8元钱的小贩，你可能也会买，因为你不是守财奴，不至因为不愿意感觉被宰，就宁可渴死。好了，据此我们可以知道这时候你对于一瓶纯净水的**保留价格**（reservation price）至少是 8 元钱。为简单起见，就算是 8 元钱吧。

反过来，那个利用信息优势欺负你的小贩，他把那么些纯净水老远运来，也不容易。购水成本加上运费和辛苦费，合起来每瓶水的经济成本姑且算是 2 元钱吧。这样我们就知道，小贩出售纯净水的保留价格是 2 元钱。只要售价在这个保留价格之上，小贩做的就是盈利的生意。

这里要注意，**经济成本**（economic cost）不是**会计成本**（accounting cost），经济成本通常比会计成本高，要把自己劳动的辛苦费等加上去。还要注意，买方的保留价格，是他为了买这个商品顶多愿意支付多少钱；而卖方的保留价格，是你**至少**给我这么多钱我才肯把商品卖给你。简单说来，交易价格在卖方的保留价格之上，卖方就赚钱；交易价格在买方的保留价格之下，买方就买得值。

现在，买方的保留价格是 8 元钱，卖方的保留价格是 2 元钱。那么，如果他们交易成功一瓶纯净水，他们就共同实现了 8－2＝6 元钱的交易利益。

至于这总数 6 元钱的交易利益在买卖双方之间如何分割，那就要看具体的交易价格了。现在是以 5 元钱的价格成交，那么小贩得到 5－2＝3 元钱的交易利益，你得到 8－5＝3 元钱的交易利益。如果小贩再狠一点，要价 6 元钱，而你不知道旁边不远处还有个铺子可以买到纯净水，于是只好接受这个价格成交，那么总数 6 元钱的交易利益将按照小贩得 6－2＝4 元钱、你得 8－6＝2 元钱来分割。

总的来说，交易利益等于买方的保留价格减去卖方的保留价格。至于交易利益如何在买卖双方之间分割，则取决于具体的成交价格。具体的成交价格由市场决定。这里要注意，只由一个卖方和一个买方组成的市场，应该说是最小的市场。不过，人们常常不把这种只有一个买方和一个卖方的情况看作是一个市场，而是说"没有市场"。如果我们接受这样的说法，那么在没有市场的情况下，具体的成交价格，由买卖双方的讨价还价决定。整个过程，是双方讨价还价能力的角力。信息因素，自然是讨价还价能力的组成部分。设想你知道旁边不远处就有价钱公道得多的铺子，你的讨价还价能力将大大提升。但是还有别的一些重要因素会影响讨价还价能力。我们这本教材的最后一章，会用很大篇幅讨论只有一个卖方和一个买方的讨价还价问题。

经济学讲究买卖双方对交易标的物的**评价**（valuation），即交易标的物对于买卖双方各值多少。

但是，一样东西或者一件商品对于交易当事人值多少钱，是当事人的私有信息。我们说人们对同一标的物的评价是**私有信息**（private information），包含两层意思：首先，对同一标的物的评价，因人而异，非常个性化。你渴得嗓子冒烟，愿意出最高 8 元钱的价格买一瓶纯净水；另外一个游客有备而来，饮用水原来就带得比较多，不那么渴，如果有 2 元钱一瓶的纯净水，他乐意补充一些，超过这个价位，他就不接受。在这个例子中，对于同样一瓶纯净水，你的评价是 8 元钱，他的评价是 2 元钱，很不相同。

我们说人们对同一标的物的不同评价是私有信息的另一层意思，则是他们不肯轻易把自己的评价说出来。经常有这样的情况：小贩其实赚得很开心，嘴里却说"亏了亏了，亏本卖给你了"，就是这个道理。反过来，设想你在跳蚤市场看中了一件小玩意儿，如果你让卖方知道你对这件小玩意儿喜欢得不得了，即你对这件物品的评价很高，那么你是讨不到好价钱的。事实上，出于追求更大交易利益的考虑，买卖双方都有隐藏自己对交易标的物的真实评价的动机。

人们对商品的评价，就像人们消费一件商品所获得的"效用"即满意程度一样，非常个性化，具有主观心理特征，难以进行客观的度量。但是我们在前面说过，在经济学家眼里，人们是以他们的行动而不是以他们的言辞"说话"，所以经济学把买卖各方对作为交易标的物的商品的保留价格，看作是他们对商品的评价，并不把买卖各方说出来的对交易标的物的叫价，看作他们各自对交易标的物的评价。上面纯净水的例子说明，撇开保留价格作为私有信息的隐蔽性，保留价格至少在理论上具有可把握性。

这样，设 x 为交易标的物，记卖方对交易标的物的评价为 $v_s(x)$，买方对交易标的物的评价为 $v_b(x)$，这里下标 s 和 b 分别是英文 seller（卖者）和 buyer（买者）的头一个字母，那么，双方就标的物 x 达成交易的前提条件可以表述为

$$v_b(x) > v_s(x)$$

或者

$$v_b(x) = tv_s(x), \quad t > 1$$

而买卖双方交易这个标的物所实现的交易利益，一共是 $v_b(x) - v_s(x)$。

现在，我们讨论交易利益如何在买卖双方之间分割的问题。

对于一种商品，"潜在的买者愿意按照他的保留价格 P^* 购买数量为 Q^* 的商品"这一事实，可以在"数量-价格"QP 平面上表示为一条具有一个下行阶梯的折线：折线沿 P 轴从上面走下来，在 $P = P^*$ 的位置向右水平行走 Q^* 的距离，然后垂直下行到达 Q 轴结束。这条下行一个阶梯的"曲线"就是这位潜在的买者个人的需求曲线。同样，"潜在的卖者愿意按照他的保留价格 P^* 出售数量为 Q^* 的商品"这一事实，可以在"数量-价格"QP 平面上表示为一条具有一个上行阶梯的折线：折线沿 P 轴从下面走上来，在 $P = P^*$ 的位置向右水平行走 Q^* 的距离，然后一直垂直上行。这条上行一个阶梯的"曲线"就是这位潜在的卖者个人的供给曲线。这是大家在微观经济学课程中已经熟悉的情形。

对于一种商品"存在市场"的情况，即对于一种商品具有众多买者和众多卖者的情况，这种商品的市场需求曲线由众多潜在买者的个人需求曲线水平相加而得，而这种商品的市场供给曲线则由众多潜在卖者的个人供给曲线水平相加而得。商品的市场需求曲线和市场供给曲线相交或者重合的位置，决定该商品的交易价格和成交数量。这也是我们在微观经济学课程中熟悉的事情。上行及下行的两条阶梯曲线未必相交于一个点，可能重合于一个线段。在这两条阶梯曲线重合于一个线段的时候，如果这个线段为垂直的，两条曲线的重合部位决定的不是一个交易价格而是一个价格范围；如果这个线段为水平的，那么两条曲线的重合部位决定的不是一个成交数量，而是一个成交数量范围。

现在我们要说的是，在存在市场的具有众多买者和众多卖者的条件下，众多卖者所分享的交易利益的总和，就是微观经济学所说的**生产者剩余**（producers' surplus），众多买者所分享的交易利益的总和，就是微观经济学所说的**消费者剩余**（consumers' surplus）。

在微观经济学课程中我们已经熟悉，在竞争的情况下，对于一种商品的单一市场，供给曲线 S 和需求曲线 D 的交点决定商品的交易价格 P^* 和成交数量。有了这个市场价格，买卖双方不必每次再讨价还价，实际上由于竞争，市场为我们形成了价格，进一步的讨价还价已经变得没有意义。

虽然上述同质商品的竞争的市场价格 P^* 是划一的，但是参与这个市场的众多买者和众多卖者的保留价格并不一样。实际上，正是由于众多市场交易参与人的保留价格不一样，最后才合成了一条下降的需求曲线和一条上升的供给曲线。这样，由于各人的保留价格不同，他们分享的交易利益也不相同。对于保留价格远远高于市场价格的买者，他分享的交易利益就很多，因为他原来愿意出很高的价钱购买这种商品，但是现在只需支付低得多的市场价格；相反，对于保留价格只稍微高于市场价格的买者，他分享的交易利益就很少，因为他原来就只愿意出差不多的价钱购买这种商品，现在没有得到多少好处。同样，对于保留价格远远低于市场价格的卖者，他分享的交易利益很多，因为他原来很低的价钱也愿意接受，可幸市场价格那么高；相反，对于保留价格略低于市场价格的卖者，他分享的交易利益就很少。

具体来说，对于保留价格是 $v_b(x)$ 的买者，因为在最坏的情况下他宁愿出 $v_b(x)$ 这个价钱，但是现在托竞争市场的福他只需支付 P^* 这个价钱，从而他购买一件商品享受的交易利益是 $v_b(x)-P^*$；对于保留价格是 $v_s(x)$ 的卖者，因为在最坏的情况下他宁愿接受 $v_s(x)$ 这个价钱，但是现在托竞争市场的福他实现了 P^* 这个价钱，从而他出售一件商品享受的交易利益是 $P^*-v_s(x)$。图表 1-11 表明，许许多多这样的卖者享受到的交易利益和许许多多这样的买者享受到的交易利益，合成纵轴和供求曲线围成的表征总的交易利益的曲边三角形。这个三角形被表征市场价格的水平线分割成上下两个曲边三角形，上面的三角形给出总的消费者剩余，下面的三角形给出总的生产者剩余。

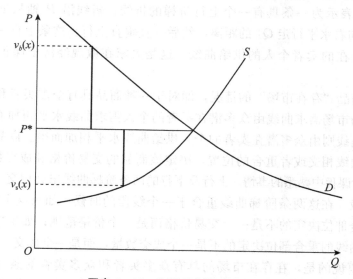

图表 1-11　交易利益与市场得益

基于以上讨论，我们认为"消费者剩余"和"生产者剩余"并不是好的翻译。我们建议把 consumers' surplus 和 producers' surplus 意译为**消费者市场得益和生产者市场得益**。有了市场，买方和卖方不但不必花费那么大力气搜寻对方，而且能节省许多讨价还价的时间。买方和卖方都得益于市场。这样翻译，还因为英文 surplus 本身在经济学的另一个场合表示过剩，与表示短缺的 shortage 相对。

前面，在演示交易利益与市场得益的供求曲线分析图中，条形 $v_b(x) - P^*$ 表示一个买者因为在市场上购买一件商品所实现的市场得益，条形 $P^* - v_s(x)$ 表示一个卖者因为在市场上出售一件商品所实现的市场得益。我们特意把这两个条形画成是错开的。请读者仔细琢磨错开的含义。

如果"没有市场"，买卖双方能够相互发现并且匹配起对来并不容易。开放集市贸易就是提供相互发现机会的重要制度设置。并不容易的相互发现，还只是甲知道了乙想卖，乙知道了甲想买，但是接下来的讨价还价，通常更加艰苦。虽然买卖双方都希望交易成功，这样才能实现交易利益，但是双方都想得个好价钱，希望自己分享的交易利益大一些。事实上，固然双方都希望达成交易以便实现交易利益，但是对于交易价格之"好""坏"，双方却处于利益对立的位置：买方希望成交价越低越好，卖方希望成交价越高越好。

在一对一交易的情况下，交易利益的分割，取决于双方的讨价还价能力。讨价还价能力的构成十分复杂。有时候，忍耐力就是讨价还价能力的重要组成部分。

想象两家农户组成一个偏僻的小村落。现在两家的经济状况都不同程度地得到改善，因而亟须改善与外界的交通。这需要两家合伙投资。可是投资如何分摊，就是个很大的问题。如果两家的关系比较疏远并且都想自己少出点钱，那么忍耐力比较强的一家通常占便宜。再想象大热天一个卖鱼虾的小贩和一个顾客讨价还价，眼看再也没有其他顾客，小贩的忍耐力就非常有限。他只能接受比较低的价格，不然的话，若鱼虾被闷死了，他的损失将更加惨重。这里要十分注意，即使小贩的鱼虾卖得比进货价格还低，在交易的当时，他仍然多少是获得一些交易利益的，因为这时候鱼虾已经不那么鲜活了，鱼虾已经贬值。如果他嫌成交价低不肯出售，到头来恐怕会血本无归。

至此我们应该已经清楚，人们不会在交易的当时真的吃亏，因为交易利益的存在是交易实现的前提。但为什么人们还是常常对于"不如意"的交易耿耿于怀，认为自己吃亏了呢？这主要是因为利益预期太高，但是实际实现的没有这么高，包括自己的东西已经贬值，却还想卖个好价钱的情况。在本节的余下部分，我们将专门讨论这个问题。

我们还是专注于一对一的交易情形，但是不再局限于交易一种商品，而是两个经济人一对一地同时交易多种商品。从微观经济学的学习中我们已经知道，多商品情形的讨论，常常可以简化为二商品情形的讨论。二商品情形讨论的结果，具有很好的一般性。

考虑经济人 A 和经济人 B 交换 x 和 y 两种商品，如下面的**埃奇沃思盒**（Edgeworth box）所示，在初始时刻，A 对商品 x 和 y 的持有量分别是 X_A 和 Y_A，B 对商品 x 和 y 的持有量分别是 X_B 和 Y_B。这样，商品 x 和 y 的总量分别是 $X = X_A + X_B$ 和 $Y = Y_A + Y_B$。请读者在复制的图表 1-12 中把 X_A、Y_A、X_B 和 Y_B 标示出来，作为对埃奇沃思盒知识的复习。

埃奇沃思盒分析，是读者在微观经济学中已经熟悉的分析方法。在埃奇沃思盒中，通过表征两个主体人 A 和 B 对商品 x 和 y 的存量的初始持有点 E，主体人 A 的无差异曲线和主体人 B 的无差异曲线围成一个纺锤形的交易**互利区域**（region of mutual advantages）。对于两个主体人来说，互利区域中的任何一点，都表示效用（即各自的满意程度）比初始持有点 E 高的一种资源配置，并且这种配置可以通过交换实现。在这个埃奇沃思盒中，我们知道主体人 A 的效用沿右上方向上升，主体人 B 的效用沿左下方向上升。由此可知，如果通过交易从 E 点走到互利区域中的任何一点，双方的效用都将得到提高。这也按埃奇沃思盒分析的方式再次验证了我们前面所讲的交易互利的命题。

问题在于同样是互利的交易，双方效用提高的情况却并不相同。按照两个主体人效用上升方向的不同，我们可以看到，无论是从 E 点到 C 点的交易，还是从 E 点到 D 点的交易，双方的效用都在提高，但是提高的情况不一样。在从 E 点到 C 点的交易和从 E 点到 D 点的交易之间，主体人 A 偏向于从 E 点到 C 点的交易，对于他来说，C 点比 D 点好得多；相反，主体人 B 偏向于从 E 点到 D 点的交易，对于他来说，D 点比 C 点好得多。这就是在交易互利的大局下双方仍然存在利益冲突的道理（见图表 1 - 12）。为什么建立世界贸易组织？为什么建立了世界贸易组织以后各成员在组织中还会吵个没完？道理全在这里。

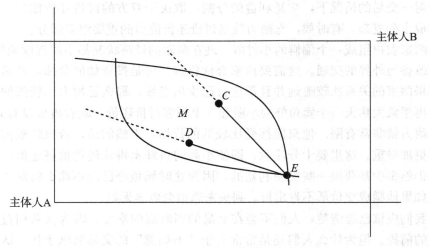

图表 1 - 12 互利大局下的利益冲突

上述埃奇沃思盒分析，深刻说明了人们的交易吃亏心理的根源：不是真的因为交易吃亏，而是比起期望来说得益不足，嫌好处还不够多。主体人 A 期望通过交易到达 C 点这样的位置，实际上只到达 M 点这样的位置；主体人 B 期望通过交易实现 D 点这样的资源配置，实际上实现的却是 M 点这样的资源配置。所以，虽然他们都在交易中得到了好处，但是他们可能还是非常不满意。（请读者在图表 1 - 12 中把 M 点补描出来。）

可见，交易吃亏心理来自不能够分享更多交易利益的感觉。因为觉得所分享的交易利益少了，就觉得吃亏，就觉得不公平。

经济学非常讲究公平，但公平本身却是经济学中最难把握的概念。幸好，在上述"埃奇沃思交换"的情形下，经济学家有比较一致的看法，认为公平指的是这样一种"竞争均衡"：想象一位"拍卖师"或者"公证人"尝试向两个主体人提出两种商品 x 和 y 的一个比价，按照这个比价，两个主体人各自盘算拿多少商品 x 交换对方的商品 y 或者拿多少商品 y 交换对方的商品 x，一直尝试到 A 愿意交换出去的商品 x 的数量和 B 愿意交换进来的商品 x 的数量相等，或者 A 愿意交换进来的商品 y 的数量和 B 愿意交换出去的商品 y 的数量相等，A、B 双方就按照这个"竞争均衡"价格交换，实现这个"纯交换经济"的竞争均衡。

这个竞争均衡是可以在埃奇沃思盒内实现的：大家知道，通过初始持有点 E 的每一条直线，均表示商品 x 和 y 的一个比价。准确地说，通过初始持有点 E 的每一条直线的斜率的绝对值，均表示商品 x 和 y 的一个比价。按照任何比价进行的交换，均是"资源配置"沿着相应的直线运动的过程，双方都力图沿着表征比价的直线运动到自己效用尽可能高的位置。如果"拍卖人"或者"公证人"给出的是上述"竞争均衡"的比价，那么双方按照各自的盘算沿着这条直线运动，最后到达的对于各自来说效用最高的位置，将正好重合。

明白了这一点，就知道上述竞争均衡最终可以由两个主体人的**提供曲线**（offer curve）的交点确定，交点就是竞争均衡点。主体人的提供曲线，是通过初始持有点 E 的每一条直线和该主体人的无差异曲线的切点的轨迹。（作为微观经济学的一个练习，请描出图表 1-12 中的互利大局下的利益冲突，并且尝试按照这里提供曲线的定义，把两个主体人的提供曲线画出来。）在下面的埃奇沃思盒中，主体人 A 的提供曲线是箭头指向右上方的曲线，主体人 B 的提供曲线是箭头指向左下方的曲线。两个主体人的提供曲线的交点 M，就是该纯交换经济的竞争均衡，请读者在图中把它补描出来（见图表 1-13）。

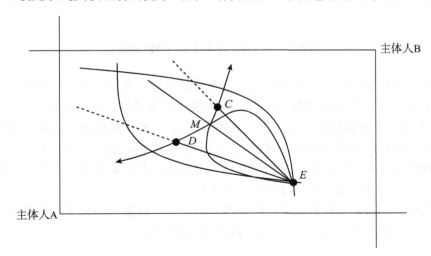

图表 1-13 埃奇沃思交换的竞争均衡

前面提到，竞争均衡的情形，被想象为两个主体人听从"公证人"的价格尝试各自实现效用最大化从而最后达到均衡的情形。如果不是某位"公证人"在主持"试价"，而是由强势的一方决定价格，结果就不一样。例如，假设主体人 A 处于垄断的强势地位，理论上他可以在主体人 B 的提供曲线上寻找自己效用最高的点，如图中主体人 B 的提供曲线和主体人 A 的无差异曲线的切点 C，按照从初始持有点 E 出发通过 C 的直线提出交换价格，让主体人 B 处于要么接受要么拒绝的位置。这时候，因为只有要么接受要么拒绝这两种选择，主体人 B 出于自身的利益考虑，将接受主体人 A 提出的垄断价格。结果，资源配置从原来的 E 点移动到主体人 A 垄断的均衡点 C。请读者在下面的埃奇沃思盒中，把主体人 A 垄断下的均衡点 C 补描出来（见图表 1-14）。

埃奇沃思盒的垄断均衡，清楚地演示了交易仍然互利但是很不公平的情形。交易互利，说的是通过交易，主体人 A 和主体人 B 的效用都得到提高，这从两个主体人的无差异曲线的情况可以看得很清楚。不公平，说的是因为所论的某个主体人处于交易的强势位置，所以他分享了绝大部分交易利益。事实上，在如图表 1-14 所示的情形中，主体人 A 处于垄断的交易位置。

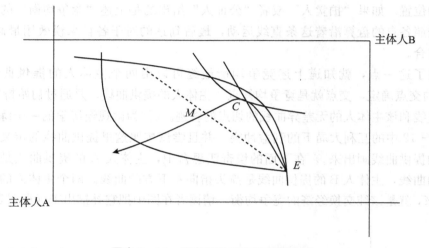

图表 1-14　埃奇沃思交换的垄断均衡

在当前的国际贸易中，发达国家常常处于强势位置。设想一个只有初级产品可以出口的国家 B 与一个拥有某种垄断技术的国家 A 进行贸易谈判，谈判内容主要就是国家 B 购买国家 A 的这种垄断技术产品。进一步可以假设国家 B 的初级产品并不享有垄断势力，即其他国家也向国际市场供应这种初级产品。这时候，虽然还是一对一的谈判，但是双方的地位不对等：国家 B 有求于国家 A，但是反过来国家 A 并不一定要从国家 B 进口那种初级产品，从而国家 A 处于强势的垄断位置。

总的来说，利益是交易的前提，在理性人假设下，自愿的交易总是互利的。只是需要注意，虽然交易总是互利的，但是互利的交易未必公平。

第五节　博弈的基本分类

前面说过，博弈的最基本的分类有两个：一是按照博弈各方是否同时决策，博弈可分为静态博弈和动态博弈。同时决策或者行动的博弈，属于静态博弈；先后或序贯决策或者行动的博弈，属于动态博弈。这里要注意的是，即使决策或行动有先后，但是只要局中人在做决策时都还不知道对手的决策或者行动是什么，也算静态博弈。这是很容易理解的。正如前面所述，比如工程招标，截止日期是 5 月 1 日，尽管有些投标者在 4 月上旬就投了标，有些到 4 月下旬才投标，而且决策时间本来就有先后，但效果与同时决策并无二致。这里，我们当然排除标书泄密这样违规的事情。

二是按照大家是否都清楚各种对局情况下每个局中人的得益，博弈可分为**完全信息博弈**（games of complete information）和**不完全信息博弈**（games of incomplete information）。前面我们已经讲过的大部分博弈，都是完全信息博弈，因为相应的博弈矩阵或者博弈树已经把各种对局情况下每个局中人的得益写得非常清楚。博弈论把"完全信息"这种情况，概括为"各种对局情况下每个局中人的得益多少"是所有局中人的**共同知识**（common knowledge）。

静态和动态，完全信息与不完全信息，组合起来一共有四大类博弈。现在世界各国的经济学教育，多在研究生水平才讲授博弈论，典型的研究生博弈论教材，就包括这么四大部分：一是**完全信息的静态博弈**（static games of complete information），二是**完全信息的动态博弈**（dynamic games of complete information），三是**不完全信息的静态博弈**（static games of incomplete information），四是**不完全信息的动态博弈**（dynamic games of incomplete information）。四个部分原则上一个比一个精彩，也一个比一个难。

为了讨论一个博弈，既可以采取表达为博弈矩阵的正规型表示，也可以采用表达为博弈树的展开型表示。一般而言，正规型表示便于静态博弈的讨论，展开型表示便于动态博弈的讨论，但是也不排除用展开型表示讨论静态博弈，用正规型表示讨论动态博弈。所以说，正规与展开两种基本的表达方式，和静态博弈与动态博弈两种基本的博弈，可以"交叉"表达。在第五章我们会专门讨论这个问题。有兴趣的读者现在可以先期尝试"交叉"表达我们讲过的那些博弈。必须预先提醒的是，如果你不了解我们在第五章将会介绍的"信息集"的概念，并且没有通过自己的研究独立地建立或者接触类似信息集这样的概念，那么，把静态博弈表达为博弈树，会是一个非常困难的问题。如果你现在没有取得成功，请你不要气馁，因为我们后面会学习信息集的概念和使用信息集的方法。如果你真的气馁了，我只好责备自己了：不该提出超前的思考题。

其实，不仅科学研究需要独立的思考，而且学科学习同样需要独立的思考。思考成功，固然可喜可贺，思考失败，也会加深我们对事物和学科内容的了解。

上面说到，按照参与人是否都清楚各种对局情况下每个人的得益，博弈可分为完全信息博弈和不完全信息博弈。具体来说，所谓不完全信息博弈，就是至少有一个参与人不清楚某种对局情况下某个参与人的得益的博弈。

本教材将把讨价还价问题作为一个专题讨论。在上一节，我们初步提到过讨价还价和保留价格，保留价格是私有信息。如果我们把讨价还价看成一个博弈过程，那么由于双方都有隐藏自己的保留价格的动机，而且他们的确能够这么做，所以上述讨价还价就是不完全信息博弈。双方有动机隐藏自己的保留价格应该不难理解。反过来，如果一开始时双方就亮出各自的保留价格这个底牌，后面的讨价还价就可能因为"师出无名"而变得难以精彩地进行下去了。

在不完全信息博弈部分，本教材将对拍卖和招标、信号示意和机制设计等专题进行讨论。设想若干人参与一宗商品的拍卖或者一项工程的投标。赢得商品拍卖的参与人的得益，应该是他对商品的私人评价减去他付出的成交价。但是因为商品评价是私有信息，所以即使成交价是公开的，别人也不清楚如果一个参与人赢得这场拍卖他的真实得益是多少。同样，赢得工程招标的投标者的实际得益，应该是工程的价款减去他为完成工程的支出，后者也是私有信息，从而即使中标价是公开的，别人也不清楚如果一个投标者中标他的真实得益将是多少。由此可见，作为博弈的拍卖和招标，原则上都属于不完全信息博弈。信号示意和机制设计在社会经济领域有着广泛的应用。信号示意是拥有私有信息的信息优势方主动发布信号，以便向信息劣势方传递关键的私有信息，如求职者通过考取专业资格证书来向招聘企业发送关于自己能力的信号。机制设计则刚好相反，信息劣势方设计出一套规则，以求甄别出信息优势方的不同类型，或者促使信息优势方的理性行为与信息劣势方的目标保持一致，如垄断企业设计价格歧视的规则来区分不同类型的消费者。

与信息问题有关的，还有**完美信息博弈**（games of perfect information）和**不完美信息博弈**（games of imperfect information）这样一对概念。完美性，是关于动态博弈进行过程之中面临决策或者行动的参与人对于博弈迄今为止的历史是否清楚的一种刻画，或者说是一种要求。如果在博弈进行过程中的每一时刻，面临决策或者行动的参与人，对于博弈进行到这个时刻为止所有参与人曾经采取的决策或者行动完全清楚，这样的博弈就被称作完美信息博弈，否则就被称作不完美信息博弈。这里要注意，为了区分完全信息和不完全信息以及完美信息和不完美信息这样两对信息刻画，英文原文采用不同的介词 of 和 with 是一些作者的做法。但是合起来的时候，有完全并且完美信息博弈（games of complete and perfect information）、完全但是不完美信息博弈（games of complete but imperfect information）、不完全但是完美信息博弈（games of incomplete but perfect information）和不完全并且不完美信息博弈（games of incomplete and imperfect information）等说法。

区分完美信息博弈和不完美信息博弈，关键是看"迄今为止的历史"是否清楚。

零和博弈与非零和博弈，是又一对重要的概念。如果一个博弈在所有各种对局下全体参与人之得益的总和总是保持为零，这个博弈就被称为**零和博弈**（zero-sum game）。相反，如果一个博弈在各种对局下全体参与人之得益的总和不总是保持为零，这个博弈就被称为**非零和博弈**（non-zero-sum game）。请读者检验我们涉及过的所有博弈，看看哪些是零和博弈，哪些是非零和博弈。在零和博弈中，任何参与人的每一分钱所得，都是其他参与人的所失。可见，零和博弈是利益对抗程度最高的博弈。

许多棋牌游戏都是零和博弈，在这里我们指的是没有出场费和奖金之类的棋牌游戏。赢一场得 3 分平一场得 1 分的足球比赛，就不是零和博弈。

除了零和博弈与非零和博弈这两对可比概念，还有常和博弈与非常和博弈。如果一个博弈在所有各种对局下全体参与人之得益的总和总是保持为一个常数，这个博弈就被称为**常和博弈**（constant-sum game）。相反，如果一个博弈在各种对局下全体参与人之得益的总和不总是保持为一个常数，这个博弈就被称为**非常和博弈**（nonconstant-sum game）或者**变和博弈**（variable-sum game）。在常和博弈中，任何参与人每多得一分钱，都是其他参与人之所失，从而，常和博弈也是利益对抗程度最高的博弈。至少，在经济学"理性人"的基本假设之下是这样。以后我们会说明，有时候常和博弈的利益对抗程度有可能稍微缓和一些，并且这一揭示有助于偏离"理性人"基本假设的思考。

显而易见，零和博弈属于常和博弈，变和博弈属于非零和博弈。但是也很清楚，非零和博弈未必是变和博弈——事实上，按照定义，非零和博弈可以是常和博弈。

囚徒困境是变和博弈。人类的商业活动和军事对抗，多半也都是变和博弈。

变和博弈的概念，蕴含**"双赢"**（two-win 或者 win-win）和**"多赢"**这一非常重要的理念。夸大一点可以说，这一理念是当今世界"和平与发展"主题的学理支持。

把第二节囚徒困境博弈矩阵中的每一个数字（复制为图表 1－15）都加上（比如说）6，我们得到价格大战博弈（见图表 1－16）：如果可口可乐和百事可乐两家公司都采取高价策略，它们都可以盈利 5 亿美元；如果它们展开价格大战，两家公司都采取低价策略，它们都只能盈利 3 亿美元；如果一家公司采取高价策略而另外一家公司采取低价策略，那么采取低价策略的公司将争得巨大的市场份额，盈利上升为 6 亿美元，而保持高价的公司将失去许多生意，盈利下降至 1 亿美元。

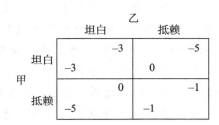

图表 1－15 囚徒困境博弈

图表 1－16 价格大战博弈

在上述价格大战博弈中，如果两家公司合作或者共谋，出现（可口可乐高价，百事可乐高价）的对局，那么站在两家公司（而不是消费者）的角度，这就是一个双赢对局：在这个对局下，不但它们盈利的总和非常高，为 10 亿美元，而且每家公司的盈利都很高，为 5 亿美元，它们因为合作或者共谋得到双赢的结果。在其他对局下，它们的总的盈利是 6 亿美元或者 7 亿美元，都比合作或者共谋时的 10 亿美元少。

也许有读者会问，一家高价一家低价，低价的公司可以盈利 6 亿美元，岂不更好？单独看一家公司，盈利 6 亿美元才是最理想的结果。但是博弈论将揭示，在上述价格大战博弈中，不仅两家公司都盈利 6 亿美元不可能，就是单独一家公司盈利 6 亿美元，也没有可能。

人们为什么要做生意？就是为了实现双赢的对局。在上一节对交易互利的分析，同样揭示了双赢对局。

最后，博弈还分为合作博弈与非合作博弈。如果一个博弈允许参与人中出现有行动约束力或者策略约束力的联盟，这样的博弈就被称为**合作博弈**（cooperative game）；相反，如果一个博弈不允许参与人中出现有行动约束力或者策略约束力的联盟，这样的博弈就被称为**非合作博弈**（non-cooperative game）。

◀── 习　　题 ▶──

1. "田忌赛马"是中国古代著名的博弈故事。田忌赛马的故事大家都知道，大意是说田忌在孙膑的谋划之下在赛马中赢了齐威王。齐威王、田忌和孙膑是故事中的主要人物。

请问：如果把田忌赛马看作是一个博弈，谁是田忌赛马博弈的参与人？

2. 试把"田忌赛马"表述为一个矩阵型博弈。

注记：虽然大家都知道田忌赛马的故事，但是各人的关注并不一样，特别是对于作为博弈讨论的要素的理解并不一样。例如，故事开始时是这样说的：齐国的大将田忌很喜欢赛马，有一回，他和齐威王约定，要进行比赛。他们商量好，把各自的马分成上、中、下三等。在比赛的时候，要上马对上马、中马对中马、下马对下马。由于齐威王每个等级的马都比田忌相应等级的马强，所以比赛了几次，田忌都失败了。

后来，田忌在孙膑的帮助下，首先征得齐威王的同意改变了比赛规则，取消"上马对上马、中马对中马、下马对下马"的约定；其次是在改变规则的基础上进一步运用谋略，终于赢得了比赛。

首先改变规则这一点，就被一些讨论者忽略。事实上，先实现规则的改变，对于田忌得以制胜，至关重要。如果不首先取消"上马对上马、中马对中马、下马对下马"的约定，任你田忌在别的方面有天大的本事，也将是孺子不可教，注定要失败。

本书将不止一次讨论田忌赛马博弈。为了避免歧义，我们明确要点如下的版本：齐威王和田忌各自选定三匹马进行比赛，一匹马对一匹马地比赛三场，一共比赛三场，每一场的负者输给胜者1 000斤铜。每一匹马只能出赛一次。

齐威王和田忌上、中、下各三匹马的强弱次序如下：齐威王的上马胜田忌的上马，田忌的上马胜齐威王的中马，齐威王的中马胜田忌的中马，田忌的中马胜齐威王的下马，齐威王的下马胜田忌的下马。

这个强弱次序不但是稳定的，而且博弈双方都清楚。这是大家的共同知识。不然的话，齐威王不会踌躇满志。

请读者特别注意，在我们使用的田忌赛马的版本中，原来"上马对上马、中马对中马、下马对下马"的规定已经不复存在。

3. 不过，"田忌赛马"实质上不是齐威王和田忌同时决策的博弈。故事实际上告诉我们，每场比赛都是齐威王先选择出赛的马匹，而田忌在知道齐威王的选择以后，再决定自己出赛的马匹。所以，"田忌赛马"是一个决策有先有后的动态博弈。

试把"田忌赛马"表述为一个树型博弈。

这里需要指出，在孙膑的谋划之下，比赛规则再一次向有利于田忌的方向改变，虽然是静悄悄的改变，以至齐威王并未感觉到这是不利于自己的规则改变。请大家仔细想想：如果不是齐威王大大咧咧就答应每场比赛都先"出牌"，糊里糊涂就接受了不利于自己的规则改变，田忌也就没有多少回旋的余地了。这一点，也被一些讨论者忽略。

4. 扑克牌只有黑、红二色。现在考虑玩一种"扑克牌对色"游戏。甲、乙二人各出一张扑克牌。翻开以后，如果二人出牌的颜色一样，甲输给乙一支铅笔；如果二人出牌的颜色不一样，乙输给甲一支铅笔。

试把这个扑克牌对色游戏表达为一个博弈。

5. 现在把上题的扑克牌对色游戏修改如下：甲、乙二人各出一张扑克牌。翻开以后，如果二人出牌的颜色一样，公证人奖励甲、乙二人各一支铅笔；如果二人出牌的颜色不一样，公证人不给予任何奖励。

试把这一新的扑克牌对色游戏表达为一个博弈。

6. 为了区别起见，第 4 题中规则是甲输给乙或者乙输给甲的游戏将被称为"对抗的"扑克牌对色游戏，而第 5 题中公证人奖励参与人的游戏将被称为"协和的"扑克牌对色游戏。试讨论如果甲、乙二人在公证人的主持下连续玩几轮协和的扑克牌对色游戏，将会出现什么情况。

注意，以后说起扑克牌对色游戏时，如果不另外申明，都指对抗的扑克牌对色游戏。

7. 试编写博弈故事，并且表达为矩阵型博弈或者树型博弈。

这个题目的自由度很大，有足够的空间供读者发挥。首先，你既可以提供以学生生活为背景的故事，也可以提供以社会生活为背景的故事；其次，你既可以提供以神话和传说为背景的故事，也可以提供以中国历史为背景的故事和以外国历史为背景的故事；最后，你既可以提供适宜于表达为矩阵型博弈的故事，也可以提供适宜于表达为树型博弈的故事。

运用之妙，存乎一心。就看你的兴致了。

8. 我们谈了人们对商品的评价的差异性和隐蔽性。试讨论差异性的意义和隐蔽性的根源，以及差异性和隐蔽性的关系。

9. 我们曾提到，在正文中所说的埃奇沃思盒内，通过初始持有点 E 的每一条直线，均表示商品 x 和 y 的一个比价。请问：这条直线变陡，表示商品 x 相对于商品 y 变贵了还是变便宜了？这条直线变平，表示商品 x 相对于商品 y 变贵了还是变便宜了？

读者应该对交易直线平陡与比价高低的关系建立类似"条件反射"的反应。

10. 设想在某种同质商品的一个市场中，有 A、B、C 三个人分别愿意以 80、70、60 元的保留价格购买 2、5、4 件同质商品，而 W、X、Y、Z 四个人分别愿意以 30、35、40、45 元的保留价格出售 1、4、2、8 件那样的商品。请绘制这种商品的这个市场的需求曲线和供给曲线。

11. 请确定上题中市场的交易价格和成交数量，并且计算消费者市场得益和生产者市场得益。

12. 设想在某种同质商品的一个市场中，需求曲线是 $Q=300-P/3$，供给曲线是 $Q=P/4-50$，这里 P 为这种商品的市场价格，Q 为这种商品的需求量、供给量或者交易量。请确定这个市场的交易价格和成交数量，并且计算消费者市场得益和生产者市场得益。

13. 试举日常生活或者游戏中静态博弈的例子和动态博弈的例子。

指出在这些例子当中，哪些是完全信息博弈，哪些是不完全信息博弈，并且说明原因。这道题目要做得好，不能没有不完全信息博弈的例子。

14. 在读者熟悉的棋牌游戏当中，哪些是完美信息博弈，哪些是不完美信息博弈？

15. 试以棋牌游戏或者社会生活中的其他现象为例，说明哪些是零和博弈，哪些是非零和博弈，哪些是常和博弈，哪些是变和博弈。

16. 为什么说"变和博弈"的概念蕴含"双赢"这一非常重要的理念？

17. 你是在什么时候头一次听说博弈论的？特别是说说你是什么时候头一次听说"双赢对局"的。回想一下当时的感觉与现在的认识有什么不同。

1

完全信息博弈

第二章
同时决策博弈

从第一章引论中我们已经知道，博弈论是研究利益关联（包括利益冲突）的主体人的对局的理论，并且知道，按照参与博弈的经济主体人行动决策是否存在先后顺序，博弈可以划分为局中人同时决策的**同时决策博弈**（simultaneous-move games）和局中人决策有先有后的**序贯决策博弈**（sequential-move games）。

本章将首先讨论同时决策博弈。

最简单的一类同时决策博弈是二人同时博弈。本章首先通过具体的例子简单介绍二人同时博弈的概念，然后我们讨论一个完整的同时博弈所需具备的三大要素，并介绍表述博弈的一种最常用的形式——矩阵型表示。我们还将进而讨论求解一个同时博弈的各种具体方法，如劣势策略逐次消去法、相对优势策略下划线法以及箭头指向法等。在此基础上，我们将集中讨论本章最重要的一个基本概念——纳什均衡，以及纳什均衡的观察与验证。最后，我们对弱劣势策略逐次消去法做一些讨论。

第一节　二人同时博弈

二人同时博弈，是两个各自独立决策但策略和利益具有相互依存关系的局中人的对局。这么简单一句话说下来，首先需要明白三个非常重要的因素，它们是：**局中人**或者**参与人**（player）、局中人可以选用的**策略**（strategy）或者**行动**（action）、他们在各种策略对局下的**得益**（gain）或者**支付**（payoff）。这三个因素构成了完整描述一个同时博弈所首先必须具备的基本元素。关于策略和得益这两个概念，我们在下一节会进一步介绍，现在首先介绍一下参与人或者局中人这个要素。

所谓局中人，一般是指博弈中独立决策、独立承担博弈结果的个人或组织。按照这一定义，我们在第一章提到的囚徒困境博弈的例子中，只制定规则（"坦白从宽，抗拒从严"之类）但自身不参与决策活动的警察，就不能算是博弈的局中人。

在不完全信息情形下，为了分析问题的方便，除了上述一般意义上的局中人以外，博弈论有时需要引入一个**"虚拟局中人"**（pseudo player）。这个虚拟局中人可以是上帝、老天爷、大自然等，他的作用在于描述博弈过程中外生随机变量的概率分布，比如说一个人天生是好人的概率、某地第二年出现各种不同天气情况的概率或者发生不同等级地质灾害的概率。由于本书基本上不涉及不完全信息博弈，所以我们不打算对虚拟局中人做进一步的讨论，读者现在也不必特意考究"外生随机变量"和它们的"概率分布"是什么东西。但是在我们讨论的范围内，如果读者在想象诸如为什么一个博弈有两个参与人而不是三个参与人、为什么可供一个参与人选择的（纯）策略是两个而不是三个、为什么在一个策略组合下这个参与人得到的支付是 8 而不是 5 这样的问题时感到困惑，你不妨设想这些因素都由实际上位于博弈局外的那个虚拟局中人决定。

在本书中，我们用 $i=1, 2, \cdots, n$ 表示局中人，用 $N=\{1, 2, \cdots, n\}$ 表示局中人的集合。

从第一章讨论的具体的博弈例子以及上述二人同时博弈的界定我们还看到，博弈问题的根本特征，是博弈本身具有策略依存性，不同局中人的策略之间，可能会产生或简单或复杂的相互影响和相互作用。一般来说，局中人的个数越多，这种策略依存性就越复杂，分析就越困难，整个博弈还可能由此表现出明显不同的性质和特点。但也有相反方向的发展：有时候参与博弈的人数多了，博弈的分析反而变得简单。例如，寡头竞争和完全竞争就是两类性质迥异的博弈。但在完全竞争条件下局中人的决策分析反而变得简单，这是因为正如我们在前文中说过的，对手多了，他们的决策会相互融合和相互抵消，于是"全体对手的决策"呈现出可预见的规律，从而可以把对手们的整体反应归结为局中人面对的一个市场。而在寡头竞争的情形下，虽然每个局中人所面对的对手只有一两个，但局中人的行为后果，受对手的行为的影响却很大，其分析过程反而比完全竞争情形下复杂。因此，博弈中局中人的个数，是博弈结构的关键因素之一。正是由于这个原因，经济学家常常根据局中人的个数，将博弈划分为"二人博弈"和"多人博弈"。

二人博弈是博弈问题中最常见也是研究得最多的一类博弈。我们在第一章中所提到的囚徒困境博弈、诺曼底战役模拟博弈等，都属于二人同时博弈问题。由于前面已经介绍过这些例子，我们现在就不急于再重复举例。这里只是简单归纳一下二人博弈的一些关键特征和研究时需要注意的问题。

首先，在二人博弈中，局中人双方的利益并不总是完全相互冲突的，有时候也会出现双方利益方向一致的情形。例如，一个生产上游产品的企业和一个生产下游产品的企业在彼此产品是否匹配问题上的博弈，就是一种非对抗性的博弈。一个典型的例子是日本的制造业生产采用 Keiretsu 生产模式（一译"行列生产模式"），它的一个最重要的目的，是保证上下游企业所生产的产品具有完全匹配性。因为如果上下游两个企业的产品能够完全匹配，就能给双方带来产品互补性的利益，而如果两个企业的产品彼此不匹配，则双方都无法享有这种利益。因此，上下游两个企业在这种博弈关系中的利益，有相当一致的地方。

其次，在二人博弈中，个人追求自身利益最大化的行为，往往并不能导致社会的最大利益，也常常不能真正实现个人自身的最大利益。囚徒困境就是一个典型的例子。经济学上把这种现象称为"个人理性"与"集体理性"的冲突。在今后的讨论中我们遇到的许多博弈，如卡特尔结盟博弈、公共产品的供给、军备竞赛以及经济改革等，都有"个人理性"与"集体理性"冲突的反映。

第二节　博弈的三要素与支付矩阵

前面我们已经清楚，要完整地表述一个同时博弈，必须说明三个基本要素：局中人（或参与人）、策略（或行动）和支付（或得益）。关于局中人，我们在上一节已经进行了比较详细的讨论，现在我们着重谈谈策略和支付这两个基本要素。

我们在博弈论中所谈论的策略，是指参与博弈的各个局中人在进行决策时，可以选择的方法或者做法，包括经济活动的水平和其他量值等。简单来说，策略就是局中人的决策内容。在不同的博弈中，可供局中人选择的策略的数目很不相同，有时候甚至差别很大。例如，在前面提到的囚徒困境博弈中，我们假设每个囚徒可以选择的策略只有两个，即坦白或抵赖，而在中级微观经济学中大家比较熟悉的古诺（Cournot）竞争的产量决策博弈中，如果产量是连续可分的，则每个企业可以选择的产量水平也有无限多个，因为每个可能实现的产量都是企业的可选策略。

在博弈论中，一般用 s_i 表示局中人 i 可以选择的一个特定策略，而用 S_i 表示局中人 i 可以选择的所有策略所构成的集合，被称为**策略集**（strategy set）。

策略集也可以被比较时髦地称为策略空间（strategy space）。但是这样用的时候我们要注意，策略集作为一个集合，未必已经具有一种不同于"离散空间"这种平凡情况的具体的空间结构，而且其中通常难以谈及代数运算。什么叫"离散空间"，为什么"离散空间"是"平凡"的，读者现在不必深究。

如果 n 个局中人每人选择一个特定的策略，具体来说，局中人 i 选择他的特定策略 s_i，那么 n 维**策略向量**（strategy vector）$s=(s_1，\cdots，s_n)$ 就被称为一个**策略组合**（strategy profile），表述博弈的所有参与人的一种对局。注意，策略向量不必是大家在线性代数或者高等代数中熟悉的以实数为分量的那种向量，不过它们在形式上却非常相似。主要区别在于我们一般不认为可以对策略向量本身做什么计算。例如，在囚徒困境博弈中，可供局中人 i 选择的策略 $s_i=$ 坦白或抵赖，所以局中人 i 的策略集是 $S_i=\{$坦白，抵赖$\}$，从而 $s=$（坦白，坦白）是这个博弈的一个策略组合；而在二人（企业）古诺竞争的产量决策博弈中，每个局中人的策略选择是他的产量 q_i，所以他的策略集为 $S_i=\{q_i：q_i\geqslant0\}$，在选定了 q_1 和 q_2 以后，$s=(q_1，q_2)$ 就是该博弈的一个策略组合。

在每一个博弈中，给定一个策略组合，参与博弈的每个局中人都会得到相应的支付。所谓支付，是指每个局中人从博弈中获得的利益，它体现每个参与博弈的局中人的追求，也是局中人的行为和决策的主要依据。支付本身可以是利润、收入、量化的效用、社会效益、福利等。支付既可以取正值，也可以取负值，取正值表示得益，取负值表示损失。例如，在囚徒困境博弈中，给定策略组合 $s=$（坦白，坦白），则囚徒 1 的支付为入狱 3 年，囚徒 2 的支付也是入狱 3 年。为方便起见，在本书的讨论中，我们统一用 u_i 表示局中人 i 的支付，它是作为策略组合的策略向量 s 的函数。因此，在囚徒困境博弈中，对于 $s=$（坦白，坦白），有 $u_1(s)=u_2(s)=-3$，或者 u_1（坦白，坦白）$=u_2$（坦白，坦白）$=-3$。经济学习惯用向量的形式表示局中人的支付。当策略组合是 s 的时候，n 个局中人的支付写在一起，就是一个 n 维向量 $(u_1(s)，\cdots，u_n(s))$ 了。这样，在囚徒困境博弈中，对应于策略组合 $s=$（坦白，坦白），局中人的支付向量为 $(u_1(s)，u_2(s))=(-3，-3)$。

　　为加深读者对博弈三要素的理解，我们再举一个具体的例子。大家都玩过一种名为"剪刀、石头、布"的游戏，这是人们拿来赌胜负输赢的一种简单游戏。该游戏是用不同的手势分别代表剪刀、石头和布，要求参与游戏的双方同时各出一种手势，手势相同为和，手势不同时，石头胜剪刀、剪刀胜布、布胜石头。假定陈明和杜鹃玩这个游戏，则这个博弈的局中人为陈明和杜鹃。他们的策略集都是｛剪刀，石头，布｝，三三得九，因此一共有 9 种策略组合，分别是：（剪刀，剪刀），（剪刀，石头），（剪刀，布），（石头，剪刀），（石头，石头），（石头，布），（布，剪刀），（布，石头），（布，布）。这些策略组合（每个括号）中的第一项表示陈明选择的策略，第二项表示杜鹃选择的策略。对应于每一种策略组合，都有一个相应的支付向量。如果我们约定，在"剪刀、石头、布"游戏中用支付 1 表示赢，用支付 0 表示平局，用支付 -1 表示输，则对应于上述 9 种策略组合，局中人的支付向量分别为：$(0，0)$，$(-1，1)$，$(1，-1)$，$(1，-1)$，$(0，0)$，$(-1，1)$，$(-1，1)$，$(1，-1)$，$(0，0)$。

　　读者会发现，用上述"语言的"方法描述一个博弈中局中人的支付情况，显得非常麻烦。对于不超过 3 个局中人的同时决策博弈，经济学上一般习惯用**支付矩阵**（payoff matrix）的形式来描述局中人在每一种可能的策略组合下的支付。以囚徒困境博弈为例，我们已经知道这个博弈可以表述为图表 2-1 的形式。

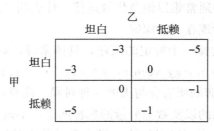

图表 2-1　囚徒困境博弈

　　从图表 2-1 中我们可以看出，首先，由于这是一个只有两个局中人参加的博弈，而每个局中人只有坦白和抵赖两个策略选择，策略组合的集合构成一个 2×2 的表，其中局中人甲选择**行策略**（row strategy），局中人乙选择**列策略**（column strategy）；其次，矩阵中的每个元素都是由两个数字组成的数组，表示在所处行、列代表的两个局中人所选择的策略组合下双方的得益，其中左下方的数字为选择行策略的甲的支付，右上方的数字为选择列策略的乙的支付。例如，如果甲选择了坦白（第 1 行），乙选择了抵赖（第 2

列），则甲将得到支付 0，即无罪释放，乙将得到支付−5，即入狱 5 年。反过来，如果甲选择第 2 行，乙选择第 1 列，则支付情况会倒转过来。

让我们再看看"剪刀、石头、布"游戏的例子。按照上面介绍的支付矩阵的表述方法，这一博弈可描述为图表 2-2 的矩阵形式。

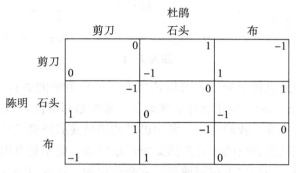

图表 2-2 "剪刀、石头、布"游戏

和介绍过的博弈相比，这个博弈有许多不同的地方，现在我们在这里只强调两点。首先，与囚徒困境博弈类似，由于这个博弈也只有两个局中人，因而它可以用一个二维的（平面的）表格来描述。其次，在每一个策略组合所对应的数组中，局中人的支付之和为零。因此，这个博弈是**零和博弈**（zero-sum game）。关于零和博弈，我们在后面会有专门的一章来讨论。

更一般地，如果一个博弈中只有两个局中人，分别为 1 和 2，并且局中人 1 有 m 种可以选择的策略，分别表示为 $s_1^1, \cdots, s_m^1$，局中人 2 有 n 种可以选择的策略，分别表示为 $s_1^2, \cdots, s_n^2$，并且，对于每个策略组合 (s_i^1, s_j^2)，相应的支付向量为 (a_{ij}, b_{ij})，则整个博弈可以用下面这样一个矩阵来描述（见图表 2-3）。

	局中人2			
	s_1^2	s_2^2	$\cdots$	s_n^2
s_1^1	b_{11} a_{11}	b_{12} a_{12}	$\cdots$	b_{1n} a_{1n}
s_2^1	b_{21} a_{21}	b_{22} a_{22}	$\cdots$	b_{2n} a_{2n}
$\vdots$	$\vdots$	$\vdots$	$\ddots$	$\vdots$
s_m^1	b_{m1} a_{m1}	b_{m2} a_{m2}	$\cdots$	b_{mn} a_{mn}

（局中人1 标于行方向）

图表 2-3 二人博弈的矩阵表示

我们在第一章说过，上述矩阵不是代数中大量讨论的矩阵，而是一种特殊的"双矩阵"。事实上，我们可以把上述双矩阵分解成以下两个支付矩阵（见图表2-4）。

$$A = \begin{bmatrix} a_{11} & a_{12} & \cdots & a_{1n} \\ a_{21} & a_{22} & \cdots & a_{2n} \\ \vdots & \vdots & \ddots & \vdots \\ a_{m1} & a_{m2} & \cdots & a_{mn} \end{bmatrix} 和 B = \begin{bmatrix} b_{11} & b_{12} & \cdots & b_{1n} \\ b_{21} & b_{22} & \cdots & b_{2n} \\ \vdots & \vdots & \ddots & \vdots \\ b_{m1} & b_{m2} & \cdots & b_{mn} \end{bmatrix}$$

图表 2-4

局中人数目有限并且每个局中人可以选择的（纯）策略的数目也有限的博弈，被称为**有限博弈**（finite games）。至于为什么强调是纯策略数目有限，以后当我们引入"混合策略"的时候再说。这样，我们在第一章中讲过的诺曼底战役模拟博弈和囚徒困境博弈，就是有限博弈，而刚刚提到过的企业古诺竞争产量博弈，就不是有限博弈。

上面的做法表明，一个二人有限博弈，完全由它的一对支付矩阵 A 和 B 决定。当我们用一对支付矩阵（A，B）来表述一个博弈的时候，我们就称这个博弈被表示为**双矩阵形式**（bi-matrix form）。在前面我们说过，按照博弈论的术语，我们称局中人 1 为行局中人，称局中人 2 为列局中人。

讲到这里，值得插个典故。前面那种用同一个双矩阵同时表示两个局中人的得失的做法，来自博弈论的一位先驱学者托马斯·谢林（Thomas Schelling）。他曾经说过："假如真有人问我有没有对博弈论做出一点贡献，我会回答有的。若问是什么，我会说我发明了用一个矩阵反映双方得失的做法……我不认为这个发明可以申请专利，所以我免费奉送。"谢林教授这么说，实在是太谦虚了，似乎也反映了对于当时学界时髦的一丝无奈。要知道，他在 1960 年出版的著作《对抗的策略》，迄今仍然是博弈论方面极有影响力的文献。他的其他论著，包括《抉择与后果》（*Choice and Consequence*）、《军备及其影响》（*Arms and Influence*）、《策略分析与社会问题》等，也都有很大影响力。不但他本人对博弈论有很大贡献，引发了许多深刻的进一步的研究，而且他的著述所提供的思想，被普遍认为在 20 世纪帮助人类避免了世界核大战。或许我们可以这样说：在学界时髦之下，人们对谢林教授的伟大贡献，有一个认识过程。他后来获得诺贝尔经济学奖，完全是实至名归。

在很多情形下，参与博弈的局中人的数目往往不止两个，此时，我们应当如何描述一个博弈呢？我们还是通过一些具体的例子来讨论这个问题。下面这个例子，取自美国斯坦福大学商学院经济学家戴维·克雷普斯（David M. Kreps）的小册子《博弈论与经济建模》（*Game Theory and Economic Modelling*）。

假定一个博弈有 A、B 和 C 三个局中人，每个局中人有三种策略可以选择：数字 1、2 和 3。支付的确定非常简单：每个局中人得到 4 乘以三人所选数字中的最小者，再减去自己所选的数字。例如，如果局中人 A 选择了 3，局中人 B 选择了 2，局中人 C 选择了 3，则显然三人中所选的最小数字为 2。那么 A 将得到 $4 \times 2 - 3 = 5$ 的支付，B 将得到 $4 \times 2 - 2 = 6$ 的支付，C 将得到 $4 \times 2 - 3 = 5$ 的支付。

如果我们还是想通过矩阵的形式来描述这个博弈，则可以采取类似于图表 2-5 三个矩阵展开的形式。需要注意的是，在图表 2-5 中，局中人 A 选择行，局中人 B 选择列，而局中人 C 选择矩阵！发挥一下我们的想象力，其实我们可以把这三个矩阵看作一个三层停车场，一个叠在另一个的上面，而局中人 C 的任务就是选择在第几层停车场停车。显然，这个博弈共有 $3 \times 3 \times 3 = 27$ 个策略组合。在每一个策略组合下产生的支付向量中，第一个数字表示局中人 A 的支付，第二个数字为局中人 B 的支付，而第三个数字则是局中人 C 的支付，也就是说，图表 2-5 的每个格子中，第一个数字表示局中人 A 的支付，第二个数字为局中人 B 的支付，而第三个数字则是局中人 C 的支付。值得注意的是，在每一个策略组合所对应的支付向量中，各个元素之和并不都相等。例如，如果所有局中人都选择数字 3，则每个局中人可以得到 $4 \times 3 - 3 = 9$ 的支付，三人支付之和为 27；如果每个局中人都选择数字 1，则每人可得到支付 3，三人支付之和为 9。我们说过，博弈论把具有上述性质的博弈称为变和博弈。在另外一章，我们会对变和博弈的问题做进一步的讨论。

如果局中人C选择1

		局中人B		
		1	2	3
局中人A	1	3, 3, 3	3, 2, 3	3, 1, 3
	2	2, 3, 3	2, 2, 3	2, 1, 3
	3	1, 3, 3	1, 2, 3	1, 1, 3

如果局中人C选择2

		局中人B		
		1	2	3
局中人A	1	3, 3, 2	3, 2, 2	3, 1, 2
	2	2, 3, 2	6, 6, 6	6, 5, 6
	3	1, 3, 2	5, 6, 6	5, 5, 6

如果局中人C选择3

		局中人B		
		1	2	3
局中人A	1	3, 3, 1	3, 2, 1	3, 1, 1
	2	2, 3, 1	6, 6, 5	6, 5, 5
	3	1, 3, 1	5, 6, 5	9, 9, 9

图表 2-5

但是，如果参与博弈的局中人的数目在四个或四个以上，那么我们就很难再用支付矩阵的方法把它描述清楚。为此，我们将需要另外的表述方式，这在以后会介绍。目前，我们集中讨论只有两个局中人的矩阵型博弈。

在前面关于博弈三要素的讨论的基础上，现在我们可以用比较规范的语言，给出正规型（或者策略型）博弈的定义及一些相关概念的表述。

定义 2.1　设在一个 n 人博弈中，诸局中人的策略集为 $S_1, \cdots, S_n$，每个局中人的支付 $u_1, \cdots, u_n$ 都是定义在 $S_1 \times S_2 \times \cdots \times S_n$ 上的函数，我们将把这个博弈记作 $G =$

$\{S_1, \cdots, S_n; u_1, \cdots, u_n\}$。这种表述方法被称为博弈的策略型表示（strategy-form representation）或正规型表示（normal-form representation）。

其实，这是一个表述法的定义。具体来讲，按照定义 2.1，$G=\{S_1, \cdots, S_n; u_1, \cdots, u_n\}$描述的是这样一个博弈：每个局中人 i 同时从各自的策略集中选择自己的策略 $s_i \in S_i$，这里 $i=1, 2, \cdots, n$。在 $s_1, s_2, \cdots, s_n$ 都选好之后，每个局中人 i 都会得到一个相应的支付 $u_i(s_1, s_2, \cdots, s_n)$。可见，为了描述一个策略型博弈，我们需要知道可以供每个局中人选择的策略集和他们的支付函数，并且每个支付函数 u_i 都是 n 个策略变量 $s_1, s_2, \cdots, s_n$ 的一个实函数。

每个局中人同时独立地从自己的策略集 S_i 中选取一个策略 $s_i \in S_i$，就可以得到博弈的一个策略组合 $s=(s_1, s_2, \cdots, s_n)$。所有这样的可能的策略组合 $s=(s_1, s_2, \cdots, s_n)$ 的集合，即这些局中人的策略集 $S_1, S_2, \cdots, S_n$ 的**笛卡儿积**（Cartesian product）$S=S_1 \times S_2 \times \cdots \times S_n$，被称为这个博弈的**策略组合集**（strategy profile set 或者 set of strategy combinations）。具体来说，对于一个 n 人博弈，

$$S=S_1 \times S_2 \times \cdots \times S_n = \{(s_1, s_2, \cdots, s_n): s_i \in S_i, i=1, 2, \cdots, n\}$$

每个局中人的支付函数 $u_i(s)$ 或者 $u_i(s_1, s_2, \cdots, s_n)$，都是一个 n 元实函数。按照现代经济学的标准记法，局中人 i 的支付函数可以记作 $u_i: S_1 \times S_2 \times \cdots \times S_n \to R$，或者简记作 $u_i: S \to R$，其中R 是实数集。

为了使读者对这些比较抽象的符号和概念有一个比较形象的理解，我们下面再举一个具体的例子。

例 2.1 考虑三个局中人参加的一个策略型博弈，三个局中人的策略集一样，都是 $[0, 1]$ 区间：

$$S_1 = S_2 = S_3 = [0, 1]$$

他们的支付函数分别为

$$u_1(x, y, z) = x + y - z$$
$$u_2(x, y, z) = x - yz$$
$$u_3(x, y, z) = xy - z$$

这里要注意，为简化符号起见，我们令 $s_1=x$，$s_2=y$，$s_3=z$。显然，u_1, u_2, u_3 都是从 $S=[0, 1] \times [0, 1] \times [0, 1]$ 到R 的函数。

如果三个局中人的策略选择是 $x=\frac{1}{2}$，$y=1$，$z=\frac{1}{4}$，那么在这个对局之下他们的支付将分别是

$$u_1\left(\frac{1}{2}, 1, \frac{1}{4}\right) = 1\frac{1}{4}, \quad u_2\left(\frac{1}{2}, 1, \frac{1}{4}\right) = \frac{1}{4}, \quad u_3\left(\frac{1}{2}, 1, \frac{1}{4}\right) = \frac{1}{4}$$

在这里，$\left(\frac{1}{2}, 1, \frac{1}{4}\right)$ 就是这个博弈的一个策略组合。

在定义 2.1 给出的 n 人博弈中，局中人的支付函数 $u_1, \cdots, u_n$ 定义在诸局中人的策

略集的笛卡儿积 $S_1 \times S_2 \times \cdots \times S_n$ 上，诸策略集 S_1，S_2，$\cdots$，S_n 既可以是连续的，也可以是离散的。例 2.1 的 $S_1 = S_2 = S_3 = [0, 1]$，从而

$$S_1 \times S_2 \times S_3 = \{(x, y, z): 0 \leqslant x \leqslant 1, 0 \leqslant y \leqslant 1, 0 \leqslant z \leqslant 1\}$$

就是连续的情形，相应的支付函数为 $u_1(x, y, z) = x + y - z$，$u_2(x, y, z) = x - yz$，$u_3(x, y, z) = xy - z$，和我们平常熟悉的函数形式一样。但需要注意的是，我们迄今讨论过的博弈都可以表述为正规型博弈或者策略型博弈，首先是策略集和支付函数可以这样表述。

前面已经说过，在囚徒困境博弈中，局中人 i 的策略集 $S_i = \{$坦白，抵赖$\}$，所以他们的策略集的笛卡儿积 $S_1 \times S_2 = \{($坦白，坦白$)$，$($坦白，抵赖$)$，$($抵赖，坦白$)$，$($抵赖，抵赖$)\}$ 是离散的、只有 $2 \times 2 = 4$ 个元素的集合，两个局中人的支付用支付函数的形式表达，就有

$$u_1(坦白，坦白) = u_2(坦白，坦白) = -3$$

请读者继续这样做下去，把 $u_1($坦白，抵赖$)$、$u_1($抵赖，坦白$)$、$u_1($抵赖，抵赖$)$ 和 $u_2($坦白，抵赖$)$、$u_2($抵赖，坦白$)$、$u_2($抵赖，抵赖$)$ 都写出来。

总而言之，定义 2.1 的策略组合集和支付函数表述，概括了连续和离散两种情形，但是列出表格的矩阵型表示，只适合离散的情形。

第三节　优势策略

我们前面已经介绍了如何通过支付矩阵的方式描述一个同时决策博弈。将一个博弈描述清楚并不是我们的最终目的，我们的最终目的是把这个博弈可能的结果分析清楚，即预测什么情况可能发生，什么情况不容易发生。笼统地说，可能发生的结果，都可以说是博弈的解。在非合作博弈理论中，这一节的从寻找优势策略入手的方法，是常用的一种用于寻求博弈的解的方法。

设想这样一种情况：在某个博弈中，如果不管其他局中人选择什么策略，一个局中人的某个策略选择给他带来的支付始终高于他的其他策略选择，或者至少不低于他的其他策略选择，这样，只要这个局中人是理性的，他就必定愿意选择这个策略。这样的一个策略，在博弈论中被称为**优势策略**（dominant strategy）。

优势策略有整体的**严格优势策略**（strictly dominant strategy）和**弱优势策略**（weakly dominant strategy）之分。所谓严格优势策略，是指无论其他局中人选择什么策略，这个局中人的某个策略选择给他带来的支付总是高于他的其他策略选择。例如，在囚徒困境博弈中，"坦白"就是这样的策略，因为无论对于囚徒甲还是囚徒乙来讲，他选择坦白所得到的支付都高于他选择抵赖所得到的支付。具体来讲，如果乙抵赖，甲坦白可以得到宽大释放；如果乙坦白，甲也坦白的话要坐 3 年牢，但若甲抵赖，就要坐 5 年牢。可见，对于甲来说，不管乙采取什么策略，他采取坦白策略对自己来说总是比较有利。所以两相比较，坦白是他的整体的严格优势策略。整体，指的是不论对方采取哪个

策略，甲采取这个策略总显示优势：对方坦白，甲坦白比抵赖好；对方抵赖，也是甲坦白比抵赖好。严格，指的是这个优势策略的结局确实要好一些：对方坦白，甲坦白得-3确实比抵赖得-5好；对方抵赖，甲坦白得0也确实比抵赖得-1好。这里，严格是说：-3不仅不差于-5，而且严格好于-5；0不仅不差于-1，而且严格好于-1。"整体的严格的优势策略"说起来拗口，我们约定以后就简说严格优势策略。优势和劣势是比较而言的。在这个博弈中，既然坦白是严格优势策略，那么抵赖就是相应的**严格劣势策略**（strictly dominated strategy）。

同样，坦白也是乙的严格优势策略，抵赖是相应的严格劣势策略。

用比较学术化的语言来讲，严格优势策略和严格劣势策略的定义分别如下。

定义 2.2 设在一个二人同时决策博弈中，s_i，$s_j \in S_1$，即 s_i，s_j 都是局中人1可以选择的策略，那么：

（1）如果对于局中人2的每一个策略 $s \in S_2$，都有 $u_1(s_i, s) > u_1(s_j, s)$，则称局中人1的策略 s_i 严格优于局中人1的策略 s_j，s_i 是局中人1的严格优势策略；

（2）如果对于局中人2的每一个策略 $s \in S_2$，都有 $u_1(s_i, s) < u_1(s_j, s)$，则称局中人1的策略 s_i 严格劣于局中人1的策略 s_j，s_i 是局中人1的严格劣势策略。

局中人2的严格优势策略和严格劣势策略可以用同样的方式定义。

这个定义是针对同时决策的二人博弈给出的。请读者尝试把它推广到同时决策的 n 人博弈。如果感觉有困难，参考下一节 n 人博弈的优势策略均衡的定义，应该会有所帮助。

理性的主体人是不会采用对自己明显不利的严格劣势策略的，所以在分析博弈的可能结局时，我们应该把局中人的严格劣势策略删去。这样，在上述博弈中把双方的严格劣势策略都删去，我们就得到囚徒困境博弈的结局为：双方坦白，各得-3。

经济学习惯把市场力量对峙的结局叫作**市场均衡**（equilibrium）。比方说电视机的市场供不应求将驱使价格上升，供大于求将迫使价格下降，供求力量对峙的结果是，会在一个价格水平达到市场供求的均衡。上面这样用删去劣势策略、只留下优势策略的方法得到的由双方的严格优势策略组成的博弈均衡，被称为**严格优势策略均衡**（equilibrium of strictly dominant strategies）。关于优势策略均衡的一般定义，我们在下一节再讲。

一般来说，我们在分析一个局中人的决策行为时，可以首先把一个严格劣势策略从该局中人的策略集中去掉，然后在剩下的策略范围内，试图再找出这个局中人或者别的局中人的一个严格劣势策略，并将它去掉。不断重复这一过程，直到对每一个局中人而言，再也找不出严格劣势策略为止。这种讨论方法在博弈论中被称为**严格劣势策略逐次消去法**（iterated elimination of strictly dominated strategies），简记为 IESDS。我们上面使用的推出囚徒困境博弈结局的方法，就是这样一种方法。

下面我们再举出一个具体的例子，以加深读者对这种方法的理解和掌握。在图表2-6所描述的博弈中，局中人1有三个策略可以选择：T（上）、M（中）和 B（下）；局中人2也有三个策略可以选择：L（左）、C（中）和 R（右）。矩阵中的每个格子列出了局中人1和局中人2在不同策略组合下的支付情况。

首先我们观察到，局中人2的策略 R 与策略 C 相比，R 为严格劣势策略，因为局中人2选择 R 的可能得益为0、0或3，分别小于选择 C 时的可能得益3、1或4，所以我们

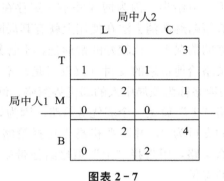

图表 2 - 6

先把 R 列删去，得到图表 2-7。

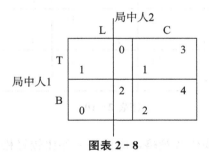

图表 2 - 7

此时，局中人 1 的策略 M 与 T 相比，M 为严格劣势策略，因为局中人 1 选择策略 M 的可能得益为 0 或 0，分别小于选择策略 T 时的 1 或 1，所以我们再把 M 行删去，得到图表 2-8。

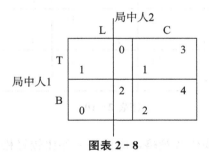

图表 2 - 8

再次比较局中人 2 的策略 L 与 C，显然，这时候 L 已经变为严格劣势策略，因为局中人 2 选择策略 L 的得益为 0 或 2，分别小于选择策略 C 时的 3 或 4。这样，我们再把 L 列删去，得到图表 2-9。

最后比较局中人 1 的策略 T 与策略 B，很明显这时候策略 B 优于策略 T，于是把 T 行删掉，仅剩下 B 行和 C 列。这样，我们运用严格劣势策略逐次消去法，解得博弈的均衡结果是（B，C），即局中人 1 选择策略 B、局中人 2 选择策略 C 的对局。在这个均衡对

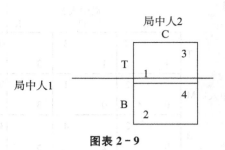

图表 2-9

局下，他们的博弈得益分别是 2 和 4。

　　但是，并不是每一个博弈都存在严格优势策略，也就是说，不存在不管其他局中人选择什么策略，某个局中人选择他的某个策略给他带来的支付始终高于他选择其他策略的情形。具体的例子将在下一节给出。因为博弈并不一定存在严格优势策略和与之相对的严格劣势策略，严格劣势策略逐次消去法在使用上就有其局限性。

　　在不存在严格优势策略的情况下，比较好的情形是，不管其他局中人选择什么策略，一个局中人选择他的某个策略给他带来的支付（仅仅只是）不低于他选择任何其他策略。我们通常把满足这一性质的策略称为该局中人的弱优势策略。例如，在图表 2-10 所描述的博弈中，局中人甲的策略"上"就是一个弱优势策略。因为如果乙选择策略"右"，则甲选择策略"上"所得到的支付为 2，并不严格高于选择策略"下"时得到的支付。问题是不管局中人乙选择什么策略，甲选择"上"策略给他带来的支付总是不低于他选择他的其他策略所能够得到的支付。

	乙		
	左	中	右
甲 上	12 / 4	10 / 3	12 / 2
甲 中	12 / 0	11 / 2	11 / 1
甲 下	12 / 3	8 / 1	13 / 2

图表 2-10

　　用比较规范的语言定义弱优势策略，应该是一件比较轻松的事情。作为练习，我们留给读者自己去完成。

第四节　优势策略均衡

　　从上一节优势策略的定义中我们知道，如果博弈的某个参与人有一个优势策略，那么无论对手采取什么策略，这个参与人采取自己的优势策略将会给自己带来的得益，都不低于他采取其他策略所得到的支付。因此，一个理性的局中人必然愿意采用优势策略。需要注意的是，优势策略的概念并不要求全面压住其他策略的严格性，只要不比选择其他策略所得到的支付少即可。下面提供的"公明博弈"的例子，将可以说明这一点。

如果博弈的每个局中人都有自己的优势策略，并且每个局中人都选择自己的（一个）优势策略，那么我们将会知道，这样得到的策略组合必然是稳定的。这样的策略组合被称为博弈的优势策略均衡。

现在我们先正式给出优势策略均衡的定义。

定义 2.3 设 $s^* = (s_1^*, s_2^*, \cdots, s_n^*) \in S_1 \times S_2 \times \cdots \times S_n$ 是 n 人博弈 $G = \{S_1, \cdots, S_n; u_1, \cdots, u_n\}$ 的一个策略组合。如果 $s^* = (s_1^*, s_2^*, \cdots, s_n^*) \in S_1 \times S_2 \times \cdots \times S_n$ 符合以下条件，就说它是博弈 G 的一个**优势策略均衡**（equilibrium of dominant strategies）：

对于任何一个局中人 $i \in \{1, 2, \cdots, n\}$，不等式

$$u_i(s_1, \cdots, s_{i-1}, s_i^*, s_{i+1}, \cdots, s_n) \geqslant u_i(s_1, \cdots, s_{i-1}, s_i, s_{i+1}, \cdots, s_n)$$

对于所有策略组合 $(s_1, s_2, \cdots, s_n) \in S_1 \times S_2 \times \cdots \times S_n$ 都成立。

如果进一步对于任何一个局中人 $i \in \{1, 2, \cdots, n\}$，严格不等式

$$u_i(s_1, \cdots, s_{i-1}, s_i^*, s_{i+1}, \cdots, s_n) > u_i(s_1, \cdots, s_{i-1}, s_i, s_{i+1}, \cdots, s_n)$$

对于所有符合 $s_i \neq s_i^*$ 的策略组合 $(s_1, s_2, \cdots, s_n) \in S_1 \times S_2 \times \cdots \times S_n$ 都成立，我们还说 $s^* = (s_1^*, s_2^*, \cdots, s_n^*) \in S_1 \times S_2 \times \cdots \times S_n$ 是博弈 G 的一个**严格优势策略均衡**（equilibrium of strictly dominant strategies）。

理解不等式 $u_i(s_1, \cdots, s_{i-1}, s_i^*, s_{i+1}, \cdots, s_n) \geqslant u_i(s_1, \cdots, s_{i-1}, s_i, s_{i+1}, \cdots, s_n)$，是掌握这个定义的关键。因为对于局中人 i 来说，$s_1, \cdots, s_{i-1}, s_{i+1}, \cdots, s_n$ 是所有其他局中人的策略选择，从而上述不等式说的是，在其他局中人无论选择什么策略的情况下，局中人 i 选择他的策略 s_i^* 可以得到的支付，总是不比选择他的其他策略 s_i 所可以得到的支付差。

对于许多读者来说，类似优势策略均衡的上述定义这样的正式刻画，其学术外貌总是让他们感到有点吓人。对此，我们愿意从两个方面谈谈看法。沉重的一面是，如果将来你要学习更加深入的博弈理论，甚或涉足博弈论的研究，你必须掌握并且熟悉博弈论这些正式的学术刻画。轻松的一面是，本书不把掌握正式的学术刻画作为基本要求。说得俗气一些，如果除了这些正式的学术刻画以外，本书的"其他"内容你都掌握了，那么你仍然能通过考试甚至取得良好的成绩。事实上，我们固然希望读者能够了解甚至掌握博弈论的一些正式表述和正式刻画，但是在编写本书的时候，我们要求自己做到，即使读者把这些正式的表述和正式的刻画连同相关的练习都跳过去，也不影响对本书基本内容的学习，不影响对有关的博弈论思想和方法的了解和掌握。下面的公明博弈，将有助于读者理解我们这样处理的好处。

公明博弈说的是一个名字叫公明的艺术家，为自家"豪宅"中的圆穹形天花板的装修，和装修商讨价还价的博弈。话说多才多艺的公明自己设计了尺寸，到石膏造型装修行定做。装修行说要 2 000 元，这样它将可以赚 1 000 元。但是公明很精明，故意嫌贵，装修行就辩解说这个尺寸没有做过，需要重新做模子，所以贵。这时，公明抓住装修行

的辩解点，要求装修行把装修"档案"拿给他看。想不到装修行最后竟然同意了。公明从中找出尺寸最接近的一个说，就按这个尺寸做。结果，装修行不能以模子的成本作为讨价还价的筹码，只好以 1 200 元的价钱成交。为方便讨论起见，假设公明的保留价格正好就是 2 000 元。这就是说，必要时他愿意支付这个价钱把天花板做了。但是现在装修行不能以模子的成本作为讨价还价的筹码，成交价钱下降了 800 元，而不做模子只节省了 400 元的成本，因而只赚了 600 元。

在前面的分析中我们一再强调，表述一个博弈的基本要素有三个：局中人或者参与人，他们的行动或策略，以及所有可能的对局结果，用局中人在这些对局中的盈利、赢得、得益或支付表示。现在，两个局中人是公明和装修行。公明的博弈策略有两个，即要求看档案和不要求看档案。装修行的博弈策略也有两个：一是给看，二是不给看。整个博弈具体可表述为图表 2-11 的形式。

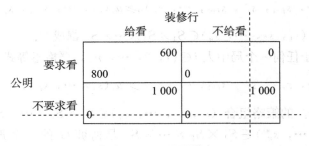

图表 2-11 公明博弈

对于这个博弈矩阵，有必要做简单的说明：右上方格子里的两个 0，表示生意没有做成，从而双方都没有从生意中得益。公明的其他两个 0，来自按照保留价格做成天花板，在讨价还价中没有赚到什么便宜；剩下一个 800，表示左上方格子中的对局，他得到了节省 800 元钱的好处。装修行的三个非 0 支付，则表示在相应对局下它赚了多少钱。

看来，"不说白不说"，不要求看装修档案是公明的劣势策略。装修行呢？如果公明不要求看档案，装修行预备给不给看，结果都是公明没看档案，装修行都可以赚 1 000 元；但是如果公明"来者不善"，要求看档案，那么着眼于这一次的交易机会，装修行预备给他看档案可以赚 600 元，预备不给他看就会什么也赚不到，所以，"只要公明要求，就给他看档案"，应该是优势策略，不给看应该是劣势策略。那么，在形式上运用前面讲过的劣势策略逐次消去法，可以得到这个博弈的一个均衡，由左上方格子（800，600）的位置表示：公明要求看档案，装修行给公明看档案，结果公明省了 800 元钱，装修行赚了 600 元钱。

装修行赚了 600 元，虽然没有赚 1 000 元那么理想，但毕竟比没钱赚好，公明则因为有博弈论思想，节省了 800 元，并把事情做得几乎一样好。

值得注意的是，公明博弈中的劣势策略，不是前面所讲的被整体的严格优势策略压住的严格劣势策略。整体的严格优势策略要求：不论对方采取什么策略，我采取这个策略总比采取任何其他策略要好，而且要确实显出好来，就是说不论对方采取什么策略都一定要比出高低来。可是在公明博弈中，没有这样的整体的严格优势策略。"要求看"不是整体的严格优势策略要求，因为如果对方采用"横竖不给看"策略，公明采用"要求看"策略的博弈结局，并不比采用"不要求看"策略的博弈结局好。所以，"不要求看"不是前面所讲的被整体的严格优势策略压住的严格劣势策略。同样，对于装修行来说，"不给看"也不是以前所讲的被整体的严格优势策略压住的严格劣势策略。但是，它们确实都是劣势策略，是被上一节所述的弱优势策略压住的**弱劣势策略**（weakly dominated strategy）。

我们可以把严格优势策略和弱优势策略一起笼统地称为优势策略，因为按照定义，严格优势策略一定是弱优势策略。如果一个博弈的某个策略组合中的所有策略都是各个局中人各自的优势策略，那么这个策略组合肯定也是所有局中人都愿意保持的策略组合，因而是博弈的稳定的结果。按照定义 2.3，我们把这样的由所有局中人的优势策略组成的策略组合，称为该博弈的一个优势策略均衡。请读者以现在的公明博弈为例，对照定义 2.3，准确理解优势策略均衡的含义。

同样，我们可以把严格劣势策略和弱劣势策略一起笼统地称为劣势策略，这样，仿照"严格劣势策略逐次消去法"，我们有（普通的）**"劣势策略逐次消去法"**（iterated elimination of dominated strategies），即依次把认定的劣势策略消去，其中有些劣势策略可以是弱劣势策略。为在语言上容易区分，我们把与严格劣势策略逐次消去法相对的劣势策略逐次消去法，叫作普通劣势策略逐次消去法。

优势策略均衡是博弈分析中最直接的一个均衡概念，专注于寻求优势策略从而希望得到优势策略均衡，也算是一种最基本的博弈分析方法。囚徒困境博弈中的（坦白，坦白）实际上就是一个优势策略均衡，因为根据上一节的分析，"坦白"对参与该博弈的两个局中人来讲都是优势策略。正是由于优势策略均衡同时反映了所有局中人的绝对的偏好，因此非常稳定。如果一个博弈存在优势策略均衡，我们根据这个或者这些优势策略均衡，就可以对博弈结果做出相当肯定的预测。所以，在进行博弈分析的时候，应该首先判断各个局中人是否都有优势策略，从而判断博弈中是否存在优势策略均衡。如果我们能够找到博弈的一个优势策略均衡，那么这就意味着对该博弈的分析有了一个明确的结果。

但是必须指出，专注于寻求优势策略从而希望得到优势策略均衡，这样的思路有很大的局限性。

首先，专注于寻求优势策略从而希望得到优势策略均衡，往往会漏掉博弈的一些其他可能的结果。例如，上述公明博弈其实有两个可能的结果，另外一个是右下方格子中的支付（0，1 000）表示的对局，即：公明不要求看档案，装修行不给看档案。关于为什么右下方格子的对局也是一个可能的博弈结果，我们在下一节讲述纳什均衡的概念时再说。现在只是借此强调，只着眼于优势策略均衡，并不能穷尽所有可能的博弈结果。也就是说，只着眼于优势策略均衡，往往会漏掉博弈的一些可能的结果。关于这一点，我们在后面会深入讨论。

其次，还有一些博弈根本就没有优势策略均衡。这与公明博弈既有优势策略均衡也有其他可能的博弈结果不同。这就进一步说明，我们不能只着眼于寻求优势策略均衡。

例如，在图表2-12所描述的博弈中，就不存在优势策略均衡。首先，比较1—1—0和0—0—2我们知道，在局中人1的"上""下"两种策略中，不存在始终占优的优势策略。而在局中人2的"左""中""右"三种策略中，比较0—4、3—2和1—0我们知道，虽然"中"策略严格优于"右"策略，从而"右策略"是严格劣势策略并应予淘汰，但是"左策略"和"中策略"之间却比不出优劣，所以局中人2同样没有始终占优的优势策略。因此，在分析这个博弈时，如果我们只集中关注优势策略均衡，我们将不会成功。

不过，运用上面介绍过的严格劣势策略逐次消去法，先删去局中人2的"右"策略，因为它是严格劣势策略，这时候因为剩下的0—0劣于1—1，局中人1的"下"策略就变成了严格劣势策略，又可以删去，至此剩下并排横列的两个格子，因为3严格地比0优，局中人2要删去他的"左"策略。这样一共三步做下来，我们很容易找到（上，中）对局这个博弈结果。正如图中先删去"右"策略、再删去"下"策略、最后删去"左"策略这三条删去线所表明的，（上，中）对局这个结果是运用严格劣势策略逐次消去法得出来的，但是它本身不能够说是优势策略均衡，因为"上"策略不是局中人1的优势策略，"中"策略不是局中人2的优势策略。

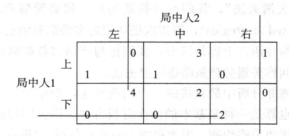

图表 2-12　不存在优势策略均衡的博弈

这个例子及其求解过程说明，与囚徒困境博弈中每个参与博弈的局中人都有自己的优势策略的情况不同，有许多情形是虽然局中人没有优势策略，但是这种局面会随其他局中人的策略选择的变化而变化，从原来没有优势策略变成具有优势策略，或者从操作的角度来说从原来没有劣势策略变成出现劣势策略。例子中因为局中人2不会采用他的严格劣势的"右"策略，因此他的"右"策略应该删去，这时候因为1—1全面严格优于0—0，局中人1的原来不是优势策略的"上"策略，现在就变成了严格优势策略。

既然专注于寻求局中人的优势策略从而希望得到博弈的优势策略均衡的做法并不能解决很多博弈问题，我们就必须寻求新的方法。下面要做的，就是这样的工作。

第五节　相对优势策略与纳什均衡

上面已经说明，当博弈中某个局中人的不同策略之间并不存在整体严格的优劣关系时，专注于寻求优势策略从而希望得到优势策略均衡的做法往往就行不通，严格劣势策略逐次消去法也未必能够奏效。所以，我们必须进一步寻找更普遍适用的博弈结果分析方法。现在的问题是我们应该沿怎样的方向寻找新的方法。

寻求优势策略均衡和运用严格劣势策略逐次消去法的局限启发我们，适用性较强的博弈分析方法，应该顾及各种策略之间的相对优劣关系，而不能局限于绝对优劣关系。

相对优劣关系是什么意思呢？还是看图表 2-12 描述的博弈。我们已经知道这个博弈的两个局中人都没有自己的（绝对）优势策略。但是，对于局中人 2 来讲，如果局中人 1 选择他的"上"策略，"中"策略就是局中人 2 相对于局中人 1 的"上"策略的一个相对优势策略，因为在局中人 1 选择"上"策略的条件下，局中人 2 选择"中"策略比选择"左"策略和选择"右"策略都要好。

同样，如果局中人 2 选择"中"策略，局中人 1 的"上"策略就是他相对于局中人 2 的"中"策略的相对优势策略，因为这时候他选择"上"策略比选择"下"策略要好；然而，如果局中人 2 选择他的"右"策略，对局中人 1 来讲，"下"策略又变成了相对于对手的这个选择的相对优势策略。

可见，与前面讲过的包括严格优势策略和弱优势策略在内的绝对优势策略不同，局中人的相对优势策略，是在他的对手选定某个具体策略的条件下他的优势策略。优劣的相对性，是相对对手的具体策略选择而言的。在多人博弈的情况下，局中人的相对优势策略，是在他的每个对手都选定各自的具体策略的条件下他自己的优势策略。

至此，**相对优势策略**（relatively dominant strategy）的概念应该已经清楚。请读者仿照定义 2.3，用规范的语言给出相对优势策略的定义。

为了理解相对优势策略并且顺利地引入博弈论最基本的概念纳什均衡，我们介绍情侣博弈的例子。情侣博弈的原型是所谓**性别之战**（battle of sexes），说的是恩爱夫妻或热恋中的情侣之间还是存在不同偏好这么一种"大同小异"的策略对局问题。

大海和丽娟正在热恋。难得的周末又到了，安排什么节目好呢？大家都明白，即使是情侣，双方的爱好或者偏好还是不尽相同的，其中性别对偏好的影响具有典型意义。周末晚上，中国足球队要在世界杯外围赛中和伊朗队展开生死之战。大海是个超级球迷，连国内的甲级联赛都不肯放过，更何况是国家队的生死大战？也正好是在这个周末的晚上，俄罗斯的一个著名芭蕾舞剧团莅临该市演出芭蕾舞剧《胡桃夹子》。丽娟最崇尚诸如钢琴和芭蕾这样的高雅艺术，对斯拉夫民族的歌唱和芭蕾更是崇拜得五体投地，她怎么肯放过正宗俄罗斯的芭蕾《胡桃夹子》？或许有人会提议说，一个在自己家里看足球比赛的实况转播，一个去剧院看芭蕾演出不就得了？问题在于，他们是热恋中的情侣。分开各自度过这难得的周末时光，才是最不乐意的事情。这样一来，他们真是面临一场温情笼罩下的"博弈"（见图表 2-13）。

我们不妨这样给大海和丽娟的"满意程度"赋值：如果大海看足球比赛的实况转播而丽娟独自去看芭蕾，因为两人分开，双方的满意程度都为 0；如果两人一起去看足球，大海的满意程度为 2，丽娟的满意程度为 1；如果两人一起去看芭蕾，大海的满意程度为 1，丽娟的满意程度为 2。应该不会有丽娟独自看足球比赛的实况转播而大海独自去看芭蕾的可能，不过人们还是把它写出来，设想因此双方的满意程度都是-1。这样，我们可以用如图表 2-13 所示的支付矩阵，来描述大海和丽娟关于周末节目安排的情侣博弈。

在这个情侣博弈中，双方都没有严格优势策略和严格劣势策略。事实上，芭蕾不是

	丽娟	
	足球	芭蕾
大海 足球	**1** **2**	0 0
芭蕾	−1 −1	**2** **1**

图表 2-13 情侣博弈

大海的整体劣势策略，因为如果丽娟坚持选芭蕾，他选足球只得 0，选芭蕾却还可得 1。足球当然更不是大海的整体劣势策略。所以，大海没有整体的劣势策略。同样，丽娟也没有整体的劣势策略。这样，劣势策略逐次消去法就没有用武之地。

但是，他们应该能够做出一个较好的选择，因为他们是热恋中的情侣。博弈论中最重要的概念"纳什均衡"，指明了如情侣博弈等一大类局中人各策略之间不存在绝对优劣关系的博弈的可能结局。绝对的优劣关系，指的是"不论对方采取什么策略我总是采取这个策略好"或者"不论对方采取什么策略我采取这个策略总是不好"这么一种优劣关系。但是，局中人策略之间不存在绝对的优劣关系，不等于我们就无从分析博弈的可能结局。事实上，我们可以转而考察双方"相对优势策略"的组合。在情侣博弈中，双方都去看足球或者双方都去看芭蕾，就是这样的相对优势策略的组合，关键在于：一旦处于相对优势策略组合这样的位置，双方都不想单独改变策略，因为单独改变没有好处。比方说（足球，足球），即两人一起去看足球，是一个相对优势策略组合，在这个对局中，大海得 2、丽娟得 1；如果大海单独改变去看芭蕾，变成双方都得−1，大海没有得到好处；如果丽娟单独改变去看芭蕾，变成双方都得 0，丽娟也没有得到好处。所以，两人一起去看足球是一个稳定的结局。同样，（芭蕾，芭蕾）这个策略组合，即两人一起去看芭蕾，也是稳定的结局。

这样的思考引导我们认识**纳什均衡**（Nash equilibrium）的概念。具体来说，局中人单独改变策略不会得到好处的对局即策略组合，就叫作纳什均衡。约翰·纳什（John Nash, Jr.）是在 1950 年建立这一概念的数学家，由于对博弈论做出了奠基性的贡献，他在 1994 年荣获诺贝尔经济学奖。在情侣博弈中，（足球，足球）即双方都去看足球，或者（芭蕾，芭蕾）即双方都去看芭蕾，是这个情侣博弈的两个纳什均衡。我们在博弈的上述矩阵型表示中，用把相应对局的支付写成黑体数字的方式，表达两个纳什均衡的位置。

这里要注意的是，纳什均衡不是支付（2，1）和支付（1，2）本身，而是导致支付（2，1）和支付（1，2）的策略组合（足球，足球）和（芭蕾，芭蕾），因为纳什均衡是对局，是双方策略的组合，而不是这些对局或者策略组合下相应的支付。这是初学博弈论的时候容易混淆的地方。情侣博弈的两个纳什均衡分别是：大海选足球丽娟也选足球；丽娟选芭蕾大海也选芭蕾。我们只是用矩阵中支付为（2，1）的格子方便地表示大海选足球丽娟也选足球这个（足球，足球）均衡，用矩阵中支付为（1，2）的格子方便地表示丽娟选芭蕾大海也选芭蕾这个（芭蕾，芭蕾）均衡。总之，两个纳什均衡是策略组合

（足球，足球）和（芭蕾，芭蕾），在这两个均衡中，博弈双方的所得分别是（2，1）和（1，2）。我们在前面说过，在（2，1）或者（1，2）这样的写法中，第一个数字是大海之所得，第二个数字是丽娟之所得。

在二人博弈离散数据的情况下，因为各种策略组合相应的支付可以写成双矩阵表格，我们可以采用这样的办法方便地检验纳什均衡：盯住一个格子，如果这个格子中右上方的数字向右或者向左移动都不变大，这个格子中左下方的数字向上或者向下移动也都不变大，那么这个格子代表的策略组合，就是这个二人博弈的一个纳什均衡。

例如，前述情侣博弈左上方格子（2，1）代表的策略组合（足球，足球），就是情侣博弈的一个纳什均衡，因为格子右上方的 1 向右移动将变成 0，格子左下方的 2 向下移动将变成 -1，都不变大。这里注意右上方的 1 没有向别的地方移动的可能，左下方的 2 也没有向别的地方移动的可能。相反，情侣博弈右上方格子（0，0）代表的策略组合（足球，芭蕾），不是情侣博弈的纳什均衡，因为格子右上方的 0 向左移动将变成 1，格子左下方的 0 向下移动将变成 1，都将变大，也就是变好。这说明，处于策略组合（足球，芭蕾）的时候，双方都有单独改变策略选择的激励，因为改变策略选择将给自己带来好处。这也是策略组合（足球，芭蕾）不是纳什均衡的道理。而处于策略组合（足球，足球）或者（芭蕾，芭蕾）的时候，双方都没有单独改变策略选择的激励，因为单独改变策略选择不会给自己带来好处。

最后还要提请读者注意，一个策略组合要成为博弈的纳什均衡，必须在这个策略组合下所有博弈参与人都没有单独改变策略选择的动机；但是要论证一个策略组合不是博弈的纳什均衡，只需指出在这个策略组合下有一个博弈参与人有单独改变策略选择的动机，就已经足够。

以后我们会提供更多的例子。

情侣博弈可以有许多不同的版本，现在我们再讲述一个。假定陈明和钟信都是某大学英语系的高才生，一直是很要好的朋友。到高年级了，他们在考虑选修第二门外国语。陈明偏向修德语，钟信偏向修法语，但最要紧的是两人选同一门课，这样才可以一起复习、一起对话，继续他们以往如切如磋、如琢如磨的相得益彰的同学生涯。这时，他们面临的抉择，可以表示为如图表 2-14 所示的博弈。

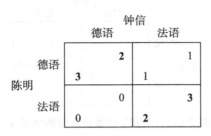

图表 2-14　选修第二外语博弈

如果把前面所讲的情侣博弈中的所有数字都加上 1，就得到现在这样的数字矩阵。可见，这个"选修课博弈"实质上和前面所讲的情侣博弈完全一样。在这个博弈中，有两个用黑体数字表示的纳什均衡：一个是（德语，德语），即两人都修德语，陈明得 3，钟信得 2；另一个是（法语，法语），即两人都修法语，陈明得 2，钟信得 3。纳什均衡是博弈的稳定的对局，就是说处于纳什均衡的时候，任何一方都不想单独改变策略选择，因为单独改变不会给他自己带来好处。

情侣博弈与经济决策有什么关系呢？这就要看你的想象力了。比如两个相邻的企业都要解决各自的供水问题。如果它们各干各的，成本就会比较高，效益就没那么好。如果两个企业联合起来投资建设共用的供水系统，效益就会比较好。但是在选定合作方案的时候，由于各种因素，在携手合作的大前提下，还是可能有小算盘的考虑。你想这样，他想那样，这也是人之常情嘛。这种合作比不合作好，但是在合作的大局下又不免有小算盘、不免打小九九的对局，实质上不就是情侣博弈吗？

第六节　相对优势策略下划线法

对于策略之间只存在相对优劣关系的二人博弈问题，如果策略集是有限的，比如局中人 1 有 m 个策略选择，局中人 2 有 n 个策略选择，那么我们可以写下 m 行 n 列共 $m \times n$ 个格子的支付矩阵。这时候，我们首先可以考虑采取所谓 **相对优势策略下划线法**（method of underlining relatively dominant strategies），试图找出博弈的纳什均衡。

我们先具体做一次给大家看，然后展开相对优势策略下划线法的文字描述。事情常常会这样：学会具体怎么做比掌握做法的文字描述容易。

我们就以情侣博弈为例吧。先标示大海的相对优势策略。如果丽娟选择足球（策略），大海当然选足球（策略）从而他可以得 2，足球策略是他对于丽娟选择的足球策略的相对优势策略，这时候我们在表征这个对局的左上方格子中左下角的 2 下面画线，这个 2 是大海在这个对局下之得益或者支付；如果丽娟选择芭蕾（策略），大海也选芭蕾（策略）从而得 1 为好，这时候芭蕾变成大海的相对优势策略，于是我们在表征这个对局的右下方格子中左下角的 1 下面画线，这个 1 是大海在（芭蕾，芭蕾）对局下的得益。见图表 2-15。至此，大海的相对优势策略的位置已经全部标示出来。

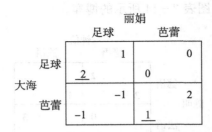

图表 2-15　利用下划线法解情侣博弈（一）

值得注意的是，当我们说要标示大海的相对优势策略的时候，我们必须做的实际上是标示大海的相对优势策略的具体位置即具体格子。离开具体的格子，因为缺了丽娟的策略选择这个因素，无所相对，无论足球策略本身还是芭蕾策略本身，都不成为大海的相对优势策略，而大海没有别的策略。

现在标示丽娟的相对优势策略的位置。如果大海选择足球，丽娟的相对优势策略是也选择足球，这样她可以得1，总比她选择芭蕾将得0好。于是，我们在表征这个对局的左上方格子中右上角的1下面画线，这个1是丽娟在这个对局下之得益；如果大海选择芭蕾，丽娟求之不得，当然选择芭蕾以得2，这时芭蕾是她的相对优势策略，于是我们在右下方格子中右上角的2下面画线（见图表2-16）。

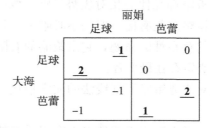

图表 2-16　利用下划线法解情侣博弈（二）

纳什均衡可以采用这种相对优势策略下划线法来确定：首先像上面所做的，逐次用下划线来标示局中人相对于对方可能的策略选择（一行或一列）的相对优势策略的位置。双方的相对优势策略都这样画了下划线以后，如果哪个格子中两个数字下面都被画了线，这个格子所对应的（相对优势）策略组合，就是一个纳什均衡。

这样应用相对优势策略下划线法于情侣博弈，因为有两个格子中的两个数字的下面都被画了线，我们就可以知道，我们的情侣博弈有两个纳什均衡：一个是一起去看足球分别得（2，1）的对局（足球，足球），另外一个是一起去看芭蕾分别得（1，2）的对局（芭蕾，芭蕾）。在图表2-16的博弈矩阵中，这两个均衡都已经用黑体标示出来。

相对优势策略被这样画线以后，博弈矩阵的格子并非都像情侣博弈那样只有两个支付数字下面都画了线或者两个支付数字下面都没有下划线这样两种情况。图表2-17是图表2-12的变体。对图表2-17的博弈运用相对优势策略下划线法，可以发现有两个格子中的数字下面都没有下划线，有三个格子中只有一个数字下面被画了线，有一个格子中两个支付数字下面都被画了线，这个格子所标示的，就是这个博弈的纳什均衡，具体的对局是（上，中）。

局中人2

	左	中	右
上	1 __2__	__5__ __2__	3 0
下	__7__ 1	2 0	2 __3__

图表 2-17　图表 2-12 博弈的变体

实际上，对策略选择有限的二人同时博弈运用相对优势策略下划线法以后，可能像图表2-17的博弈那样得到一个纳什均衡，也可能像情侣博弈那样得到博弈的两个甚至几个纳什均衡，还可能得不到纳什均衡。如果是博弈"原来就"没有均衡的情况，作为确定均衡的一种方法的相对优势策略下划线法，并不能让它生出均衡来。

现在，我们略为修改图表2-17的博弈，使得（下，中）格子中的支付变为（0，7）。即只把中间的那个2改为7。请读者运用相对优势策略下划线法求出它的均衡来。在求均衡的时候，读者可以知道，博弈参与人对于对手的一个策略选择，可以有不止一个相对优势策略。具体来说，博弈这样略为修改以后，对于局中人1的"下"策略选择，局中人2的"左"策略和"中"策略都是他的相对优势策略。概而言之，对于对手的每一个具体的策略选择，相对优势策略总是有的，但是不必唯一。我们说相对优势策略总是有的，这是关于相对优势策略的存在性的命题，它由策略的有限性保证：有限个策略组合下的支付，数目有限，从而必定存在最大者。

好，现在我们来完成相对优势策略下划线法的文字描述。这是不能逃避的，虽然颇费措辞。

相对优势策略下划线法：对于矩阵表达的二人有限博弈的每个局中人，找出他相对于对手的每种可能的策略选择的相对优势策略，并且在对手的这种策略选择和自己的相对优势策略组成的具体策略对局中自己的得益即支付之下，画一短线。当这样做完以后，矩阵中两个支付数字下面都被画了线的格子所表征的策略对局，就是这个博弈的纳什均衡。

值得说明的是，以前讲过的可以直接用劣势策略逐次消去法求出来的优势策略均衡，都可以用现在讲的相对优势策略下划线法找出来。道理其实很简单：全局优势策略一定是相对优势策略。

我们以最早讲的囚徒困境博弈为例。如果甲坦白，乙的相对优势策略是也坦白，所以要在左上方格子中右上角的－3下面画线；如果甲抵赖，乙的相对优势策略还是坦白，所以要在左下方格子中右上角的数字0下面画线。再看甲：如果乙坦白，甲的相对优势策略是也坦白，这样我们应该在左上方格子中左下角的数字－3下面画线；如果乙抵赖，甲的相对优势策略还是坦白，所以要在右上方格子中左下角的数字0下面画线。这样对所有相对优势策略都用下划线标记以后，就可以看到，只有左上方一个格子是两个数字下面都被画了线，这个格子代表的策略组合（坦白，坦白）就是囚徒困境博弈的均衡。它也是以前所讲的优势策略均衡。

在上一节我们说过，公明博弈还有另外一个纳什均衡。现在读者可以运用相对优势策略下划线法，把公明博弈的所有纳什均衡找出来。这样，就可以验证公明博弈确实还有另外一个纳什均衡。

在这一节，我们在二人有限博弈的框架内介绍了相对优势策略下划线法。画线，只是在纸面上标记位置的一种具体方式，如果改为给相应的支付数字画圈，也没有什么不可。可见，从原理上说，相对优势策略下划线法应该被称为相对优势策略标记法，随便你用什么你觉得方便的方法来标记都可以。原则上，相对优势策略标记法适用于任何有限博弈，即它也可以用于多人有限博弈，问题是在多人博弈的情形下，在纸面上把相对优势策略标记出来将很不方便。不过在计算机时代，如何利用计算机表述一个博弈，如何利用计算机标记博弈的相对优势策略，实在是小菜一碟，不值得我们在这个课程里为相应的技术细节耗费太多的时间。

第七节 箭头指向法

对于矩阵型的二人同时有限博弈，还有一种与下划线法的分析思路略有不同但效果一样的方法，对于理解博弈关系也颇有好处，这种方法被称为**箭头指向法**（method of arrow-pointing）。它的基本思路是，对博弈中的每个策略组合进行分析，考察在这个策略组合下各个局中人是否能够通过单独改变自己的策略而增加支付。如果能够在对手或对手们保持策略选择不变的情况下，通过单独改变自己的策略选择，到达或者形成新的策略组合而增加自己的支付，那么原来的策略组合就不是博弈的具有稳定性的结果，我们应该把它排除在均衡之外。这样做完以后，剩下没有被排除的，就是博弈的纳什均衡。在能够通过单独改变自己的策略而增加支付的情形中，理性的局中人有单独改变自己的策略的动机。箭头指向法用一个箭头，形象地表示从原来的策略选择到新的会增加自己的支付的策略选择的偏离倾向。矩阵中没有箭头从中指出来的格子，表征的是每个局中人都没有单独改变策略选择的倾向的策略组合，这样的策略组合就是博弈的纳什均衡。

具体做法是这样的：依次考察矩阵型博弈的每个策略组合，如果在这个策略组合中，某个局中人能够通过单独改变策略选择增加自己的支付，则从所分析的策略组合下他所对应的支付处引一箭头，指向他单独改变策略后新的策略组合下他所对应的支付。当所有策略组合都这样处理完了以后，没有箭头指出去的那些格子表征的策略组合，就是博弈的纳什均衡。

让我们以熟悉的囚徒困境博弈和情侣博弈为例，演示现在所讲述的箭头指向法。首先看囚徒困境博弈。假设在开始的时候，双方位于（抵赖，抵赖）这个策略组合，那么甲和乙都会发现，自己单独改变策略能够增加自己的支付，即从 -1 提高到 0。因此，甲有激励改变自己的策略，使策略组合从原来的（抵赖，抵赖）变为（坦白，抵赖），在图表 2-18 中我们从原来的策略组合的支付数组（-1，-1）的第一个 -1，画一箭头指向新的支付数组（0，-5）的 0，以表示这个单独偏离的倾向。这是一个竖直向上的箭头。同样地，乙也有激励单独改变自己的策略，使策略组合从（抵赖，抵赖）变为（抵赖，坦白），我们同样用一个从支付数组（-1，-1）的第二个 -1 指向支付数组（-5，0）的 0 的箭头，来表示这个单独偏离的倾向。这是一个水平向左的箭头。这两个箭头中的**任何一个**，都足以说明，策略组合（抵赖，抵赖）不可能是稳定的，从而不是纳什均衡。

现在再分析策略组合（坦白，抵赖）。采用这个策略组合时，甲很满意自己的支付，不会有改变当前策略的激励，但乙却会发现，改变当前策略可大大改善自己的支付，因为在当前策略组合下，他只能得到 -5，但是改而选择采取坦白策略则可以得到 -3，境况好了许多。于是，我们同样从支付数组（0，-5）的 -5，向支付数组（-3，-3）的第二个 -3 引一箭头，以表示这个单独偏离的倾向。这是一个水平向左的箭头。可见，策略组合（坦白，抵赖）不是博弈的纳什均衡。

接下来我们再看策略组合（抵赖，坦白），按照类似的分析很容易看到，虽然乙没有偏离当前策略的激励，但甲却有改变当前策略的积极性，我们也从相应支付数组（-5，0）中

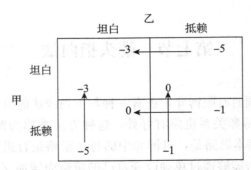

图表 2-18　用箭头指向法解囚徒困境博弈

甲的支付-5，向甲单独改变策略以后的策略组合的支付数组（-3，-3）中甲的支付-3画一箭头，来表示这个单独偏离的倾向。这是一个竖直向上的箭头。这说明，策略组合（抵赖，坦白）也不是囚徒困境的纳什均衡。

最后，如果甲和乙双方的策略选择已经位于（坦白，坦白）的策略组合，则无论从哪个局中人的角度看，单独改变自己的策略都是不划算的，因为无论谁单独改变策略选择，他的支付都将会从-3下降到-5。因此，按照我们的箭头指向法，不会存在任何从这个格子的策略组合画出去的箭头。所以，策略组合（坦白，坦白）是囚徒困境博弈的纳什均衡。

因为矩阵型囚徒困境博弈只有 $2 \times 2 = 4$ 种策略组合，其他三种都已经被否定，所以策略组合（坦白，坦白）是囚徒困境博弈的唯一的纳什均衡。

这与我们前面用劣势策略逐次消去法找出来的结果一致，也与我们用相对优势策略下划线法找出来的结果一致。

上面，我们是从（抵赖，抵赖）这个策略组合开始分析的，但是从囚徒困境博弈的4个策略组合中的任意一个开始分析，结果完全一样。

对于图表 2-19 的情侣博弈运用箭头指向法，在支付矩阵中我们可以看到，没有箭头从（足球，足球）这个策略组合或者（芭蕾，芭蕾）这个策略组合指出去，所以这两个策略组合是情侣博弈的两个纳什均衡。这也与我们以前运用相对优势策略下划线法找出来的结果一致。

在运用箭头指向法的时候，首先要注意，箭尾的数字（支付）一定要比箭头的数字（支付）小。箭头指向从小到大，从支付小指向支付大，才反映单独改变策略选择的激励。如果不坚持从支付小到支付大画箭头，而允许从一个支付到不小于这个支付的支付画箭头，那么矩阵表示的**平凡博弈**（normal game）（参见本章习题27）就要画满箭头了。

其次要注意，只有在**单独**改变策略选择能给当事人带来更高的支付的时候，才画出相应的箭头。如果因为双方同时改变策略选择而给双方都带来更高的支付，就画出双方改变策略选择的两个箭头，那就会出错。在囚徒困境博弈中，当双方处于（坦白，坦白）的策略组合的时候，如果他们同时改变策略选择，走到（抵赖，抵赖）这个策略组合，那么双方的支付都由-3提高到-1。如果我们因此就画出两个从左上方格子的-3到右下方格子的-1的箭头，那就乱套了。

再次要注意，有时候以一个支付数字为箭尾，可以画不止一个箭头，那是单独偏离到多个地方都能增加得益的情况，不同的箭头指向不同但是都带来更高的支付的策略组

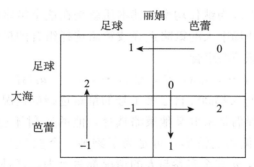

图表 2 - 19　用箭头指向法解情侣博弈

合。问题是画箭头只是为了排除箭尾所在格子作为纳什均衡的资格，因此，在以一个支付数字为箭尾可以按照箭头的要求画出不止一个箭头的情形中，我们只画出其中一个箭头就可以了，不必把所有可能的箭头都画出来。当然，在从一个支付数字出发可以画几个箭头的情况下，这些箭头要么都是水平的，要么都是竖直的，其中的道理自明。

　　最后说明，对于箭头指向法，有些作者要求每个箭头能够说明是从哪个格子指向哪个格子就可以了，不必具体说明是从哪个格子的哪个支付指向哪个格子的哪个支付。这也完全正确，因为箭头是水平的还是竖直的已经告诉我们是谁有单独偏离的激励。水平箭头表示列参与人有单独改变策略选择的激励，竖直箭头表示行参与人有单独改变策略选择的激励。不过，我们的学生比较喜欢画从支付数字到支付数字的箭头。

第八节　纳什均衡的正式定义

　　上面通过相对优势策略下划线法或箭头指向法找出的具有稳定性的策略组合，不管是否唯一，都具有一个共同的特性：在这个策略组合里，每个局中人的策略选择，都是对于对手的策略选择的最佳策略选择，或者是对于其他博弈参与人的策略选择的组合的最佳策略选择。具有这种性质的策略组合，被称为博弈的**纳什均衡**（Nash equilibrium）。纳什均衡是非合作博弈理论中最重要的一个概念。本节将深入讨论纳什均衡这个概念。

　　鉴于纳什均衡这一概念在博弈论中的重要性，我们有必要给出它的一个正式的定义。首先给出策略型博弈的纳什均衡的定义。正式的定义自然十分形式化，好在给出了定义2.1、定义2.2、定义2.3之后，我们已经不止一次接触过这种形式化的描述了。

　　定义 2.4　设 $s^* = (s_1^*, \cdots, s_n^*)$ 是 n 人博弈 $G = \{S_1, \cdots, S_n; u_1, \cdots, u_n\}$ 的一个策略组合。如果对于每个局中人 i，

$$u_i(s_1^*, \cdots, s_{i-1}^*, s_i^*, s_{i+1}^*, \cdots, s_n^*) \geqslant u_i(s_1^*, \cdots, s_{i-1}^*, s_i, s_{i+1}^*, \cdots, s_n^*)$$

对于所有 $s_i \in S_i$ 都成立，则我们称策略组合 $s^* = (s_1^*, \cdots, s_n^*)$ 是该博弈的一个纳什均衡。

　　按照上述纳什均衡的正式定义，前面我们所讨论的囚徒困境博弈中的（坦白，坦白）策略组合，情侣博弈中的（足球，足球）和（芭蕾，芭蕾）策略组合，都是纳什均衡，

因为一个策略组合之所以成为纳什均衡，其本质就是在这个策略组合之下，每个局中人的策略选择都是对于其他局中人的策略选择或策略选择组合的最佳策略选择，没有局中人愿意单独偏离或改变该策略组合。

注意，不等式 $u_i(s_1^*, \cdots, s_{i-1}^*, s_i^*, s_{i+1}^*, \cdots, s_n^*) \geqslant u_i(s_1^*, \cdots, s_{i-1}^*, s_i, s_{i+1}^*, \cdots, s_n^*)$ 说的是，在其他参与人都固守自己带星号的策略选择的情况下，参与人 i 如果不固守自己带星号的策略选择而是采取其他策略选择，他的支付不会增加。可见，不等式只是刻画一个参与人 i 偏离的情形。可是为了刻画一个参与人 i 的偏离，需要把至少 1，$\cdots$，$i-1$，$i+1$，$\cdots$，n 那么多参与人的情况都写上去，真是太不经济了。为此，学者们做出这样的**符号约定**（sign convention）：当集中讨论一个参与人 i 的时候，把关于其他所有参与人的信息归结为"一个"集约的"参与人"$-i$，这个集约的参与人的行为，概括了参与人 i 以外其他所有 $n-1$ 个参与人的整体行为。具体做法是这样的：把

$$u_i(s_1^*, \cdots, s_{i-1}^*, s_i^*, s_{i+1}^*, \cdots, s_n^*) \geqslant u_i(s_1^*, \cdots, s_{i-1}^*, s_i, s_{i+1}^*, \cdots, s_n^*)$$

简记作

$$u_i(s_i^*, s_{-i}^*) \geqslant u_i(s_i, s_{-i}^*)$$

这里，s_i^* 写在 s_{-i}^* 前面，是出于强调讨论参与人 i 的行为变化的影响的考虑，而其他参与人的行为在讨论中保持不变。所以，在上述约定中 s_i^* 写在 s_{-i}^* 前面，并不是说参与人 i 在参与人编号序列中处于其他所有参与人的前面，他还是处于第 i 的位置。不等式左边，是所有参与人都取带星号的策略时参与人 i 得到的支付；不等式右边，是参与人 i 可以采取其他策略选择 $s_i \in S_i$ 而其他参与人都固守原来带星号的策略选择时参与人 i 的支付。

采取这样的符号约定以后，定义 2.4 可以具有写起来比较紧凑的形式：

定义 2.5　设 $s^* = (s_1^*, \cdots, s_n^*)$ 是 n 人博弈 $G = \{S_1, \cdots, S_n; u_1, \cdots, u_n\}$ 的一个策略组合。如果对于每个局中人 i，$u_i(s_i^*, s_{-i}^*) \geqslant u_i(s_i, s_{-i}^*)$ 对于所有 $s_i \in S_i$ 都成立，则我们称策略组合 $s^* = (s_1^*, \cdots, s_n^*)$ 是该博弈的一个纳什均衡。

从纳什均衡的定义我们知道，如果我们说某个策略组合 $s' = (s_1', \cdots, s_n')$ 不是纳什均衡，则至少对于某个局中人 i 而言，在给定 s_{-i}'（即其他参与人都固守带撇号的策略选择）的情况下，s_i' 不是局中人 i 的最优策略。换句话说，至少存在一个 $s_i'' \in S_i$，使得

$$u_i(s_i'', s_{-i}''') > u_i(s_i', s_{-i}''')$$

也就是说，如果我们预测 $s' = (s_1', \cdots, s_n')$ 不是博弈的一个纳什均衡，那么至少存在一个局中人有要偏离这个策略组合的激励。

另外，根据纳什均衡的意义也不难明白，前面介绍的相对优势策略下划线法以及箭头指向法，其实都是在可以用双矩阵形式表示的博弈中寻找纳什均衡的方法，并且箭头指向法看来是判断一个博弈结果是否为纳什均衡的最形象的方法，因为它最能体现"单独偏离不会得到好处"这一纳什均衡定义的精髓。当然，如果局中人的个数多于三个，或者每个局中人的可选策略无限，那么因为无法用双矩阵把博弈表述清楚，相对优势策略下划线法和箭头指向法就无法应用了。这时候寻找纳什均衡，就需要求助于其他的

方法。

当博弈参与人的策略集不是有限集的时候，我们无法运用已经学过的劣势策略逐次消去法、相对优势策略下划线法和箭头指向法。但是，对于策略集都是实数的开区间并且支付函数都是可微的多元函数的情形，运用微分方法，我们可以很方便地找出纳什均衡。

事实上，从纳什均衡的定义我们清楚，纳什均衡要求的，是在给定其他局中人的策略选择的条件下，每个局中人的策略选择要使得他的支付函数达到最大值。最大当然是极大，因为最大是就整体来说的，极大是就局部来说的。大家知道，在函数可微的条件下，极值的必要条件，是函数的所有偏导数都等于 0。这样一来，在策略集都是实数的开区间并且支付函数都是可微的多元函数的情况下，如果策略组合 $s^* = (s_1^*, \cdots, s_n^*)$ 是这个博弈的纳什均衡，那么对于每个局中人 i，他的策略选择 s_i^* 均必须是他的一元支付函数 $u_i(s_1^*, \cdots, s_{i-1}^*, s_i, s_{i+1}^*, \cdots, s_n^*)$ 的极大值，这就要求

$$\frac{\partial u_i(s_1^*, \cdots, s_n^*)}{\partial s_i} = 0$$

对于 i 成立。这里，局中人 i 的支付函数 $u_i(s_1^*, \cdots, s_{i-1}^*, s_i, s_{i+1}^*, \cdots, s_n^*)$ 之所以是一元函数，是因为我们假定其他局中人都已经取定各自带星号的策略，从而其他局中人的策略变量都已经是常量。这样，才能突出考察局中人 i 单独改变策略选择的得失。

在本书中，如果不另外申明，所谓"连续情形"，指的就是上述可微实函数的情形。这样，综合上面的讨论，可以提出：

连续情形纳什均衡的必要条件

设 n 人博弈 $G = \{S_1, \cdots, S_n; u_1, \cdots, u_n\}$ 的策略集都是实数的开区间，并且支付函数都是可微的多元函数。在这种情况下，如果一个策略组合 $s^* = (s_1^*, \cdots, s_n^*)$ 是这个博弈的纳什均衡，那么它必须是方程组

$$\frac{\partial u_i(s_1^*, \cdots, s_n^*)}{\partial s_i} = 0, \quad i = 1, \cdots, n \tag{2.1}$$

的解。

大家知道，对于一元支付函数 $u_i(s_1^*, \cdots, s_{i-1}^*, s_i, s_{i+1}^*, \cdots, s_n^*)$，如果在 s_i^* 处不仅它的（一阶）导数等于 0 而且它的二阶导数小于 0，那么 s_i^* 就是这个一元函数的极大值。这样，我们可以进一步归纳出下述连续情形纳什均衡的一种检验方法。

连续情形纳什均衡的检验方法

对于 n 人博弈 $G = \{S_1, \cdots, S_n; u_1, \cdots, u_n\}$，如果策略组合 $s^* = (s_1^*, \cdots, s_n^*)$ 是纳什均衡必要条件（2.1）的唯一解，并且对每一个 i，都有

$$\frac{\partial^2 u_i(s_1^*, \cdots, s_n^*)}{\partial s_i^2} < 0 \tag{2.2}$$

那么策略组合 $s^* = (s_1^*, \cdots, s_n^*)$ 就是博弈 $G = \{S_1, \cdots, S_n; u_1, \cdots, u_n\}$ 的一个纳什均衡。

例 2.2 设在一个有 3 个局中人的策略型博弈中，每个局中人的策略集都是正实数开区间 $(0, \infty)$，他们的策略变量分别是 x，y，z，他们的支付函数分别为

$$u_1(x, y, z) = 2xz - x^2 y$$
$$u_2(x, y, z) = \sqrt{12(x + y + z)} - y$$

和

$$u_3(x, y, z) = 2z - xyz^2$$

为了找出这个博弈的纳什均衡，我们必须求解方程组

$$\frac{\partial u_1}{\partial x} = 0, \quad \frac{\partial u_2}{\partial y} = 0, \quad \frac{\partial u_3}{\partial z} = 0$$

因为

$$\frac{\partial u_1}{\partial x} = 2z - 2xy, \quad \frac{\partial u_2}{\partial y} = \sqrt{\frac{3}{x + y + z}} - 1, \quad \frac{\partial u_3}{\partial z} = 2 - 2xyz$$

我们必须求解方程组

$$2z - 2xy = 0, \quad \sqrt{\frac{3}{x + y + z}} - 1 = 0, \quad 2 - 2xyz = 0$$

整理这些方程可得

$$z = xy, \quad x + y + z = 3, \quad xyz = 1$$

将 $z = xy$ 代入 $xyz = 1$ 得 $z^2 = 1$，由此我们取 $z = 1$。

现在将 $z = 1$ 代入 $z = xy$ 和 $x + y + z = 3$，我们得到方程组：

$$xy = 1$$
$$x + y = 2$$

其解为 $x = y = 1$。这样，我们得到原方程组的唯一解 $x = y = z = 1$。

为了讨论的方便，我们非正式地把按照必要条件求出的"解"称为**"必要解"**（necessary solution）或者**"候选解"**（alternative solution）。符合必要条件的解，未必就是博弈的纳什均衡。好在对于这个博弈，当另外两个局中人都选择了必要解的时候，他们的支付函数分别变成一元函数

$$u_1(x, 1, 1) = 2x - x^2$$
$$u_2(1, y, 1) = \sqrt{12(2 + y)} - y$$

和

$$u_3(1, 1, z) = 2z - z^2$$

二阶导数的检验表明，$x = 1$，$y = 1$ 和 $z = 1$ 分别是上述三个一元函数的极大值。由此可见，$(x, y, z) = (1, 1, 1)$ 正是这个博弈唯一的纳什均衡。

但是我们也可以直接对原来的三个支付函数计算二阶导数。具体来说，分别对原来的三个支付函数求下述三个二阶偏导数，对于所有的 $x>0$，$y>0$ 和 $z>0$，有

$$\frac{\partial^2 u_1}{\partial x^2} = -2y < 0$$

$$\frac{\partial^2 u_2}{\partial y^2} = -\frac{\sqrt{3}}{2}(x+y+z)^{-\frac{3}{2}} < 0$$

和

$$\frac{\partial^2 u_3}{\partial z^2} = -2xy < 0$$

可见，条件（2.2）成立，所以 $(x, y, z) = (1, 1, 1)$ 是这个博弈唯一的纳什均衡。

例 2.2 是运用纳什均衡检验方法的一个例子。必须说明的是，上面整理的纳什均衡检验方法，正如我们在正式叙述时一开始就说明的，只是确定纳什均衡的一种方法。还有一些纳什均衡，不能由它确定。上述纳什均衡检验方法的最大缺陷，就是要求满足一阶条件的必要解唯一。大家知道，必要解不唯一，并不等于博弈不存在纳什均衡。下面就是必要解不唯一的一个例子。

例 2.3　设在 3 人博弈 $G = \{S_1, S_2, S_3; u_1, u_2, u_3\}$ 中，每个局中人的策略集和例 2.2 一样，都是正实数开区间 $(0, \infty)$，他们的策略变量分别是 x, y, z，但是他们的支付函数分别为

$$u_1(x, y, z) = -x^4 + 14x^3/3 - [5+2(y+z)]x^2 + 4(y+z)x$$
$$u_2(x, y, z) = -y^2/2 + zy$$

和

$$u_3(x, y, z) = -z^2/2 + (1-y)z$$

因为

$$\frac{\partial u_1}{\partial x} = -4x^3 + 14x^2 - 2x[5+2(y+z)] + 4(y+z)$$

$$\frac{\partial u_2}{\partial y} = z - y$$

$$\frac{\partial u_3}{\partial z} = 1 - y - z$$

一阶条件的联立方程给出三个必要解

$$(x, y, z) = (2, 1/2, 1/2),$$
$$(x, y, z) = (1, 1/2, 1/2)$$

和

$$(x, y, z) = (1/2, 1/2, 1/2)$$

值得注意的是，在必要解$(x, y, z)=(1, 1/2, 1/2)$处，$\frac{\partial^2 u_1}{\partial x^2}>0$，这说明二阶条件不满足。在必要解$(x, y, z)=(2, 1/2, 1/2)$和$(x, y, z)=(1/2, 1/2, 1/2)$处，$\frac{\partial^2 u_1}{\partial x^2}<0$，$\frac{\partial^2 u_2}{\partial y^2}<0$ 和 $\frac{\partial^2 u_3}{\partial z^2}<0$ 的二阶条件都得到满足。那么，$(x, y, z)=(2, 1/2, 1/2)$ 和 $(x, y, z)=(1/2, 1/2, 1/2)$两个必要解中，哪个是博弈的纳什均衡呢？

因为两个必要解都满足二阶条件，所以它们都是三个支付函数的局部极值。两个必要解的策略选择 y 和 z 都相同，问题是局中人1的策略选择是2还是$1/2$。这时候，我们只需比较支付函数 $u_1(x, y, z)=-x^4+14x^3/3-[5+2(y+z)]x^2+4(y+z)x$ 在这两个必要解处的大小。事实上，因为

$$u_1(2, 1/2, 1/2)=-16+112/3-28+8=4/3$$
$$u_1(1/2, 1/2, 1/2)=-1/16+7/12-7/4+2=37/48<4/3$$

我们知道 $(x, y, z)=(2, 1/2, 1/2)$ 是这个博弈的纳什均衡。

在实际应用中，有时候我们并不进入二阶导数的实际运算，而是首先求出方程组（2.1）的解，然后直接从定义出发，利用其他经济学要求去考察这个必要解是否就是该博弈的纳什均衡。把经济学意义上站不住脚的必要解排除了，留下的通常都是博弈的纳什均衡。

第九节　作为"最后归宿"的纳什均衡

前面我们说过，经济学习惯把市场力量对峙的稳定结局称为市场均衡，博弈的纳什均衡是博弈各方相互作用的稳定的结局。

美国普林斯顿大学经济学教授约翰·摩根（John Morgan）构造了下面这个博弈，以帮助学生加深对纳什均衡的体会。博弈的参与人是甲和乙，甲可以选择的纯策略是大写的 A、B 和 C，乙可以选择的纯策略是小写的 a、b 和 c，各种策略组合下的支付情况见图表 2-20。我们把这个博弈称为最后归宿博弈，理由以后再说。

		乙		
		a	b	c
甲	A	2*　2*	1　3	2　0
	B	3　1	2　2	2　3
	C	0　2	3　2	2　2

图表 2-20　最后归宿博弈

这个博弈没有优势策略和劣势策略，所以不能使用劣势策略逐次消去法。但是运用相对优势策略下划线法，我们马上知道，甲采取策略 A、乙采取策略 a 的对局（A，a），是这个博弈唯一的纯策略纳什均衡。在这个均衡之下，甲得 2，乙也得 2。

喜欢再思考一步的读者，可能会这样想：既然在唯一的纳什均衡之下甲的所得为 2，那么如果甲采用策略 C 岂不更好？要知道，采用策略 C，甲之所得为 2，是"保了险"的，因为这时候不管乙采用什么策略，甲都得 2。但是在甲采用他的纳什均衡策略 A 的情况下，如果乙"不合作"而采用 c，或者乙只是因为糊涂而采用 c，那么甲就惨了，只能得 0。人非圣贤，人非机器，人是会犯错误的。谁能保证乙一定会合作呢？谁能保证乙不犯错误呢？

这样，为了"旱涝保收"得 2，似乎甲采用策略 C 更有道理。

好，现在让我们看看，如果甲自作聪明不甘于纳什均衡策略，真的采用他以为"旱涝保收"的策略 C，会有什么事情发生。

如果甲"不安本分"而采用策略 C，如图表 2 - 21 中的（1）所示，那么乙为了自己的利益，必然会改取策略 b，这就是（2）。但是因为乙的新策略选择为 b，甲同样为了自己的利益，一定改取策略 A，这就走到（3）了。现在甲回到策略 A，如果乙还是傻乎乎地停留在策略 b，他只能得 1。所以，理性人利益最大化的原则要求乙改取策略 a 或者策略 c，无论他改取策略 a 还是策略 c，他都可以得到 2。

如果他改取策略 a，记作（4'），那么双方就回到"原来"纳什均衡的位置；而如果他改取策略 c，记作（4），就要把甲逼上只能得 0 的绝境。这时候，理性人利益最大化原则驱使甲选择策略 B，即（5）。由于甲选择策略 B，乙有了相应选择策略 a 而得 3 的机会，理性人利益最大化原则要求乙抓住这个机会不要错过，所以乙选择策略 a，这就走到了图上的（6）。现在，因为乙选择了策略 a，甲不能待在策略 B 只得 1，而要选择可能得 2 的策略 A 或者策略 C。

如果甲选择策略 A，即（7'），那么双方角逐了半天，还是回到"原来"甲取策略 A、乙取策略 a 的纳什均衡。如果甲选择策略 C，即（7），那就回到我们这场角逐的出发点即甲以为可以"旱涝保收"得 2 的位置，这时候乙就一定会改取策略选择 b，又开始新的一轮智力角逐循环。

		乙		
		(4')(6) a	(2) b	(4) c
	(3)(7') A	2* / 2*	1 / 3	2 / 0
甲	(5) B	3 / 1	2 / 2	2 / 3
	(1)(7) C	0 / 2	3 / 2	2 / 2

图表 2 - 21　最终还是收敛到"最后归宿"

情况就是这样：谁想偏离纳什均衡另搞一套，利益角逐的最终结果，还是要回到原来的纳什均衡的位置。在上面的表格里，如果甲因为"旱涝保收"的诱惑偏离纳什均衡，利益角逐的循环就会（1）、（2）、（3）、（4）［或者（4′）］、（5）、（6）、（7）＝（1）［或者（7′）］这么走下去，要么是（1）、（2）、（3）、（4′）这样回到纳什均衡，要么是（1）、（2）、（3）、（4）、（5）、（6）、（7′）这样回到纳什均衡。当然，也可以（1）、（2）、（3）、（4）、（5）、（6）、（7）＝（1）这样循环几次以后，才走上这样一段"回归均衡"的路从而回到原来的纳什均衡。

总之，偏离纳什均衡就要引发智力角逐的循环，这些循环或者绕小圈子在（4′）回到纳什均衡，或者绕大圈子在（7′）回到纳什均衡。必须指出，（1）、（2）、（3）、（4）、（5）、（6）、（7）＝（1）这样一直循环下去，也是可能的，但这并不是博弈论关注的稳定对局。事情就是这样：只有纳什均衡才是博弈的稳定对局。

我们刚才从局中人甲不安本分偏离纳什均衡开始，演示了上述利益角逐循环。如果从局中人乙不安本分偏离纳什均衡出发考虑问题，情况又怎样呢？请读者自己试试按照理性人利益最大化的原则走一遭。这应该是一个难度轻微但是对于理解纳什均衡很有意义的练习。例子和练习告诉我们，着眼于博弈的过程，纳什均衡是理性博弈的归宿。

以上就是摩根教授设计的帮助学生深化对纳什均衡的理解的出色例子。现在你明白我们为什么把这一节的例子称为最后归宿博弈了吧。这样的例子，在经济学文献中有它的位置。

可能有读者会问，这么简单的例子，还有文献位置？

有。说摩根的例子简单，它的确简单，但是，作为深刻的例子，它并不会因为简单而失色。相反，简单正是它的出色之处。同样深刻的例子，但是一个简单一个复杂，你喜欢哪一个？相信你会喜欢简单的那个。的确，既简单又深刻的例子，是经济学人最推崇的创作。

第十节　纳什均衡的应用

现在让我们看策略型博弈的几个经典例子，由此体会一下纳什均衡的概念在经济学上的应用。

第一个是著名的**古诺双寡头竞争模型**（Cournot duopoly competition model）。这个模型是由 18 世纪法国著名的数学家**奥古斯丁·古诺**（Augustin Cournot）建立的。他得到的这个模型的二人博弈的解，比纳什提出纳什均衡的概念早了一个世纪。古诺竞争模型描述了两个销售完全同质商品的企业，在市场竞争中如何决定它们各自的产量或者供给量，以实现各自的利润最大化。应该说，这个模型在很多方面对现实的双寡头市场竞争进行了简化，但它解释了企业竞争的最基本原理，从而成为**产业组织理论**（theory of industrial organization）的一块奠基石。

例 2.4　古诺竞争模型

古诺竞争模型描述的是在两个企业之间进行的一个策略型博弈，我们分别把这两个企业称为企业 1 和企业 2。模型假设这两个企业生产同质的产品，共同占有这种产品的市场。记企业 1 的产量为 q_1，企业 2 的产量为 q_2，则两个企业的总产量就是 $q = q_1 + q_2$。

为简单起见，设这种商品的市场需求曲线是 $q = a - p$，价格 p 越高，市场对这种商品的需求量 q 越小，其中 a 是一个常数。这时候，因为两个企业合起来垄断了这种商品的市场，运用微观经济学的需求供给分析，容易知道当总供给量是 q 的时候，垄断实现的市场价格是 $p = a - q$。（我们把这个讨论留给读者作为练习。）在需求曲线单调下降的条件下，需求函数的反函数容易确定。在这种情况下，微观经济学往往不是直接从需求函数本身出发来进行讨论，而是喜欢通过需求函数的反函数来讨论问题，并且把需求函数的反函数称为**反需求函数**（inverse demand function）。现在，市场的反需求函数是 $p(q) = a - q$。

假设企业 i 生产 q_i 单位产品的总成本是 $c_i q_i$，其中 c_i 是正常数，$i = 1, 2$，那么我们可以把这个双寡头竞争模型表述成一个策略型博弈，其三要素为：

（1）两个局中人：企业 1 和企业 2；

（2）每个企业的策略集就是这个企业可以选择的产量的集合，不妨设为 $(0, \infty)$；

（3）企业 i 的支付函数就是其利润函数，即

$$\pi_i(q_1, q_2) = (a - q_1 - q_2)q_i - c_i q_i$$

现在企业面临的问题就是如何决定各自的产量从而使得自己的利润最大化。需要注意的是，在我们所讨论的这个博弈中，每个企业的利润与对手企业的产量有关。因为我们假设企业是相互独立的，而且它们同时选择各自的产量，所以，认为博弈的纳什均衡是这个双寡头产量竞争问题的解的想法是合理的。

我们运用连续情形**纳什均衡的检验方法**（examining method of Nash equilibrium）来寻找这个博弈的纳什均衡。首先，

$$\begin{aligned}\pi_1(q_1, q_2) &= (a - q_1 - q_2)q_1 - c_1 q_1 \\ &= -(q_1)^2 + (-q_2 + a - c_1)q_1\end{aligned}$$

同时，

$$\begin{aligned}\pi_2(q_1, q_2) &= (a - q_1 - q_2)q_2 - c_2 q_2 \\ &= -(q_2)^2 + (-q_1 + a - c_2)q_2\end{aligned}$$

根据纳什均衡的必要条件，纳什均衡 (q_1^*, q_2^*) 应该是方程组

$$\frac{\partial \pi_1(q_1, q_2)}{\partial q_1} = -2q_1 - q_2 + a - c_1 = 0$$

$$\frac{\partial \pi_2(q_1, q_2)}{\partial q_2} = -q_1 - 2q_2 + a - c_2 = 0$$

的解，即方程组

$$2q_1 + q_2 = a - c_1$$

$$q_1 + 2q_2 = a - c_2$$

的解。容易知道，这个方程组的唯一解是：

$$q_1^* = \frac{a + c_2 - 2c_1}{3}$$

以及

$$q_2^* = \frac{a + c_1 - 2c_2}{3}$$

接着，二阶导数的计算

$$\frac{\partial^2 \pi_1(q_1, q_2)}{\partial q_1^2} = -2 < 0$$

和

$$\frac{\partial^2 \pi_2(q_1, q_2)}{\partial q_2^2} = -2 < 0$$

表明，(q_1^*, q_2^*) 确实是这个博弈的纳什均衡。

看到这里，我们停下来思考一下古诺竞争模型的纳什均衡。因为古诺竞争所描述的是一种市场行为，我们真正要寻找的，是市场均衡的产量和价格，所以，如果可能的话，我们应该找到满足市场均衡条件的一组产量 $(\hat{q}_1, \hat{q}_2)$ 和一个市场价格 p，满足以下两个条件：

(1) 当价格为 p 时，市场需求量 $q(p)$ 正好等于 $\hat{q}_1 + \hat{q}_2$；

(2) $(\hat{q}_1, \hat{q}_2)$ 正好是两个企业在价格为 p 时愿意提供的产量。

这要求纳什均衡产量 (q_1^*, q_2^*) 正好就是市场均衡产量。事实上，当企业 1 和企业 2 的产量分别为 q_1^* 和 q_2^* 的时候，双寡头竞争市场的价格是：

$$p^* = a - q_1^* - q_2^* = a - \frac{a + c_2 - 2c_1}{3} - \frac{a + c_1 - 2c_2}{3} = \frac{a + c_1 + c_2}{3}$$

当价格为 p^* 时，需求量是：

$$q(p^*) = a - p^* = \frac{2a - c_1 - c_2}{3}$$

但是我们知道

$$q_1^* + q_2^* = \frac{a + c_2 - 2c_1}{3} + \frac{a + c_1 - 2c_2}{3} = \frac{2a - c_1 - c_2}{3}$$

可见，

$$q(p^*) = q_1^* + q_2^*$$

所以，价格为 p^* 时的需求量，确实正是达到纳什均衡时两个企业的产量之和。另外，企业愿意在这个价格上提供它们的纳什均衡产量吗？答案是肯定的，因为在这个价格上的纳什均衡产出，就是使企业利润最大化的产出。

在上面讨论的古诺竞争模型中，企业之间的竞争主要通过产量决策的形式进行。但是，在现实生活中，我们更多看到的，是企业之间的价格竞争。下面我们讨论的**伯川德双寡头竞争模型**（Bertrand duopoly competition model），描述的就是两个企业通过选择产品价格而进行的双寡头竞争行为。

例 2.5 伯川德模型

考虑两种有差异的产品。假设在企业 1 和企业 2 这两个寡头企业分别选择价格 p_1 和 p_2 的时候，市场对企业 i 的产品的需求为：

$$q_i(p_i, p_j) = a - p_i + bp_j, \ i = 1, 2, \ i \neq j$$

这里，a，$b > 0$，其中 $b > 0$ 衡量企业 j 的产品对企业 i 的产品的替代程度。需要注意的是，这个需求函数在现实生活中并不存在，因为只要企业 j 的产品价格足够高，无论企业 i 索要多高的价格，市场对其产品的需求都是正的。和上面讨论过的古诺竞争模型类似，我们假定企业的生产没有固定成本（当时你意识到这一点了吗?），并且边际成本都为一个共同的常数 c，其中 $c < a$。两个企业同时选择各自的价格从而展开市场竞争。

和前面讨论古诺模型时一样，我们首先要把问题表述为一个策略型博弈。这里，局中人仍然是两个，即企业 1 和企业 2，但是现在，每个企业可以选择的策略是不同的价格，而不再是其产品的产量。我们假定小于 0 的价格是没有意义的，但是企业可以选择任意非负价格。这样，每个企业的策略集就可以表示为所有非负实数的集合 $S_i = (0, \infty)$，企业 i 的一个典型策略 s_i 是它所选择的价格 $p_i \geqslant 0$。

这样，当企业 i 选择价格 p_i 而竞争对手选择价格 p_j 时，企业 i 的利润为：

$$\pi_i(p_i, p_j) = q_i(p_i, p_j)[p_i - c] = [a - p_i + bp_j][p_i - c], \ i = 1, 2, \ i \neq j$$

按照连续情形纳什均衡的必要条件，这个价格博弈的纳什均衡 (p_1^*, p_2^*) 应该是由方程

$$\frac{\partial \pi_1(p_1, p_2)}{\partial p_1} = -2p_1 + bp_2 + a + c = 0$$

和方程

$$\frac{\partial \pi_2(p_1, p_2)}{\partial p_2} = bp_1 - 2p_2 + a + c = 0$$

组成的联立方程组的解。解这个方程组，我们唯一地得到：

$$p_1^* = p_2^* = \frac{a+c}{2-b}$$

二阶导数的计算进一步表明

$$p_1^* = p_2^* = \frac{a+c}{2-b}$$

可见我们得到的确实是这个博弈的纳什均衡。

上面讨论的是伯川德模型的最简单情况。许多学者后来对模型从多个方面进行了扩展。一个极端的情形是，如果两个企业生产的产品是无差异的，而它们之间进行的又是

价格竞争，情况将会怎样？可以预料，情况会简单得多。我们将在本章的最后给出这样一道习题，供读者思考。需要提示的一点是，在产品无差异的情况下，我们必须考虑消费者对价格的敏感性。

接下来的一个例子稍微超出了课程的基本要求。我们采取前置两颗星星的方式，标示这些超出基本要求的内容。之所以超出课程的基本要求，原因并不在于概念方面的难度，而在于一层一层的推导比较繁复。我们不能要求所有读者在入门的时候就面对这样重重叠叠的推导。

** 例 2.6　公地悲剧

假设 n 个人共同拥有一片山林，这片山林就可以被看作这 n 个人的公共财产。我们都知道，如果山林遭到过度采伐，山林的树木会越来越少，有可能很快就会成为光秃秃的荒山，从而导致环境条件恶化，水土流失严重。

博弈论的一个成果，就是解释为什么公共财产总是被过度使用。具体来说，我们将详细讨论，为什么在这类公地博弈中，局中人各自选择的纳什均衡结果，总是比社会统筹计划的结果差。

现在有 n 个局中人。假设每个局中人 i 砍 r_i 棵树，那么总共被砍的树的棵数为 $R = \sum_{i=1}^{n} r_i$。下面我们描述这个博弈的其他主要特征。

（1）局中人 i 砍 r_i 棵树的成本，不仅依赖于他自己砍树的数量 r_i，而且依赖于其他局中人总的砍伐数量 $R - r_i = \sum_{j \neq i} r_j$。我们假设局中人砍树的成本都具有 $C(r_i, R - r_i)$ 的形式，并且假设成本函数 C 满足以下条件：

a. 对于所有的 $r > 0$ 和 $R > 0$，我们均有 $\dfrac{\partial C(r, R)}{\partial r} > 0$，$\dfrac{\partial C(r, R)}{\partial R} > 0$ 以及 $\dfrac{\partial^2 C(r, R)}{\partial r^2} > 0$，$\dfrac{\partial^2 C(r, R)}{\partial R^2} > 0$。

二阶导数大于 0 说的是，多砍一棵树的边际成本递增。因此，随着这些局中人所砍的树越来越多，砍树的边际成本也在不断上升。

b. 边际成本函数满足

$$\lim_{r \to \infty} \frac{\partial C(r, R)}{\partial r} = \infty, \quad \lim_{R \to \infty} \frac{\partial C(r, R)}{\partial R} = \infty$$

事实上，我们假设边际成本从一个大于零的很小的数开始，单调增加而且无界。也就是说，砍的树越多，要多砍一棵树的成本就会变得越来越高。

c. 为进一步简化讨论，我们还假设成本函数具有**可分函数**（separable function）的形式：$C(r, R) = k(r) + K(R)$。这时候，我们特别地可以将条件 a 写成：对任意的 $r > 0$ 和 $R > 0$，均有

$$k'(r) > 0, \; k''(r) > 0, \; K'(R) > 0, \; K''(R) > 0$$

以二元函数为例，可分函数的意思是：两个变量 r 和 R 的二元函数，可以分解为一个变量 r 的函数和另一个变量 R 的函数之和。本例中满足上述形式的可分成本函数的一个例子是 $C(r, R) = r^2 + R^2$。

（2）局中人 i 砍 r_i 棵树所得到的效用是 $u(r_i)$。我们假设效用函数 u：$(0,\infty)\to$ $(0,\infty)$ 对任意的 $r>0$，都有 $u'(r)>0$ 和 $u''(r)<0$。前者意味着砍树总是增加效用，后者意味着砍树的边际效用递减。

关于刚刚开始砍树时的情况，我们假设砍树的个人的边际效用大于砍树的个人的边际成本，特别是在零点的边际效用大于在零点的边际成本，也就是

$$\lim_{r\to 0+}u'(r)>\lim_{r\to 0+}k'(r)$$

上面刚刚描述的情况，可以被看作如下策略型博弈：

首先，有 n 个局中人。

其次，局中人 i 的可选策略集是 $(0,\infty)$，即由所有正实数构成的开区间。本来我们可以写成 $S_i=(0,R_{\max})$，$R_{\max}$ 表示最大的树木资源数量，但是我们不妨就取 $S_i=(0,\infty)$。

最后，局中人 i 的支付可以表示为

$$\pi_i(r_1,r_2,\cdots,r_n)=u_i(r_i)-C(r_i,R-r_i)=u(r_i)-[k(r_i)+K(R-r_i)]$$

根据连续情形纳什均衡的检验方法，这个博弈的纳什均衡 $(r_1^*,\cdots,r_n^*)$ 必须是方程组

$$\frac{\partial \pi_i(r_1,r_2,\cdots,r_n)}{\partial r_i}=0,\ i=1,2,\cdots,n$$

的解，并且对于任意的 $i=1,\cdots,n$，均满足 $\dfrac{\partial^2\pi_i(r_1,\cdots,r_n)}{\partial r_i^2}<0$。因为 $R=\sum_{j=1}^n r_j$ 而 $R-r_i=\sum_{j\neq i}r_j$，我们知道 $R-r_i=\sum_{j\neq i}r_j$ 与 r_i 无关。由此可得 $\dfrac{\partial K(R-r_i)}{\partial r_i}=0$。

对局中人的支付的上述表达式直接求偏导数，得到

$$\frac{\partial \pi_i(r_1,r_2,\cdots,r_n)}{\partial r_i}=u'(r_i)-k'(r_i)=0,\ i=1,2,\cdots,n$$

并且因为对任意 $r>0$，均有 $u''(r)<0$ 和 $k''(r)>0$，所以对任意的 $i=1,2,\cdots,n$，我们都有

$$\frac{\partial^2\pi_i(r_1,\cdots,r_n)}{\partial r_i^2}=u''(r_i)-k''(r_i)<0$$

因为对任意的 i，其最优解 r_i^* 都是由同一个方程 $u'(r_i)-k'(r_i)=0$ 决定，这就保证了在上述假设之下，$r_1^*=r_2^*=\cdots=r_n^*=\rho^*$。也就是说，在博弈的纳什均衡 $(r_1^*,\cdots,r_n^*)$ 处，每个局中人砍伐相同数量的树木

$$r_1^*=r_2^*=\cdots=r_n^*=\rho^*=\frac{R^*}{n}$$

这里，$R^*=r_1^*+r_2^*+\cdots+r_n^*=n\rho^*$。

比对连续情形纳什均衡的检验方法，尚待确立的是解的唯一性。下面，我们证明 R^* 是方程

$$u'\left(\frac{R^*}{n}\right)=k'\left(\frac{R^*}{n}\right) \tag{2.3}$$

的唯一解。

证明：上面假设，在零点的边际效用大于在零点的边际成本，即 $\lim\limits_{r\to 0^+}u'(r)>\lim\limits_{r\to 0^+}k'(r)$，这可以被改写成 $\lim\limits_{r\to 0^+}[u'(r)-k'(r)]>0$。又因 $\lim\limits_{r\to\infty}\dfrac{\partial C(r,\ R)}{\partial r}=\infty$，从而有 $\lim\limits_{r\to\infty}k'(r)=\infty$，因此，由 $u'(r)>0$ 和 $u''(r)<0$ 可知 $\lim\limits_{r\to\infty}u'(r)=0$，即 $\lim\limits_{r\to\infty}[u'(r)-k'(r)]=-\infty$。

前面已经清楚对任意 $r>0$ 均有 $u''(r_i)-k''(r_i)<0$，这说明 $u'(r)-k'(r)$ 严格单调递减。所以，$u'(r)-k'(r)=0$ 有唯一解。证明完毕。

至此我们已清楚，$\left(\dfrac{R^*}{n},\ \cdots,\ \dfrac{R^*}{n}\right)$ 是这个博弈唯一的纳什均衡。

与上面给出的纳什均衡比较，使得 $n\left\{u\left(\dfrac{R}{n}\right)-\left[k\left(\dfrac{R}{n}\right)+K\left(R-\dfrac{R}{n}\right)\right]\right\}$ 最大即所有局中人的**联合支付**（joint payoff）最大的**社会最优**（social optimum）的总砍伐量 R^{**}，是优化问题

$$\max_{R>0} n\left\{u\left(\frac{R}{n}\right)-\left[k\left(\frac{R}{n}\right)+K\left(R-\frac{R}{n}\right)\right]\right\}$$

的解。也就是说，社会最优的 R^{**} 是最大化社会全体成员的总支付而得出的结果。对上式求一阶导数可以得到

$$n\left\{\frac{1}{n}u'\left(\frac{R^{**}}{n}\right)-\left[\frac{1}{n}k'\left(\frac{R^{**}}{n}\right)+\left(1-\frac{1}{n}\right)K'\left(R^{**}-\frac{R^{**}}{n}\right)\right]\right\}=0$$

经过化简我们有

$$u'\left(\frac{R^{**}}{n}\right)=k'\left(\frac{R^{**}}{n}\right)+(n-1)K'\left(\frac{n-1}{n}R^{**}\right) \tag{2.4}$$

与上面证明 R^* 是方程 $u'\left(\dfrac{R^*}{n}\right)=k'\left(\dfrac{R^*}{n}\right)$ 的唯一解的方法一样，可以证明，式（2.4）有唯一解 $R^{**}=n\rho^{**}$。

现在，我们论证这个例子中最重要的结论：$R^*>R^{**}$。我们采用反证法。

首先用式（2.3）减去式（2.4），得到：

$$u'\left(\frac{R^*}{n}\right)-u'\left(\frac{R^{**}}{n}\right)=k'\left(\frac{R^*}{n}\right)-k'\left(\frac{R^{**}}{n}\right)-(n-1)K'\left(\frac{n-1}{n}R^{**}\right)$$

如果 $R^*=R^{**}$，则上式左边 $=u'\left(\dfrac{R^*}{n}\right)-u'\left(\dfrac{R^{**}}{n}\right)=0$，于是上式右边 $k'\left(\dfrac{R^*}{n}\right)-k'\left(\dfrac{R^{**}}{n}\right)-(n-1)K'\left(\dfrac{n-1}{n}R^{**}\right)=-(n-1)K'\left(\dfrac{n-1}{n}R^{**}\right)=0$，由于 $n\neq 1$，所以将有

$K'\left(\dfrac{n-1}{n}R^{**}\right)=0$，但这与我们前面的假设 $K'(R)>0$ 矛盾。可见，$R^*\neq R^{**}$。

如果 $R^*<R^{**}$。由于 $u''(r)<0$，就将有 $u'\left(\dfrac{R^*}{n}\right)-u'\left(\dfrac{R^{**}}{n}\right)>0$，即 $k'\left(\dfrac{R^*}{n}\right)-k'\left(\dfrac{R^{**}}{n}\right)-(n-1)K'\left(\dfrac{n-1}{n}R^{**}\right)>0$。又因为 $k''(r)>0$，从而 $k'\left(\dfrac{R^*}{n}\right)-k'\left(\dfrac{R^{**}}{n}\right)<0$。这时候，为了保证 $k'\left(\dfrac{R^*}{n}\right)-k'\left(\dfrac{R^{**}}{n}\right)-(n-1)K'\left(\dfrac{n-1}{n}R^{**}\right)>0$，必须有 $-(n-1)\times K'\left(\dfrac{n-1}{n}R^{**}\right)>0$，也就是 $K'\left(\dfrac{n-1}{n}R^{**}\right)<0$，这也与 $K'(R)>0$ 矛盾，所以 $R^*<R^{**}$ 不成立。

至此我们知道 $R^*>R^{**}$。

很明显，按照博弈的纳什均衡确定的资源使用总数 R^*，严格大于从社会最优角度出发考虑的资源使用总数 R^{**}。这个结果背后的直观解释其实很简单：如果这个博弈是由每个局中人独立进行的，那么个人效用最大化的动机会促使每个局中人使用尽可能多的资源，直到他使用资源的边际成本等于他的边际收益为止。在一个纳什均衡里，每个局中人只关心他使用资源对他自己的成本的影响，全不理会他使用资源对其他局中人造成的影响。所以，个人使用资源的成本，远远小于个人使用资源产生的社会总成本，总成本的很大一部分被强加给社会其他成员了。然而，从社会最优的角度出发考虑的每人最优资源使用总量，因为要全盘考虑每个社会成员将分摊的使用成本，所以使用资源的边际成本上升得比较快，较快到达边际效用等于边际成本处，从而由总的社会使用成本决定的总资源使用量就比较少。

第十一节　纳什均衡的观察与验证

上面我们具体介绍了在一个博弈中寻找纳什均衡的几种方法。然而在许多情况下，人们往往无须通过上面介绍的相对优势策略下划线法、箭头指向法和求解最优化问题的其他方法找出纳什均衡。有时候，纳什均衡是"看"出来甚至"猜"出来的，而不是"算"出来的。有道是"大胆假设，小心求证"。科学研究讲求想象力，许多重大的科学发现，往往都是科学家先产生一个直觉判断，然后通过严密的逻辑论证或者可靠的实验方法来论证直觉判断的正确性。经济学研究更是如此。经济学家一般先从现实中的经济现象出发，利用经济学直觉分析、归纳出可能的经济学命题，然后通过经济分析的方法论证命题。现在就让我们通过下面两个例子体会一下经济学家风格的"大胆假设，小心求证"的思考方式。

假设两个人分一百元钱，每个人独立地提出自己要求的数额，并把要求写在一张纸上，然后由第三方公证人来主持和判定最终的分配结果。规则是这样的：设 x_1 为第一个人要求的数额，x_2 为第二个人要求的数额，如果 $x_1+x_2\leqslant100$，则每个人都得到自己要求的数额，否则，两人一分钱也得不到。

如果让读者来猜测这个博弈的纳什均衡结果，大多数人首先会猜到（50，50）是一个合理的均衡结果。（50，50）的确构成一个纳什均衡，读者的判断是正确的，而读者的正确推断则源于生活经验和逻辑直觉。因此，生活经验和逻辑直觉往往能帮助我们推断许多问题。上面这种由生活经验推断出来的博弈的纳什均衡，在经济学上有一个专门的名称——"聚点均衡"。关于聚点均衡，我们在下一章会做初步的介绍。

在猜出纳什均衡之后，我们所面临的下一个任务就是论证。现在我们要论证（50，50）是上述二人博弈的一个纳什均衡。我们在前面曾经强调，纳什均衡的精髓，是没有一个局中人有动机单独偏离当前的策略组合。我们首先看局中人1的行为选择，给定局中人2选择50，如果局中人1的选择不是50，那么他要么一分钱都得不到（如果他选择一个大于50的数额），要么所得比可得的少（如果他选择一个小于50的数额）。因此，站在局中人1的角度考虑，他没有要偏离50这个当前选择的积极性。按照同样的论证思路，局中人2也没有偏离50这个当前选择的积极性。所以，（50，50）构成一个纳什均衡。

但是，如果读者往前多想一步，很容易就会发现，任何满足 $x_1 + x_2 = 100$ 的一对数字（x_1，x_2），都构成这个二人博弈的纳什均衡。因此，这个"分钱博弈"存在无数个纳什均衡，具体如图表2-22所示。我们把论证这个博弈存在无数个纳什均衡作为一个练习，请读者自行完成。

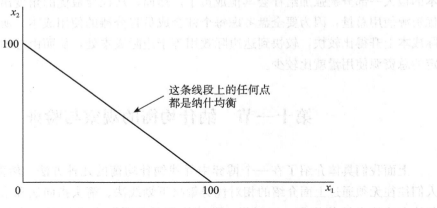

图表 2-22　分钱博弈

再看下面的例子。考虑如下这样一个有 N 个人参加的游戏：每个人可任意放最多100元钱到一台可以钱生钱的机器里，机器把所有人放进去的钱的总和增加到原来的3倍，然后平分给这 N 个人。你能猜出这个 N 人博弈的一个纳什均衡并给出相应的证明吗？

聪明的读者容易猜到这样一个纳什均衡：当 $N = 1$ 和 2 时，每个人都愿意出100元钱；当 $N \geq 4$ 时，没有人愿意出钱。因为生活的直觉告诉我们，当参与分钱的人数大于钱增加的倍数时，对于任何一个参与人而言，自己出钱都是件亏本的事情，只有当参与分钱的人数小于钱增加的倍数时，自己出钱才是划算的。事实上，我们也很容易验证，这的确是一个纳什均衡。

验证纳什均衡时我们需要牢记的还是"单独偏离没有好处"这句话。显然，当 $N=1$ 时，如果该局中人不是出 100 元而是出 99 元，那么他将得到的支付是 $99\times3-99=198$，小于他出 100 元钱时得到的支付 $100\times3-100=200$。类似地可以验证，只要他拿出的钱小于 100 元，他最终得到的支付都小于他拿出 100 元钱时得到的支付，所以他没有动机偏离"出 100 元钱"这一策略。同样地，当 $N=2$ 时，如果其中一个局中人不是出 100 元钱而是出 99 元钱，那么给定另一个局中人出 100 元，他得到的支付将是 $(100+99)\times3/2-99=199.5$，小于他出 100 元钱时得到的支付。

比较困难的是验证 $N\geqslant4$ 的情形。我们已经猜到这时候没有人愿意出钱。事实上，当 $N=4$ 时，给定其他局中人都不拿出钱来参与游戏，如果其中一个局中人拿出 1 元钱，则他曾经得到的博弈支付为 $(1\times3)\div4-1=-1/4<0$，他亏了，虽然其他局中人得到的支付是 3/4。理性的局中人不会做这种损害自己的事。同样的道理可以验证，没有局中人愿意拿出 2 元钱、3 元钱……直到 100 元钱，因为此时该局中人得到的博弈支付都是负的。学过初等代数的读者都容易验证，只要参与游戏的人数大于 4，给定其他局中人都采取不出钱的策略，如果其中一个局中人采取出钱的策略，出钱的局中人就必然得到负的支付。因此，当 $N\geqslant4$ 时，没有局中人愿意出钱就构成该博弈的一个纳什均衡。

从前面的讨论我们知道，当 $N=1$ 和 2 时，纳什均衡是每人都出 100 元；当 $N\geqslant4$ 时，纳什均衡是大家都不出钱。事实上，当 $N=1$ 和 2 时，任何人出钱，对于自己都是得利的事情；当 $N\geqslant4$ 时，任何人出钱，对于自己都是吃亏的事情。

有趣的是 $N=3$ 的情形。一方面，虽然任何人单独出钱，对于自己都是不亏不赚的行为（比如说出 9 元钱，因此自己得到的还是 9 元钱，于是自己因为出 9 元钱而得到的支付为 $9-9=0$；出 100 元钱，自己因此得到的还是 100 元钱，于是自己因为出 100 元钱得到的支付同样为 $100-100=0$），从而出钱是没有经济利益的行为，但是每人都出 100 元钱仍然是这个博弈的一个纳什均衡。问题在于，给定其他局中人都拿出 100 元钱，如果某个局中人采取出小于 100 元钱的策略，并不能给自己带来支付的增加。

另一方面，每个局中人都不出钱，也是一个纳什均衡。读者容易自行论证。

我们已经知道，当 $N=1$ 和 2 时，每个人都愿意出 100 元钱；当 $N\geqslant4$ 时，没有人愿意出钱。而 $N=3$ 的情形，介于 $N=1$ 和 2 与 $N\geqslant4$ 两个极端之间，是一种每个局中人都懒得改变任何现状的局面。

关于这个博弈在 $N=3$ 时的纳什均衡的情形的详细讨论（包括猜想和论证两个方面），留给读者作为一个练习。做完了这些，我们才算完成对这个博弈的纳什均衡的全部讨论。

经济学研究重视对经济现象的直觉，直觉往往与想象力联系在一起。想象力如何，是读者能否猜出上述纳什均衡的关键。

作为练习，有兴趣的读者还可以进一步考虑以下两个问题：第一，当 $N=3$ 的时候，该博弈的纳什均衡是否只有上面提到的两个？第二，当 $N=3$ 的时候，该博弈的哪些纳什均衡能够给每个参与人都带来最大的支付？

第十二节　弱劣势策略逐次消去法的讨论

　　经过上面的讨论，相信读者对纳什均衡的概念已经有了一定的了解。现在，让我们回头再看在优势策略均衡讨论中提到过的公明博弈的例子。我们曾经说过，采取普通劣势策略逐次消去法而不是严格劣势策略逐次消去法，往往有可能会遗漏可能的博弈结果。现在，运用上节所讲的判断纳什均衡的办法，我们很容易看出，在公明博弈中，右下角的（0，1 000）表征的结果（见图表2-23），即（不要求看，不给看）的对局，也是一个纳什均衡。可是如果我们采取普通劣势策略逐次消去法而不是严格劣势策略逐次消去法，就会漏过这个纳什均衡。可见，采用普通劣势策略逐次消去法来寻求纳什均衡并不完全合理，我们不能稀里糊涂就那么使用。

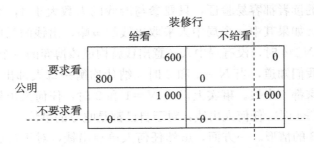

图表 2 - 23　再说公明博弈

　　以前从囚徒困境博弈的解法开始讲的劣势策略逐次消去法，都是"严格"劣势策略逐次消去法：只有当一个策略全面地、严格地劣于另一个策略时，才可以把它消去。而在公明博弈中，无论站在公明方面还是站在装修行方面，都没有一个策略全面地、严格地劣于另一个策略。站在公明方面，虽然"不要求看"档案比"要求看"档案劣，但不是全面的劣，因为如果对方采用"不给看"策略，那么公明不要求看档案和要求看档案的支付都是0，比不出优劣来。站在装修行方面，虽然"不给看"档案比"给看"档案的策略劣，但同样不是全面的劣，因为如果公明采取"不要求看"档案的策略，装修行"不给看"档案和"给看"档案的支付都是1 000，同样比不出优劣来。

　　所以，在优势策略均衡一节中公明博弈部分所采用的劣势策略逐次消去法，不是原来所讲的"严格"劣势策略逐次消去法。为了区别起见，我们把它叫作**弱劣势策略逐次消去法**（iterated elimination of weakly dominated strategies）：面对乙的所有策略来比较甲的两个策略，如果甲的一个策略的支付总是不超过另一个策略，而且确实有一个乙的策略使甲的这个策略的支付小于另一个策略，就把甲的这个策略删去；同样，面对甲的所有策略来比较乙的两个策略，如果乙的一个策略的支付总是不超过另一个策略，而且确实有一个甲的策略使乙的这个策略的支付小于另一个策略，就把乙的这个策略删去。

　　文字语句若说得像法律文件那样准确，常常十分别扭。用具体例子说明，反而非常清楚。在以下两组数字的比较之中，总的来说，上面一行数字所表示的支付，明显劣于下面一行数字。如果采用弱劣势策略逐次消去法，在两种情况下都可以把上面一行数字删去，但是如果采用严格劣势策略逐次消去法，则只能删去第二组的 3—4—0—6。第一组的 3—4—0—6 不能删，因为它的 6 和下面的 6 相等，在这个位置分不出大小。

为上课和作业中便于区别起见，我们约定弱劣势策略逐次消去法的"消去"用虚线表示，严格劣势策略逐次消去法的"消去"用实线表示（见图表 2-24）。

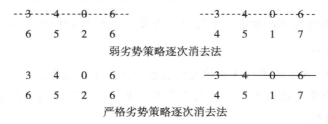

图表 2-24　弱劣势策略逐次消去法和严格劣势策略逐次消去法的比较

这样看来，弱劣势策略逐次消去法的杀伤力比较大，在博弈有几个纳什均衡的情形下，它可能错过其中一些纳什均衡。比方说在前文所讲的公明博弈中，装修行不给看、公明也不要求看的右下方格子，也是一个纳什均衡，这是因为公明原来的支付为 0，单独改变策略的支付也是 0，单独改变没有带来（额外的）好处，装修行原来的支付为 1 000，单独改变策略的支付也是 1 000，单独改变也不会带来（额外的）好处。可是，这个纳什均衡就被普通劣势策略逐次消去法错过了。

与此类似，纳什均衡也有严格纳什均衡和普通纳什均衡之分。普通纳什均衡只是说任何局中人单独偏离策略均衡都没有好处。但是，没有好处也不一定有坏处，不会得到好处也不一定会得到坏处。所以在公明博弈中，装修行不给看、公明也不要求看的右下方格子这个纳什均衡，就是一个普通纳什均衡。严格纳什均衡则不仅指单独改变没有好处，而且指那些谁单独改变策略谁就要倒霉的纳什均衡。在公明博弈中，公明要求看档案、装修行也给看的左上方格子这个纳什均衡，就是一个严格纳什均衡，因为处于这个均衡时，公明要是单独改变策略，支付将从 800 降为 0，装修行要是单独改变策略，支付将从 600 降为 0。

总而言之，弱劣势策略逐次消去法的杀伤力比较大，它可能排除普通纳什均衡。但如果是严格纳什均衡，杀伤力大的弱劣势策略逐次消去法对它也一定手下留情。你只要知道严格劣势策略逐次消去法和弱劣势策略逐次消去法的区别，知道严格纳什均衡和普通纳什均衡的区别，就很容易想清楚这个关系。

因为杀伤力大的弱劣势策略逐次消去法对严格纳什均衡也一定手下留情，所以如果使用杀伤力大的弱劣势策略逐次消去法能够很快得到博弈的一个纳什均衡，你也不必忌讳使用弱劣势策略逐次消去法。事实上，能够这样得到的纳什均衡，总是最稳定的纳什均衡，总是最强的纳什均衡，这里所谓最稳定和最强的具体含义，我们在下一章的最后一节会讲述。虽然为了帮助学生深刻领会纳什均衡的概念，我们常常要求学生求出一个博弈的所有纳什均衡，但是在实际应用中，如果一个博弈存在一个使用弱劣势策略逐次消去法很快能够得到的纳什均衡，那么往往集中讨论这个具体的纳什均衡，就已经足以解决我们面临的问题了。

◀ **习　题** ▶

1. 例 2.1 的博弈是有限博弈吗？

2. 在例 2.1 的博弈中，如果三个局中人的策略选择是 $x=\dfrac{1}{3}$，$y=\dfrac{1}{2}$，$z=\dfrac{2}{3}$，他们的博弈支付将是多少？

3. 请把图表 1-6 囚徒困境博弈的支付表达为支付函数的形式。

4. 请以列举全部元素的形式，表达"剪刀、石头、布"游戏的策略组合集，即局中人策略集的笛卡儿积。

5. 试把图表 2-3 的博弈的支付表达为支付函数的形式。

6. 仿照定义 2.2，用规范的语言定义弱优势策略和弱劣势策略。

7. 按照定义 2.2 的风格，给出优势策略均衡的定义。

8. 仿照定义 2.2，用规范的语言给出相对优势策略的定义。

9. 试将定义 2.2 中二人同时决策博弈情形的严格优势策略的定义和严格劣势策略的定义，推广到 n 人同时博弈的情形。

10. 本章谈到相邻的两个企业都要解决各自的供水问题，它们考虑是否合作以及如何合作的问题。试设想策略和必要的支付数据，把这个问题表达为一个二人同时博弈。

11. 试编写实质是情侣博弈的博弈故事。

12. 参考定义 2.3，用正式的学术语言给出相对优势策略的定义。

13. 修改图表 2-17 的博弈，使得（下，中）格子中的支付变为（0，4）。即只把中间的那个 2 改为 4。请运用相对优势策略下划线法，找出博弈的新的纳什均衡。

14. 运用相对优势策略下划线法确定囚徒困境博弈的纳什均衡。

15. 运用相对优势策略下划线法确定公明博弈的纳什均衡。

16. 熟悉计算机计算的读者，可以尝试考虑利用计算机对多人有限博弈应用相对优势策略标记法。

17. 运用箭头指向法确定公明博弈的纳什均衡。

18. 运用箭头指向法讨论图表 2-12 的博弈。

19. 运用箭头指向法讨论诺曼底战役模拟博弈。

20. 试采用本章第八节的符号约定，简化定义 2.3 的两个不等式。

21. 试从局中人乙不安本分偏离纳什均衡开始，演示最后归宿博弈的利益角逐循环。

22. 设某种商品的市场需求曲线是 $q=a-p$，价格 p 越高，市场对这种商品的需求量 q 越小。这个市场被一个企业垄断。试运用微观经济学的需求供给分析，证明当商品的垄断供给量是 q 时，垄断实现的商品市场价格是 $p=a-q$。

23. 设某种商品的市场需求是 $q=f(p)$，市场对这种商品的需求量 $q=f(p)$ 随价格 p 上升而严格单调下降。这时候，$q=f(p)$ 的反函数存在，不妨记作 $p=g(q)$。试运用微观经济学的需求供给分析说明，$p=g(q)$ 正好表达了当商品的垄断供给量是 q 时垄断实现的商品市场价格。

24. 在例 2.4 中，我们分析了产品有差异的伯川德双寡头竞争模型。在同质产品的情况下，结论应该是很明显的：假设当 $p_i < p_j$ 时，消费者对企业 i 的产品的需求为 $a - p_i$；当 $p_i > p_j$ 时，消费者对企业 i 的产品的需求为 0；当 $p_i = p_j$ 时，消费者对企业 i 的产品的需求为 $\frac{a - p_i}{2}$。同时假设这两个企业在进行生产时都不存在固定成本，且边际成本为常数 c，这里 $c < a$。证明：在包括产品同质在内的上述假设之下，如果企业同时选择价格（进行价格竞争），则唯一的纳什均衡就是每个企业的定价均为 c。

25. 把本章第十一节的机器三倍分钱博弈的全部纳什均衡找出来。

26. 本章第十一节的机器三倍分钱博弈的哪些纳什均衡满足帕累托最优的性质？

27. 设 $G = \{S_1, S_2; u_1, u_2\}$ 是二人同时博弈，S_1 是只有 3 个元素的集合，S_2 是只有 4 个元素的集合，u_1 恒取整数 5，u_2 恒取整数 -2。试把这个博弈表述为双矩阵形式，并且讨论按照定义 2.4，这个博弈有多少个纳什均衡。

说明：这种支付不因策略选择的变化而变化的博弈，叫作平凡博弈。通俗地说，平凡博弈是"没有什么好博弈"的博弈。在二人有限博弈采用矩阵型表示的情况下，平凡博弈要求行局中人的支付和列局中人的支付都是一个常数。

28. 试按照上题的思路，给出 $G = \{S_1, \cdots, S_n; u_1, \cdots, u_n\}$ 是一个平凡的 n 人同时博弈的定义。

29. 如果我们把平凡博弈的定义改为"如果 n 人博弈 $G = \{S_1, \cdots, S_n; u_1, \cdots, u_n\}$ 的所有支付函数都恒取同一个常数值，这个博弈就叫作平凡博弈"，情况会有什么不同？特别是，符合新定义的博弈和符合原来定义的博弈是什么关系？在需要引入平凡博弈的概念的前提下，你觉得采用哪种定义好？

30. 试按照本章第九节开始的极其简单的介绍，尝试把摩根教授的那篇论文完整地找出来。

31. N 个人参加这样一个博弈：每人独自写出从 1 到 100 之间的一个整数，打开以后，最接近所有人所写数字的平均数的 80% 的那个人胜出。试讨论这个博弈的纳什均衡。

第三章

混合策略纳什均衡

我们在上一章介绍了纳什均衡的概念，并介绍了寻找纳什均衡的三种方法：劣势策略逐次消去法、相对优势策略下划线法和箭头指向法。但是，如果按照上一章给出的纳什均衡的定义，一方面有时候纳什均衡并不唯一，例如情侣博弈，另一方面有时候纳什均衡并不存在，如下面将要提到的扑克牌对色游戏。在这些纳什均衡不存在或者不唯一的情形中，前面介绍的纳什均衡的定义和寻找纳什均衡的方法，就不足以帮助我们对博弈的最终结果做出明确的预测，从而我们无法给参与博弈的局中人提供明确的决策建议。因此，我们需要拓展纳什均衡的概念，引入新的分析工具，对存在多个纳什均衡的博弈和不存在纳什均衡的博弈做进一步的讨论。

本章首先引入混合策略和期望支付的概念，在此基础上定义混合策略纳什均衡，然后具体介绍求解纳什均衡的反应函数法，并给出混合策略纳什均衡的直观解释。随后，我们讨论多重纳什均衡的问题及其筛选标准。最后，我们初步介绍一下颤抖手精炼纳什均衡的思想。

第一节　混合策略与期望支付

现在让我们考虑这样一个扑克牌对色游戏（poker game of color matching）：两人博弈，每人从自己的扑克牌中抽一张出来，然后一起翻开。如果两张扑克牌的颜色一样，甲输给乙一根火柴；如果颜色不一样，甲赢得乙的一根火柴。为了确定起见，我们不允许出"大鬼"和"小鬼"。

大家知道，正规扑克牌的基本色调，若不算"大鬼"和"小鬼"，只有红和黑两种颜色。所以，按照我们在上一章给出的策略的定义，每个人的（纯）策略都只有两个，一是出红牌，二是出黑牌。这样，我们可以把博弈矩阵写下来：甲出红，乙也出红，颜色一样，甲得-1，乙得1；甲出红，乙出黑，颜色不一样，甲得1，乙得-1；甲出黑，乙出红，颜色不一样，甲得1，乙得-1；甲出黑，乙也出黑，颜色一样，甲得-1，乙得1（见图表3-1）。上面这个"纯"字的意思，后文再解释。

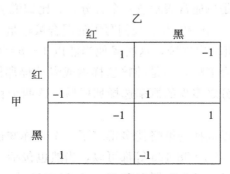

图表 3-1　扑克牌对色游戏

每人两个策略，二二得四，一共有四个策略对局情形。按照上一章定义的纳什均衡概念，我们容易知道，这个博弈的四个格子所代表的策略组合，都不是纳什均衡。实际上，在博弈矩阵的四个格子中，没有一个符合"谁单独改变策略都没有好处"的均衡标准。例如，左上方甲出红牌、乙也出红牌、支付为（-1，1）的格子，甲单独改变策略变成出黑牌，他的得益就会从-1变成1，甲单独改变就会得到好处。可见，左上方格子的位置不是纳什均衡。再看右上方格子，甲出红牌，乙出黑牌，支付为（1，-1）。乙要是单独改出红牌，他的得益就从-1上升到1，可见乙单独改变有好处。由此可见，右上方格子的对局也不是纳什均衡。同样，左下方格子的对局和右下方格子的对局都不是纳什均衡。

博弈论最重要的问题就是寻求博弈的稳定结果。上面这个简单的例子向我们提出了一个很重要的问题，就是如何解决按照前面两章的定义和方法"不存在"纳什均衡和"找不到"纳什均衡的博弈的问题。另外，上面这个例子还向我们提供了这样一个重要启示：在这类博弈中，最要紧的不是局中人应该选择哪个（纯）策略，而是局中人如何才能不让对手猜中自己将选择哪个（纯）策略。具体来说，在上面这个博弈中，每个局中人的出牌一定要避免规律性：不能总是出红牌或者总是出黑牌，而且不能总是在对手容易预测你出红牌的时候出红牌、在对手容易预测你出黑牌的时候出黑牌，因为只要其中一个局中人的出牌策略具有规律性而被对手轻易发觉，则对手就可以根据这种规律性预先猜到他的选择，从而采取有针对性的出牌轻易把他打败。因此，每个局中人都要随机地出红牌或者出黑牌，让对手摸不着北，然后看能不能凭运气或者进一步的策略击败对手。局中人的这种把自己的（纯）策略选择随机化的做法，就是博弈论建立"混合策略"概念的思想依托。

在局中人只有两个纯策略可以选择的情形下，**混合策略**（mixed strategy）是一种按照什么概率选择这个纯策略、按照什么概率选择那个纯策略的策略选择指示。混合策略与前面讲过的纯策略有很大的区别。在第二章使用的策略概念，我们现在都强调它们是**纯策略**（pure strategy）。纯策略对每个局中人具体明确了一个非随机性的行动计划。而混合策略则表明，局中人可以按照一定的概率，随机地从纯策略集合中选择一个纯策略作为实际的行动。以扑克牌对色游戏为例，从局中人甲的角度看，他有出红牌和出黑牌两个纯策略，还有以 p 的概率出红牌和以 $1-p$ 的概率出黑牌的混合策略，这里 p 是 0 和 1 之间的一个小数，但是也通常表示成一个百分数。比如说 $p=0.4$，也就是 $p=40\%$，那么 $1-p=0.6$，也就是 $1-p=60\%$。我们写甲的混合策略是（p，$1-p$），说的就是甲以 $p=0.4$ 或 $p=40\%$ 的概率出红牌，这时候他当然以 $1-p=0.6$ 或者 $1-p=60\%$ 的概率出黑牌。可见，所谓混合策略，不是纯粹这样做或者纯粹那样做，而是以百分之多少的概率选择这样做、以百分之多少的概率选择那样做，这两个百分数加起来，应该是 1，即 100%。

这样一来，局中人可以选择的策略就多得多了，至少你知道是无穷多个。$p=0.4$ 可以，$p=0.2$、0.3、0.79、0.1 998 426 等都可以，当然也包括 $p=0$ 或 $p=1$，可不是无穷多种选择？如果 $p=0.79=79\%$，那么 $1-p=0.21=21\%$，混合策略（p，$1-p$）就是出红牌的概率是 79%，出黑牌的概率是 21%。

如果 $p=0$，那么 $1-p=1=100\%$，这时候，混合策略（p，$1-p$）=（0，1）说的就是出红牌的概率是 0，出黑牌的概率是 100%，也就是只出黑牌。这就回到原来讲的纯策略了。可见，混合策略包括原来的纯策略，或者说混合策略概念是原来纯策略概念的推广。

同样，说乙的混合策略是（q，$1-q$），就是说乙以 q 的概率出红牌，以 $1-q$ 的概率出黑牌。概率是一个小数或一个百分数，在本例中给出的是出红牌的概率和出黑牌的概率。

在一个局中人有两个纯策略可供选择的时候，混合策略可以用（p，$1-p$）或者（q，$1-q$）表示，是因为他不是选择这个策略，就是选择那个策略，选择两个策略的概率加起来是 100%，即选择两个策略的概率加起来是 1。这样，如果选这个策略的概率是 p，选那个策略的概率就一定是 $1-p$；如果选这个策略的概率是 q，选那个策略的概率就一定是 $1-q$。可见，在局中人只有两个纯策略可供选择的情况下，用一个字母 p 的组合（p，$1-p$）或者一个字母 q 的组合（q，$1-q$）就可以把他的所有可能的策略选择都表达出来。

如果一个局中人有三个纯策略可供选择，一个字母就不够用了。但是因为选择三个策略的概率加起来是 100%，即选择三个策略的概率加起来是 1，我们用两个字母 q 和 r 的组合（q，r，$1-q-r$）就可以把他所有可能的策略选择都表达出来。

推而广之，如果一个局中人有 5 个纯策略可供选择，需要 4 个字母才能表达他所有可能的混合策略选择；如果一个局中人有 100 个纯策略可供选择，就需要 99 个符号；等等。

与混合策略相伴随的一个问题是局中人支付的**不确定性**（uncertainty）。为了刻画不确定情形下局中人的支付，我们需要借助**期望支付**（expected payoff）这个概念。

在初等概率论里我们知道，如果一个数量指标，如赌博时可能赢的钱数或者预报的未来降雨量，有 n 个可能的取值 X_1，X_2，$\cdots$，X_n，并且这些取值发生的概率分别为 p_1，p_2，$\cdots$，p_n，那么我们可以将这个数量指标的期望值定义为以发生概率作为权重的

所有可能取值的加权平均，也就是

$$p_1X_1 + p_2X_2 + \cdots + p_nX_n$$

比如说你玩一个掷硬币游戏，每次掷两枚硬币。如果两枚硬币都正面朝上，你将得到 5 元钱；如果一枚正面朝上一枚正面朝下，你将得到 1 元钱；如果两枚硬币都正面朝下，你将一分钱都得不到。因为每枚硬币正面朝上或朝下的概率各占一半，都是 0.5，所以两枚硬币都正面朝上的概率为 $0.5 \times 0.5 = 0.25$，两枚硬币都正面朝下的概率也是 $0.5 \times 0.5 = 0.25$。而对于一枚正面朝上一枚正面朝下这种情况发生的概率的判定，则要稍微复杂一些。如果我们给硬币编个号，分别为硬币 1 和硬币 2，则有两种可能的情况出现：硬币 1 正面朝上，硬币 2 正面朝下，以及硬币 1 正面朝下，硬币 2 正面朝上。由前面的分析我们知道，这两种情况每种出现的概率都是 0.25，而这两种情况都属于一枚硬币正面朝上而另一枚硬币正面朝下的情形，因此，一枚硬币正面朝上而另一枚硬币正面朝下的发生概率，应当是这两种情况发生的概率之和，即为 $0.25 + 0.25 = 0.5$。根据我们刚才介绍的期望值的计算方法，读者很容易看出，参加这个游戏的期望回报为：

$$0.25 \times 5 + 0.5 \times 1 + 0.25 \times 0 = 1.75(元)$$

在博弈论中，当局中人并不清楚其他局中人的实际策略选择时，他的支付便具有了不确定性，为此，他只能通过计算期望支付的方式来预测自己的得益情况，确定自己的策略选择。为说明怎样计算期望支付，我们首先还是以上述扑克牌对色游戏作为例子。

在图表 3-2 中，我们把甲的混合策略表示为随机地以 p 的概率出红牌和以 $1-p$ 的概率出黑牌，把乙的混合策略表示为随机地以 q 的概率出红牌和以 $1-q$ 的概率出黑牌。

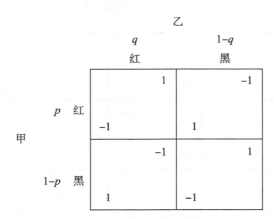

图表 3-2　扑克牌对色游戏

甲出红乙也出红，甲将得 -1，但是甲出红的概率是 p，乙出红的概率是 q，所以甲出红乙也出红的概率是 p 乘 q 等于 pq；甲出红乙出黑，甲将得 1，但是甲出红的概率是 p，乙出黑的概率是 $1-q$，所以甲出红乙出黑的概率是 p 乘 $1-q$ 等于 $p(1-q)$；甲出黑乙出红，甲将得 1，但是甲出黑的概率是 $1-p$，乙出红的概率是 q，所以甲出黑乙出红的概率是 $1-p$ 乘 q 等于 $(1-p)q$；甲出黑乙也出黑，甲将得 -1，但是甲出黑的概率是 $1-p$，乙出黑的概率是 $1-q$，所以甲出黑乙也出黑的概率是 $1-p$ 乘 $1-q$

等于 $(1-p)(1-q)$。

这样，记甲的期望支付为 U_A，我们就知道

$$\begin{aligned} U_{甲}(p,q) &= (-1)pq+1p(1-q)+1(1-p)q+(-1)(1-p)(1-q) \\ &= -pq+p-pq+q-pq-1+p+q-pq \\ &= -4pq+2p+2q-1 \\ &= 2p(1-2q)+(2q-1) \end{aligned}$$

按照同样的思路，记乙的期望支付为 U_B，我们有

$$U_{乙}(p,q)=2q(2p-1)-(2p-1)$$

需要说明的是，期望支付的标准写法是 EU，从而甲的期望支付的标准写法是 EU_A，但是在概率 p 和 q 明显出现的时候，我们约定也可以写成 $U_{甲}(p,q)$，表达式中已经有期望的意思。$U_{乙}(p,q)$ 与 EU_B 的关系也是这样。

更一般地，对于一个如图表 3-3 那样可以用双矩阵形式表述的二人博弈（详细描述请回忆第二章第二节），因为行局中人有 m 种可以选择的纯策略，所以他的混合策略可以紧凑地表示为一个向量 $p=(p_1, p_2, \cdots, p_m)$，要求对每一个纯策略 i 都有 $p_i \geqslant 0$，并且满足 $\sum_{i=1}^{m} p_i=1$。同样，因为列局中人有 n 个可以选择的纯策略，所以他的混合策略可以紧凑地表示为一个向量 $q=(q_1, q_2, \cdots, q_n)$，要求对每一个纯策略 j 都有 $q_j \geqslant 0$，并且满足 $\sum_{j=1}^{n} q_j=1$。

行局中人 \ 列局中人	s_1^2	s_2^2	$\cdots$	s_n^2
s_1^1	a_{11}, b_{11}	a_{12}, b_{12}	$\cdots$	a_{1n}, b_{1n}
s_2^1	a_{21}, b_{21}	a_{22}, b_{22}	$\cdots$	a_{2n}, b_{2n}
$\vdots$	$\vdots$	$\vdots$	$\ddots$	$\vdots$
s_m^1	a_{m1}, b_{m1}	a_{m2}, b_{m2}	$\cdots$	a_{mn}, b_{mn}

图表 3-3　二人博弈的双矩阵表示

若对于某个纯策略 i，我们有 $p_i=1$，而 $p_k=0$ 对任意 $k \neq i$ 都成立，那么混合策略 p 对于行局中人来说实际上就是 i 这个纯策略。也就是说，行局中人的纯策略 i 相当于行局中人以 1 的概率选择策略 i，以 0 的概率选择其他任何策略。这时候，行局中人的纯策略可表述为

$$p=(0, 0, \cdots, 0, 1, 0, \cdots, 0)$$

其中，1 只在 i 的位置出现一次。这样的向量一共有 m 个，正好对应行局中人的 m 个纯策略。

类似地，任何形式为

$$q=(0, 0, \cdots, 0, 1, 0, \cdots, 0)$$

的混合策略，其中 1 只出现一次，实际上都是列局中人的一个纯策略。显然，这样的向量一共有 n 个，也正好对应列局中人的 n 个纯策略。

如果我们用 π_1 表示行局中人 1 的期望支付，用 π_2 表示列局中人 2 的期望支付，则按照和扑克牌对色游戏同样的处理方法，行局中人的期望支付可以表示为：

$$\pi_1(p, q)=\sum_{i=1}^m \sum_{j=1}^n p_i q_j a_{ij}$$

列局中人的期望支付可以表示为：

$$\pi_2(p, q)=\sum_{i=1}^m \sum_{j=1}^n p_i q_j b_{ij}$$

其中，a_{ij} 是当行局中人选择纯策略 i 而列局中人选择纯策略 j 时行局中人的支付，b_{ij} 表示当行局中人选择纯策略 i 而列局中人选择纯策略 j 时列局中人的支付。

在上述讨论的基础上，我们可以对有 n 个局中人参与的策略型博弈的混合策略给出如下正式定义：

定义 3.1 在一个有 n 个局中人参与的策略型博弈 $G=\{S_1, \cdots, S_n; u_1, \cdots, u_n\}$ 中，假定局中人 i 有 K 个纯策略，即 $S_i=\{s_{i1}, \cdots, s_{iK}\}$，则概率分布 $p_i=(p_{i1}, \cdots, p_{iK})$，其中 $0 \leqslant p_{ik} \leqslant 1$，$\sum_{k=1}^K p_{ik}=1$，被称为局中人 i 的一个混合策略，这里 $p_{ik}=p(s_{ik})$ 表示局中人 i 选择纯策略 s_{ik} 的概率，$k=1, \cdots, K$。

与上述定义相对应，本书约定用 $\sum_i$ 表示局中人 i 的**混合策略空间**（space of mixed strategies）。注意，我们在这里之所以使用"混合策略空间"的说法，是因为我们已经在每个局中人 i 的策略集上引入了概率分布，从而使它具有了测度空间的结构。至于什么叫测度空间，读者现在不必深究。于是，$p=(p_1, \cdots, p_i, \cdots, p_n)$，$p_i \in \sum_i$，就表示博弈的一个**混合策略组合**（mixed strategy profile），其中每一个元素 p_i 都是一个**混合策略向量**（mixed strategy vector）。这时候，我们用 $\pi_i(p)=\pi_i(p_1, \cdots, p_i, \cdots, p_n)$ 表示局中人 i 在混合策略组合 $p=(p_1, \cdots, p_n)$ 下的期望支付，它是混合策略组合 p 的函数。采用第二章的符号约定，我们可以把局中人的期望支付简记为 $\pi_i(p)=\pi_i(p_i, p_{-i})$，其中，$p_{-i}=(p_1, \cdots, p_{i-1}, p_{i+1}, \cdots, p_n)$ 表示除局中人 i 之外所有其他局中人的混合策略组合。至此，局中人 i 的期望支付可以具体定义为：

$$\pi_i(p)=\sum_{s \in S}\left(\prod_{j=1}^n p_j(s_j)\right)u_i(s)$$

其中，$u_i(s)$ 是我们在纯策略情形中熟悉的当所有局中人均采取 s 这个纯策略组合的时候局中人 i 的支付，而 $\prod_{j=1}^n p_j(s_j)$ 正是所有局中人各自的策略选择正好组成纯策略组合 s 的概率。

清楚了混合策略和期望支付的概念，我们现在可以重新定义纳什均衡。从二人同时决策博弈看，混合策略纳什均衡必须是两个局中人的相对最优混合策略的组合。所谓相对最优混合策略，是指在给定对方选择该相对最优混合策略的条件下，能使局中人自身的期望支付达到最大的混合策略。用比较学术化的语言来讲，如果 $p^* = (p_1^*, p_2^*)$ 是二人博弈的一个纳什均衡，它必须满足：

$$\pi_1(p_1^*, p_2^*) \geqslant \pi_1(p_1, p_2^*), \text{对于任意的 } p_1 \in \sum_1$$

和

$$\pi_2(p_1^*, p_2^*) \geqslant \pi_2(p_1^*, p_2), \text{对于任意的 } p_2 \in \sum_2$$

更一般地，对于一个有 n 个局中人参与的同时决策博弈，其**混合策略纳什均衡**（Nash equilibrium of mixed strategies）的定义可具体表述为：

定义 3.2 设 $p^* = (p_1^*, \cdots, p_i^*, \cdots, p_n^*)$ 是 n 人策略型博弈 $G = \{S_1, \cdots, S_n; u_1, \cdots, u_n\}$ 的一个混合策略组合。如果对于所有的 $i = 1, \cdots, n$，$\pi_i(p_i^*, p_{-i}^*) \geqslant \pi_i(p_i, p_{-i}^*)$ 对于每一个 $p_i \in \sum_i$ 都成立，则称混合策略组合 $p^* = (p_1^*, \cdots, p_i^*, \cdots, p_n^*)$ 是这个博弈的一个纳什均衡。

从定义 3.2 我们可以看出，第二章中定义 2.4 给出的纯策略纳什均衡，是现在给出的混合策略纳什均衡的特例。具体来说，如果 $p^* = (p_1^*, \cdots, p_i^*, \cdots, p_n^*)$ 是一个现在定义的混合策略纳什均衡，但是对于每个 $i = 1, \cdots, n$，概率分布 $p_i^* = (p_{i1}^*, \cdots, p_{iK_i}^*)$ 的分量中都只有一个是 1，其余都是 0，即所有概率分布 $p_i^* = (p_{i1}^*, \cdots, p_{iK_i}^*)$ 都取 $p_i^* = (1, 0, \cdots, 0)$，$p_i^* = (0, \cdots, 0, 1, 0, \cdots, 0)$ 或者 $p_i^* = (0, \cdots, 0, 1)$ 的形式，那么这个"混合"策略纳什均衡，就是原来定义 2.4 的（纯策略）纳什均衡。由于这种形式的"混合"策略纳什均衡实际上并没有混合，所以相对于现在定义的比较广泛的混合策略纳什均衡，原来定义 2.4 所定义的纳什均衡，可以特别叫作**纯策略纳什均衡**（Nash equilibrium of pure strategies）。

其实，现在的混合策略纳什均衡的概念与先前的纯策略纳什均衡的概念，在本质上是相同的，即每个局中人的策略选择都是针对其他局中人的策略选择或策略组合的最佳对策，没有局中人有积极性单独偏离或改变该策略组合中自己的策略选择。一句话，"单独偏离没有好处"，或者说得粗俗一些，"懒得单独改变自己的策略选择"，始终是纳什均衡概念的精髓，只不过混合策略纳什均衡的概念概括的范围更广，它包括了纯策略纳什均衡。所以，纯策略情形的纳什均衡可以被看作是混合策略纳什均衡的一种特殊情形。

第二节　反应函数法

进行博弈分析的目的，还是为了最终能找到博弈的均衡解。下面我们主要讨论如何寻找同时决策有限博弈的混合策略纳什均衡。一般来说，有两种比较常用的方法：反应函数法和**直线交叉法**（method of line-cross）。本章我们主要介绍**反应函数法**（method of reaction functions）。为了使分析具有连贯性，我们还是以扑克牌对色游戏为例作为开始。

从上一节关于期望支付的讨论中我们知道，扑克牌对色游戏中局中人甲的期望支付为：

$$U_甲(p, q) = 2p(1-2q) + (2q-1)$$

甲的目标是期望支付越大越好。我们之所以把甲的期望支付整理成含 p 的第一项和不含 p 的第二项这样两个部分，是因为甲只能选择 p 而不能选择 q。所以，甲能够通过选择 p 来影响第一项，而不能直接影响第二项。由期望支付我们知道，当 $(1-2q)>0$ 即 $q<1/2$ 的时候，甲把 p 选得越大越好，但 p 是概率，最大不能超过1，那么就选择 p 等于1；当 $(1-2q)<0$ 即 $q>1/2$ 的时候，甲把 p 选得越小越好，同样因为 p 是概率，最小不能小于0，那么就选择 p 等于0；当 $(1-2q)=0$ 即 $q=1/2$ 的时候，无论甲把 p 选成多少，他的期望支付都是 $0+(2q-1)=0$，对结果没有影响，所以这时候甲可以在区间 $[0, 1]$ 之内随便选一个 p。

这样，因为乙的混合策略已经设定为 $(q, 1-q)$，所以甲的（最佳）反应函数是

$$p = \begin{cases} 0, & 如果\ q>1/2 \\ [0, 1], & 如果\ q=1/2 \\ 1, & 如果\ q<1/2 \end{cases}$$

其中，"$p=[0, 1]$，如果 $q=1/2$" 是说，如果 $q=1/2$，p 可以在0和1之间任意选择。

同样，我们可以把乙的期望支付整理成

$$U_乙(p, q) = 2q(2p-1) - (2p-1)$$

得到乙的（最佳）反应函数

$$q = \begin{cases} 1, & 如果\ p>1/2 \\ [0, 1], & 如果\ p=1/2 \\ 0, & 如果\ p<1/2 \end{cases}$$

现在，我们在以 p 为纵轴、以 q 为横轴的直角坐标里，把甲和乙的最佳反应函数都画出来，两个反应函数重合的地方，就是混合策略的纳什均衡（见图表3-4）。

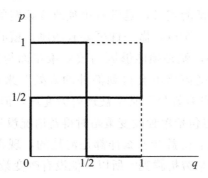

图表 3-4 反应函数法

　　至此，我们"算"出了扑克牌对色游戏的纳什均衡，它是 $p^*=1/2$ 和 $q^*=1/2$，或者写成 $(p^*,q^*)=(1/2,1/2)$。这就是说，纳什均衡是：甲和乙出红牌还是出黑牌的概率都是一半对一半。

　　在得出结果以后，要想一想它大体上是否符合事实。事实上，从小学算术开始，老师总是要求学生在解答应用题的时候"验算"计算结果，不要算出自行车比火车还重，也交卷了事。现在算出纳什均衡是甲出红牌和出黑牌的概率是一半对一半，乙出红牌和出黑牌的概率也是一半对一半，看来是符合我们的直觉的。

　　首先我们知道，只要甲出红牌和出黑牌的概率不一样，或者乙出红牌和出黑牌的概率不一样，就一定不是纳什均衡。你想，如果甲出红牌的概率比出黑牌的概率大，乙就可以把策略改为只出红牌，这样改变会使乙处于上风，得到额外的好处；同样，如果甲出红牌的概率比出黑牌的概率小，乙就可以把策略改为只出黑牌，这样改变也会使乙处于上风，得到实际的好处。可见，只要甲出红牌和出黑牌的概率不一样，乙就可以独自改变策略得到额外的好处，所以只要甲出红牌和出黑牌的概率不一样，就一定不是纳什均衡。同样的道理，只要乙出红牌和出黑牌的概率不一样，就不是纳什均衡。

　　这样，唯一还可能做纳什均衡的"候选人"的，只剩下 $(p^*,q^*)=(1/2,1/2)$。在这个点上，甲的期望支付是

$$U_甲(p^*,q^*)=2p^*(1-2q^*)+(2q^*-1)=0$$

　　如果甲想单独改变策略，他只能改变 p，但是变来变去，他的期望支付一直是

$$U_甲(p,q^*)=2p(1-2q^*)+(2q^*-1)=2p\times0+0=0+0=0$$

变不出好处来；同样，在均衡点上，乙的期望支付是

$$U_乙(p^*,q^*)=2q^*(2p^*-1)-(2p^*-1)=0$$

　　如果乙想单独改变策略，他只能改变 q，但是变来变去，他的期望支付一直是

$$U_乙(p^*,q)=2q(2p^*-1)-(2p^*-1)=2q\times0-0=0-0=0$$

也变不出好处来。这样，在 $(p^*,q^*)=(1/2,1/2)$ 这个位置，双方都没有单独改变策略的激励，可见，$(p^*,q^*)=(1/2,1/2)$ 的确是纳什均衡。

　　值得强调的是，纳什均衡的定义，是没有单独改变策略的激励。在理性行为假设之下，激励的来源是实际利益。所以，做一件事要有激励，就必须能够因为做这件事而得到好处，要有激励改变策略，就必须能够因为改变策略而得到好处。弄清楚这个关系，我们就知道，按照"单独改变策略不会得到额外的好处"来理解纳什均衡，可能更好。因为在老百姓的语言中，"没有好处"常常被理解为变坏，但是在定义纳什均衡的时候，"单独改变策略没有好处"也包括单独改变策略时得益情况没有改变的情形。因为这是完全信息的博弈，在什么情况下得益会怎么样都是清楚的，现在反正得益不会改变，当事人何苦改变自己的策略选择来穷折腾呢？所以，他没有改变策略的激励。

　　当然，"懒得单独改变"这种比较粗俗的讲法，也抓住了纳什均衡概念的精髓。特别是在单独改变策略选择自己的得益不变的时候，"懒得改变"中的一个"懒"字，相当传

神地表达了单独改变策略不会得到额外好处的形势。

不仅如此，正如我们在验算扑克牌对色游戏的纳什均衡 $(p^*,q^*)=(1/2,1/2)$ 的时候所知道的，如果谁单独改变策略，变成出红牌和出黑牌的概率不再是一半对一半，那么对方就可以改变策略来讨便宜。所以，单独改变虽然不一定真的马上使自己的处境变糟，但是至少造成了让对方有机可乘的局面。

另外，值得注意的是，固然策略要求"出红牌和出黑牌的概率一半对一半"，但是不能让对方摸到规律。你如果傻乎乎地总是一红一黑一红一黑那么有规律地出牌，或者前一半一直出红牌，后一半一直出黑牌，那么对方马上就会掌握你的规律，这就没有策略博弈可言了，你肯定会一败涂地。所以，要随机地一半对一半那样出牌。怎样做到随机地一半对一半出牌呢？一种简便的办法是：每次出牌以前先掷一枚硬币。如果得正面，出红；如果得背面，出黑。当然，掷硬币的结果不能让对方看到。把每一次出红还是出黑的具体决策交给掷硬币，可以减少人类行为的心理因素或者非理性因素的干扰。

现在我们再来计算情侣博弈的纳什均衡。读者可能会问，情侣博弈的纳什均衡不是早就知道了吗：要么一起看足球，要么一起看芭蕾。为什么现在又要计算呢？

实际上，以前用劣势策略逐次消去法或者相对优势策略下划线法来求纳什均衡，只能求出纯策略的纳什均衡。真正混合策略的纳什均衡，用劣势策略逐次消去法和相对优势策略下划线法求不出来，要用现在讲的反应函数法，或者说得更详细一些，要用最佳反应函数曲线交叉的方法来求。

情侣博弈有好几个版本，现在我们采用的是一个关于选修第二外语的版本：陈明和钟信都是某大学英语系的学生，是很要好的朋友。到高年级了，他们在考虑选修第二门外国语。陈明偏向修德语，钟信偏向修法语，但最要紧的是两人选同一门课，这样才可以一起复习一起对话，继续他们以往如切如磋、如琢如磨的相得益彰的同学生涯。这时，他们面临的抉择，可以表示为图表 3-5 的博弈。

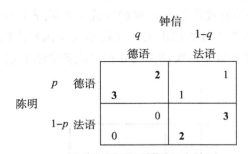

图表 3-5　陈明和钟信选修第二外语博弈

运用相对优势策略下划线法我们容易知道，这个博弈的两个纯策略纳什均衡，就是左上方一起选德语和右下方一起选法语。为了计算混合策略纳什均衡，我们假设陈明选德语的概率是 p，选法语的概率是 $1-p$；钟信选德语的概率是 q，选法语的概率是 $1-q$。和上面一样，我们可以把陈明的期望支付整理出来：

$$U_C(p,q)=3pq+1p(1-q)+0(1-p)q+2(1-p)(1-q)$$
$$=3pq+p-pq+2-2p-2q+2pq$$

$$=4pq-p-2q+2$$
$$=p(4q-1)-2(q-1)$$

据此，他的反应函数是

$$p=\begin{cases}1, & \text{如果 } q>1/4 \\ [0,1], & \text{如果 } q=1/4 \\ 0, & \text{如果 } q<1/4\end{cases}$$

同样，我们可以把钟信的期望支付整理出来：

$$U_Z(p,q)=2pq+1p(1-q)+0(1-p)q+3(1-p)(1-q)$$
$$=2pq+p-pq+3-3p-3q+3pq$$
$$=4pq-2p-3q+3$$
$$=q(4p-3)+3-2p$$

据此，他的反应函数是

$$q=\begin{cases}1, & \text{如果 } p>3/4 \\ [0,1], & \text{如果 } p=3/4 \\ 0, & \text{如果 } p<3/4\end{cases}$$

现在，把两人的最佳反应函数画在一起（见图表3-6），一共得到三个交点：$(p^*, q^*)=(0,0)$，$(p^*,q^*)=(3/4,1/4)$ 和 $(p^*,q^*)=(1,1)$。其中，$(p^*,q^*)=(0,0)$ 和 $(p^*,q^*)=(1,1)$ 这两个纳什均衡，是原来我们用相对优势策略下划线法已经找出来的，就是两人一起选德语的纳什均衡和两人一起选法语的纳什均衡。可见，反应函数法也可以把纯策略纳什均衡找出来，只不过要计算期望支付或期望得益，要计算反应函数，工作量要大一些。但是，另外一个纳什均衡，混合策略纳什均衡 $(p^*,q^*)=(3/4,1/4)$，以前用劣势策略逐次消去法和相对优势策略下划线法就找不出来，但是现在可以用反应函数曲线相交的方法找出来。这就是反应函数法的价值。换句话说，反应函数法的适用范围要比劣势策略逐次消去法和相对优势策略下划线法更广。

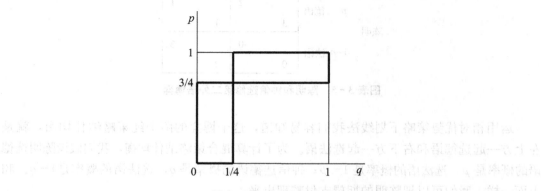

图表3-6 反应函数法

算出 $(p^*,q^*)=(3/4,1/4)$ 这个纳什均衡，看看它有什么含义。这个纳什均衡是说，既然陈明偏向德语，他最好以 3/4 即 75％ 的概率选德语，既然钟信偏向法语，他最好以 1/4 即 25％的概率选德语。

这有什么意思呢？如果陈明以 3/4 的概率选德语，钟信以 1/4 的概率选德语，那么陈明的期望支付是

$$U_C(p^*,\ q^*)=p^*(4q^*-1)-2(q^*-1)=0-2\times(-3/4)=3/2$$

而钟信的期望支付是

$$U_Z(p^*,\ q^*)=q^*(4p^*-3)+3-2p^*=0+3-3/2=3/2$$

都没有 $(p^*,\ q^*)=(0,\ 0)$［大家一起选德语，$U_C(p^*,\ q^*)=3$，$U_Z(p^*,\ q^*)=2$］和 $(p^*,\ q^*)=(1,\ 1)$［大家一起选法语，$U_C(p^*,\ q^*)=2$，$U_Z(p^*,\ q^*)=3$］来得好。可见，纯策略纳什均衡比混合策略纳什均衡具有**支付优势**（payoff advantage）或得益优势。在博弈论里面，我们把这种表现为支付的优势叫作帕累托优势，本章第五节对此会有进一步的说明。局中人的境况，处于纯策略纳什均衡的时候比处于混合策略纳什均衡的时候要好。

由此可以体会，在这种纯策略纳什均衡和混合策略纳什均衡都存在的情况下，博弈论往往把优先权给予纯策略纳什均衡。所以，在陈明和钟信这两位好朋友决定选德语还是选法语的博弈中，结局不是一起选德语，就是一起选法语，这两个纳什均衡都具有绝对的支付优势或得益优势。绝对优势指的是两人的境况都变好，而不仅是两人的境况加起来变好。现在，在纯策略纳什均衡下双方无论是得 3 还是得 2，都比在混合策略纳什均衡下各人都只得 3/2 要好，所以是绝对优势。帕累托优势是筛选多重纳什均衡的标准之一，我们在下面还会详细讨论。

陈明和钟信选修第二外语的博弈只进行一次，所以既然有纯策略纳什均衡，实际结局就不会是混合策略纳什均衡，何况纯策略纳什均衡还有绝对的得益优势。但是情侣博弈有其他版本，如果真是恋人周末节目选择的博弈，那么这种博弈在许多周末都要进行，这样，情侣博弈就变成重复多次的博弈。这个时候，混合策略纳什均衡中的概率，就有多次博弈采取什么策略的概率讨论的意义。关于重复博弈的问题，我们在后面专门有一章来讨论。

** 第三节　高维情形与代数方法

上面我们讨论的扑克牌对色游戏以及情侣博弈有一个共同的特点：它们都是二人同时决策博弈，并且每个局中人只有两个纯策略可供选择。然而，在现实生活中我们更常碰到的，是每个局中人的可选纯策略多于两个的情形。这时候，我们就很难把局中人的反应函数作为曲线在图上画出来。

需要指出的是，在可供每个局中人选择的纯策略的数目大于 2 的情形下，原则上反应函数法仍然适用，只是不能在平面上画出来那么直观而已。作为例子，我们看两个可以在三维空间里展示的博弈。这两个例子超出我们这个课程的基本要求。跳过这两个例

子并不影响本课程的学习。

＊＊例 3.1 考虑计算如下博弈的混合策略纳什均衡（见图表 3－7）。

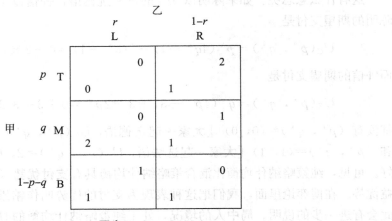

图表 3－7

参与人甲和参与人乙的期望支付分别为

$$EU_{甲}=0+1p(1-r)+2qr+1q(1-r)+1(1-p-q)r$$
$$+1(1-p-q)(1-r)$$
$$=(q-p)r+1$$

和

$$EU_{乙}=2p(1-r)+1q(1-r)+1(1-p-q)r$$
$$=r(1-3p-2q)+2p+q$$

由此可知，如果 $r>0$，甲要取 $p=0$，$q=1$；如果 $r=0$，甲只需取 $p\geqslant0$ 和 $q\geqslant0$ 满足 $p+q\leqslant1$ 即可。

据此，可得甲的反应函数

$$(p,q)=\begin{cases}(0,1), & r>0\\(t,m),\ t,\ m\geqslant0,\ t+m\leqslant1, & r=0\end{cases}$$

它在 p-q-r 的三维空间里是 $q=1$ 的一条竖直线段 $C'C$ 加上底面一个等腰直角三角形 COD（见图表 3－8）；同样，可得乙的反应函数

$$r=\begin{cases}1, & 3p+2q<1\\ [0,1], & 3p+2q=1\\0, & 3p+2q>1\end{cases}$$

它是一个一级台阶那样的三棱"折面"，包含顶面一个直角三角形 $O'A'B'$；一个竖直的矩形 $A'B'BA$，以及底面一个四边形 $ABCD$。

从图表 3－8 中我们知道，两个"基本上二维的"反应函数的交集，是底面一个四边形 $ABCD$。

可见，这个博弈有无穷多个纳什均衡。具体来说，这个博弈的纳什均衡的集合可以表达为：

$$NE=\{((p,\ q,\ 1-p),\ (r,\ 1-r))\colon p,\ q,\ r\geqslant 0;$$
$$3p+2q\geqslant 1,\ p+q\leqslant 1,\ r=0\}$$

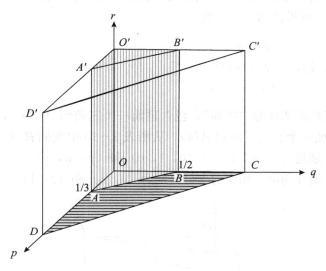

图表 3-8

例 3.2 再考虑计算如下博弈的混合策略纳什均衡（见图表 3-9）。

乙

		r L		1−r R	
			4		2
p	T	3		2	
			1		1
甲 q	M	1		2	
			0		1
1−p−q	B	0		0	

图表 3-9

参与人甲和参与人乙的期望支付分别为

$$EU_甲=3pr+2p(1-r)+1qr+2q(1-r)+0+0=(p-q)r+2(p+q)$$

和

$$EU_乙=4pr+2p(1-r)+1qr+1q(1-r)+0+1(1-p-q)(1-r)$$
$$=r(3p-1+q)+p+1$$

由此可知，如果 $r>0$，甲要取 $p=1$，$q=0$；如果 $r=0$，甲要取 $p\geqslant 0$ 和 $q\geqslant 0$ 且满

足 $p+q=1$。据此，可得甲的反应函数

$$(p, q) = \begin{cases} (1, 0), & r > 0 \\ (t, 1-t), 0 \leqslant t \leqslant 1, & r = 0 \end{cases}$$

它在 p-q-r 的三维空间里是一条折线，包含一条竖直线段 $C'C$，以及底面上的一条线段 CB；同样，可得乙的反应函数

$$r = \begin{cases} 1, & 3p+q > 1 \\ [0, 1], & 3p+q = 1 \\ 0, & 3p+q < 1 \end{cases}$$

它是一个一级台阶那样的"折面"，包含顶面一个三角形 $A'B'C'$，一个竖直的矩形 $A'B'BA$，以及底面一个直角三角形 ABO。从图表 3-10 中我们看到，折线与折面有且只有两个交点，分别是 $(p, q, r) = (0, 1, 0)$ 和 $(p, q, r) = (1, 0, 1)$。可见，这个博弈存在两个纳什均衡，相应的支付分别为 $(3, 4)$ 和 $(2, 1)$。

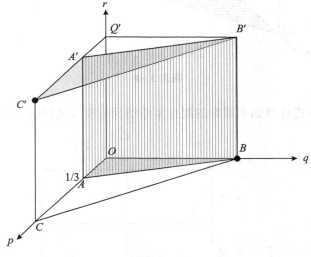

图表 3-10

这些博弈是我的本科学生王淑玲等设计和讨论的，当时我要求博弈既要演示可供局中人选择的纯策略多于 2 时如何处理的问题，又要保持必要的计算尽可能简单。为此，他们在博弈的支付矩阵中用了一些 0。我的学生欧瑞秋画了演示相应的反应函数的交点或者交集的图集。在我看来，例子既要丰富得足以演示一些新的东西，又要保持尽可能的简单，不能让复杂的具体计算这样的因素干扰了对方法的把握。这是教育学的要求。用经济学的行话来说，我要求他们在演示一些新东西的时候，努力实现边际成本最小化。虽然在设计这个博弈时欧瑞秋他们只是本科三年级的学生，但他们已偶尔甚至能够即时在课堂上改善我的解说。

解决高维问题的另外一种思路，是采用所谓"代数"方法，这就和我们在第二章第八节所说的一样，按照一阶条件导出每个局中人的最优反应函数，接着解联立方程组，寻求博弈的纳什均衡的必要解或者候选解，然后运用二阶条件、边界条件或者问题的经

济约束，筛选出博弈的纳什均衡来。这种解联立方程组寻求候选解的方法，实质上与上面用最佳反应函数交叉的几何方法求解混合策略纳什均衡的方法一致。经济学文献习惯上把这种按照一阶条件得出联立方程然后解之的做法，叫作代数方法。讲到一阶条件，就要使用微分。

以二人同时决策博弈为例，其混合策略纳什均衡的候选解可以通过以下代数方法确定：

（1）以一对矩阵 $A=[a_{ij}]$，$B=[b_{ij}]$ 的形式写出博弈矩阵（把双矩阵拆回两个普通矩阵）。

（2）分别计算两个局中人甲和乙的期望支付函数

$$\pi_1(p, q) = \sum_{i=1}^{m}\sum_{j=1}^{n} p_i q_j a_{ij} \ \text{和} \ \pi_2(p, q) = \sum_{i=1}^{m}\sum_{j=1}^{n} p_i q_j b_{ij}$$

（3）将 $p_m = 1 - \sum_{i=1}^{m-1} p_i$ 和 $q_n = 1 - \sum_{j=1}^{n-1} q_j$ 代入期望支付函数的式子，并把期望支付函数 π_1 和 π_2 表达为变量 $p_1, \cdots, p_{m-1}, q_1, \cdots, q_{n-1}$ 的函数。

（4）解联立方程组

$$\frac{\partial \pi_1}{\partial p_i} = 0, \ i=1, \cdots, m-1 \ \text{和} \ \frac{\partial \pi_2}{\partial q_j} = 0, \ j=1, \cdots, n-1$$

这个方程组所有对任意的 i 和 j 满足 $p_i \geqslant 0$ 和 $q_j \geqslant 0$ 并且 $\sum_{i=1}^{m-1} p_i \leqslant 1$ 和 $\sum_{j=1}^{n-1} q_j \leqslant 1$ 的解 $p_1, \cdots, p_{m-1}, q_1, \cdots, q_{n-1}$，都是博弈的混合策略纳什均衡的候选解。

正如我们在第二章第八节说过的，从候选解到最后确定纳什均衡，还有一段路要走，这段路在高维的情况下更是举足轻重。即使候选解 (p^*, q^*) 是联立方程的对所有的 i 和 j 都有 $p_i > 0$ 和 $q_j > 0$ 并且 $\sum_{i=1}^{m-1} p_i < 1$，$\sum_{j=1}^{n-1} q_j < 1$ 的唯一解，我们还要在给定 q^* 的条件下比较 $\pi_1(p^*, q^*)$ 和所有 $\pi_1(p^b, q^*)$，这里 p^b 表示局中人甲的处于边界的混合策略向量，即分量不都非零的 p；在给定 p^* 的条件下比较 $\pi_2(p^*, q^*)$ 和所有 $\pi_2(p^*, q^b)$，这里 q^b 表示局中人乙的处于边界的混合策略向量。对于 2×2 博弈，给定 q^*，局中人甲的处于边界的"混合策略"向量只有两个，就是他的两个纯策略，同样给定 p^*，局中人乙的处于边界的"混合策略"向量也就是他的两个纯策略。但是在高维的情况下，给定对方的策略选择，局中人的处于边界的"混合策略"向量通常有无穷多个。实际上，这无穷多个混合策略组成一个高维"单纯形"（simplex）的边界，不过什么叫作"单纯形"，什么叫作高维"单纯形"，什么叫作高维"单纯形"的边界，都已经超出本书的范围了。

如果我们已经确定 (p, q) 是博弈的纳什均衡，若对所有的 i 和 j 都有 $p_i > 0$ 和 $q_j > 0$，并且 $\sum_{i=1}^{m-1} p_i < 1$，$\sum_{j=1}^{n-1} q_j < 1$ 成立，则均衡 (p, q) 被称作**内点均衡**（interior equilibrium）或者**严格混合策略纳什均衡**（Nash equilibrium of strictly mixed strategies）。之所以叫作内点均衡，是因为它不处于策略空间的边界上，而是在策略空间内部，它是策略空间的一个内点。之所以说"严格混合"，是因为每个纯策略都用到它。

下面让我们通过一个具体的例子，说明上述寻找混合策略纳什均衡的方法。为了说明这种方法与我们前面介绍的最佳反应函数曲线交叉的几何方法的兼容性，这个例子中每个局中人的纯策略只有两个。

例3.3 显然，下面的图表3-11的矩阵型博弈没有纯策略纳什均衡。但是我们可以使用上面介绍的方法，计算这个博弈的混合策略纳什均衡。

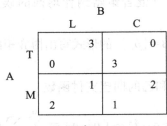

图表 3 - 11

我们首先计算局中人的期望支付。假设局中人A选择策略T的概率为p_1，选择策略M的概率为$1-p_1$，再设局中人B选择策略L的概率为q_1，选择策略C的概率为$1-q_1$，那么局中人A的期望支付是

$$\pi_1 = 0 + 3p_1(1-q_1) + 2(1-p_1)q_1 + (1-p_1)(1-q_1)$$
$$= -4p_1q_1 + 2p_1 + q_1 + 1$$
$$= 2p_1(1-2q_1) + q_1 + 1$$

而局中人B的期望支付是

$$\pi_2 = 3p_1q_1 + 0 + (1-p_1)q_1 + 2(1-p_1)(1-q_1)$$
$$= 4p_1q_1 - q_1 - 2p_1 + 2$$
$$= q_1(4p_1 - 1) - 2p_1 + 2$$

求导得：

$$\frac{\partial \pi_1}{\partial p_1} = -4q_1 + 2 = 0 \text{ 和 } \frac{\partial \pi_2}{\partial q_1} = 4p_1 - 1 = 0$$

联立方程的唯一解是$p_1 = 1/4$和$q_1 = 1/2$。于是，$p_2 = 1 - p_1 = 3/4$和$q_2 = 1 - q_1 = 1/2$。

现在我们讨论$p_1 = 1/4$和$q_1 = 1/2$这个候选解。给定$q_1 = 1/2$，$\pi_1(p_1, 1/2) = 1/2 + 1 = 3/2$，局中人A的支付不再随$p_1$变化，特别是不会因$p_1$的另外选择而增加；同样，给定$p_1 = 1/4$，$\pi_2(1/4, q_1) = -2 \times 1/4 + 2 = 3/2$，局中人B的支付同样不会因$q_1$的另外选择而增加。由此我们知道，$(p, q) = ((p_1, p_2), (q_1, q_2)) = ((1/4, 3/4), (1/2, 1/2))$是这个博弈的一个混合策略纳什均衡。这是一个内点均衡。

作为练习，请读者用反应函数曲线交叉的几何方法验证上述混合策略纳什均衡。

寻找混合策略纳什均衡的另一种方法是直线交叉法，它主要用于零和博弈。我们在第七章会讨论这种方法。

** 第四节 纳什定理与奇数定理

到现在为止，我们已经讨论过纯策略纳什均衡以及混合策略纳什均衡这两层均衡的概念。混合策略纳什均衡是纯策略纳什均衡的扩展，或者说，纯策略纳什均衡是混合策略纳什均衡的特例。用比较学术化的语言来讲就是，纯策略纳什均衡集合是混合策略纳什均衡集合的子集。我们还发现，在我们前面讨论的博弈例子中，都至少存在一个纳什均衡——纯策略纳什均衡或者混合策略纳什均衡。读者可能会问，是不是所有的博弈都存在纳什均衡呢？这可不一定。但是，纳什（Nash，1950）[①] 却证明了，任何有限博弈都存在至少一个纳什均衡。这里所说的有限，是指参与博弈的局中人的数目有限并且每个局中人都只有有限个纯策略可供选择。这个结果，就是著名的纳什定理。

纳什定理（Nash theorem）（Nash，1950）：在有 n 个局中人参加的策略型博弈 $G = \{S_1, \cdots, S_n; u_1, \cdots, u_n\}$ 中，如果对每个局中人 i，他的策略集 S_i 都是有限集，则该博弈至少存在一个纳什均衡，但是这个均衡可能是混合策略纳什均衡。

纳什定理的证明，要用到拓扑学上著名的不动点定理。鉴于本书的具体教学目的，我们在这里不打算展开纳什定理的具体证明，但是对于这个证明有兴趣的读者，可以参阅我们在北京大学出版社出版的《经济学拓扑方法》，该书是邹恒甫教授主编的"经济与金融高级教程"系列中的一本。

纳什定理是一个了不起的结果，它在非合作博弈论中具有奠基性意义，可以说是现代非合作博弈论的基石。纳什均衡是博弈论的一个最基本的概念，说的是博弈各方都没有动机单独改变策略选择的那么一种策略对局形势。因为各方都不想单独改变已有的策略选择，所以纳什均衡的对局，是博弈的稳定结果。粗略地说，博弈论讨论的最基础的任务，就是确定或者说找出博弈的纳什均衡。

为加深读者对纳什定理的理解，我们在这里超出本课程的要求，讲讲博弈论的奇数定理，以及与奇数定理的观念相关的科学故事。这个论述，也在一定程度上提供了对已经讲过的内容的复习。

奇数定理（oddness theorem）认为，几乎所有有限同时博弈的纳什均衡的数目都有限，并且这个数目是奇数。于是我们看到这样的情况：有人指出一个博弈的两个纳什均衡，然后断言这个博弈至少还有一个纳什均衡。理由呢？据说就是奇数定理，因为 2 不是奇数。

实际上，事情并非这么简单。首先，"几乎所有"并不等于"所有"，说"几乎所有"，就表明可能有例外情况。你怎么保证你那个博弈不是罕见的例外呢？接下来，什么叫作"几乎所有"，如何把握"几乎所有"，都实在大有学问。

大家已经知道，参与人数目有限并且可供每个参与人选择的纯策略也有限的博弈，

---

① Nash，J.，1950，"Equilibrium points in n-person games," *Proceedings of the National Academy of Sciences*，36：48 - 49.

被称为有限博弈。美国斯坦福大学**威尔逊**（Robert Wilson）教授在 1971 年发表的论文[①]证明了，几乎所有有限博弈的纳什均衡的数目都有限，并且这个有限数目一定是一个奇数。威尔逊的证明，是算法的和归纳的证明。不久以后，**哈萨尼**（John C. Harsanyi）发表论文[②]，给出奇数定理的另一个表述，并且利用拓扑学中的同伦过程和代数几何学中的代数曲线完成了定理的证明。

但是我们很容易遇到纳什均衡的数目无限的有限博弈，同时很容易构造纳什均衡的数目虽然有限但为偶数的有限博弈。这就带来了迷茫：一方面，我们很容易遇到纳什均衡数目无限或者纳什均衡数目是偶数的有限博弈；另一方面，威尔逊定理论定"几乎所有"有限博弈都有有限奇数个纳什均衡，按照这个定理，遇到纳什均衡数目无限的情形或者数目是偶数的情形的概率应该几乎是 0。

为此，我们试图给出奇数定理的另一表述，以及一个初等的证明。这个证明并不完整，所以我们的表述也只是一个猜想。但是在这样做的时候我们发现，奇数定理有一个隐含假设常常被忽略了，那就是连续分布或者几乎处处连续分布，甚或均匀分布的假设。事实上，威尔逊 1971 年的论文并没有明确交代这一假设。从关于均匀分布和连续分布的讨论延伸下去，我们对于 1983 年度诺贝尔经济学奖得主**德布鲁**（Gerard Debreu）关于一般经济均衡理论的工作，将有更加深入的认识。

对数学推理不感兴趣的读者，可以跳过这些内容直接进入本章第五节。这一跳越并不影响本课程的学习。

一、 非平凡有限同时博弈的一种方体表达

设 $G=\{S_1, \cdots, S_n; u_1, \cdots, u_n\}$ 是一个 n 人同时博弈，n 是一个自然数，那么当诸参与人的策略集 $S_1, \cdots, S_n$ 都是有限集的时候，我们说 $G=\{S_1, \cdots, S_n; u_1, \cdots, u_n\}$ 是一个有限博弈。

具体来说，$G=\{S_1, \cdots, S_n; u_1, \cdots, u_n\}$ 描述的是这样一个博弈：每个参与人 $i=1, 2, \cdots, n$ 同时从各自的策略集 S_i 中选择自己的策略 $s_i \in S_i$。当所有参与人的纯策略 $s_1, s_2, \cdots, s_n$ 都选好之后，在 $(s_1, s_2, \cdots, s_n)$ 这个纯策略组合下参与人 i 将得到相应的支付 $u_i(s_1, s_2, \cdots, s_n)$。这里，每个参与人的支付函数 u_i，都是 n 个策略变量 $s_1 \in S_1, s_2 \in S_2, \cdots, s_n \in S_n$ 的一个实函数。注意策略变量不必是实数，策略变量可以是"上策略""左策略""出红牌""出黑牌""坦白""抵赖"这样的策略选择。

由此易知，当 $G=\{S_1, \cdots, S_n; u_1, \cdots, u_n\}$ 是有限同时博弈时，全体参与人在所有可能的纯策略组合下的支付的集合 $P(G)=\{u_j(s_1, s_2, \cdots, s_n): s_i \in S_i, i=1, 2, \cdots, n; j=1, 2, \cdots, n\}$ 是一个有限集。为叙述方便，我们简称 $P(G)$ 为博弈 G 的支付集。这时候，记参与人 i 的纯策略的数目为 k_i，上述支付集 $P(G)$ 的元素的个数

① Wilson, R., 1971, "Computing equilibria of n-person games," *SIAM Journal on Applied Mathematics*, 21: 80 - 87.

② Harsanyi, J., 1973, "Oddness of the number of equilibrium points: A new proof," *International Journal of Game Theory*, 2: 235 - 250.

就是 $K(P(G))=nk_1\cdots k_n$。对于有限同时博弈 $G=\{S_1,\cdots,S_n;u_1,\cdots,u_n\}$，我们称这个 $K(P(G))=nk_1\cdots k_n$ 为博弈 G 的**拟维数**（quasi-dimension），简记为 K。由此可见，我们称一个同时博弈是拟维数为 K 的有限同时博弈，指的是这个博弈的纯策略组合的数目乘以博弈参与人数目的积是 K。为什么说"拟维数"而不是说"维数"，下面将有说明。

如果 $f(x)=ax+b$，其中 a 和 b 是实数，那么我们称一元实函数 f：$R\rightarrow R$ 为一个**仿射变换**（affine transformation）；如果还有 $a>0$，我们进一步称一元实函数 f：$R\rightarrow R$ 为一个正的仿射变换。大家知道，纳什均衡是关于博弈的策略组合的概念，而不是关于博弈的支付情况的概念。所以，如果我们对一个有限同时博弈的支付集中的所有元素做同一个正的仿射变换，并不会改变这个博弈的均衡结构。这句话的意思是，一个策略组合在原来的支付情况下是纳什均衡的充要条件，是它在变换后的支付情况下仍然是纳什均衡。

这样，我们可以对支付集 $P(G)$ 中的所有元素做同一个正的仿射变换，使之符合**规范化条件**（normalized conditions）：$0<u_j(s_1,s_2,\cdots,s_n)<1$，$\forall j=1,2,\cdots,n$；$\forall s_i\in S_i$，$i=1,2,\cdots,n$。例如，令

$$m=m(G)=\min\{u_j(s_1,s_2,\cdots,s_n):s_i\in S_i,i=1,2,\cdots,n;j=1,2,\cdots,n\}$$
$$M=M(G)=\max\{u_j(s_1,s_2,\cdots,s_n):s_i\in S_i,i=1,2,\cdots,n;j=1,2,\cdots,n\}$$

那么按 $f_G(x)=(x-m+1)/(M-m+2)$ 定义的实函数 f_G：$R\rightarrow R$ 就是符合要求的一个正的仿射变换。按照这样的方式，我们就可以将任何一个有限同时博弈 G **均衡等价**（equivalence of equilibrium）地仿射变换为支付集中所有元素都在 0 和 1 之间的博弈。所谓均衡等价的变换，就是前面所说的不改变博弈的均衡结构的变换。

至此，我们可以转而只讨论**规范化处理**（normalized processing）以后的有限同时博弈，它们的支付集的所有元素都在 0 和 1 之间。

记所有这样规范化处理以后的拟维数为 K 的有限同时博弈的集合为 Θ^K，称

$$I^K=\{x\in R^K:0<x_l<1;l=1,\cdots,K\}$$

为 K 维欧氏空间 R^K 的标准 K 维开方体。定义对应

$$\varphi:\Theta^K\rightarrow I^K$$

如下：

对任何 $G=\{S_1,\cdots,S_n;u_1,\cdots,u_n\}\in\Theta^K$
$$\varphi(G)=\{u_j(s_1,\cdots,s_n):s_1\in S_1,\cdots,s_n\in S_n;j=1,\cdots,n\}$$

这样，我们就可以用标准 K 维开方体 I^K 的点，表达所有规范化处理以后的拟维数为 K 的有限同时博弈。

易知，φ：$\Theta^K\rightarrow I^K$ 是一个满映射，即它"填满"标准 K 维开方体 I^K。这就是说，对于 $I^K=\{x\in R^K:0<x_l<1;l=1,\cdots,K\}$ 的任意一点，我们都能够找到一个拟维

数为 K 的有限同时博弈，使得它正好被对应到这个点。我们把这个事实的证明，留给对技术处理有兴趣的读者作为一个练习。但是注意，$\varphi: \Theta^K \rightarrow I^K$ 不是一个一一对应的映射。例如，$P(G) = \{0.1, 0.2, 0.3; 0.4, 0.5, 0.6; 0.15, 0.25, 0.35, 0.45, 0.55, 0.65\}$ 的所谓 $2 \times 3 \times 2$ 博弈 G，以及 $P(G') = \{0.1, 0.2; 0.3, 0.4; 0.5, 0.6; 0.15, 0.25; 0.35, 0.45; 0.55, 0.65\}$ 的所谓 $2 \times 2 \times 3$ 博弈 G'，都被表达为标准 12 维开方体 I^{12} 的同一个点 $(0.1, 0.2, 0.3, 0.4, 0.5, 0.6, 0.15, 0.25, 0.35, 0.45, 0.55, 0.65)$。不过，这种并非一对一的表达，并不影响下面关于**非退化有限同时博弈**（non-degenerate finitely simultaneous game）的纳什均衡的数目有限并且是一个奇数的讨论。

上述表达不是一一对应的表达，是我们说"拟维数"而不是说"维数"的主要原因。

有兴趣熟悉正仿射变换 $f: R \rightarrow R$ 和映射 $\varphi: \Theta^K \rightarrow I^K$ 的读者，可以从本书迄今讲过的所有矩阵型博弈中挑选两三个，先利用 $f: R \rightarrow R$ 把博弈规范化，再看看它在映射 $\varphi: \Theta^K \rightarrow I^K$ 之下对应到标准 K 维开方体 I^K 的哪一个点。

二、 定义非退化博弈并且证明它们的纳什均衡的数目是奇数

定义 3.3 设 $G = \{S_1, \cdots, S_n; u_1, \cdots, u_n\}$ 是一个有限同时博弈。如果全体参与人在所有纯策略组合下的支付的集合 $P(G) = \{u_j(s_1, s_2, \cdots, s_n): s_i \in S_i, i = 1, 2, \cdots, n; j = 1, 2, \cdots, n\}$ 中的所有元素都不相同，就说博弈 $G = \{S_1, \cdots, S_n; u_1, \cdots, u_n\}$ 是非退化的有限同时博弈；不然的话，就说博弈 $G = \{S_1, \cdots, S_n; u_1, \cdots, u_n\}$ 是退化的有限同时博弈。

前面已经说过，符合 $u_j(s_1, s_2, \cdots, s_n) = c_j$, $s_i \in S_i$, $i = 1, 2, \cdots, n$; $j = 1, 2, \cdots, n$ 的博弈，即每个参与人在各种纯策略组合下的支付是各自的一个常数的博弈，叫作平凡博弈，因为对于这样的博弈，并不存在策略选择的问题。显然，上面定义的非退化的博弈，都不是平凡博弈。

概念和表述整理到这里，我们曾经有过如下猜想，并且为了证明这个猜想，做了许多努力。

猜想 设 $G = \{S_1, \cdots, S_n; u_1, \cdots, u_n\}$ 是一个非退化的有限同时博弈，那么 G 的纳什均衡的数目有限，并且是一个奇数。

但是后来欧瑞秋向我们提供了反例，说明这个猜想不能成立，具体请看本章习题32。我们能够证明的，只是在博弈参与人数目是 2 并且可供每个参与人选择的纯策略的数目也是 2 的所谓 2×2 情形中，上述猜想的结论成立。这可以总结为下面的引理 3.1。

引理 3.1 设 G 是一个非退化的有限同时博弈，参与人的数目是 2，并且可供每个参与人选择的纯策略的数目都是 2，那么 G 的纳什均衡的数目有限，并且是一个奇数。

证明：设两个参与人是甲和乙，参与人甲的纯策略是 U 和 B，参与人乙的纯策略是 L 和 R。为书写方便，甲在所有 4 种纯策略组合下的支付以 t_1, t_3, t_5, t_7 表示，乙在所有 4 种纯策略组合下的支付以 t_2, t_4, t_6, t_8 表示。设参与人甲选择纯策略 U 的概率是 p，那么选择纯策略 B 的概率是 $1-p$，设参与人乙选择纯策略 L 的概率是 q，那么选择纯策略 R 的概率是 $1-q$，如图表 3-12 所示。

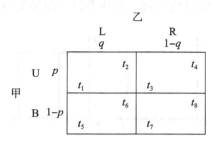

图表 3－12

这时候，容易算出参与人甲的期望支付是

$$EU_甲 = pqt_1 + p(1-q)t_3 + (1-p)qt_5 + (1-p)(1-q)t_7$$
$$= p[q(t_1 - t_5 + t_7 - t_3) - (t_7 - t_3)] + q(t_5 - t_7) + t_7$$

由此可得参与人甲对参与人乙的反应函数 $p = p(q)$ 如下：

当 $t_7 - t_3 \geqslant t_1 - t_5 > 0$ 时，$p(q) = \begin{cases} 1, & q > (t_7 - t_3)/(t_1 - t_5 + t_7 - t_3) \\ [0, 1], & q = (t_7 - t_3)/(t_1 - t_5 + t_7 - t_3) \\ 0, & q < (t_7 - t_3)/(t_1 - t_5 + t_7 - t_3) \end{cases}$。

当 $t_7 - t_3 > 0 > t_1 - t_5$ 时，$[q(t_1 - t_5 + t_7 - t_3) - (t_7 - t_3)] < 0$，从而 $p(q) \equiv 0$。

当 $0 > t_7 - t_3 \geqslant t_1 - t_5$ 时，$p(q) = \begin{cases} 0, & q > (t_7 - t_3)/(t_1 - t_5 + t_7 - t_3) \\ [0, 1], & q = (t_7 - t_3)/(t_1 - t_5 + t_7 - t_3) \\ 1, & q < (t_7 - t_3)/(t_1 - t_5 + t_7 - t_3) \end{cases}$。

当 $0 < t_7 - t_3 \leqslant t_1 - t_5$ 时，$p(q) = \begin{cases} 1, & q > (t_7 - t_3)/(t_1 - t_5 + t_7 - t_3) \\ [0, 1], & q = (t_7 - t_3)/(t_1 - t_5 + t_7 - t_3) \\ 0, & q < (t_7 - t_3)/(t_1 - t_5 + t_7 - t_3) \end{cases}$。

当 $t_7 - t_3 < 0 < t_1 - t_5$ 时，$[q(t_1 - t_5 + t_7 - t_3) - (t_7 - t_3)] > 0$，从而 $p(q) \equiv 1$。

当 $t_7 - t_3 \leqslant t_1 - t_5 < 0$ 时，$p(q) = \begin{cases} 0, & q > (t_7 - t_3)/(t_1 - t_5 + t_7 - t_3) \\ [0, 1], & q = (t_7 - t_3)/(t_1 - t_5 + t_7 - t_3) \\ 1, & q < (t_7 - t_3)/(t_1 - t_5 + t_7 - t_3) \end{cases}$。

画在 p-q 坐标图上，不外乎以下四种类型（见图表 3-13）。

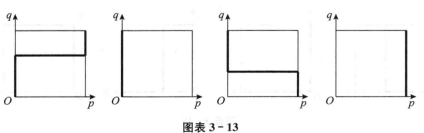

图表 3－13

同样可以得到，乙对甲的反应函数，不外乎以下四种类型（见图表 3 - 14）。

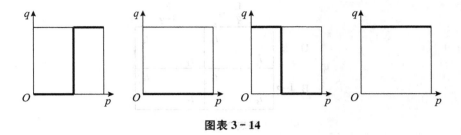

图表 3 - 14

从而，因为两个参与人的反应函数的交点给出了所论的 2×2 博弈的纳什均衡，我们知道在非退化的条件下，所有 2×2 同时博弈的纳什均衡的情况不外乎以下 16 种（见图表 3 - 15）。

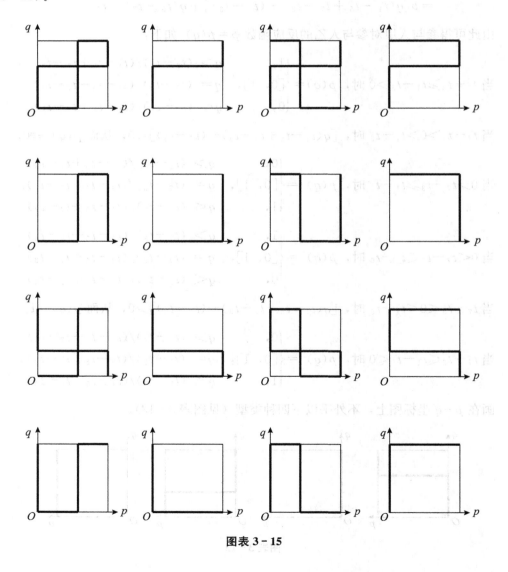

图表 3 - 15

这些博弈的纳什均衡的数目分别为：3，1，1，1；1，1，1，1；1，1，3，1；1，1，1，1。它们都是奇数。可见，对于非退化的 2×2 同时博弈，纳什均衡的数目有限，并且这个数目是一个奇数。

至于非退化有限博弈在所有有限博弈之中所占据的测度是 0，我们有下述广泛得多的结果。

三、 在有限同时博弈组成的方体中， 退化博弈的总体积为 0

标准 K 维开方体 $I^K = \{x \in R^K : 0 < x_l < 1; l = 1, \cdots, K\}$ 中某两个坐标 t_{k_1} 和 t_{k_2} 相同的点，构成 I^K 的一个 $K-1$ 维"对角"超平面 $I^{K-1}(k_1, k_2) = \{(t_1, \cdots, t_K) \in I^K, t_{k_1} = t_{k_2}\}$。在标准 K 维开方体 I^K 中，$K-1$ 维对角超平面 $I^{K-1}(k_1, k_2)$ 的"勒贝格测度"（Lebesgue measure）为 0，或者说 $I^{K-1}(k_1, k_2)$ 是 I^K 的"零测集"。"测度"是体积概念的推广。在这个意义上，人们可以把集合的测度为 0 理解为集合的体积为 0。事实上，直觉告诉我们，在标准 K 维开方体 I^K 中，$K-1$ 维对角超平面 $I^{K-1}(k_1, k_2)$ 的"体积"就是 0。

因为 I^K 中由某两个坐标相同的点构成的 $I^{K-1}(k_1, k_2)$ 这样的 $K-1$ 维对角超平面一共有 $K! / (K-2)! 2!$ 个，而测度论告诉我们，有限个（甚至"可数个"）零测集的并集还是零测集，所以我们知道，I^K 中由两个坐标相同的点构成的子集，是 I^K 的零测集。

按照前面的定义，有限同时博弈退化，指的就是在用方体的点来表达这个博弈的时候，点的坐标至少有两个相同。这样，我们就有以下引理。

引理 3.2 在开方体 I^K 表达的所有拟维数为 K 的有限同时博弈中，退化博弈构成的子集的勒贝格测度为 0。

按照测度论，当我们把讨论的全体对象表达为欧氏空间的子集（例如上述 K 维开方体 I^K）那样的可测集的时候，如果使得某个命题不成立的对象组成的集合只是该可测集的零测集，我们就说该命题对于我们讨论的"几乎所有"对象都成立。这样，综合引理 3.1 和引理 3.2，我们可以得到以下奇数定理。

定理 3.1 在 2×2 情形中，几乎所有有限同时博弈的纳什均衡的数目都有限，并且这个有限数目是一个奇数。

四、 非奇数的情形并不太罕见

但是，虽然威尔逊定理论定"几乎所有"有限同时博弈的纳什均衡的数目都有限并且是奇数，我们却经常要与纳什均衡数目为偶数或者纳什均衡数目无限的有限同时博弈打交道。

首先看纳什均衡数目为偶数的一个简单例子。

考虑如下二人博弈，其中每个参与人可选的纯策略都是两个，分别为上策略与下策略以及左策略与右策略（见图表 3-16）。

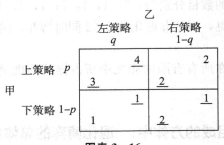

图表 3 - 16

采用相对优势策略下划线法我们知道，这个博弈有两个纯策略纳什均衡，分别为（上策略，左策略）和（下策略，右策略）。采用反应函数法我们进一步知道（见图表 3 - 17），这个博弈的全部纳什均衡就是 $(p, q) = (1, 1)$ 和 $(p, q) = (0, 0)$。换句话说，除了 $(p, q) = (1, 1)$［即（上策略，左策略）］和 $(p, q) = (0, 0)$［即（下策略，右策略）］这两个纯策略纳什均衡以外，这个博弈没有别的纳什均衡。

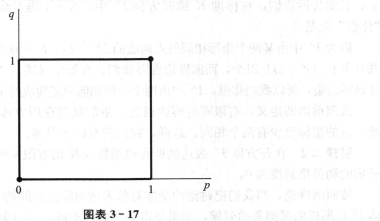

图表 3 - 17

接着看一个纳什均衡数目无限的有限同时博弈的例子：对图表 3 - 16 表示的博弈略做修改，使之变成如图表 3 - 18 所示的博弈，其中 a 是小的正数。

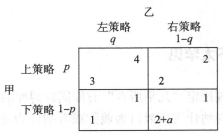

图表 3 - 18

采用反应函数法（见图表 3 - 19），我们知道图表 3 - 18 的这个博弈的全部纳什均衡可以表达为 $(p, q) = (1, 1)$ 和 $(p, q) = (0, t)$，其中 $t \in [0, a/(2+a)]$。可见，这个博弈有无限多个纳什均衡。

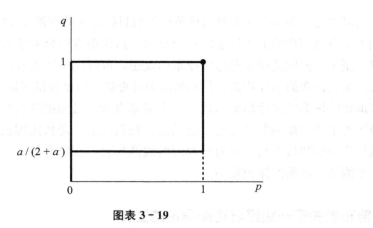

图表 3-19

事实上，我们在高维情形反应函数法的讨论中，也特意安排纳什均衡数目是无穷的一个例子和纳什均衡数目是偶数的一个例子。读者可以尝试在 2×3 或者 3×2 这种最低限度的高维情形中，构造符合奇数定理结论的例子。

五、 奇数定理的隐含假设

一方面，奇数定理论定"几乎所有"有限同时博弈的纳什均衡的数目都有限并且是奇数；另一方面，我们却容易遇到纳什均衡数目为偶数或者纳什均衡数目无限的有限同时博弈。怎么解释这样一个矛盾呢？

原来，奇数定理需要一个隐含的假设，那就是在**方体表达**（cube representation）（或者其他表达）所有有限同时博弈的时候，已经假设这些博弈在方体 I^K 中均匀分布或者至少服从几乎处处连续的分布。没有这样的隐含假设，难以得出奇数定理。所谓"这些博弈在方体 I^K 中均匀分布或者至少服从几乎处处连续的分布"，是指在所有这些（有限）博弈中，每个局中人在每种可能的策略组合下所得到的支付，都是一个服从区间 $[0,1]$ 上均匀分布或至少几乎处处连续分布的随机变量。所谓几乎处处连续的分布，是指随机变量所服从的分布的密度函数在区间 $[0,1]$ 上的间断点（不连续点）"不太多"，它们只组成区间的一个零测集。至于这些随机变量各自服从的具体分布，则可以并不相同。大家知道，原则上分布函数是密度函数的积分，从而密度在一个零测集上间断，并不影响作为积分的分布。

据引理 3.1，至少在 2×2 情形中，只有当一个有限同时博弈因为在某两个纯策略组合中的支付相同而成为退化博弈时，才有可能出现纳什均衡的数目是非奇数的情形或纳什均衡数目无限的情形。由于这个原因，结合上面的说明，前面的定理 3.1 应该改写为下面的定理 3.2，把奇数定理的隐含假设清楚地写下来。

定理 3.2 假设在方体表达所有 2×2 有限同时博弈的时候，这些博弈在方体 I^8 中均匀分布或者服从几乎处处连续的分布，那么几乎所有 2×2 有限同时博弈的纳什均衡的数目都有限，并且这个有限数目是一个奇数。

从习题 32 中我们知道，只是在参与人数目是 2、可供一个参与人选择的纯策略的数目是 2 而可供另一个参与人选择的纯策略的数目都是 4 的所谓 2×4 情形中，欧瑞秋提供了我们关于奇数定理的上述猜想的一个反例，这说明欧瑞秋对于博弈论有若干非常深刻的把握。至于我们的尝试没有达到原来的设想，可以说是因为我们挖去的那个零测集还不够大。退化博弈的纳什均衡数目固然未必是奇数，但是包括习题 32 的博弈在内，还有一些非退化的博弈的纳什均衡的数目也未必是奇数。必须把这些博弈都排除了，才能够得到博弈的纳什均衡的数目是奇数的结论。归根到底，奇数定理说的是，在适当的表述下，纳什均衡的数目不是奇数的博弈所组成的集合，在所有博弈组成的那个集合中，只是一个零测集，占据的体积很小。

六、 德布鲁关于一般经济均衡理论的工作

前面说过，测度是体积概念的推广，在这个意义上，人们可以把集合的测度为 0 理解为集合的体积为 0。对于任何集合，首先有一个是否可以在这个集合上建立测度的问题，如果可以，这个集合就叫作可测集。在一个更大的可测集中测度为 0 的子集，叫作这个更大的集合的零测子集，简称零测集。零测集及其相关概念在经济学中的引入，至少可以追溯到 1983 年度诺贝尔经济学奖得主德布鲁。具体来说，是德布鲁在 1970 年、1975 年和 1976 年的一系列论文[①]中将零测集概念及衍生的"几乎都成立"或者"几乎处处成立"的说法，引入了一般经济均衡理论。

大家知道，关于单个商品市场的均衡的理论，叫作部分均衡（partial equilibrium）理论，关于所有商品同时均衡的理论，叫作一般均衡（general equilibrium）理论。粗略地说，一条需求曲线和一条供给曲线相交，就能解决部分均衡的问题，但是一般经济均衡的讨论，却困难得多。事实上，自瓦尔拉斯（M. L. Walras）以来，在"一般经济均衡"的框架里如何严格证明均衡的存在性，成了数理经济学的一个中心问题。萨缪尔森、阿罗、希克斯和柯普曼等经济学大师都曾经对这一问题做出贡献，其中比较令人满意地证明了均衡的存在性的，则是德布鲁 1975 年和 1976 年的论文，他所使用的工具，是凸分析和布劳威尔（Brouwer）不动点定理，在此之前，德布鲁 1970 年的论文先是证明了，几乎所有竞争经济的瓦尔拉斯均衡的数目均有限并且是一个奇数。

德布鲁于 1983 年 12 月 8 日在斯德哥尔摩发表他的诺贝尔经济学奖获奖演说时说道：

> 如果均衡是唯一的，有关经济模式对均衡的描述就完整了……但是在 20 世纪 60 年代后期已经清楚，整体唯一性的要求太高，局部唯一性应该足以使人满意……正如我在 1970 年所做的那样，可以证明，在适当的条件下，在所有经济的集合中，没有局部唯一均衡的经济的集合是可以忽略不计的。这句话的确切含义及证明这个断言的基本数学结果，可以在萨德（Sard）定理中找到，这个定理是斯梅尔（S.

---

① Debreu, G., 1970, "Economies with a finite set of equilibria," *Econometrica*, 38：387 - 392；Debreu, G., 1975, "The rate of convergence of the core of an economy," *Journal of Mathematical Economics*, 2：1 - 7；Debreu, G., 1976, "Regular differentiable economies," *American Economic Review*, 66：280 - 287.

Smale) 在 1968 年夏天的交谈中向我介绍的。整个讨论的最后部分，在新西兰南岛的米尔福德海湾完成。1969 年 7 月 9 日下午，当我和妻子弗郎索瓦抵达那里的时候，遇上了天阴下雨的坏天气。这迫使我回到房间里工作，继续研究困扰我多时的课题。而这次，观念竟很快结晶。第二天早上，晴空万里在海湾明媚的仲冬展现。

有关斯梅尔教授和德布鲁教授的学术故事，可以在中信出版社出版的《经济学家的学问故事》中找到。萨德定理说，如果 $f: M \to N$ 是微分流形之间的光滑映射，则 N 的"几乎所有点"都是 f 的正则值（regular value）。换句话说，f 的临界值（critical value）的集合在 N 中只是一个总测度为零的零测集。什么是微分流形，什么是微分流形之间的光滑映射，什么是正则值和临界值，什么是马上就要讲到的正则经济和非正则经济，读者现在不必细究。萨德定理其实是说，在相当温和的光滑性条件下，正则现象是通有的（generic），出现的概率为 1，而临界现象出现的概率为 0，从而"可以忽略不计"。德布鲁借用微分拓扑学的正则值的概念，定义了他的正则经济（regular economy），并且利用萨德定理证明，在所有经济的集合中，正则经济组成的子集均具有满测度，即"在（测度意义的）体积上占有整个空间"。这样一来，他对于正则经济业已建立的均衡集及其存在性和稳定性的结论，是合理的和很有价值的经济分析，不会因为他的理论无法对付的非正则经济的存在而失色，因为在所有经济当中，非正则经济组成的子集的测度只不过是零。

归纳起来，德布鲁在一系列理想化条件下论证了"几乎所有"经济都有局部唯一的均衡。但是换句话我们也可以说，即使在如此理想化的条件下构造出来的经济，仍然可能不具有局部唯一的均衡。德布鲁对他的正则经济进行了极富创造性的讨论，并且成为后续讨论的范式，但是即使按照他的构造，非正则经济也依然存在。人们之所以给予德布鲁的工作很高的评价，体现了主流经济学界对纯理论成果的推崇，因为除了提供范式这一本身已经非常了不起的成就以外，德布鲁等人还学术地论证了现代西方经济学"老祖宗"亚当·斯密（Adam Smith）以"看不见的手"的说法为代表的市场经济信念，尽管这个论证需要一系列理想化假设，并且即使在这些理想化条件之下，仍然容许出现不理想的结果。

一方面，奇数定理论定"几乎所有"有限同时博弈的纳什均衡数目都有限并且是奇数；另一方面，我们容易遇到纳什均衡数目是偶数甚至无限的情况。这向我们提出，现在是讨论均匀分布和几乎处处连续分布这些隐含假设是否合理的时候了。

第五节　多重纳什均衡及其筛选

前面我们已经说过，许多博弈往往有不止一个纳什均衡，有时候甚至有无穷多个纳什均衡。当这种情况出现时，哪个纳什均衡最有可能成为最终的博弈结果，往往取决于某种能使局中人产生一致性预测的机制或判断标准。

存在多重纳什均衡的博弈的一个比较典型的例子，是我们一再提到的情侣博弈。在情侣博弈中，（足球，足球）和（芭蕾，芭蕾）都是博弈的纯策略纳什均衡。试想这样一种情况：如果情侣博弈的双方从来没有"玩"过这种"游戏"，那么博弈的可能结局是什么呢？

当一个博弈存在多个纳什均衡时，要所有局中人预测到或者看好同一个纳什均衡，应该是相当困难的，因为对于不同的局中人而言，内心想法的差别可能很大。在情侣博弈中，如果男的预期的纳什均衡是（足球，足球），女的预期的纳什均衡是（芭蕾，芭蕾），那么博弈的结果说不定就是（足球，芭蕾），但这显然不是一个纳什均衡。因此，当一个博弈存在多个纳什均衡时，有些纳什均衡的结果不一定会出现，特别是特定的某个纳什均衡的结果不一定会出现。然而，在现实生活中，人们往往可以通过一些约定俗成的观念或者某种具有一定合理性的机制，引导博弈的结果朝着比较有利于局中人的方向发展。

下面，我们初步介绍一些这样的机制或判别标准。比较深入的学习可以在以后更加专门的课程中展开。

一、 帕累托优势标准

虽然有些博弈存在多个纳什均衡，但这些纳什均衡之间很可能存在明显的优劣差异，造成所有局中人都偏好同一个纳什均衡的可能。一种情况是，博弈的某个纳什均衡给所有局中人带来的得益，都大于其他纳什均衡给他们带来的得益。在这种情况下，每个局中人不仅自己会选择由该纳什均衡所规定的策略，而且会预料所有其他局中人也会选择由该纳什均衡所规定的策略，因而该纳什均衡就最有可能成为博弈的最终结果。在这种情况下，局中人不会面临任何进一步选择的困难，因为所有局中人对于纳什均衡的理性选择倾向都表现出一致。

按照长期合作研究的两位博弈论大师美国的哈萨尼教授和德国的**泽尔滕**（Reinhard Selten）教授的说法，这种按照支付大小筛选出来的纳什均衡，比其他纳什均衡具有帕累托优势。这种按照支付大小筛选纳什均衡的标准，被称为帕累托优势标准。

帕累托优势均衡的例子有很多，兹举一例说明。

设想在古代的一个地方，有两个猎人，那时候，狩猎是人们的主要生计。为了简单起见，假设主要的猎物只有两种，鹿和兔子。在古代，人类的狩猎手段还比较落后，弓箭的威力也有限。在这样的条件下，我们可以进一步假设：两个猎人一起去猎鹿，才能猎获一只鹿，如果一个猎人单兵作战，他只能打到四只兔子。从填饱肚子的角度来说，4只兔子算它能管4天吧，一只鹿却差不多能够解决一个月的温饱问题。这样，两个猎人的行为决策，就可以写成以下的博弈形式（见图表3-20）。

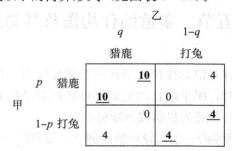

图表 3-20 猎人博弈

打到一只鹿，两家平分，每家能管 10 天；打到四只兔子，只能供一家吃 4 天。表格中的数字就是这个意思，在每个格子中，左下角的数字是甲的得益，右上角的数字是乙的得益。如果他打兔子而你去猎鹿，他可以打到 4 只兔子，得 4，而你将一无所获，得 0。

如果对方愿意合作猎鹿，你的最优行为是和他合作猎鹿。如果对方只想自个儿去打兔子，你的最优行为也只能是自个儿去打兔子，因为这时你想猎鹿也是白搭：因为我们已经假设一个人单独制服不了一只鹿，所以你将一无所获。这样，运用前面讲过的相对优势策略下划线法，我们就知道，这个猎人博弈有两个纳什均衡：一个是（猎鹿，猎鹿），即两人一起去猎鹿，得（10，10）；另一个是（打兔，打兔），即两人各自去打兔子，得（4，4）。

两个纳什均衡，就是两个可能的结局。那么，究竟哪一个会发生呢？是一起去猎鹿还是各自去打兔子呢？这就和情侣博弈一样，不能完全由是否为纳什均衡这个事实本身来确定。

比较得益为（10，10）的纳什均衡和得益为（4，4）的纳什均衡，明显的事实是，无论对哪个局中人来说，两人一起去猎鹿的得益都比各自去打兔子的得益要大得多。所以，（猎鹿，猎鹿）即甲和乙一起去猎鹿得（10，10）的纳什均衡，比（打兔，打兔）即两人各自去打兔子得（4，4）的纳什均衡，具有帕累托优势。从而，猎人博弈的最大可能的结局，是具有帕累托优势的那个纳什均衡（猎鹿，猎鹿）：甲和乙一起去猎鹿得（10，10）。

在经济思想史上，人们对于一个经济如何才算是有效率的，一直有很不相同的看法。例如，太平天国信奉"不患寡，患不均"，就很有代表性，但是大家都知道，只讲究平均，很难作为效率的标准。完全可以说，效率也是经济学中很富争议的一个概念。

帕累托（Vilfredo Pareto，1848—1923）是出生于法国巴黎的意大利经济学家。自从现代经济学主要关注社会资源的配置以来，经济学家求同存异，逐渐撇开一般效率评价的许多分歧，倾向于接受以帕累托命名的**帕累托效率标准**（Pareto efficiency criterion）：经济的效率体现于配置社会资源以改善人们的境况，主要看资源是否已经被充分利用。如果资源已经被充分利用，要想再改善我的境况就必须损害你或别的什么人的利益，要想再改善你的境况就必须损害我或者另外某个人的利益，一句话，要想再改善任何人的境况都必须损害别的人的利益，这时候就说一个经济已经实现了帕累托效率。相反，如果还可以在不损害别人利益的情况下改善任何人的境况，就认为经济资源尚未得到充分利用，就不能说经济已经达到帕累托效率。

比起得益（4，4）来，得益（10，10）不仅是总额的改善，而且每个人的境况都得到很大改善。这就是得益为（10，10）的纳什均衡相对于得益为（4，4）的纳什均衡具有帕累托优势的意思。关键是每个人的境况都得到改善。

二、风险优势标准

筛选多个纳什均衡的另一种常用方法，是风险优势比较法。它的基本思路是：如果按照支付标准或者说**帕累托优势标准**（Pareto advantage criterion），难以确定局中人将采用两个或多个纳什均衡中的哪一个纳什均衡规定的策略，就可以考虑不同纳什均衡之间的风险状况，风险小的优先。下面我们通过一个具体例子来说明这种筛选标准。

有一个博弈的矩阵表示如下（见图表 3-21）。

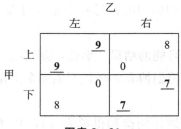

图表 3-21

如常，可供行局中人（左方局中人）甲选择的两个纯策略是上策略和下策略，可供列局中人（上方局中人）乙选择的两个纯策略是左策略和右策略。运用相对优势策略下划线法，我们马上知道它有两个纳什均衡：一个是左上角的格子（上，左），甲上乙左得（9，9）；另一个是右下角的格子（下，右），甲下乙右得（7，7）。那么，两个纳什均衡之中，究竟哪一个发生的可能性比较大呢？

我们不妨先只站在甲的位置分析一下前景。甲对于乙将采用哪一个策略，当然是不知道的，否则就不叫博弈了。甲可以设想，乙采用左策略和右策略的机会是一半对一半。这样，如果甲采用上策略，他得 9 和得 0 的机会也是一半对一半，他的期望收益将是（9＋0）÷2＝4.5；如果甲采用下策略，他得 8 的机会和得 7 的机会将是一半对一半，他的期望收益将是（8＋7）÷2＝7.5。所以，从期望收益来看，甲采用下策略是比较稳妥的：至少可以得 7，运气好可以得 8。如果甲采用上策略，运气好固然可以得 9，但是运气不好可就将得 0。为了稳妥起见，还是不要冒得 0 的风险好。

在前景不确定的情况下，期望的结果如何，即各种可能结果的平均值如何，是非常重要的判别标准。设身处地地想想，如果你是局中人甲，你将采用哪个策略呢？我想你一定会选择下策略。这个博弈对于博弈双方是对称的，即乙的处境和甲完全一样。所以，乙多半也要选用稳妥的右策略，至少可以得 7，运气好可以得 8，他不会冒可能得 0 的风险去博那个 9。甲多半选下策略，乙多半选右策略，所以博弈的实际结局，多半是右下角那个格子的纳什均衡（下，右），双方的支付是（7，7）。

在这种情况下，一些博弈论者认为右下角"甲下乙右"得（7，7）的纳什均衡具有风险优势。注意，风险优势不是表示风险大，反而是说风险比较小，优势在于风险小。

需要指出的是，上面介绍的通过比较局中人期望收益的大小从而确定风险优势的方法，有很不严密的地方。为什么我们能够假设双方采用两个策略的机会是一半对一半？

这是缺乏依据的。具体在这个例子中，为什么认为甲采用上策略可能得到 9 的概率和采用下策略可能得到 7 的概率一样呢？如果有人假设甲采用上策略可能得到 9 的概率是 60%、采用下策略可能得到 7 的概率是 40%，你能说他没有道理吗？不能。实际上，可以得 9 的概率为 60% 和可以得 7 的概率为 40%，恐怕比原来假设一半对一半更加自然。

可见，假设概率情况来计算期望收益，然后通过比较期望收益的大小来确定哪个均衡具有风险优势，容易引起混淆。我们也只是把它作为一个引子罢了。另外，上述这种做法实际上只比较风险而忽视了支付，更是值得检讨。不过，学问就是在这样尝试和琢磨中发展的，把它记录下来，并不是一件丢人的事情。

现在一些经济学家采用的方法，不是上面这样的期望收益比较法，而是偏离损失乘积比较法，简称**偏离损失比较法**（method of comparing losses of deviation）。下面我们通过图表 3－22 中的具体例子来介绍这种方法。

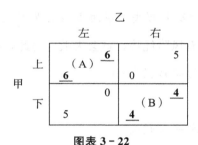

图表 3－22

在这个矩阵型博弈中，有 A＝（上，左）和 B＝（下，右）两个纳什均衡。如果甲从 A 偏离出去，收益从 6 变成 5，他要损失 1，我们写"甲的离 A 损失为 1"；如果甲从 B 偏离出去，收益从 4 变成 0，他要损失 4，我们写"甲的离 B 损失为 4"。同样，如果乙从 A 偏离出去，收益从 6 变成 5，他要损失 1，我们写"乙的离 A 损失为 1"；如果乙从 B 偏离出去，收益从 4 变成 0，他要损失 4，我们写"乙的离 B 损失为 4"。现在，注意 $1 \times 1 = 1 < 4 \times 4 = 16$，也就是说：

甲的离 A 损失×乙的离 A 损失＜甲的离 B 损失×乙的离 B 损失

这时候我们论定，均衡 B 比均衡 A 具有风险优势。

A、B 两者都是纳什均衡。现在，两人分别单独偏离 B 的损失的乘积（16），大于两人分别单独偏离 A 的损失的乘积（1），偏离 B 的损失更大，所以他们更不愿意偏离 B，所以均衡 B 比均衡 A 具有风险优势。

读者可以找那些有不止一个纳什均衡的博弈来做练习，看看究竟哪一个均衡具有风险优势。我们在本章还提供了大量这样的博弈供读者练习。

上面介绍的风险偏离损失乘积比较法，是最新的一种探讨。必须说明，从最新的探讨能否演进到达成共识被普遍接受，还需要许多研究，还要等待相当长的时间，还有许多具体问题需要解决。例如，对于图表 3－23 的博弈，其中 M 和 m 都是正数，并且 M 比 m 大很多，易知这个博弈有（D，L）和（U，R）两个纯策略纳什均衡。

乙

	L	R
U	0 M/2	(B) 0 **M**
D	(A) 0 **M-m**	0 M-m

甲

图表 3 - 23

按照帕累托标准，均衡 B 比均衡 A 具有帕累托优势，但是从风险的角度看，明显地均衡 B 不如均衡 A，因为在均衡 B，无论对方捣乱还是不小心出错，甲都要遭受 M/2 的损失，而在均衡 A，无论对方捣乱也好，不小心出错也罢，甲都稳得 M−m，没有不测之虞。

这时候，因为在任何情况下乙的得益总是 0，试图按照上述

$$甲的离 B 损失 \times 乙的离 B 损失 < 甲的离 A 损失 \times 乙的离 A 损失$$

来说明均衡 A 对于均衡 B 具有风险优势，就会失败。为此，有人建议在

$$乙的离 A 损失 = 乙的离 B 损失 = 0$$

的情况下，按照

$$甲的离 B 损失 < 甲的离 A 损失$$

来说明均衡 A 对于均衡 B 具有风险优势。

三、 帕累托标准与风险优势的关系

由上面的讨论我们知道，在具有帕累托效率意义上的优劣关系的情况下，或者在存在风险优劣的条件下，我们能够比较容易地筛选出合理的纳什均衡。但是，如果在一个博弈中，按照帕累托效率的标准筛选出的纳什均衡，与按照**风险优势标准**（risk advantage criterion）筛选出的纳什均衡不一致，我们应当选择哪一个呢？图表 3 - 24 中的博弈例子就存在这样的问题。

乙

	左	右
上	(A) 6 6	5 −1 000
下	−1 000 5	(B) 4 4

甲

图表 3 - 24

很明显，这个博弈有两个纳什均衡：一个是（上，左），即"甲上乙左"得（6，6）；另一个是（下，右），即"甲下乙右"得（4，4）。左上角的均衡（上，左）具有帕累托

优势。

现在用刚刚讲过的偏离损失比较法来看哪一个均衡具有风险优势。把左上角的纳什均衡叫作 A，把右下角的纳什均衡叫作 B，那么甲的离 A 损失为 1，乙的离 A 损失也是 1；甲的离 B 损失为 1 004，乙的离 B 损失也是 1 004。这样，因为

甲的离 A 损失×乙的离 A 损失＝1＜甲的离 B 损失×乙的离 B 损失＝1 008 016

我们可以判断均衡 B 具有风险优势。

按照帕累托标准即得益标准，均衡 A 占优势，但是按照风险标准，均衡 B 占优势。这就犯难了，究竟你倾向哪个均衡？我猜想作为局中人甲，你多半会选择下策略。为什么？因为选上策略固然可能得到比 4 大的 6，但是如果对方不默契或者不理性地选择了右策略，你可要承受 1 000 的损失。既然选择上策略的风险那么大，你自然会选下策略。选择下策略，"旱涝保收"至少得 4。这是完全没有风险的盈利。

我这样判断，是基于两个前提：第一，人是会犯错误的；第二，你不喜欢冒大的风险。在这个例子中我说人是会犯错误的，尤其是指你的对手可能会犯错误。如果他是完全理性的，如果他精于计算，如果他不会犯错误，他当然会选择左策略，这样你也不必为损失 1 000 的风险担心。只是因为他可能糊涂，可能失于计算，可能犯错误，所以你才要设法回避可能带来的风险。

至于我说你不喜欢冒大的风险，可能你不同意。实际上，如果我对你不是很了解就说你不喜欢冒风险，的确武断了一些。不过我也有根据，就是心理学和经济学都说明，绝大多数人不喜欢冒风险，绝大多数人是风险厌恶者。既然这样，虽然我对你还不了解，但是说你不喜欢冒风险，说错的概率也比较小，我冒得起这个比较小的风险。

诺贝尔科学奖是瑞典皇家科学院送给国际科学界的礼物，瑞典位于北欧的斯堪的纳维亚半岛。每年的诺贝尔经济学奖颁发以后，在次年的《斯堪的纳维亚经济学杂志》（*Scandinavian Journal of Economics*）上，照例有权威学者介绍获奖者贡献的文章。该杂志 1995 年第一期就刊登了荷兰范丹墨（E. van Damme）教授和瑞典维布尔（J. W. Weibull）教授合写的文章，介绍纳什、哈萨尼和泽尔滕三位教授的贡献。这篇文章写得很好，上面所述的偏离损失比较法也出自这篇文章。关于帕累托优势和风险优势的关系，这篇文章是这样说的："在帕累托标准和风险标准之间，理论给帕累托优势以优先权，而风险优势只有在局中人面临不知道选哪个均衡好的不确定性的时候，才变得重要。当一个均衡具有帕累托优势的时候，局中人一定会选择这个均衡，不确定性就不存在了。"

这就是说，只要均衡 A 比均衡 B 具有一点点帕累托优势，那么哪怕均衡 B 比均衡 A 具有很大的风险优势，也可以认为将发生的是 A 而不是 B。这和常识背离。这种背离的根源在于经济学传统上研究的是理性行为。完全理性的"人"不会糊涂，不会犯错误，当然也不知风险。彻底的理性人，不是生活在我们周围的人。

经济学家在理性假设之下得出的结论，未必适合读者面对的理性不那么彻底的情形。"是经济学家错了，还是我们自己错了"，这本来是非常值得思考和回味的问题。

我思考的结果之一，是经济学家和读者都不应该受到责备，因为这是一个探索的过程。但是这种思考，引导经济学形成**有限理性**（bounded rationality）的理念，进入**行为**

经济学（behavioral economics）的天地。

四、 聚点均衡

谢林（Schelling，1960）[1] 曾指出，在现实生活中，局中人可能会使用某些被博弈模型抽象掉的信息来达到一个均衡，这些信息往往跟社会文化习俗、局中人过去博弈的历史和经历有关。这就是**聚点均衡**（focal point equilibrium）概念的出发点。事实上，对于一些既不存在帕累托优劣关系，也不存在风险优劣关系的博弈，人们往往都是利用聚点均衡的思想来指导自己的决策行动。

例如，在情侣博弈中，存在（足球，足球）和（芭蕾，芭蕾）两个纯策略纳什均衡以及一个混合策略均衡。我们前面已经说过，博弈论通常把"优先权"给予纯策略纳什均衡，所以在考虑可能的均衡结果时，我们首先把混合策略均衡排除。在剩下的两个纯策略均衡中，最终哪一个会出现，我们是无法仅仅通过理性假设本身推断出来的，往往需要借助一些双方都认可的默契、约定或其他机制。张维迎教授的《博弈论与信息经济学》也谈到了这个例子。他写道："如果今天是男的生日，（足球，足球）可能是一个聚点均衡；而如果今天是女的生日，（芭蕾，芭蕾）可能是一个聚点均衡。这里，出现聚点均衡背后的原因是，比如说，在女的生日时，男的可能认为应该讨女的欢心，而女的也认为男的会认为应该讨自己欢心，结果，他们都出现在芭蕾舞厅。"

张维迎教授的《博弈论与信息经济学》还提到了"提名博弈"的例子。在这个博弈中，参与博弈的双方同时报一个时间，如果所报时间相同，每人将得到一定的奖励，那么双方局中人都选择"中午12点"或"0点"的可能性就比较大，而局中人选择"上午10点01分"和"下午3点46分"等时间的可能性就很小，它们更不可能成为双方的共同选择。理由是前几个时间既是整点，又都有特殊意义——第一个时间代表上下午的分界，第二个时间代表一天的开始，因此双方同时想到的可能性会比较大。而后面两个时间则没有什么特殊的意义。

在缺乏交通规则的乡下地方骑自行车或者开汽车，你应该走在道路的哪一边？这个问题其实已经牵涉到聚点均衡的概念。缺乏标志线和交通规则，并不是什么太了不得的事情。至少，无论社会如何进步，我们仍然容易想象人们有时候可能在完全没有交通标志的地方骑车或者开车。

究竟是靠左走还是靠右走，答案应该是简单的。假如别人都靠右行驶，你也会靠右行驶。因为假如每个人都认为其他人会靠右行驶，那么每个人都会靠右行驶。所以，大家靠右行驶是一个聚点均衡。谁要是单独改变策略变成靠左走，首先他自己可能就会遇到麻烦。当然，他也将给别人带来麻烦。

但是我们知道，如果大家都靠左行驶，也是一个聚点均衡。究竟大家靠右行驶是聚点均衡还是大家靠左行驶是聚点均衡，要看习俗和默契。

上面说的是缺乏交通规则的乡下地方。现代城市不是这样。在现代城市和高速公路

---

① Schelling，T.，1960，*The Strategy of Conflict*，Cambridge，MA：Harvard University Press.

上开车，车辆靠左走还是靠右走，是由交通规则规定的。在中国、美国、俄罗斯等许多国家，原则上车辆要靠右行驶，而在英国、澳大利亚、日本这些国家，车辆要靠左行驶。两种不同的规定，正好和靠左走还是靠右走这个博弈有两个纯策略纳什均衡的情况相对应。

　　城市道路和高速公路上的交通规则，对于人们在缺乏交通规则的地方形成习俗和默契固然有很大的影响，但是也并非绝对的影响。在旷野中骑自行车，遇上一个也骑自行车的小孩从对面过来，你是走右边还是走左边，恐怕就得颇费思量。走左还是走右，作为瞬间难题，可能我们每个人在狭窄过道和电梯出口都遇到过。

　　如果说在旷野骑车和开车的例子里，城市道路和高速公路上的交通规则会告诉你答案，那么，设想大海和丽娟打电话打到一半，线路突然中断，他们该怎么办？假如大海马上再给丽娟打电话，那么丽娟应该留在电话旁等待，自己不要打过去给大海，好把自家电话的线路空出来。但是，假如丽娟等待大海给她打电话以便继续谈下去，而大海也在等待，那么他们的谈话就永远没有机会继续下去。可见，大海的最佳策略取决于丽娟会采取什么行动，同样，丽娟的最佳策略取决于大海会采取什么行动。在这个电话讲到一半线路突然中断的例子中，为了恢复谈话的"博弈"，又有两个纯策略纳什均衡：一个是大海再打电话过去而丽娟等待，另一个则是丽娟再打过去而大海等待。

　　这么说来，难道两个人需要预先进行一次谈话，来商量如果通话过程中线路突然中断该如何恢复通话，以帮助确定他们能够采取"相容"的即达致纳什均衡的策略？也就是说，他们应该预先商量好就哪一个纳什均衡是聚点均衡达成共识，聚点均衡就是共识均衡？商量是可以的，不过，也有许多不必预先商量的办法。一个解决方案是，原来打电话过去的一方再次负责打电话，而原来接电话的一方则继续等待电话铃响。这么做的好处是原来打电话的一方知道另一方的电话号码，打电话的效率会高一点点，反过来却未必是这样，特别是在没有"来电显示"的时候。另一个方案是，假如一方可以"免费"打电话，而另一方不可以，比如大海是在办公室使用按月付费的办公电话，而丽娟在家里开通的是计次或者计时收费的电话，那么就约定，使用"免费"电话的一方应该负责第二次打电话过去。

　　以上讨论不知不觉又有两个隐含的假设，那就是通话双方对这次通话的价值评估是同样的，而且他们属于同一个"经济共同体"，只关心总的通话费用便宜，不计较究竟由谁负担。经济学讨论中常常有这样的情况，就是不知道自己已经引入了或者陷入了一些隐含的条件，而这些隐含前提或者条件却十分重要，会给结果带来实质的影响。

　　事实上很清楚，如果通话的双方对于这次通话的价值评估不一样，情况就会有很大不同。比如大海很想跟丽娟讲话，丽娟却不那么在意，或者要表示不那么在意，那么他们自然会默契地达成大海重新打过去的那个纳什均衡。至于谁打电话求谁办什么事情，就更是这样的情形。

　　从上述例子可以看出，聚点均衡确实反映了人们在多重纳什均衡选择中的某些规律性，但因为它所涉及的方面众多，往往受博弈双方文化背景中的习惯或规范的影响，很难总结出能够形成条条框框的具有普遍性的规律，只能具体问题具体分析。

五、 相关均衡

相关均衡（correlated equilibrium）的概念首先是由奥曼（Aumann，1974）[①] 提出的，其基本思想是：局中人通过一个大家都能观测到的共同信号来选择行动，由此确定博弈的最终结局。相关均衡往往可能是局中人事前磋商的结果。例如，有两个局中人在博弈开始的前一天约定，双方根据第二天到达集中地点的先后顺序选择行动，比如，"如果甲先到，则甲选择自己的这个策略，乙选择自己的那个策略；如果乙先到，则甲选择自己的那个策略，乙选择自己的这个策略"，然后两人分开，到第二天每人根据到达集合地点的先后顺序选择自己的策略。这样，通过到达集合地点的先后次序这一信号，两个人的选择就相关了。可以说，相关均衡是局中人主动设计某种形式的选择机制形成制度安排从而确定对局结果的一种均衡选择。下面我们通过一个具体的矩阵型博弈例子，对相关均衡的概念做一个基本的介绍（见图表 3-25）。这个例子就取自奥曼（1974）的这篇文章。

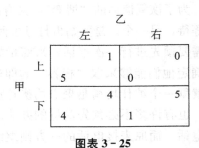

图表 3-25

这个博弈存在三个纳什均衡，即（上，左）、（下，右）和一个混合策略：每个局中人以相同的概率选择两种纯策略，各得 2.5 的期望支付。作为一个比较容易的练习，请读者运用反应函数法验证上述三个均衡。假定局中人双方事前同意根据到达集合地点的先后顺序采取行动（"甲先到，走甲上乙左均衡；乙先到，走甲下乙右均衡"），并且双方都认为对方先到达和自己先到达的概率相等，即都等于 0.5。那么，每个人的期望支付为 $0.5 \times 5 + 0.5 \times 1 = 3$，明显好于双方各自采用混合策略时所得到的期望支付 2.5。并且，我们可以证明，在这个转化后的博弈中，按照上述规则行动构成一个纳什均衡：假如甲先到，给定乙选择左策略，甲的最优策略是上策略；给定甲选择上策略，乙的最优策略是左策略。因此，如果甲先到，双方都会按照事前商定的规则行动。类似地，假如乙先到，双方也都会按照事前商定的规则行动。

进一步发展上述思路，奥曼还证明：如果能在局中人当中设计出一种机制，使得每个局中人都收到不同但相关的信号，则每个局中人还可以获得更高的期望支付。回到刚才的例子，我们可以设计这样一种机制：以相同的可能性（各 1/3）发出 A、B、C 三种

① Aumann, R., 1974, "Subjectivity and correlation in randomized strategies," *Journal of Mathematical Economics*，1：67-96.

信号；局中人甲只能观察到信号是否为 A，但如果信号不是 A，则甲无法区分他收到的是信号 B 还是信号 C。类似地，乙只能观察到信号是否为 C，但如果信号不是 C，则乙也无法区分他收到的是信号 A 还是信号 B。在这种机制下，我们可以验证：甲收到信号 A 则采用策略"上"，否则采用策略"下"，乙收到信号 C 则采用策略"右"，否则采用策略"左"，是一个纳什均衡。

我们首先验证局中人甲没有意愿要偏离该纳什均衡。当甲收到信号 A 时，他知道乙收到了信号（A，B），因而乙将采用策略"左"，在这种情况下，策略"上"显然是甲的最优策略；如果甲观察到信号（B，C），即非 A，则他将预期乙会以相同的概率采用策略"左"或策略"右"，此时无论甲选择策略"上"还是策略"下"，所得到的平均支付都是 2.5，因此他愿意采用策略"下"。局中人乙的情况可按照类似的思路验证（请读者作为练习完成这个验证）。所以，上述"相关规则"构成一个纳什均衡。

因为按照上述规则，（上，左）、（下，右）和（下，左）这三种结果各以 1/3 的概率出现，而"坏"结果（上，右）则不会出现，所以每个局中人的期望支付都是 $3\frac{1}{3}$，不仅大于混合策略纳什均衡下的支付，而且大于我们最初提到的根据双方共同观察到的信号行动的期望支付。

从例子看，相关均衡很有意思。但是它在现实生活中的可操作性如何，却是一个问题。

前面曾提到"以相同的可能性（各1/3）发出 A、B、C 三种信号"。在结束相关均衡的介绍时，请读者思考一下：是谁"以相同的可能性发出 A、B、C 三种信号"？

六、 抗共谋均衡

我们前面谈到的甄别和筛选多重纳什均衡的方法，基本上局限于二人同时决策博弈的情形。如果参与博弈的局中人多于两个，有可能会发生部分局中人联合起来追求小团体利益的共谋行为，从而导致均衡情况的变化。为此，经济学家本海姆（Douglas Bernheim）、别列葛（Bezalel Peleg）和温斯顿（Michael Whinston）在 1987 年的两篇论文[1]中提出了抗共谋纳什均衡的概念［或者被简称为**抗共谋均衡**（coalition-proof equilibrium）］，对纳什均衡的概念做出进一步的精炼。

抗共谋均衡的思想可以通过下面的例子予以说明（见图表 3 - 26）。

在图表 3 - 26 的用两个支付矩阵表示的三人同时决策博弈中，每个局中人都有两个（纯）策略选择：局中人甲选择行策略 U 或者 D，局中人乙选择列策略 L 或者 R，局中人丙选择矩阵 A 或者矩阵 B。（记得我们先前讲过的三人博弈的矩阵表示吗？）集中关注纯策略纳什均衡，容易看出，这个博弈存在两个纯策略纳什均衡 (U，L，A) 和 (D，R，B)，且前者帕累托优于后者。按照我们上面介绍过的筛选多重纳什均衡的方法，因为

① Bernheim，D.，B. Peleg，and M. Whinston，1987，"Coalition-proof Nash equilibria Ⅰ：Concepts，" *Journal of Economic Theory*，42（1）：1 - 12；Bernheim，D. and M. Whinston，1987，"Coalition-proof Nash equilibria Ⅱ：Applications，" *Journal of Economic Theory*，42（1）：13 - 29.

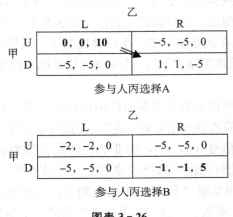

乙

甲	L	R
U	**0, 0, 10**	–5, –5, 0
D	–5, –5, 0	1, 1, –5

参与人丙选择A

乙

甲	L	R
U	–2, –2, 0	–5, –5, 0
D	–5, –5, 0	**–1, –1, 5**

参与人丙选择B

图表 3－26

纳什均衡（U，L，A）帕累托优于（D，R，B），该博弈的结果应当是（U，L，A）这个纳什均衡。

但是，如果我们考虑到局中人之间存在共谋的可能性，则（U，L，A）并不一定是博弈的最终结果。因为如果局中人丙按照纳什均衡（U，L，A）的指引选择矩阵A，则只要局中人甲和乙达成一致行动的默契，分别采用策略D和策略R，他们就都能获得1单位的得益，大于他们在纳什均衡（U，L，A）上得到的都是0的得益。

我们一再强调，纳什均衡的精髓，是单独偏离没有好处，即局中人单独改变策略选择没有好处。问题是在纳什均衡要求的单独偏离没有好处的情况下，仍然可能存在若干局中人集体偏离或者说共谋偏离的激励。如果一个纳什均衡虽然因为纳什均衡本身的要求排除了局中人单独偏离的激励，但是存在若干局中人集体偏离的激励，那么在逻辑上我们很难认为它是博弈的稳定结果。

回到关于上面例子中的两个纯策略纳什均衡（U，L，A）和（D，R，B）孰"优"孰"劣"的讨论，从寻求稳定性最好的博弈结果的角度看，不仅纳什均衡分析本身不能最后解决这个博弈的问题，而且我们上面已经介绍过的各种筛选纳什均衡的标准，如帕累托效率标准和风险优势标准，仍然未能解决问题。面对这种新的情况，必须引入新的概念和新的思想，进行新的分析。

要排除局中人之间共谋的可能性，需要借助"抗共谋均衡"的思想。抗共谋纳什均衡与一般纳什均衡的区别，主要是在没有单独偏离的激励的基础上，进一步引入了没有集体偏离的激励的要求。也就是说，一个策略组合之所以成为抗共谋纳什均衡，不仅要求局中人在这个策略组合下没有单独偏离的激励，而且要求他们没有合伙集体偏离的激励。

我们现在回到图表 3－26 的博弈，就可以知道，纯策略纳什均衡（U，L，A）不是抗共谋纳什均衡，因为在局中人丙不改变策略选择的情况下，若局中人甲和乙共谋分别采用策略D和策略R，他们两人的得益就都能从0上升到1，而且在他们共谋偏离以后，只要局中人丙的策略选择仍然保持不变，甲、乙二人就都不会瓦解他们的共谋。事实上，在局中人丙选定策略 A 的条件下，原来的三人博弈可以被看作局中人甲、乙的二人博弈，而甲选择 D、乙选择 R 正是这个二人博弈的纳什均衡。

　　但是，纯策略纳什均衡（D，R，B）却是抗共谋纳什均衡。事实上，如果甲、乙一起偏离，那么他们的博弈所得，都将由 −1 下降到 −2，所以甲、乙不会共谋这样的偏离；如果甲、丙一起偏离，那么甲的支付将从 −1 下降到 −5，丙的支付将从 5 下降到 0，所以甲、丙不会共谋这样的偏离；同样，如果乙、丙一起偏离，那么乙的支付将从 −1 下降到 −5，丙的支付将从 5 下降到 0，所以乙、丙也不会共谋这样的偏离。最后，我们检查甲、乙、丙一起偏离的情况：的确，如果甲、乙、丙一起偏离，即他们从（D，R，B）这个纳什均衡跳到（U，L，A）这个纳什均衡，甲、乙、丙三人的支付将分别由 −1、−1 和 5 增加到 0、0 和 10。这看起来很好，问题是三个人一起跳到（U，L，A）以后，正如前面分析过的，又出现了或者说形成了对于其中甲、乙二人共谋偏离到（D，R，A）的激励。我们到现在为止讨论的都是完全信息的博弈。既然是完全信息博弈，博弈发展的各种可能一目了然，丙就会估计到如果他和甲、乙一起从（D，R，B）这个均衡跳到（U，L，A）这个均衡，就会造就甲、乙共谋再次偏离的激励。具体来说，他们三人真的一起跳到（U，L，A）这个均衡以后，甲和乙还会"背叛"原来的三人共谋，二人共谋偏离（U，L，A）这个均衡。预料到这一切，丙怎么会同意和甲、乙一起从（D，R，B）偏离到（U，L，A）呢？

　　综上所述，纳什均衡（D，R，B）是一个抗共谋均衡。在两个纳什均衡（U，L，A）和（D，R，B）中，（U，L，A）包含共谋偏离的激励，（D，R，B）排除了共谋偏离的激励，在这个意义上，（D，R，B）这个均衡比（U，L，A）这个均衡更加稳定，所以（D，R，B）这个纳什均衡更有理由成为博弈的最终结果，尽管从帕累托效率的意义上考虑，（D，R，B）这个纳什均衡比不上（U，L，A）这个纳什均衡。

　　博弈论讨论的策略选择的偏离，都是出于利益考虑的偏离，都是追求利益增加的偏离。从上面的具体分析我们知道，集体偏离有两种：一种是能够维持利益的，就是若干局中人共谋偏离以后，在其他局中人的策略选择仍然不变的条件下，他们不会散伙。回到图表 3 - 26 的博弈，甲、乙从纳什均衡（U，L，A）到策略组合（D，R，A）的共谋偏离，是可以维持利益的不会散伙的共谋偏离，因为偏离以后，只要丙仍然选择矩阵（策略）A 不变，甲、乙谁再改变谁就要从得益 1 跌到得益 −5。另外一种是不能维持利益的集体偏离，就是若干局中人共谋偏离以后，哪怕其他局中人的策略选择继续保持不变，原来共谋偏离的局中人之中，也会有人因为利益驱使，还要再改变策略选择。例如在图表 3 - 26 的博弈中，所有局中人均有激励共谋从纳什均衡（D，R，B）一起偏离到纳什均衡（U，L，A），问题是这样全体共谋偏离以后，仍然因为利益驱使，甲、乙要撇下丙再次（共谋）偏离到策略组合（D，R，A）。所以，三人一起从纳什均衡（D，R，B）到纳什均衡（U，L，A）的共谋偏离，不是可以维持利益的共谋偏离。如图表 3 - 27 所示，我们用实线箭头标记不散伙的共谋偏离，用虚线箭头标记会散伙的共谋偏离。在考察一个纳什均衡是否为抗共谋纳什均衡的时候，我们不需要关注那些会散伙的共谋偏离。

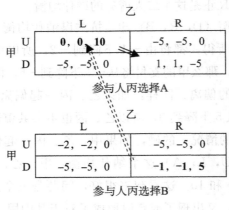

图表 3 - 27

　　归结起来，在图表 3 - 26 的博弈中，甲、乙从纳什均衡（U，L，A）到策略组合（D，R，A）的共谋偏离，是可以维持利益而不散伙的共谋偏离，而甲、乙、丙从纳什均衡（D，R，B）到纳什均衡（U，L，A）的共谋偏离，是利益驱动的会散伙的共谋偏离。通俗地说，抗共谋纳什均衡的概念，不仅要求"单独偏离"没有好处，而且要求"不散伙的共谋偏离"也没有好处。或者说，抗共谋均衡在纳什均衡的基础上提出进一步的要求，排除了可以维持利益而不散伙的共谋偏离。

　　由于抗共谋均衡排除了单独偏离和不散伙的共谋偏离的可能性，因而由此得出的博弈分析结果，要比普通的纳什均衡分析更为稳定、更为可靠。事实上，在排除了共谋的影响后，多人博弈与二人博弈之间的区别，就不那么明显了，从而我们在前面介绍的筛选多重纳什均衡的分析方法，就都可以使用了。

　　需要指出的是，抗共谋均衡讨论中局中人之间的共谋行为，都是没有强制力的，完全建立在各局中人自觉自愿的利益基础之上，它与后面合作博弈中谈到的各局中人之间允许用协议的方式强制执行的合作行为并不是一码事。也就是说，抗共谋均衡仍然是关于非合作博弈的均衡概念，而不是关于合作博弈的均衡概念。

　　从学术发展的历史脉络讲，抗共谋均衡的概念是放松奥曼提出的**"强均衡"**（strong equilibrium）概念的条件的结果。按照奥曼（1959）[1]，如果在其他局中人的策略选择给定的条件下，不存在局中人集合的任意一个子集所构成的联盟能够通过联合偏离当前的策略选择而增加联盟中所有成员的支付，那么这个策略组合就叫作强均衡。我们知道，当说集合的任意子集的时候，也包括原来的集合本身，即认为集合总是自己的子集。这样，"不存在局中人集合的任意一个子集所构成的联盟能够通过联合偏离当前的策略选择而增加联盟中所有成员的支付"的要求，也适用于由所有局中人构成的**"大联盟"**（grand coalition）。由此可见，强均衡一定是抗共谋均衡，但是抗共谋均衡未必是强均衡。在图表 3 - 26 所描述的博弈中，很明显不存在强均衡纯策略组合。

---

　　[1]　Aumann，R.，1959，"Acceptable points in general cooperative *n*-person games，" *Contributions to the Theory of Games* Ⅳ，Princeton：Princeton University Press.

需要指出的是，强均衡不一定是帕累托最优的。下面，我们通过一个例子来说明这一点。

考虑如下一个三人博弈。参与人分别为甲、乙、丙，每个参与人都有两个纯策略可供选择：甲可选择 A 或者 B；乙可选择 C 或者 D；丙可选择（矩阵）E 或者（矩阵）F。在纯策略的各种对局之下，相应的支付反映在图表 3-28 的矩阵中。

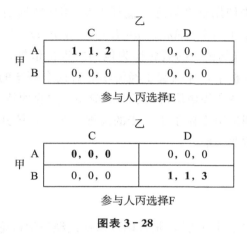

图表 3-28

这个博弈很明显有两个纯策略纳什均衡，那就是（A，C，E）和（B，D，F），而且这两个纳什均衡都是强均衡。但是在（A，C，E）和（B，D，F）之中，强均衡（A，C，E）不是帕累托最优的，因为如果他们转而采取策略组合（B，D，F），就是一个帕累托改进的过程。

写到这里，我们摘录流行的博弈论著作关于抗共谋均衡的描述。抗共谋均衡也可以翻译为抗联盟均衡或者防联盟均衡。富登伯格和梯若尔的《博弈论》[①] 写道：

> 抗联盟均衡的定义依联盟的规模归纳地给出。首先，它要求没有单局中人联盟会偏离，也就是说，所论的策略组合是一个纳什均衡。其次，它要求没有双局中人联盟会偏离，条件是在这样的偏离发生以后，共谋偏离的局中人之中的任何一个（而不是任何其他人），都可以再次自由偏离。这就是说，在其他局中人的策略选择不变而导出的二人博弈中，所论的二人共谋偏离必须是这个二人博弈的纳什均衡。这样归纳地做下去，直至所有局中人的联盟。

上述"学术风格"的定义，读起来并不轻松，但是面对这些似乎比较晦涩的文字，读者倒是可以检验自己对纳什均衡概念的把握。从上述定义看，提出抗共谋均衡概念的目的，就是排除由于多人博弈中可能存在部分局中人结成小团体联合行动从而给博弈结果带来"二次偏离"的不稳定问题。例如，"在其他局中人的策略选择不变而导出的二人博弈中，所论的二人共谋偏离必须是这个二人博弈的纳什均衡"，说明偏离后的

① Fudenberg, D. and J. Tirole, 1991, *Game Theory*, Cambridge, MA: MIT Press.

策略组合是共谋二人的纳什均衡，不需要合同约束，共谋二人会"自觉"维持这个策略组合。

前面说过，抗共谋均衡的概念，首先由本海姆、别列葛和温斯顿在他们发表于 1987 年的论文中提出。事实上，他们就这个问题在《经济理论杂志》（*Journal of Economic Theory*）的同一期上接连发表了两篇论文。开始的时候，由于他们的结果过于理论化，很少有经济学家在研究中使用这个概念。直到 1994 年格罗斯曼（Grossman）和赫普曼（Helpman）在《美国经济评论》（*American Economic Review*）上发表了一篇关于贸易保护的文章①，以"抗共谋均衡"的概念作为他们的理论依据，直接把本海姆等人的理论结果搬到贸易行为的分析中，才引起了经济学界对这个概念的重视。自此之后，抗共谋均衡的概念在经济学的各个领域均得到了广泛应用，迪克西特（Dixit）、格罗斯曼和赫普曼还对抗共谋均衡的理论结果做了进一步的发展。今天，抗共谋均衡已经成为判别一个纳什均衡的稳健性的重要标准。

七、 颤抖手精炼均衡

大家知道，人们的"理性行为"，是长期以来现代经济学讨论的基本假设。但是现实生活中的张三李四们的行为模式，很难符合理性行为的假设或者说理性人的假设。在日常生活中我们或多或少都不可避免地会犯一些错误并且遭受相应的损失。例如考试时，明明草稿纸上的计算结果是 3，但在答卷上却误写成 5；又如，我们用微软的 Word 程序进行文字录入后，由于用鼠标点击时不注意，结果错误地选择了不保存，导致所有输入付诸东流；再比如天黑时在陌生的地方由于看不清车次线路，上了一辆与回家方向相反的公共汽车；等等。

泽尔滕在 1975 年的一篇论文②中把这一思想引入博弈论的研究，提出了**颤抖手精炼均衡**（trembling-hand perfect equilibrium）或者简称颤抖手均衡的概念，进一步精炼纳什均衡。他的基本思想是：在任何一个博弈中，每一个局中人都有一定的犯错误的可能性。试想，当一个人手中端着满满的一杯水的时候，只要手稍微颤抖一下，水不是就可能溢出来吗？博弈的均衡是否经得起这样的"颤抖"呢？局中人所选择的一个策略组合，只有当它在允许每个局中人都可能犯小小的错误的情况下仍是所有局中人的最优策略组合时，才是一个足够稳定的均衡。简单来讲，泽尔滕将局中人发生错误选择（即偏离均衡策略）的情况形象地说成是"颤抖"，当某个局中人突然发现一个理性条件下不该发生的事件发生时，他可以把这个不该发生的事件的发生归结为某个其他局中人的非蓄意的失误。由于局中人的"手"（策略选择）可能"颤抖"（偏离纳什均衡的要求），因此他们的策略集中的每个纯策略都有被选中的可能，即每个纯策略被选中的概率都严格为正。原博弈的均衡，可以理解为被"颤抖"扰动后的博弈的均衡的极限。

---

① Grossman, G. M. and E. Helpman, 1994, "Protection for sale," *American Economic Review*，3：667 - 690.

② Selten, R., 1975, "Reexamination of the perfectness concept for equilibrium points in extensive games," *International Journal of Game Theory*，4：25 - 55.

在给出颤抖手精炼均衡的正式定义以前，让我们先看看下面的例子（见图表 3 - 29）。

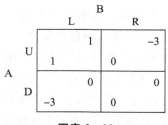

图表 3 - 29

在图表 3 - 29 的这个博弈中，（U，L）和（D，R）都是纳什均衡，其中（U，L）是优势策略均衡，但（D，R）只是**相对优势策略均衡**（equilibrium of relatively dominant strategies）。只要局中人 B 不选择 L，D 就是局中人 A 的最优选择；同样，只要局中人 A 不选择 U，R 就是局中人 B 的最优选择。

在正式定义颤抖手精炼纳什均衡之前，基于前面关于颤抖手精炼均衡概念原始思想的介绍，我们先考虑这样一个问题：（D，R）应该是一个行将定义的颤抖手精炼均衡吗？

现在我们以面对的纳什均衡（D，R）作为分析讨论的出发点，并且把局中人 A、B 偏离这个均衡的选择，即 A 选择 U 或者 B 选择 L，定义为犯错误。我们首先假定 B 有可能犯错误，即 B 有可能选择 L 而不是 R，那么此时 D 仍是 A 的最优选择吗？显然不是。事实上，只要 B 有可能犯错误，无论这个错误发生的概率多么小，局中人 A 选择 U 所得到的支付都不小于选择 D 所得到的支付，并且 A 选择 U 所得到的期望支付都大于选择 D 所得到的期望支付。因此，只要 B 有犯错误的可能，D 就不是局中人 A 的最优选择。按照类似的分析思路可知，只要 A 有犯错误的可能，R 就不是局中人 B 的最优选择。

对比之下，（U，L）却应该是一个颤抖手均衡：无论局中人 A 犯错误的概率有多大，只要犯错误的概率小于 1，局中人 B 就没有激励选择 R；同样地，无论 B 犯错误的概率有多大，只要小于 1，局中人 A 就没有激励选择 D。

现在我们给出颤抖手精炼均衡的正式定义。由于原始的概念式定义不具有可操作性，我们直接把泽尔滕 1975 年那篇论文的证明结果即充要条件，作为颤抖手精炼均衡的定义：

定义 3.4 在 n 人策略型表示的博弈 $G = \{S_1, \cdots, S_n; u_1, \cdots, u_n\}$ 中，我们说纳什均衡 $(p_1, \cdots, p_n)$ 构成一个颤抖手精炼均衡，如果对于每一个局中人 i，均存在一个严格混合策略序列 $\{p_i^m\}$，满足下列条件：

（1）对于每个 i，$\lim_{m \to \infty} p_i^m = p_i$；

（2）对于每个 i 和每个 $m = 1, 2, \cdots$，p_i 是对策略组合 $p_{-i}^m = (p_1^m, \cdots, p_{i-1}^m, p_{i+1}^m, \cdots, p_n^m)$ 的最优反应，即 $p_i \in \arg \max u_i(\cdot, p_{-i}^m)$。

定义中的 $p_i \in \arg \max u_i(\cdot, p_{-i}^m)$ 是比较学术化的写法，它说的是：p_i 是使得目

标函数 $u_i(\cdot, p_{-i}^m)$ 达到最大的一个自变量。其中，目标函数表述中的小圆点，表示这个自变量的位置，max 表示最大，arg 表示自变量。大家知道，集合关系符号 $\in$ 表示前者是后者（作为一个集合）的一个元素，从而定义中的 $p_i \in \arg\max u_i(\cdot, p_{-i}^m)$，表示 p_i 是使得目标函数 $u_i(\cdot, p_{-i}^m)$ 达到最大的自变量之一。

需要强调的是，上述定义中的 p_i^m 必须是严格混合策略，即选择每个纯策略的概率都严格为正。条件（1）意味着，尽管每个局中人 i 都有可能犯错误，但错误收敛于 0。为更好地理解这个条件，我们可以打一个比方：假设你是一个新学投篮的人，由于出手时手不够稳定（即可理解为颤抖），你不大可能一下子就把球投入篮筐，但如果你投的次数足够多，练得稳当了，手法熟练了，最终你总能把球投入篮内。

条件（2）意味着，每个局中人所选择的策略 p_i，不仅在其他人不犯错误时是最优的（即符合纳什均衡的条件），而且在其他人错误地选择了 $p_{-i}^m(\neq p_{-i})$ 时是最优的。仍以投篮为例，假定纳什均衡是每个局中人都把球投入篮内，条件（2）意味着，一个局中人不能因为其他局中人可能投不进篮就故意把球投偏。

最后我们指出，颤抖手精炼均衡定义中的条件（2），也可以改写如下：对于每个 i，均存在非负整数 M_i，使得当 $m \geq M_i$ 时，p_i 是对策略组合 $p_{-i}^m = (p_1^m, \cdots, p_{i-1}^m, p_{i+1}^m, \cdots, p_n^m)$ 的最优反应，即 $p_i \in \arg\max u_i(\cdot, p_{-i}^m)$，$\forall m \geq M_i$。这是因为从数学分析中我们知道，去掉序列的有限项，不影响序列的极限性态。事实上，序列中任何确定的有限项，一定位于序列"开始的部分"，而除了序列求和之类的整体数量计算以外，关于序列性质的讨论，总是关于序列极限性态的讨论。

下面，我们通过一个例子加深对颤抖手精炼纳什均衡的定义的把握。

例 3.4　考虑每个局中人各有三个纯策略可供选择的如下二人策略型博弈，A 有上、中、下三个策略，B 有左、中、右三个策略。各种策略对阵的得益如图表 3-30 中的数字所示。

运用相对优势策略下划线法可以知道，这个博弈有三个纳什均衡：左上方（上，左）得（4，12）的均衡，右上方（上，右）得（2，12）的均衡，以及右下方（下，右）得（2，13）的均衡。

B

		左	中	右
A	上	**12** / **4**	10 / **3**	**12** / **2**
	中	**12** / 0	11 / 2	11 / 1
	下	12 / 3	8 / 1	**13** / **2**

图表 3-30

现在我们证明：左上方（上，左）得（4，12）的均衡，是颤抖手精炼纳什均衡。

首先，我们对图表 3-30 的博弈采用混合策略的概率表达：如图表 3-31 所示，设 A

选择上策略的概率是 q，选择中策略的概率是 r，那么他选择下策略的概率是 $1-q-r$；设 B 选择左策略的概率是 s，选择中策略的概率是 t，那么他选择右策略的概率是 $1-s-t$。

	B 左 s	B 中 t	B 右 $1-s-t$
上 q	**12** / **4**	10 / 3	**12** / **2**
A 中 r	**12** / 0	11 / 2	11 / 1
下 $1-q-r$	12 / 3	8 / 1	**13** / **2**

图表 3－31

采用混合策略表达，左上方（上，左）得（4，12）这个纳什均衡是 $(p_A,\ p_B)$，其中 $p_A=(q,\ r,\ 1-q-r)=(1,\ 0,\ 0)$，$p_B=(s,\ t,\ 1-s-t)=(1,\ 0,\ 0)$。要说明 $(p_A,\ p_B)$ 是一个颤抖手精炼纳什均衡，我们按照 $p_A^m=(1-2/m,\ 1/m,\ 1/m)$（$m=2$，$3$，$\cdots$）构造 $\{p_A^m\}$，按照 $p_B^m=(1-2/m,\ 1/m,\ 1/m)$（$m=2$，$3$，$\cdots$）构造 $\{p_B^m\}$。很明显，$\{p_A^m\}$ 收敛到 p_A，$\{p_B^m\}$ 收敛到 p_B，即条件（1）成立。下面考察对于每一个 $m=2$，3，$\cdots$，p_A 是不是对策略组合 $p_B^m=(1-2/m,\ 1/m,\ 1/m)$ 的最优反应。

面对 $p_B^m=(s,\ t,\ 1-s-t)=(1-2/m,\ 1/m,\ 1/m)$，局中人 A 的期望支付是

$$
\begin{aligned}
EU_A &= q[4(m-2)+3+2]/m + r[0(m-2)+2+1]/m \\
&\quad + (1-q-r)[3(m-2)+1+2]/m \\
&= \{q[4m-8+3+2]+3r+(1-q-r)[3m-6+1+2]\}/m \\
&= \{q[4m-3]+3r+(1-q-r)[3m-3]\}/m \\
&= \{4qm-3q+3r+3m-3qm-3rm-3+3q+3r\}/m \\
&= \{qm-3r(m-2)+(3m-3)\}/m
\end{aligned}
$$

可见，策略组合 $p_A=(q,\ r,\ 1-q-r)=(1,\ 0,\ 0)$ 的确是局中人 A 对局中人 B 的策略组合 $p_B^m=(1-2/m,\ 1/m,\ 1/m)$ 的最优反应。

同样可知，策略组合 $p_B=(s,\ t,\ 1-s-t)=(1,\ 0,\ 0)$ 是局中人 B 对局中人 A 的策略组合 $p_A^m=(1-2/m,\ 1/m,\ 1/m)$ 的最优反应。可见，条件（2）也成立。

至此我们知道，$(p_A,\ p_B)$ 这个纳什均衡，其中 $p_A=(q,\ r,\ 1-q-r)=(1,\ 0,\ 0)$，$p_B=(s,\ t,\ 1-s-t)=(1,\ 0,\ 0)$，是颤抖手精炼纳什均衡，也就是说，图表 3－30 博弈中左上方（上，左）得（4，12）这个纳什均衡，是颤抖手精炼纳什均衡。

记得条件（2）写的是："对于每个 i 和每个 $m=1$，2，$\cdots$，p_i 是对策略组合 $p_{-i}^m=(p_1^m,\ \cdots,\ p_{i-1}^m,\ p_{i+1}^m,\ \cdots,\ p_n^m)$ 的最优反应"，上面我们做的却是验证对于每个 $m=2$，3，$\cdots$，p_A 是对策略组合 $p_B^m=(1-2/m,\ 1/m,\ 1/m)$ 的最优反应，p_B 是对策略组合

$p_A^m=(1-2/m,1/m,1/m)$ 的最优反应。读者务必弄清楚 $m=2,3,\cdots$ 和 $m=1,2,\cdots$ 之间的关系，p_A、p_B 和 p_i 之间的关系，以及 $p_B^m=(1-2/m,1/m,1/m)$、$p_A^m=(1-2/m,1/m,1/m)$ 和 $p_{-i}^m=(p_1^m,\cdots,p_{i-1}^m,p_{i+1}^m,\cdots,p_n^m)$ 之间的关系。

基础较好的读者可能会觉得上面的例子太简单，我们会在本章习题里提供改编自范丹墨 1987 年的一篇论文[①]的一个难度较大的习题。

另外，泽尔滕 1975 年的一篇论文还证明了一个与纳什定理平行的定理：每个有限同时博弈均至少存在一个颤抖手精炼纳什均衡。有兴趣的读者可参阅泽尔滕的相关文章。

最后需要说明的是，按照上面的定义，为了论证 $(p_1,\cdots,p_n)$ 构成一个颤抖手精炼纳什均衡，我们只需要给每个局中人找到一个满足条件（1）和（2）的严格混合策略序列即可，而不需要证明，对任意满足条件（1）的严格混合策略序列 $\{p^m\}$，p_i 都是局中人 i 在给定其他局中人的策略组合 p_{-i}^m 条件下的最优反应。但是如果后者也成立，则我们称这个颤抖手精炼均衡是强颤抖手精炼均衡（truly trembling hand perfect equilibrium）。需要注意的是，此时条件（2）不能像前面讨论颤抖手精炼纳什均衡那样进行改写。强颤抖手精炼均衡的条件要比颤抖手精炼均衡本身强得多，有些博弈虽然存在颤抖手精炼纳什均衡，但却不存在强颤抖手精炼纳什均衡。

◀ 习　题 ▶

1. 试用反应函数法（反应函数曲线交叉的几何方法）求解囚徒困境博弈的纳什均衡。

2. 试用反应函数法求解公明博弈的纳什均衡。

3. 如果你解析几何学得很好，可以尝试使用反应函数法求解第二章第四节图表 2-12 的博弈的纳什均衡。

4. 证明图表 3-1 的博弈没有纯策略纳什均衡。

这道题目本质上是一道思考题。该博弈一共有四个纯策略组合，你只要说明在每个纯策略组合中，都有至少一个局中人有激励偏离，就大功告成。

5. 试用反应函数法寻找图表 3-1 的博弈的纳什均衡。

6. 试用箭头指向法说明图表 3-1 的扑克牌对色游戏不存在纯策略纳什均衡。

7. 试用反应函数法寻找图表 3-32 的博弈的纳什均衡。

	乙 红	乙 黑
甲 红	1 3	0 0
甲 黑	0 0	4 1

图表 3-32

① Van Damme, E., 1987, *Stability and Perfection of Nash Equilibria*, Berlin: Springer-Verlag.

8. 试用代数的方法（求导的方法）验证上题的混合策略纳什均衡。

9. 能否用代数（求导）的方法寻找囚徒困境博弈的纳什均衡？试说明理由。

10. 试比较寻找混合策略纳什均衡的反应函数法以及代数（求导）的方法。它们各有什么优劣？

11. 试讨论图表 3-25 博弈的两个纯策略纳什均衡的风险优势关系。

12. 我们在上一章介绍了纳什均衡作为博弈的"最后归宿"的演示，当时每一步只允许一个局中人单独改变策略选择。试在允许局中人共谋改变策略选择的条件下，分析图表 2-21 博弈的两个纯策略纳什均衡中，哪个更能体现博弈的最后归宿。

13. 说明强均衡一定是纳什均衡。

14. 在本章讨论过的博弈中，哪些博弈有强均衡的纯策略组合？

15. 试用反应函数法找出下述博弈的所有纳什均衡（见图表 3-33），其中 α 是小的正数。这个博弈有多少个纳什均衡？它满足奇数定理的结论吗？

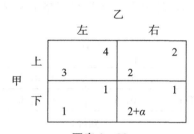

图表 3-33

16. 试用反应函数法找出下述博弈的所有纳什均衡（见图表 3-34），其中 α 和 β 都是小的正数。这个博弈有多少个纳什均衡？它满足奇数定理的结论吗？

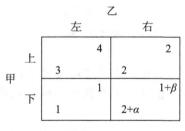

图表 3-34

17. 在上面两题的基础上，请读者自行构造一个不满足奇数定理的结论的 2×2 有限同时博弈。

** 18. 仿照正文高维情形反应函数法的讨论，尝试在 2×3 或者 3×2 这种最低限度的高维情形中，构造同时决策博弈纳什均衡数目是奇数的例子。

19. 试找出下述博弈的所有纯策略纳什均衡（见图表 3-35）。从帕累托标准的角度看，哪个纳什均衡更具有帕累托优势？

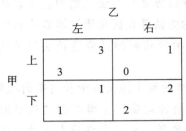

图表 3-35

20. 运用衡量风险优势的偏离损失比较法，判断在上题的博弈中，哪个纳什均衡更具有风险优势。

21. 试构造一个聚点均衡的博弈例子（故事）。

22. 请找出下述三人博弈的所有纯策略纳什均衡，并指出哪些是抗共谋均衡。其中，局中人 A 选择行策略 U 或者 D，局中人 B 选择列策略 L 或者 R，局中人 C 选择矩阵 1 或者矩阵 2（见图表 3-36）。

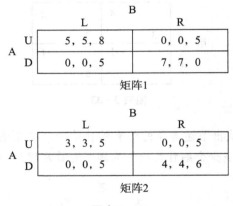

图表 3-36

为了找出抗共谋纳什均衡，实际上要做的，是把会出现不散伙的共谋偏离的纳什均衡一个一个排除，剩下的那些不会出现不散伙的共谋偏离的纳什均衡，就是抗共谋纳什均衡。

在正文中我们用实线箭头标记不散伙的共谋偏离，用虚线箭头标记会散伙的共谋偏离。在做如本题这种练习的时候，读者可以采用这种箭头标记的方法，来排除那些会出现不散伙的共谋偏离的纳什均衡。利用图示法这样做，可以节省许多写字的时间，关键是从哪里共谋、偏离到哪里要画得非常清楚。

23. 二人有限同时博弈需要考虑抗共谋均衡的问题吗？试说明理由。

24. 试设计一种机制，解决情侣博弈中存在两个纳什均衡的"不确定"问题。（提示：可考虑相关均衡的思想。）

25. 在颤抖手均衡的定义中，p_i 是向量还是标量（数量）？p_i^m 是向量还是标量？

26. 试证明：图表 3-30 右下方得（2，13）的策略组合（下，右），不是颤抖手精炼纳什均衡。

27. 确定第五章图表 5 - 28 的博弈的纯策略纳什均衡，并且讨论它们是否为颤抖手精炼纳什均衡。

** 28. 考虑如下的一个三人博弈：局中人 1 选择行，他的纯策略集为 $S_1 = \{U, D\}$；局中人 2 选择列，他的纯策略集为 $S_2 = \{L, R\}$；而局中人 3 选择矩阵，他的纯策略集为 $S_3 = \{B_1, B_2\}$（见图表 3 - 37）。

B_1

	L	R
U	1, 1, 1	1, 0, 1
D	1, 1, 1	0, 0, 1

B_2

	L	R
U	1, 1, 0	0, 0, 0
D	0, 1, 0	1, 0, 0

图表 3 - 37

显然，(D, L, B_1) 和 (U, L, B_1) 都是纯策略纳什均衡。证明：(D, L, B_1) 不是这个策略型博弈的颤抖手精炼纳什均衡。

29. 试按照我们在本章第五节开始的介绍，找出一篇哈萨尼教授和泽尔滕教授合写的谈到帕累托优势的文章。

30. 试按照我们在本章第五节有关部分的介绍，把范丹墨教授和维布尔教授的那篇谈到帕累托标准和风险标准的关系的文章找出来。

31. 我们在正文中提到，泽尔滕 1975 年的一篇论文证明了每个有限同时博弈至少存在一个颤抖手精炼纳什均衡。请把这篇文章找出来。

32. 欧瑞秋对我们的猜想设计的反例。

设 2×4 同时博弈的支付矩阵如图表 3 - 38 所示。

		B			
		p_{21} a_{21}	p_{22} a_{22}	p_{23} a_{23}	p_{24} a_{24}
A	p_{11}　a_{11}	4 16	3 10	2 14	1 12
	p_{12}　a_{12}	5 9	6 15	7 11	8 13

图表 3 - 38

试说明以下策略组合都是这个博弈的纳什均衡：

(1) ((1, 0), (1, 0, 0, 0));

(2) ((0, 1), (0, 0, 0, 1));

(3) ((1/2, 1/2), (5/12, 7/12, 0, 0));

(4) ((1/2, 1/2), (0, 3/8, 5/8, 0));

(5) ((1/2, 1/2), (0, 0, 1/4, 3/4));

(6) ((1/2, 1/2), (0, 0, 1/4, 3/4));

(7) ((1/2, 1/2), (1/8, 0, 0, 7/8));

(8) $\left((1/2, 1/2), \left(\dfrac{5-8t}{12}, \dfrac{7-4t}{12}, t, 0\right)\right)$, $0<t<5/8$;

(9) $\left((1/2, 1/2), \left(\dfrac{5-4t}{12}, \dfrac{7-8t}{12}, 0, t\right)\right)$, $0<t<7/8$;

(10) $\left((1/2, 1/2), \left(\dfrac{1-4t}{8}, 0, t, \dfrac{7-4t}{8}\right)\right)$, $0<t<1/4$;

(11) $\left((1/2, 1/2), \left(0, \dfrac{3-4t}{8}, \dfrac{5-4t}{8}, t\right)\right)$, $0<t<3/4$;

(12) $\left((1/2, 1/2), \left(\dfrac{5-8t-4s}{12}, \dfrac{7-4t-8s}{12}, t, s\right)\right)$, $t, s>0$, $2t+s<5/4$, $t+2s<7/4$。

第四章

序贯决策博弈

在前面两章我们比较详细地讨论了同时决策博弈，在这类博弈中，局中人同时选择他们各自的策略，每一个局中人在做出策略选择的时候，都不知道对手的策略选择是什么。但是，我们在现实生活中还会碰到局中人的决策有先有后的情形，后决策的参与人知道先决策的参与人已经做出的决策。这种决策有先后的博弈，被称为**序贯决策博弈**（sequential-move games），或者被简称为**序贯博弈**（sequential games）。本章将集中讨论序贯决策博弈。

我们首先通过一些具体的例子引入序贯决策博弈的定义及其常用的表述形式——博弈树，或者说博弈的展开型表示。然后我们对策略和行动这两个基本概念进行比较，说明两者之间的区别与联系。在此基础上，我们进一步介绍序贯决策博弈情形下寻找纳什均衡的箭头指向法，并区分"均衡"与"结果"这两个不同的概念。接下来，我们讨论求解有限序贯博弈结果的一般方法——倒推法，并简述先动优势与后动优势。最后我们讨论倒推法在求解实际博弈问题时遇到的困难。

第一节　序贯决策博弈与博弈树

序贯决策博弈是局中人先后采取策略或行动的一类博弈，后行动或决策的局中人可以观察到先行动的局中人已经采取的策略或行动。要想玩好这类博弈游戏，局中人必须有一定的策略互动思维，每个局中人都必须考虑：如果我采取这个行动，我的对手会怎样回应？我现在采取的这个行动，将如何影响我以及对手在未来的行动选择？也就是说，局中人需要根据他们对未来各种可能结果的权衡，决定当前的行动选择或者策略选择。

我们可以在商界和政界看到许多序贯博弈的例子。力保垄断的进入障碍博弈就是其中一个经典的事例。垄断企业可以获取高额利润，这是大家都知道的事情。所谓垄断，就是一个行业中只有一个企业，对相关产品有需求的人们别无选择，只能购买这个企业的产品。如果有新的企业想进来分一杯羹，那么因为利益驱动，原有的垄断企业通常都要极力制造障碍和发出威胁。所以，原有垄断企业对潜在进入企业的反抗，是博弈论的重要论题。

设想一个垄断企业因为它的产品一直可以卖高价，因而每年能赚取 10 亿元的利润。假定另一企业为了进入这个垄断行业需要 4 亿元的投资。当另一企业准备进入的时候，原有企业必须决策：一是"容忍"新企业的进入，具体表现为它收缩产量以维持高价，这样它的利润降为比方说 5 亿元。这时，可以设想对方的利润也将是 5 亿元，但要减去 4 亿元进入投资，实得 1 亿元。二是原有垄断企业展开商战即"抵抗"，就是加大产量，降低价格，力图把进入者挤出去，这时原有垄断企业的利润降到 2 亿元，即使对方也得 2 亿元，也难以抵补所投资的 4 亿元，结果进入企业亏损 2 亿元。

这里要注意，即使对方不进入，原有垄断企业也可以采取降价威胁的策略。这时候它的利润下降为 4 亿元。我们设想，保护垄断地位之战是因为有人想要打破垄断而发生的，所以我们可以自然地把潜在进入者放在先行动的位置，原有垄断企业随后行动。这样就形成了一个序贯博弈。"原有垄断企业"和"潜在进入者"读起来比较拗口，我们约定以后在这类力保垄断的进入障碍博弈中，就把"原有垄断企业"简称为"垄断者"，把"潜在进入企业"简称为"进入者"。

在垄断者与进入者不同的行动组合下，博弈会产生不同的结果。具体来说，在这个例子中有四个可能的结果：（1）进入者进入，垄断者容忍；（2）进入者进入，垄断者抵抗；（3）进入者不进入，垄断者容忍；（4）进入者不进入，垄断者抵抗。作为局中人，垄断者和进入者各自将如何选择自己的策略或者行动呢？

对于序贯博弈的问题，博弈论中通常采取我们在第一章曾经详细介绍过的博弈树的表述方法。现在我们再复习一下。

被表述为博弈树的博弈，通常也被称为展开型表示的博弈。博弈树描述了所有局中人可以采取的所有可能的行动以及博弈的所有可能的结果。具体来说，博弈树由**节点**（node）以及**棱**（edge）组成，节点又分为**决策节点**（decision node）和**末端节点**（terminal node）。仅仅出于画图习惯和方便，博弈树通常是从左往右延伸或者从上往下延伸。但是实际上视乎讨论问题的方便，博弈树可以向任意方向伸展：从下往上，从右往左，甚或从中心向四周延伸。博弈树只是博弈的一种形象的表述方式，其突出的优点是便于描述序贯决策博弈的动态过程，局中人的决策即策略选择都在博弈树的决策节点上做出。

博弈树以棱把节点连接起来。决策节点是局中人做出决策的地方，每一个决策节点都与一个在该决策节点上进行决策的局中人相对应。每棵博弈树都有一个**初始决策节点**（initial decision node），初始决策节点也被叫作博弈树的**根**（root），它是博弈开始的地方。末端节点是博弈结束的地方，一个末端节点就是博弈的一个可能的**结果**（outcome）。每一个末端节点都与一个**支付向量**（payoff vector，或者说得益向量）相对应，这个向量按分量次序排列博弈的所有参与人在这个结果下的博弈所得。具体来说，支付向量以分量的形式给出当博弈沿着导向这个结果的棱"进行到底"的时候，每个局中人能够获得的支付或得益。博弈的参与人的数目，就是支付向量的维数。参与博弈的局中人越多，局中人可以进行的策略选择越多，博弈树的末端节点也就越多。

在本书中我们约定，用圆点表示博弈树的决策节点，用小方块或者小菱形表示博弈树的末端节点（即结果）。有时候，我们还用比较大的圆点标记博弈树的根，即博弈的初始决策节点。

博弈树的（有向）棱，或者通俗地说成博弈树的"枝"，总是从某个决策节点出发的，一条棱表示在这个决策节点相应的博弈参与人可以采取的一个行动。每一条棱都是从一个决策节点出发，导向另一个决策节点或末端节点。如果导向决策节点，这个新的决策节点通常是另一个博弈参与人做出决策的地方。

博弈树必须说明在每一个节点上相应的局中人能够采取的所有可能的选择。因此，一些博弈树可能包含"不做任何决策"的决策节点。每一个决策节点都有至少一条棱从它那里出发往后延伸，这里没有最大延伸数量的限制。需要注意的是，对于不是根的每个节点，只能有来自其他节点的唯一的棱指向它这个节点，这个"其他节点"当然是决策节点。

前面说过，博弈树通常从左往右延伸，或者从上往下延伸，但是也可以从下往上、从右往左甚或从中心向四周延伸。在绘制博弈树的时候，必须清楚地说明博弈进行的时序。为此我们规定，如果博弈树从左往右延伸，那么同一铅垂位置的所有决策节点都必须是同一个博弈参与人的决策节点，这个铅垂位置被叫作博弈的一个**决策时点**（timing of decision）；如果博弈树从上往下延伸，那么同一水平位置的所有决策节点都必须是同一个博弈参与人的决策节点，这个水平位置被叫作博弈的一个决策时点。对于博弈树从下往上、从右往左甚或从中心向四周延伸的情况，请读者自行类比做出关于决策时点的说明。

为了用博弈树描述力保垄断的进入障碍博弈，我们需要考虑构成这个博弈的基本要素。两个局中人分别是"垄断者"和"进入者"。在博弈进行的过程中，进入者首先采取行动，他在"进入"与"不进入"这两个行动之间进行决策。垄断者在进入者之后进行决策，垄断者需要决定对进入者的行为是采取"容忍"策略还是"抵抗"策略。因此，描述这个博弈的博弈树有三个决策节点：一个是进入者揭开博弈序幕的决策节点，另外两个是垄断者回应的决策节点，其中每个决策节点对应进入者的一种可能的策略选择。在进入者和垄断者的每一个决策节点上，都有两条棱从那里出发向后延伸开去，分别表示进入者或者垄断者在该决策节点处所做的策略选择。这样，博弈树最终产生四个末端节点，每个末端节点后面的向量，都具体给出每个局中人的博弈支付。现在是二人博弈，支付向量是二维向量。

图表4-1具体给出了进入障碍博弈的博弈树表述。我们在初始决策节点a处标上进入者，表示进入者在该处进行决策。类似地，我们在决策节点b和决策节点c处都标上垄断者，表示垄断者在该处进行决策。我们在每条棱上都标上一个行动，如在a处标上"进入"或者"不进入"，在b和c处标上"容忍"或者"抵抗"。在末端节点处我们标示

出进入者和垄断者的支付，向量的第一个分量表示先行动的进入者的支付，第二个分量表示后行动的垄断者的支付。

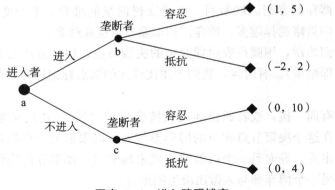

图表 4 - 1　进入障碍博弈

二人序贯博弈，原则上只有甲、乙、甲、乙、甲、乙……这样的决策次序，但是在三人以上的多人序贯博弈情形下，比如在四人序贯博弈情形下，决策次序就未必总是甲、乙、丙、丁、甲、乙、丙、丁、甲、乙、丙、丁……这样很"规矩"、很自然的次序。事实上，这时候可以有甲、乙、甲、丙、乙、丙、甲、乙、丁、丙、乙、甲……这样"古怪"的没有规律可循的决策次序。对于类似这样的情况如果不做明确规定，可能会在书写支付向量（分量次序）的时候带来混淆。为此，在本本中我们约定，在序贯博弈各结果相应的支付向量中，采用每个参与人头一次决策行动的先后次序，即表示最先首次决策的参与人的支付的分量写在最前面，首次行动排第二的参与人的支付则是支付向量的第二个分量，首次行动排第三的参与人的支付则是支付向量的第三个分量，依此类推，首次决策排在最后的参与人的支付，总是支付向量的最后一个分量。举例来说，假如一个三人序贯博弈的决策次序是"张三—李四—张三—王五—李四—张三—王五—李四—张三"，那么作为博弈结果的各末端节点旁边的支付向量，采取（张三的支付，李四的支付，王五的支付）的形式。为叙述方便，我们把这个约定叫作**首次行动顺序原则**（principle of first-move sequence）。在前面"张三—李四—张三—王五—李四—张三—王五—李四—张三"这个例子中，一共有三个参与人，张三的首次行动最早，李四的首次行动居次，王五的首次行动居第三，所以支付向量采取（张三的支付，李四的支付，王五的支付）的形式。图表 4 - 1 的进入障碍博弈的支付向量的表示，就采用这样的约定。必须说明，首次行动顺序原则是本本的约定，有些书并不采用这样的约定。读那样的书，需要分配一点精力来辨析支付向量的分量次序。

在前述二人序贯博弈例子的基础上，我们可以类比地得到表达 n 人序贯博弈的博弈树的下述主要特征：对于表达有 n 个局中人 P_1，P_2，…，P_n 参与的一个序贯博弈的博弈树，（1）在树的每一个非末端节点上都只有一个局中人进行决策；（2）在树的每一个末端节点上都指派了一个 n 维的支付向量 $p(v)=(p_1(v)$，$p_2(v)$，…，$p_n(v))$，这里 v 是这个末端节点的相应的策略表达，而 1，2，…，n 是博弈参与人首次决策的自然顺序。

因为在博弈树的每一个非末端节点上都只有一个局中人进行决策，所以我们习惯说这个局中人**拥有**这个决策节点。如果博弈树是从左往右展开的，我们建议按照图形从左往右的自然尺度次序体现局中人决策的先后。同样，如果博弈树是从上往下展开的，则按照图形从上往下的自然尺度次序体现局中人决策的先后，余者依此类推。

关于博弈树，我们需要注意下述几点：首先，末端节点并不为任何一个局中人所单独拥有，末端节点（后面或者旁边的括号）按照一定次序给出所有局中人在这个结果的博弈所得，我们约定采用首次行动顺序原则给出这个次序。

但是需要说明，博弈树并不要求每个局中人均必须在至少一个非末端节点上进行决策。换句话说，在一个多人序贯博弈中，可能会出现某些局中人并不在任何一个非末端节点上进行决策的情形。这些局中人因为没有行动的机会，实际上并不参与博弈，虽然我们仍然把他们称为博弈的局中人或者参与人。这些局中人实际上是别人的博弈后果的承受者。在这个时候，支付向量分量如何排列，需要另外专门说明。

最后我们注意，博弈树允许从一个非末端节点只伸延出一条棱的情况，在这种情况下，这个非末端节点就是一个实际上不做决策的决策节点。

博弈树描述了博弈参与人的一个序贯决策过程，这个过程从博弈树的根（初始决策节点）开始，并在末端节点结束。拥有初始决策节点的局中人首先做出决策，即他选择从这个决策节点出发的一条棱，从而揭开博弈的序幕，并把决策过程引导到另一个决策节点上。如果这个决策节点不是末端节点，那么接着就轮到拥有这个决策节点的局中人去选择代表他的行动选择的棱，走向下一个节点。这样就又回到刚才的情况，即如果刚刚走到的这个节点不是末端节点，拥有它的局中人将按顺序进行下一条棱的选择。序贯决策过程就这样一直持续下去，直到末端节点为止。

第二节　策略与行动

在前面讨论同时决策博弈时我们说过，策略就是参与博弈的各个局中人在进行决策时可以选择的方法或者做法，包括经济活动的水平、量值等。然而，即便是这么基本的一个概念，也值得我们深入学习和说明。首先，与策略相联系的一个概念是行动。所谓一个行动，实际上说的是某个局中人在博弈的某个时点上的一个行动选择。如果一个博弈仅仅是它的参与人的一次性同时行动选择，那么每个局中人参与这个博弈的策略就是他能够采取的行动。所以，我们在前面两章讨论同时决策博弈时，并没有区分策略与行动：策略就是行动，行动就是策略。但是，在序贯决策博弈中，策略与行动是有区别的。

在序贯决策博弈中，行动是指每一个决策节点上局中人的决策变量或行动的具体选择。当一个博弈按照局中人决策的先后次序进行时，后行动的局中人可以对其他局中人先前采取的行动以及他自己先前采取的行动做出回应。因此，我们可以设想每一个可能在别人行动后行动的局中人，均应该盘算一个完整的行动计划。例如，可以制订如下模式的行动计划："如果对手或者其他人采取行动 A，则我将采取行动 X，但如果对手或者其他人采取行动 B，则我将采取行动 Y。"类似这样的多半更复杂的一个完整的行动计划，就构成局中人在博弈中的一个策略。

　　迪克西特和斯克丝在《策略博弈》一书中指出①，有一个简单的办法可以帮助你检查自己制定的策略是否完整，那就是：写下自己在每一种可能出现的对局情形下的行动选择，把它们交给你的律师或者朋友，然后你自己出去度假，而由你的律师或者朋友根据你给他的锦囊妙计，代替你去玩他面临的这个博弈游戏。如果在博弈进行的过程中，你的朋友能够在每一种预计可能出现的对局情形下都知道采取什么行动，无须打电话征询你的意见，不用打扰你度假，那么你的这个锦囊妙计作为你的策略就是完整的。《策略博弈》写得非常生动形象，在语言生动形象的背后，是对概念的准确理解和把握。

　　根据上面提到的关于策略的概念，博弈的局中人的一个策略，应当能够"指示"这个局中人自己或者他的代理人在博弈的每一种可能出现的对局情况下应当选择怎样的行动。在序贯决策博弈中，我们把局中人的一个**纯策略**定义为一个决策规则，它能够告诉这个局中人在每一个可能遇到的决策节点上应当采取的行动。显然，如果每个局中人只行动或者决策一次，那么描述第一个行动的局中人所有可能的纯策略，是一件相对而言非常容易的事情。但是，要描述后行动的局中人所有可以采取的纯策略，或者描述行动决策次数多于一次的局中人所有可以采取的纯策略，就会比较复杂，因为对于这样一个局中人而言，他的每一个纯策略都必须能够识别先行动的其他局中人已经选择的行动，并给出一个完整的行动集合，告诉这个局中人怎样因应其他局中人先前可能采取的各种行动而采取相应的应对方案。

　　现在让我们回到上面讨论的进入障碍博弈的例子。从图表4-1中我们可以看出，在每一个决策节点上，每个局中人都有两个可能的行动。但是，我们从这棵博弈树却不能马上看出两个局中人的策略，而需要做一些基本的分析。首先，"进入者"只有一个决策节点，它有两个纯策略可以选择："进入"和"不进入"。但是，要描述"垄断者"的纯策略就不是那么简单了。事实上，在博弈进行的过程中，虽然垄断者只决策一次，但它拥有的两个决策节点，都是博弈可能到达的决策节点。因此，垄断者的纯策略集，必须包括它在这两个决策节点上的行动计划。给定进入者在轮到垄断者决策之前可能采取的每一个行动，垄断者的每一个策略都必须说明它在每一个决策节点上所应采取的一个行动。因此，对于垄断者来讲，它有四个可能的纯策略：一是不管你怎样，我总"容忍"；二是不管你怎样，我总"抵抗"；三是你进入我"抵抗"，你不进入我"容忍"；四是你进入我"容忍"，你不进入我"抵抗"。这里"容忍"和"抵抗"打引号是强调它们具有我们在前面说明过的意思。垄断者的这四个纯策略，还可以简单描述为四个行动集，每一个行动集都说明垄断者在它拥有的两个决策节点上相应的行动。现在，博弈从最左端的决策节点开始，往右依次进行。这样，垄断者的上述全部四个纯策略是〈容忍，容忍〉、〈抵抗，抵抗〉、〈抵抗，容忍〉、〈容忍，抵抗〉，其中每个花括号中的第一项表示垄断者在上面的决策节点 b（即进入者选择进入时）要选择的行动，第二项表示垄断者在下面的决策节点 c（即进入者选择不进入时）要选择的行动。

　　假如我们把垄断者想象为垄断企业的老板，然后想象他选定一个上述策略作为指令

① Dixit，A. and S. Skeath，1999，*Games of Strategy*，New York：W. W. Norton & Company.

交给他的行政助理或者律师去执行。这样，他的行政助理或者律师就明白在每一种可能出现的情形下该如何行动。我们在前面曾经说过，一个策略必须是一个完整的行动计划，使得你可以把它交给另外一个人，让他知道如何代表你去执行这个策略。本例子所体现的，就是这种思想。

〔抵抗，容忍〕这么简单的行动集，作为垄断者的一个策略，已经足够完整，因为这是每个局中人只行动一次而且每次行动只有两个选择的二人博弈。但是，如果在博弈进行的过程中，局中人要多次决策，或者局中人要在一次决策的多个决策节点上做出行动选择，或者参与博弈的局中人的数目在三个或三个以上，要描述清楚局中人的纯策略就会变得比较复杂。不过，分析局中人的纯策略的基本思想和方法，还是相同的。我们在本章的末尾，会为读者提供相关的练习。

记住，一个策略就是一个完整的行动计划。

第三节　序贯博弈的纳什均衡

纳什均衡概念本身在序贯决策博弈中实际上与在同时决策博弈中并无二致。一个策略组合之所以成为纳什均衡，最本质的要求，仍然是每个局中人的策略都是针对其他局中人的策略或策略组合的最佳策略选择，仍然是没有局中人愿意单独偏离的策略组合。读者应当还记得，我们在前面介绍同时博弈寻找纳什均衡的方法时，都是首先用矩阵型博弈或者说策略型博弈的形式，把博弈描述清楚，然后通过劣势策略逐次消去法、相对优势策略下划线法、箭头指向法或者反应函数法，找出博弈的纳什均衡。但是，从本章第二节的分析中我们知道，在序贯博弈中，要把一个局中人的策略表达清楚，并不像在同时决策博弈情形下那么容易。下面我们首先把同时决策的情侣博弈改变为序贯决策的博弈，然后向读者介绍寻求序贯博弈的纳什均衡的方法。

我们首先把男女双方同时决策的情侣博弈改换成如下用博弈树形式表述的序贯博弈（见图表 4 - 2）。

在这个动态博弈中，决策是男先女后。男方的策略仍然是两个：选择足球，还是选

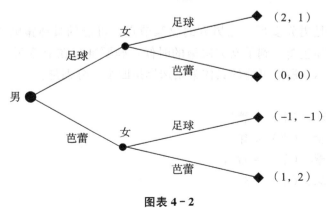

图表 4 - 2

择芭蕾。女方现在是在知道男方的决策以后才采取行动，所以要把这个"信息"因素考虑进来。这样，女方的策略一共有四个：

一是追随策略：他选择什么，我就选择什么；
二是对抗策略：他选择什么，我就偏不选什么；
三是芭蕾策略：无论他选什么，我都选我喜欢的芭蕾；
四是足球策略：无论他选什么，我都选他喜欢的足球。

采用我们刚刚介绍过的表达局中人策略的简洁方式，女方的四个可能的策略选择可以表达为：｛足球，芭蕾｝、｛芭蕾，足球｝、｛芭蕾，芭蕾｝和｛足球，足球｝。花括号中的两个行动，头一个是在树的上面一枝的女方决策节点的策略选择，后一个是在树的下面一枝的女方决策节点的策略选择。这样，｛足球，芭蕾｝表示在男方选择足球的时候女方也选择足球，在男方选择芭蕾的时候女方也选择芭蕾，可不就是追随策略吗？其他三个同样正好表示对抗策略、芭蕾策略和足球策略。

为了区分上下枝同样名称的策略选择，有时候我们把这些策略选择分别称为"（上）足球"策略、"（上）芭蕾"策略、"（下）足球"策略和"（下）芭蕾"策略，得到如图表4-3所示的树型表示。

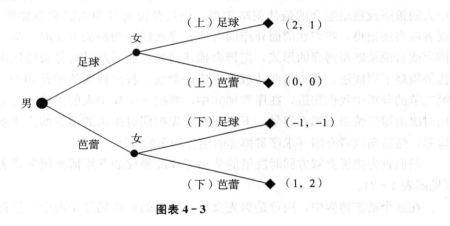

图表 4-3

现在，决策还是男先女后。在男方的决策节点，可能的具体策略选择仍然是两个：选择足球，或者选择芭蕾。到了女方决策的时候，她要准备在上下两个不同的决策节点都给出策略选择指示，所以可能的具体策略选择是四个，分别是：

｛（上）足球，（下）芭蕾｝，
｛（上）芭蕾，（下）足球｝，
｛（上）芭蕾，（下）芭蕾｝，
｛（上）足球，（下）足球｝。

这里，花括号中的头一个指令，是在女方的上枝决策节点给女方的指令，后一个是在女方的下枝决策节点给女方的指令。

二四得八，两人合起来一共是 8 个可能的策略组合，或者说 8 个可能的结果或对局。按照博弈论讨论的标准思路，以后的问题是：这些可能的策略组合或对局中，哪些是纳什均衡？

一共 8 个可能的策略组合是：

（{足球}，{（上）足球，（下）芭蕾}），
（{足球}，{（上）芭蕾，（下）足球}），
（{足球}，{（上）芭蕾，（下）芭蕾}），
（{足球}，{（上）足球，（下）足球}），
（{芭蕾}，{（上）足球，（下）芭蕾}），
（{芭蕾}，{（上）芭蕾，（下）足球}），
（{芭蕾}，{（上）芭蕾，（下）芭蕾}），
（{芭蕾}，{（上）足球，（下）足球}）。

这里，圆括号中的第一个元素是男方的策略选择，比较简单，第二个元素是女方的策略选择，花括号中的前项给出了对上枝决策节点的指令，后项给出了对下枝决策节点的指令。

在上述表示中，注意圆括号表示全体参与人的一个策略组合，每个花括号表示一个参与人的一个策略选择。如果不会引起混淆，有时候也可以写得简单一些。例如，男方先行的情侣博弈的上述全部 8 个策略组合，可以把那许多（上）和（下）省掉，甚至可以把男方策略的花括号省掉。下面的图表 4-4 就是这样，这里注意图中策略组合的排列次序与上面所写的不同，但是只要所有策略组合都完整地画出来了，就可以展开讨论。

现在，我们首先介绍序贯博弈教学中方便的策略组合的**粗线表示法**（thick line representation）。

在中山大学岭南学院的教学表明，如果我们在博弈树中把局中人的具体策略选择特别用粗线标示出来，对学生进行均衡分析将非常有利。这样，上述全部 8 个可能的策略组合，即八个可能的对局，可以表示为图表 4-4，其中如图表 4-3 中那样的小方块或者小菱形省去，并不影响讨论：这里介绍的策略组合或者对局的粗线表示法，具有很好的视觉优势。在实际做练习的时候，如果因为粗细不容易区分觉得粗线表示的优势不明显，也可以用波浪线来代替粗线。

接着，我们介绍用箭头标示偏离来排除不稳定的策略组合从而得到纳什均衡的方法，它也给序贯博弈的教学带来了很大的方便。例子还是上述男方先行的序贯情侣博弈，具体做法如图表 4-5 所示。

首先，左上角的（足球，{足球，足球}）对局是纳什均衡。因为在这个对局形势之下，男方如果单独改变策略选择，他的所得将由 2 降为 -1，所以男方没有单独改变策略选择的激励。同样，女方也没有单独改变策略选择的激励，事实上女方改变（下）足球

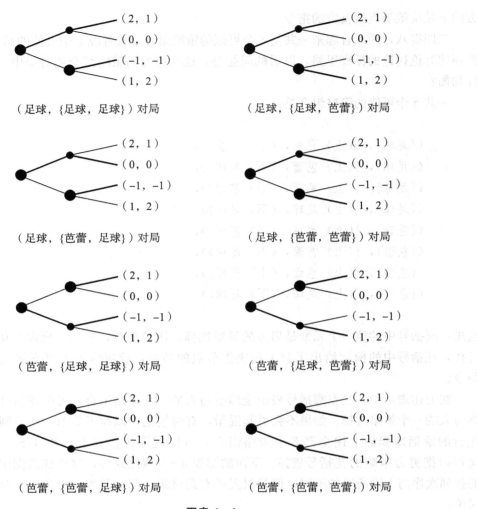

（足球，{足球，足球}）对局　　　（足球，{足球，芭蕾}）对局

（足球，{芭蕾，足球}）对局　　　（足球，{芭蕾，芭蕾}）对局

（芭蕾，{足球，足球}）对局　　　（芭蕾，{足球，芭蕾}）对局

（芭蕾，{芭蕾，足球}）对局　　　（芭蕾，{芭蕾，芭蕾}）对局

图表 4 - 4

策略是没有用的，而如果改变（上）足球策略，她的博弈所得将由 1 降为 0。其次，右上角的（足球，{足球，芭蕾}）对局也是纳什均衡。因为若男方单独改变，所得将从 2 降为 1，若女方单独改变，所得要么不变，要么从 1 降为 0，可见他们都没有单独改变策略选择的激励。

同样可知，右下角的（芭蕾，{芭蕾，芭蕾}）对局也是纳什均衡，因为若男方单独改变，所得将从 1 降为 0，若女方单独改变，要么不影响所得，要么使所得从 2 降为 -1。所以，处于这样的对局形势时，双方都没有单独改变策略选择的激励。

其余 5 个对局，都不是纳什均衡。例如在左下角的（芭蕾，{芭蕾，足球}）对局中，女方如果单独改变原来的（下）足球策略而选择（下）芭蕾策略，她的博弈所得可以从 -1 增加到 2，所以女方有单独改变策略选择的激励，从而这个策略组合不是纳什均衡。大家也知道在这个对局当中，男方也有动机单独改变策略选择，使得自己的得益从 -1 变成 0。

如前所述，用文字叙述哪些策略组合是纳什均衡、哪些策略组合不是纳什均衡很费

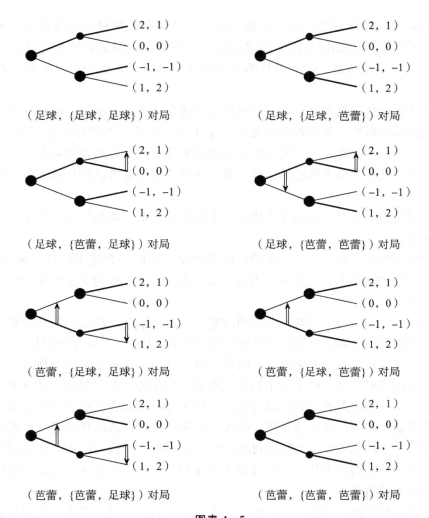

（足球，{足球，足球}）对局 　　　（足球，{足球，芭蕾}）对局

（足球，{芭蕾，足球}）对局 　　　（足球，{芭蕾，芭蕾}）对局

（芭蕾，{足球，足球}）对局 　　　（芭蕾，{足球，芭蕾}）对局

（芭蕾，{芭蕾，足球}）对局 　　　（芭蕾，{芭蕾，芭蕾}）对局

图表 4 - 5

笔墨。因为是首次接触，我们在这里不厌其烦地写了四个策略组合的完整讨论，另外四个实在不想再花费教材宝贵的篇幅了。所以为了讨论方便，我和我的学生约定，在用粗线表示策略选择的博弈对局中，用箭头标示那些存在单独改变激励的选择。这样，学生做作业就方便多了，只需要用箭头具体标示那些存在单独改变激励的选择，而不需要写那么多拗口的文字；教师批改作业也方便多了，只需观察学生用箭头标示的选择是否真的具有单独偏离的激励，而不需要费神审读描述偏离激励的冗长文字。

　　这里要注意，在博弈的一个对局中，只要有一个局中人的一个策略选择具有单独偏离的激励，这个对局就不是纳什均衡。在我们用箭头标示出所有那些存在单独改变激励的选择以后，在标示正确的前提下，凡是有箭头的博弈对局，就都不是纳什均衡，而不管有几个箭头；完全没有箭头的对局，就是纳什均衡的博弈对局。我们把这种作业法称为纳什均衡的**箭头指向法**（method of arrow-pointing）。

　　采用箭头指向法来确定纳什均衡，教学效率明显提高。例如，在上面的八个对局中，五个有箭头，从而这些对局都不是纳什均衡，另外三个没有箭头，所以是纳什均衡。如果没有对作业做出这种约定，而是需要详细写出文字把八种对局都讲清楚，那是件多么费劲的事情！如果费劲但是能够增进学问，还算值得，但是把所有对局是否为纳什均衡的理由用文字写清楚，除了消耗精力和增加疲劳以外，对于增进学问实在没有多大作用。

在五个非均衡的对局当中，有三个对局包含两个箭头，表示相应的对局中有两个选择都有单独偏离的激励。如果教师只是要求学生正确论证这些策略组合不是纳什均衡，那么两个箭头中只要画出一个，就已经是正确的解答；但是如果教师要考查学生是否能够辨认出所有存在单独偏离激励的选择，那么就要看学生是否已经用箭头标示出所有这样的选择。

在上述讨论的基础上，我们强调说明一下博弈论中的"均衡"与"结果"这两个重要概念的关系。

细心的读者也许已经注意到，在前面的分析中，我们一直使用纳什均衡的"对局"或者纳什均衡的"策略组合"这样的表述。这样做的目的，是为了把均衡与结果这两个概念区分开来。

在博弈论中，均衡与结果是两个不同的概念。简单来讲，均衡是策略的组合，而结果则是行动的组合。例如，在情侣序贯博弈的例子中，其中一个纳什均衡是（足球，｛足球，芭蕾｝），这显然是一个策略组合，因为它给每个局中人规定了在各种可能发生的情况下应当采取的应对行动，对于每个局中人来讲，它都是一个完整的行动方案。具体来说，这个策略组合给男方规定的行动方案是选择足球，给女方规定的行动方案即策略则是：如果男方选择足球，就选择足球；如果男方选择芭蕾，就选择芭蕾。这就是追随策略。按照这样一个均衡策略组合所得到的博弈结果将是（足球，足球），也就是说，按照这个纳什均衡，博弈的结果是男女双方都去看足球。这里，（足球，足球）是行动的组合，而不是策略的组合。

对于这个博弈来说，（足球，｛足球，足球｝）是另外一个纳什均衡，但是按照这个不同的纳什均衡的策略组合所得到的博弈结果也是上面得到的（足球，足球）。可见，不同的纳什均衡可以导致相同的博弈结果。

通过情侣博弈这个简单例子，读者应当能够区分清楚"均衡"与"结果"这两个不同的基本概念。这里需要说明，在我们前面讨论简单的同时决策博弈的时候，由于策略选择等同于行动选择，所以那时候说"均衡"与说"结果"没有多少不同。

至于符号方面，虽然表示策略组合用圆括号，表示结果也用圆括号，但是表示策略组合的圆括号中的各项是策略，理应用花括号括住，而表示结果的圆括号中的各项是行动，不该用花括号括住。

再看一个例子：考虑如图表 4-6 所示的序贯博弈，博弈的两个参与人是 A 和 B。A 先行动，他有 U 和 D 两个策略选择。在 A 做出选择以后，轮到 B 行动，他在上决策节点有 U′ 和 D′ 这样两个策略选择，在下决策节点有 U″ 和 D″ 这样两个策略选择。图表 4-6 也给出了各种策略组合下博弈的支付。

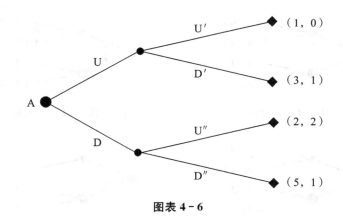

图表 4-6

和序贯情侣博弈一样，这个序贯博弈也有 8 个策略组合，它们是：

(U, {U′, U″}),
(U, {U′, D″}),
(U, {D′, U″}),
(U, {D′, D″}),
(D, {U′, U″}),
(D, {U′, D″}),
(D, {D′, U″}),
(D, {D′, D″})。

从图表 4-7 中我们知道，在这所有 8 个策略组合中，有 2 个策略组合是纳什均衡，它们是 (U, {D′, U″}) 对局和 (D, {U′, U″}) 对局。在前面那个纳什均衡中，A 得到 3，B 得到 1；在后面那个纳什均衡中，A 得到 2，B 也得到 2。其余 6 个策略组合都不是纳什均衡。

在作答的时候，我们允许学生以 (U, {U′, * }) 的写法同时表示 (U, {U′, U″}) 和 (U, {U′, D″})，以 (D, {D′, * }) 的写法同时表示 (D, {D′, U″}) 和 (D, {D′, D″})，其中星号表示在相应位置的**所有**策略选择。这种表示方法，可以被称作策略组合的**星号简示方法**（star-marking representation）。具体来说，在这种相应位置都只有两个选择的时候，说 (D, {D′, * }) 不是纳什均衡，指的是无论星号位置的策略选择是两个选择 U′ 和 D′ 当中的哪一个，它代表的两个策略组合 (D, {D′, U″}) 和 (D, {D′, D″}) 都不是纳什均衡。

同样，假如在一个博弈中说 (S, {T′, * }) 是纳什均衡，指的是无论星号位置的策略选择是什么，它代表的所有形如 (S, {T′, W })、(S, {T′, X }) 直至 (S, {T′, Z }) 的策略组合，都是纳什均衡，这里，W，X，…，Z 是相应的博弈参与人在星号位置的所有选择。读到这里，读者应该意识到，星号位置有 W，X，…，Z 那么多策略选择，对应于博弈树上这样的事实：从星号位置的决策节点出发，有 W，X，…，Z 那么多条棱，沿着博弈进行的方向伸延下去。

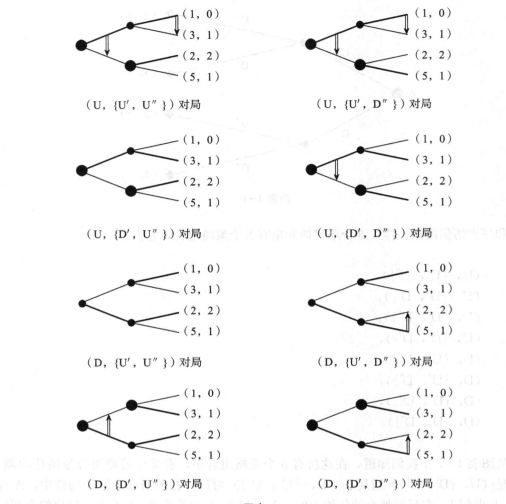

图表 4 - 7

　　如果为了答案紧凑而不想画出箭头排除的图，那么按照上述符号约定，图表 4 - 6 的序贯博弈的两个纳什均衡是（U,｛D′, U″｝）对局和（D,｛U′, U″｝）对局。这个博弈非纳什均衡的对局则可以罗列为：（U,｛U′, ＊｝）₂,（U,｛D′, D′｝）,（D,｛U′, D′｝）和（D,｛D′, ＊｝）₂,一共 6 个,其中圆括号右下方的数字 2 表示这样记录的策略组合有 2 个。

　　如果你觉得上面这样写还不够明确,则可以采取下述使用斜杠的表述形式,斜杠表示"或者"或"择一"。这种方法,可以被称作序贯博弈策略组合的**斜杠表示法**（method of backslash representation）。以上述图表 4 - 7 的博弈为例,具体写法是这样的：这个博弈的所有策略组合是（｛U/D｝,｛U′/D′, U″/D′｝）₈, U/D、U′/D′和 U″/D′均表示有 2 个选择；按照排列组合原理可知一共有 8（＝2³）个策略组合；其中纳什均衡是（U,｛D′, U″｝）和（D,｛U′, U″｝）；而（U,｛U′, ＊｝）₂,（U,｛D′, D′｝）,（D,｛U′, D′｝）和（D,｛D′, ＊｝）₂不是纳什均衡,一看就知道非纳什均衡的策略组合一共有 6 个。

　　（U,｛U′, ＊｝）₂详细罗列出来是（U,｛U′, U″/D′｝）₂,而（D,｛D′, ＊｝）₂详细罗列出来是（D,｛D′, U″/D′｝）₂,也比较节省地方。所以我们鼓励学生采取斜杠表示法。如果学生判断不致引起混淆而使用星号表示法，则一定要像我们一直做的那样，在表示策略组合的圆括号下标的位置，说明星号表示的策略组合具体有多少个。例子中的两个下标"2"，每个都表示相应的策略组合有 2 个。

有些著作还采用策略选择的下述**节点表示法**（node representation）。大家知道，从决策节点出发向后走下去的每一条棱，都代表一个策略选择。迄今为止，我们用"芭蕾"这样的具体文字或者"U"这样的大写字母，标示一个策略选择。但是在几何上，博弈树的每条棱，由作为它的端点的两个节点完全确定。据此，有些作者就写出作为棱的端点的两个节点，来标示这条棱代表的选择。具体来说，我们用小写字母标示节点，于是连写棱的两个端点，就指明了这条棱，从而指明了它所代表的选择。

现在，让我们看图表 4-8 这样一个稍许复杂一些的序贯博弈。其实说复杂并不太复杂，比较新鲜的是：它的博弈树不对称。

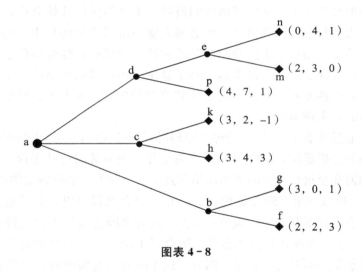

图表 4-8

这个博弈的节点已经用小写字母标示好，虽然这些字母的次序看起来不那么规矩。博弈的参与人数目是 3，按照从左到右的次序他们每人决策一次。读到这里，你会发现博弈的参与人是谁已经不重要，要紧的是树和各末端节点相应的支付。

按照上面介绍的策略选择的节点表示法，这个博弈的全部策略组合是：

$$(\{ab/ac/ad\}, \{ch/ck, dp/de\}, \{bf/bg, em/en\})$$

从这个表示我们马上知道，策略组合的总数是 $3 \times (2 \times 2) \times (2 \times 2) = 48$。

请读者辨别这全部 48 个策略组合中，哪些是纳什均衡。

第四节　倒推法

人们进行博弈分析的最终目的，是想知道博弈的最后结果或者最可能的结果。在同时决策博弈中，由于策略与行动等价，所以均衡与结果是等价的，我们可以通过先前介绍的求解纳什均衡的各种方法，找出博弈的最终结果或者最可能的结果。但是，在序贯博弈中，由于均衡与结果是两个不同的概念，所以上面介绍的求解纳什均衡的箭头指向法，并不适用于求解序贯博弈的结果。事实上，人们一般使用**倒推法**（rollback method 或者 backwards induction）来寻求序贯博弈的结果，它是分析序贯决策博弈的一种有效方法。

顾名思义，倒推法就是从序贯决策博弈的末端节点开始分析，沿着博弈树逐步倒推回前一个阶段相应局中人的行为选择，一直到初始决策节点为止这样一种分析方法。倒推法的逻辑基础是这样的：先行动的局中人在前面阶段选择行动时，必然会考虑随后行动的局中人在后面阶段将如何选择行动，只有在博弈的最后一个阶段进行决策的局中人，因为不再有后续阶段的牵制，才能直接做出明确的选择。而当后面阶段的局中人的行动选择确定以后，前一阶段局中人的行动选择也就容易确定了。

倒推法的一般步骤如下：从序贯博弈的最后一个决策阶段开始分析，每一次确定出所分析阶段局中人的行动选择和路径，然后确定前一阶段决策的局中人的行动选择和路径。倒推到某个阶段，则这个阶段及随后阶段的博弈结果就已经可以确定下来，该阶段的决策节点就可以等同于一个末端节点。到了这个时候，我们甚至可以用不再包括该阶段以及随后所有阶段博弈的等价博弈树来代替原来的博弈，这棵等价的博弈树在这里已经只是一个（新的）末端节点。

现在，我们通过图表4-1展示的进入障碍博弈的博弈树，具体说明倒推法的步骤。

按照倒推法的分析思路，我们第一步应该是分析垄断者的行动选择。如果进入者选择进入市场，则博弈会进行到垄断者的决策节点b上，垄断者选择容忍的得益是5，选择抵抗的得益是2，所以如果垄断者是理性的，它一定会选择容忍；如果进入者选择不进入市场，则博弈会走到垄断者的决策节点c上，此时垄断者选择容忍的得益是10，选择抵抗的得益是4，于是垄断者会选择容忍。综合以上两点，一旦博弈进行到垄断者决策的阶段，结果必然是垄断者选择容忍。因此，这个两阶段的博弈就可以简化为图表4-9中的等价博弈。

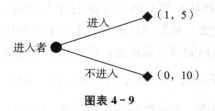

图表 4-9

图表4-9展示的博弈，已经是进入者的一个单人"博弈"了。分析这个博弈很简单，只需将进入者选择进入时得到的支付与选择不进入时得到的支付进行比较即可。由于1大于0，所以进入者一定会选择进入。博弈的最终结果，是潜在的进入者选择进入，原有的垄断者选择容忍。

为加深读者对倒推法的理解，我们以图表4-2所表示的序贯情侣博弈为例，再演示一次。我们首先分析女方的决策选择。如果男方在前一阶段选择"足球"，则博弈向上枝延伸，此时女方选择足球的得益是1，选择芭蕾的得益是0，所以女方会选择足球；同理可知，如果男方在前一阶段选择芭蕾，则博弈向下枝延伸，此时女方选择足球的得益是－1，选择芭蕾的得益是 2，所以女方会选择芭蕾。

在这样分析序贯博弈时，可以在从每个决策节点出发的代表最优行动的博弈枝上打个箭头，而没有打上箭头的博弈枝就可以从博弈树中砍掉，通常用一个叉号表示砍的做法。从图表 4 - 10 所表示的序贯情侣博弈树中我们可以看出，从决策节点 b 派生出的上端博弈枝应当标上箭头，而下端博弈枝则应当打上叉号；从决策节点 c 派生出的上端博弈枝应当打上叉号，而下端博弈枝则应当标上箭头。自然，局中人不会采取被打上叉号的行动。因此，任何需要经由打上叉号的博弈枝才能到达的末端节点都不是博弈的可能结果，我们都可以把这些末端节点排除。这样，图表 4 - 10 可进一步简化为图表 4 - 11 的单人决策博弈树。

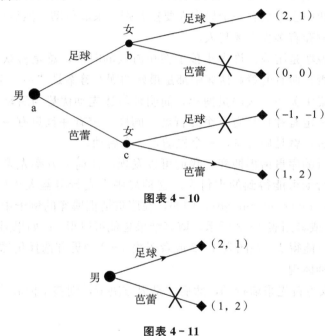

图表 4 - 10

图表 4 - 11

在这个单人博弈中，男方只有一个决策节点，他选择足球的得益是 2，选择芭蕾的得益是 1，因此，如果男方是理性的，他必然选择足球。所以，我们在上端的博弈枝上标上箭头，在下端的博弈枝上打上叉号。这个序贯博弈的最终结果，是男方选择足球，女方也选择足球，即（足球，足球）。男方由此获得的支付是 2，女方由此获得的支付是 1。

根据上述分析我们知道，倒推法事实上就是把多阶段序贯博弈分解为一次一次的单人博弈，通过对一系列单人博弈的分析，确定每个局中人在各自决策节点上的选择，最终对序贯博弈的结果，包括博弈的路径和各个局中人的博弈得益做出判断。通过归纳各个局中人各阶段的选择，我们就可以找出各个局中人在整个序贯博弈中的策略。

特别需要注意的是，由于通过倒推法确定的各个局中人在各阶段的选择，都建立在后续阶段各个局中人理性选择的基础上，因而很自然地就排除了包含不可置信威胁或承诺的可能性，因此它得到的结论比较可靠，并且由此确定下来的各个局中人的策略组合，具有较好的稳定性。事实上，倒推法是序贯博弈中使用得最普遍的方法，它对于分析完全并且完美信息的序贯博弈非常有用。关于什么叫作"完美信息"，我们以后会详细说明。可以告诉读者的是，本书迄今讨论过的博弈，都是完美信息博弈。同样，什么是威胁和承诺，什么是威胁或者承诺的可信性，都放到以后再讲。

第五节　先动优势与后动优势

序贯博弈有一个重要的特征，那就是总有一个局中人率先采取行动。很自然地，有先必有后，序贯博弈中也总是有一个局中人要接着别人采取行动。然后可能还有第三个、第四个……这要看博弈有多少个参与人。

博弈的另一个说法是游戏。许多小孩子在玩游戏的时候，总是喜欢先行一步。这种先行的"策略"是否在所有的策略博弈中都是最好的呢？答案是"不一定"。

在这一节我们集中关注二人序贯博弈，简明地叙述先动优势与后动优势的思想。对于二人序贯博弈，一定有并且只有一个先行者，同样一定有并且只有一个后行者。两个参与人，不是先行者，就是后行者，一个先动，一个后动。

对于前面分析过的序贯情侣博弈，我们可以发现，任何一方率先采取行动可能得到的支付，都比他后行动可能得到的支付大。这种局中人先行得益大于后行得益的情况，叫作**先动优势**（first-move advantage）。例如，在序贯情侣博弈的例子中，如果男方率先行动，如图表 4-2 或者图表 4-3 所示，博弈结果是他可以得 2；如果男方后行动，如图表 4-12 所示，他只能得 1。在图表 4-2 或者图表 4-3 中男方选择足球的行动，就是他实现先动优势的一种体现。

如果反过来，女方首先采取行动，然后才是男方决策，则整个博弈将变成图表 4-12 的形式。

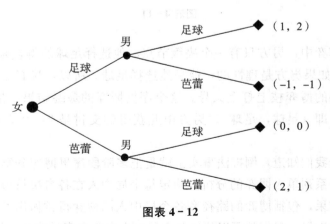

图表 4-12

运用倒推法我们容易知道，图表 4-12 中的博弈的结果，是女方和男方都选择芭蕾。这个均衡结果给女方带来了她在这个博弈中所能得到的最大支付 2，而不是男方先行时她只能得到的次优的支付 1。正如当男方先行时可以使自己获得较大支付一样，女方在这个新博弈中也能使自己获得较大的支付。

对序贯情侣博弈的先动优势演示清楚地说明，男方先行的序贯情侣博弈和女方先行的序贯情侣博弈，不是一样的序贯博弈。

大家知道，情侣博弈可以用来描述友好企业或者产品有互补性的企业之间的关系。在这种情况下，偶尔像真正的情侣那样谦让一下也有好处。但是在许多情况下，会体现先动优势：虽然双方都得到好处，但是先决策先行动的一方得益多一些。比方说两人还没商量，丽娟就打电话对大海说：我已经买了票，周末一起去看芭蕾好吗？他们是恋人，自然经得起这类偏好迁就的小事。既然丽娟已经开口说了，大海还会驳她的面子吗？如果你觉得没商量就先买了票太过分，那么可以把情况改为丽娟打电话向大海建议一起去看芭蕾，得到附议才去买票。同样我们可以设想，大海接到丽娟的电话，应该不会驳她的面子。

我国自古就有"先下手为强"的说法。的确，大量例子说明，常常是先动手先决策的一方会占一些便宜，但是并没有一个命题或者定理论定，先行动的一方总是能够获得更多的好处。事实上，存在一些序贯博弈，其中某些局中人后行动的得益比他们先行动的得益大。这种后行动的得益比先行动的得益大的情况叫作**后动优势**（second-move advantage）。作为最简单的例子，想象你跟你的一位朋友用一把小刀瓜分一块巧克力蛋糕，而且你们都是想多吃一点的理性人。这时候，你们两个人当然都不愿意让对方既切蛋糕，同时又决定蛋糕的分配，即决定谁得到哪一块蛋糕。因此，你们多半会同意，让你们当中的一个人负责切蛋糕，另外一个人负责蛋糕的分配，其实是让这另外一个人挑选已经被切成两块的蛋糕中的一块。在这个博弈中，切蛋糕的一方先行动，负责分配蛋糕的一方后行动。显然，负责蛋糕分配的一方在这个博弈中具有优势，他可以仔细地观察切蛋糕一方的行动后果，即切得怎么样，然后决定自己应当挑选哪块蛋糕。因为是理性人，他当然会挑选比较大的一块。这么说来，如果把整个蛋糕叫作 1，后行动的一方至少可以得到 0.5，而先行动的一方顶多可以得到 0.5。虽然先行动的一方为了自己的利益努力把蛋糕切得平均些，但是正如我们在介绍颤抖手精炼纳什均衡的概念时所说过的，人是会犯错误的，哪怕他非常想切得平均些，以便自己不吃亏，他还是可能切得一边大一些一边小一些。这时候，后行动的一方的所得将大于 0.5，而先行动的一方的所得将小于 0.5。

我们还可以举出许多其他例子来说明后动优势。例如，有两个生产同质产品并进行价格竞争的企业。如果你事先知道竞争对手的定价，则你可以将所出售商品的价格再稍稍降低一点，从而将大量消费者从竞争对手那里吸引过来。这样，后行动的一方就能够得到好处。

接下去，与前面的分析不同，我们从正规型也即矩阵型博弈出发，来演示先动优势和后动优势，即从原来同时决策的博弈出发演示当它们成为序贯博弈的时候的先动优势和后动优势。不少读者觉得，这样的处理可以使他们对先动优势和后动优势有更加"深刻"的体会。

我们忽略博弈的具体故事背景，而只把博弈矩阵表格画出来。这就足够我们开展分析了。首先看图表 4－13 的博弈。运用相对优势策略下划线法我们知道，这个博弈有左上得（4，12）的纳什均衡（上，左）和右上得（2，12）的纳什均衡（上，右）。

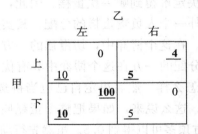

	乙		
	左	中	右
甲　上	**12** / **4**	10 / 3	**12** / **2**
甲　下	**12** / 3	10 / 2	11 / 1

图表 4－13

　　这个博弈如果变成序贯博弈，甲是有后动优势的：如果甲让乙先行动，乙为了自己的利益，应该先把对于他而言最差的中策略（严格劣势策略）和较差的右策略（弱劣势策略）消去，这时甲可以很有把握地到达左上角得（4，12）的纳什均衡，得益为 4。相反，如果甲先行动，他应该把比较差的下策略（弱劣势策略）消去，可是这样一来，乙就会在得益同为 12 的左右两个策略中随便选择一个，要是乙不关心甲的得益，甲就可能只得 2，而不是 4。可见，后手决策，是甲的利益所在。

　　再看图表 4－14 的博弈。运用相对优势策略下划线法我们知道，这个博弈有左下角得（10，100）的纳什均衡（下，左）和右上角得（5，4）的纳什均衡（上，右）。

	乙	
	左	右
甲　上	0 / 10	**4** / **5**
甲　下	**100** / **10**	0 / **5**

图表 4－14

　　这个博弈如果变成序贯博弈，甲是有先动优势的：如果甲先选定下策略，他稳可得 10；否则，他只能得 5。有趣的是，正好乙有后动优势：他最好让甲先行，自己也乐得 100。如果乙老是想占据先手，为了得 100，早早先占了左策略的位置，这样一来，却把自己放在很不确定的任人施舍的位置：甲要是高兴，可以给乙 100，要是不高兴，完全可以让乙得 0。可见，对于这个原来同时决策的博弈，甲有先动优势，乙有后动优势，因此我们可以预料，受利益驱动，原来同时决策的这个博弈，容易自然演化成甲先决策乙后决策的序贯博弈。

　　两个例子有点特别的数据结构似乎启示我们，后动优势常常与风险联系在一起。是不是真的如此，可供对理论感兴趣的读者思考。不过，在可以"搭便车"的情形下，搭便车者当然可以说是占了后动优势。

　　我们在第二章讲过"剪刀、石头、布"的猜拳游戏，它也叫作"布、剪、锤"猜拳游戏。全世界的孩子都玩"布、剪、锤"猜拳游戏，布赢锤、锤赢剪、剪赢布。猜拳是必须一起出手的。也就是说，猜拳必须是同时博弈。猜拳如果允许先动后动，变成序贯博弈，那当然是后动的赢，实际上这时候已经没有什么博弈可言，因此也谈不上什么后动优势。事实上，每个小朋友都知道，在猜拳的时候试图后出手的所谓“弹弓手”现象，是违规的。允许“弹弓手”，猜拳就不成其为有意义的游戏。

写到这里，需要强调我们所说的是否具有先动优势或者后动优势，是关于博弈的参与人的情况或者特性的描述，而不是关于博弈本身的特性的描述。事实上，迄今我们讨论的，是一个博弈的参与人是否具有先动优势或者后动优势的问题，而不是博弈本身是否具有先动优势或者后动优势的问题。虽然原来男女双方地位对称的同时决策的情侣博弈，在变成序贯决策的情侣博弈的时候，都出现了先动者得益大于后动者得益的情况，但是“先动者得益大于后动者得益”并不是我们一直讨论下来的先动优势的特征。

作为例子，我们把第二章图表 2－13 中原来数据对称的情侣博弈改为如图表 4－15 所示的数据非对称的情侣博弈，重新考察博弈参与人是否具有先动优势或者后动优势。具体来说，我们保持男方原来的支付数据不动，而把女方原来的支付数据扩大到 10 倍。这一改动，自然是出于理论辨析的要求，但并不完全脱离实际。事实上，如果我们想象情侣双方女的感情更加丰富，在一起，享受得不得了，分开，却无聊得要命，就可以描述为图表 4－15 的博弈，变成数据非对称的情侣博弈。不怕跟你说，我的学生里面，就有这样的情侣。对此，我也只是观察，自知无能为力。

		丽娟	
		足球	芭蕾
大海	足球	2, 10	0, 0
	芭蕾	−1, −10	1, 20

图表 4－15　非对称情侣博弈

图表 4－15 中的这个非对称同时决策情侣博弈，如果变成序贯博弈，博弈的两个参与人仍然都具有先动优势。具体来说，男方先动得 2 后动得 1，显见先动优势；女方先动得 20 后动得 10，亦见先动优势。男方先动得 2 的序贯博弈见图表 4－16。但是，即使在男方先动实现优势的情况下，男方的得益也比女方小很多。

总而言之，这一节谈的是博弈的参与人是否具有先动优势或者后动优势，而不是博弈本身是否具有先动优势或者后动优势。有理论探讨兴趣的读者，可以从构造例子入手，尝试自行建立关于博弈本身是否具有先动优势或者后动优势的概念。但是，无论是建立博弈参与人是否具有先动优势或者后动优势的概念，还是探索建立博弈本身是否具有先动优势或者后动优势这样的概念，都要摈弃“先动者得益大于后动者得益即为先动优势”和“后动者得益大于先动者得益即为后动优势”这种完全望文生义的想当然的观念。

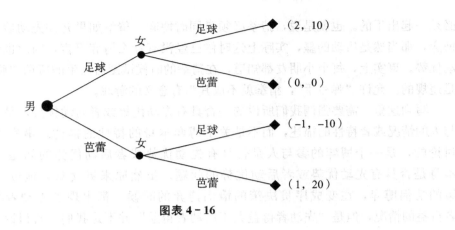

图表 4 - 16

第六节　博弈论给自己出难题

在序贯博弈的讨论中，关于按照倒推法推导出来的均衡结果是否合理的问题，一直是博弈论研究中的一个疑问。许多课堂实验和研究表明，某些博弈的实验结果与理论预测的结果相去甚远。如果实践是检验理论的标准，那么这些博弈实验以及实验结果，对于我们认识和分析序贯博弈，应该有重要的启发意义。

下面这个例子取自塞勒（Richard H. Thaler）发表在《经济学展望杂志》上的一篇文章。

教授组织学生进行这样的实验：从一个班级里挑出 A、B 两位学生，然后主持人拿出 1 美元，让 A、B 两位学生就如何分配这 1 美元进行一轮讨价还价。首先由 A 提出一个分配方案，比如"我拿 75 美分，你拿 25 美分"，如果 B 同意，则按照 A 所建议的方案在他们之间瓜分这 1 美元。如果 B 拒绝 A 的提议，则两个人都将一分钱也拿不到。

如果运用倒推法来求解这个博弈问题，则博弈的结果应该是：即使 A 提议"99 美分归我，剩下的 1 美分归你"，B 也要接受，因为尽管 A 的方案极其苛刻，但是 B 不接受将什么也得不到，接受的话还可以得到 1 美分。然而，这个理论结果在博弈实验中几乎没有出现过。根据塞勒所进行的实验，许多学生在玩这个游戏时，如果充当的角色是 A，则他们一般会提出一个比上述结果公平得多的分配方案。事实上，50 - 50 是一个很常见的提议。并且，大部分参与实验的学生在充当角色 B 时，一般都会拒绝只给他 25 美分或 25 美分以下的提议，从而使双方都拿不到钱。当然，也有个别例外的情况，有些充当角色 B 的学生甚至会拒绝给他 40 美分的提议。[1]

许多博弈论专家并没有因为这些实验结果而怀疑倒推法在分析问题方面的有效性。他们的反驳意见是："用于实验的钱是如此少，以至局中人根本没把实验当回事。局中人 B 损失 25 美分或 40 美分，根本就无关痛痒，如果不要的话，还能显示自己的绅士风度。

---

[1]　这个博弈实验的结果来自 Thaler, Richard H., 1988, "Anomalities: The ultimatum game," *Journal of Economic Perspectives*, 2（4）, fall.

反过来，如果用于实验分配的金额达到 1 000 美元，那么能分到其中的 25% 就不再是无关痛痒的了，在这种情况下，局中人 B 就会接受局中人 A 的提议。"但是，这一论据似乎缺乏说服力。许多经济学家曾用更多的钱做过同样的实验，结果也与 1 美元的情形类似。

一般来讲，参与这些实验的局中人都没有博弈论方面的知识，也没有特殊的计算和逻辑推理能力。但这个博弈又出奇地简单，几乎每个人都能看透它的逻辑推理。实验后的调查结果表明，博弈的参与人更多地是受到了所处的文化背景以及社会规范的影响，在他们的观念中，公平是非常重要的，所以绝大多数局中人 A 都会提出接近 50-50 这样的分配方案，而绝大多数局中人 B 都会拒绝任何太不公平的提议。事实上，公平分配这一论据获得了另一个被称作"独裁者博弈"的博弈的实验结果的支持：在独裁者博弈中，局中人 B 完全没有决定权，金额的分配完全由局中人 A 确定。即便如此，在大多数情况下，局中人 A 还是会分给局中人 B 相当大比例的一笔钱。当然，公平性在独裁者博弈中的重要程度，还取决于局中人所能获得的关于对方的信息以及主持博弈的主持人对博弈最终结果的影响程度。目前关于这个问题的讨论还没有收敛到大家比较一致同意的结论。

塞勒实验和独裁者博弈实验的结果与理论推导的结果之所以相差甚远，还有另外一个非常重要的原因，那就是博弈参与人对于博弈将重复进行的预期。面对 A 提出的非常不公平的方案，B 会这样想：如果这次我为了那几分钱就接受你如此苛刻的方案，下次你还是会这么做。因此，我宁愿放弃那可以到手的几分钱，让你竹篮打水一场空，下次你就不敢提出那么苛刻的方案了。下次你不再那么苛刻，那么下次我的得益就足以补偿我这次的"宁为玉碎"的拒绝。由于这个预期重复的因素，你可以说塞勒实验和独裁者博弈实验的结果，并不违背理性假设之下的推理。

我们在后面会专门探讨博弈重复的影响。现在介绍另外一个跟倒推法所推断的理论结果出入很大的博弈，那就是**蜈蚣博弈**（centipede game）。

蜈蚣博弈是这样的：有人主持 A、B 两人做博弈游戏，决策节点上写谁就轮到谁决策。一开始，A 决策。如果 A 决策结束游戏，A 得 1，B 得 0；如果 A 不结束游戏，就轮到 B 决策。这时如果 B 决策结束游戏，B 得 2，A 得 0；如果 B 不结束游戏，则又轮到 A 决策。也就是说，两人轮流决策，奖赏越来越大，**谁决策结束游戏，谁就得到全部奖赏**，而对方什么也得不到。假定 $N=9\,999$，那么如果玩到第 9 999 次 A 还不结束游戏，游戏就要强制结束，B 得到 10 000，A 得 0。这个博弈是罗森塔尔（Robert Rosenthal）教授 1981 年在《经济理论杂志》上发表的一篇论文中提出来的，之所以叫作蜈蚣博弈，是因为画出来的如图表 4-17 那样的博弈树，是像蜈蚣一样的半拉子树。

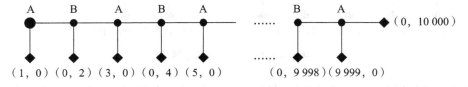

图表 4-17　蜈蚣博弈

这个博弈的结果如何呢？因为它是轮流决策的有限博弈，我们可以用倒推法来做。

在第 9 999 次，A 想：如果我不决策结束，B 就会得到全部奖赏 10 000，我什么也没有，而且以后再也没有机会了。所以，为自己的利益，A 是一定要决策结束的。可是 A 根本没有这样决策的机会，因为在此之前的第 9 998 次，B 想：如果我不决策结束，下一轮 A 一定会决策结束，他会得到 9 999，我什么也得不到。所以，为自己的利益，如果轮到 B 在第 9 998 次决策，他一定会决策结束。可是 B 也没有这样的机会，因为如果 A 能在第 9 997 次决策，A 也要马上结束，否则轮到 B 在第 9 998 次决策，他一定会决策结束，自己什么也得不到。这样一步一步倒推回去，最后的结果，就是 A 在第一次决策时马上决策结束游戏，自己得到可怜的 1，而 B 更惨，只得 0。

如果你是 A 或 B，你会一有机会就马上结束这个游戏吗？这是完全信息的动态博弈，前景可能怎样，是完全清楚的。明明是玩得越久奖赏越高，可是由于私利作怪，似乎轮到谁决策谁就要结束，所以一开始玩就要结束，牺牲了获取 10 000 的机会。也许两人可以订立协议，一直不结束，最后主持人给 B 的 10 000，由两人私下平分。可是这样一来，就不是非合作博弈了。但事实上，博弈实验的结果确实是两人私下平分。迪克西特教授就曾在他所任教的班上做过这样的实验。结果是 B 最终获得了那笔 10 000 美元的钱，然后"自愿地"分了一半给 A。迪克西特教授问 A："你们俩是不是事先串通好的？B 是你的朋友吗？"结果 A 的回答是："不是，我们此前彼此都不认识，但他现在是我的朋友了。"

这个例子说明，局中人并非不能进行博弈论方面的逻辑推理，只是他们的价值评判体系和支付的实际处理不同于博弈论专家给他们设定的那样罢了。公平性在这个博弈中扮演了重要的角色。

就这样，博弈论的理论和实验常常给自己出这样那样的难题，促使研究者对理论和方法进行反思。

在图表 4-17 的蜈蚣博弈中，只要任何局中人在有机会的时候结束游戏，他就将一个人得到全部奖赏。这是非常残酷的博弈，不妨叫作残酷的蜈蚣博弈。现在我们改变这个博弈的支付结构，使得双方都能得到奖赏，而且随着博弈的进行，总体上说对双方的奖赏都越来越高。规则是这样的：A、B 两次决策为一组，第一次若 A 决策结束，A、B 都得 n，第二次若 B 决策结束，A 得 $n-1$ 而 B 得 $n+2$；下一轮则从 A、B 都得 $n+1$ 开始。一共玩 99 次。一直不结束，则各得 100（见图表 4-18）。

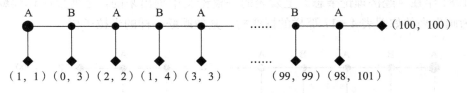

图表 4-18　另一种蜈蚣博弈

运用倒推法进行论证，我们很容易就知道，如果两人是完全理性的，也就是两个参与人每一步都斤斤计较，都极端精明，那么博弈的结果仍然是"一开始，就结束"，两人各得 1。作为练习，请读者完成这个推理。然而博弈实验的结果却是，95% 以上的参与该游戏的双方都没有抢先结束游戏，而是一直玩够 99 次，最终各得 100。

即使是二人同时决策，博弈论学者也为我们提供了理性推导与人类行为背离的如下例子：两个旅行者从一个以出产细瓷花瓶闻名的地方旅行回来，他们都买了花瓶。在提取行李的时候，他们发现花瓶被摔坏了，于是向航空公司索赔。航空公司知道花瓶的价格一般在八九十美元的价位浮动，但是不知道两个旅客买的时候的确切价格是多少。于是，航空公司请两个旅客在 100 美元以内自己写下花瓶的价格。如果两人写的一样，航空公司将认为他们讲的是真话，于是按照他们写的数额赔偿；如果两人写的不一样，航空公司就论定写的数低的旅客讲的是真话，并且原则上照这个低的价格赔偿，但是对讲真话的旅客奖励 2 美元，对讲假话的旅客罚款 2 美元。

就为了获取最大赔偿而言，本来甲、乙双方最好的策略，就是都写 100 美元，这样两人都能够获赔 100 美元。可是不，甲很聪明，他想：如果我少写 1 美元变成 99 美元，而乙写 100 美元，这样我将得到 101 美元。何乐而不为？所以他准备写 99 美元。可是乙更加聪明，他算计到甲要写 99 美元算计他，"人不犯我，我不犯人，人若犯我，我必犯人"，他准备写 98 美元。想不到甲还要更聪明一个层次，计算出乙要写 98 美元来坑他，"来而不往非礼也"，他准备写 97 美元……大家知道，下象棋的时候，不是说要多"看"几步吗，"看"得越远，胜面越大。你多看两步，我比你更强，多看三步；你多看四步，我比你更老谋深算，多看五步。在花瓶索赔的例子中，如果两个人都是"完全理性的"，都能看透十几步甚至几十步上百步，那么上面那样"精明比赛"的结果，最后将落到每个人都只写 0 美元的地步。事实上，在完全理性的假设之下，这个博弈唯一的纳什均衡是两人都写 0 美元！这也是倒推法的结果。

这就是印度德里经济学院巴苏（Kaushik Basu）教授在 1994 年美国经济学会年会上提交的论文中提出的著名的**"旅行者困境"**（travelers' dilemma），后来该论文发表在 1994 年 5 月号的《美国经济评论》上。一方面，它有启示人们在为私利考虑的时候不要太精明的价值，告诫人们精明不等于高明，太精明往往会坏事；但更加重要的却是，它对理性行为假设的适用性提出了警戒：有了这个假设，我们就可以按照这个明确的比较取舍标准来进行推理，但是推断出来的结论是否符合实际，依赖于应用理性行为假设的程度。如果你的论证像"旅行者困境"那样，假设当事人是完全理性的，能够算计到十几步甚至几十步上百步，那么你推论出来的结果，未必符合世界的现实。

大家知道，理性行为假设本来是主流经济学讨论消费者和企业这些经济主体的行为的基本假设。上面的一系列例子说明，经济学在理性行为假设之下得到的结论是否符合实际，还要进行另外的分析。在这个意义上，"旅行者困境"是所有博弈论学者甚至所有经济学者都必须面对的"困境"。由于困境说起来不好听，因此我们把它称为难题。博弈论经常给自己出难题，"旅行者困境"是又一个例子。

历史上，经济学一直从自我解答难题或者悖论中得到提高和发展。例如在商品的价格由什么决定这个根本性的问题上，善良的人们曾经设想越有用的东西应该越贵，后来思考最有用的水反而比较便宜这个难题，才明白价格并不由商品的使用价值决定；善良的人们又曾经设想越难生产出来的东西应该越贵，后来思考印坏了的错版邮票反而更贵、思考"疯狂的君子兰"泡沫可以把原来几元钱一株的君子兰哄抬到几万元一株的难题，才明白价格并不一元地由商品所包含的劳动价值决定。

的确，对于图表 4-18 中的序贯博弈，在理性行为假设下运用倒推法的论证表明，局中人都会为眼前的蝇头小利抢先结束游戏，牺牲未来获得很大的好处的机会。但事实上绝大多数的人类行为并非如此。理论结果与实验结果的反差，引导经济学家重新审视理论模型的前提假设，并达成这样的共识：经济学中的理性行为假设，或者说经济人假设，实际上是完全理性假设。"蜈蚣博弈"中上述实际上建立在完全理性假设基础上的倒推论证结果与实验结果的巨大差异，启发我们思考完全理性假设的合理性。这种思考，导致"有限理性"（bounded rationality）的理念和行为经济学（behavioral economics）的诞生。回顾本书迄今的学习，读者应该能够体会到，以往的经济人假设或者理性行为假设，的确是完全理性假设，实际上假设经济学讨论的主体，包括消费者、劳动者和企业，都是完全理性的主体。所谓有限理性，粗略地说，就是指行为不是完全理性的这么一种情况。把完全理性修改为有限理性，就是认识到经济学应该也讨论不完全理性的行为。进一步我们可以粗略地说，引入有限理性的经济学讨论，就是行为经济学的讨论。

在这个过程中，经济学实验的作用功不可没。经济学实验常常找学生做，而且许多经济学实验都是从博弈论开始的。在这个意义上，实验经济学与博弈论可以说很有不解之缘。2002 年度的诺贝尔经济学奖，部分被授予实验经济学的开创性研究者，体现了学界对经济人假设即理性行为假设的关切。

◀ 习　　题 ▶

1. 试画一个有三个局中人的序贯博弈的博弈树。

2. 试画博弈树表达一个二人序贯博弈，按照博弈进行的时间顺序，其中一个局中人决策两次，另外一个局中人决策一次。

3. 试画博弈树表达一个三人序贯博弈，按照博弈进行的时间顺序，其中一个参与人决策两次，另外一个参与人决策三次，第三个参与人只决策一次。

4. 试画一个包含不决策的决策节点的博弈树。

5. 假定有两个局中人，1 和 2，他们彼此之间进行一个序贯决策博弈。1 首先行动，然后轮到 2 进行决策，并且每个局中人都只行动一次。

（1）请用博弈树表述下面的博弈：在各自的每个决策节点上，1 有两个可能的行动：左或右，2 有三个可能的行动：上、中、下。把初始决策节点标记为"I"，把其他决策节点标记为"D"，把每个末端节点标记为"T"。请问：在这个博弈中，每种类型的节点各有多少个？

（2）请用博弈树表述下述博弈：在各自的每个决策节点上，1 和 2 都有三个可能的行动：坐、站、跳。请在博弈树上标出各种类型的节点，并说明每种类型的节点各有多少个。

（3）请用博弈树表述下述博弈：在各自的每个决策节点上，1 有四个可能的行动：东、南、西、北；2 有两个可能的行动：走或留。请在博弈树上标出各种类型的节点，并说明各种类型的节点各有多少个。

6. 假定有三个局中人，1、2 和 3，他们彼此之间进行一个序贯决策博弈。1 首先行动，然后轮到 2，之后再轮到 3，并且每个局中人都只行动一次。请用博弈树表述下面的博弈：在各自的每个决策节点上，1 有左和右两个可能的行动，2 有上、中、下三个可能的行动，3 有东、南、西、北四个可能的行动。把初始决策节点标记为"I"，把其他每个决策节点标记为"D"，把每个末端节点标记为"T"。请问：在这个博弈中，每种类型的节点各有多少个？

7. 假定有三个局中人，1、2 和 3，他们彼此之间进行一个序贯决策博弈。2 和 3 都只行动一次，但 1 需要进行两次决策。博弈的行动顺序如下：1 首先行动，然后轮到 2，之后再轮到 3，然后又轮到 1。请用博弈树表述下面的博弈：在各自的每个决策节点上，1 有左和右两个可能的行动，2 有上、中、下三个可能的行动，3 有东、南、西、北四个可能的行动。把初始决策节点标记为"I"，把其他每个决策节点标记为"D"，把每个末端节点标记为"T"。请问：在这个博弈中，每种类型的节点各有多少个？

8. 在甲、乙、丙、丁四人的序贯博弈中，假设决策次序是甲、乙、甲、丁、甲、乙、丙、乙、丙、甲、乙、丁、丙、乙、甲、……。请问：按照首次行动顺序原则，这个博弈的支付向量的分量如何排列？

9. 在下面这些序贯博弈中，每个局中人各有多少个纯策略？请用粗线表示法把所有（纯）策略组合标示出来。

注意在这些序贯博弈中，纯策略以小写字母表示，这与正文例子用过的方式不同。相信你能够从容对付这种新的情况。另外，在前面两个博弈中，不同的局中人在他们的决策节点的两个纯策略用不同的字母表示：n 和 s，t 和 b，u 和 d；但是在第三个博弈中，两个局中人在每个决策节点的两个纯策略，都以 n 和 s 表示（见图表 4-19）。

10. 请用箭头指向法找出第 9 题中所列序贯博弈的所有纳什均衡。

11. 请用倒推法找出第 9 题中所列序贯博弈的纳什均衡结果，并说明哪些纳什均衡导致这个均衡结果。

12. 考虑空中客车与波音之间为开发一种新型的喷气式客机而进行的博弈。假定波音率先开始研发，然后空中客车考虑是否开展研发与之进行竞争。如果空中客车不进行研发，则它在新型喷气式客机上只能得到 0 美元利润而波音得到 10 亿美元利润。如果空中客车决定进行研发，生产出与波音进行竞争的新型喷气式客机，则波音需要考虑是容忍空中客车的进入还是展开价格战。如果双方进行和平竞争，则每个公司将得到 3 亿美元利润。如果双方展开价格战，则每个公司将损失 1 亿美元。请用博弈树的形式表述这个博弈，并用倒推法找出这个博弈的均衡结果。

13. "在一个序贯行动博弈中，先行动的一方一定会赢。"这句话正确吗？试说明理由，并给出一个具体的博弈例子来说明你的观点。

14. 试举出生活中两个"先动优势"的例子和两个"后动优势"的例子。

15. 试具体构造一个具有"后动优势"的二人序贯博弈。

16. 有两个局中人 A 和 B，他们轮流选择一个介于 2 和 10 之间的整数（可以重复）。A 先选。随着博弈的进行，不断将两人所选的数字累加起来。当累计总和达到 100 的时候，博弈结束。这时候判所选数字恰好使累计总和达到 100 的局中人为胜者。请问：

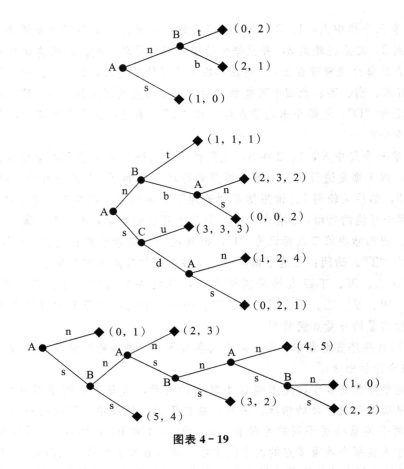

图表 4-19

(1) 谁将赢得这场博弈？

(2) 每个局中人的最优策略（完整的行动计划）是什么？

17. 有两个局中人 A 和 B，他们轮流选择一个介于 2 和 10 之间的整数（可以重复）。A 先选。随着博弈的进行，不断将两人所选的数字累加起来。当累计总和达到或者超过 100 的时候，博弈结束。这时候判所选数字首先使累计总和达到或者超过 100 的局中人为输家。请问：

(1) 谁将赢得这场博弈？

(2) 每个局中人的最优策略（完整的行动计划）是什么？

18. 把"轮流选择一个介于 2 和 10 之间的整数"改为"轮流选择一个介于 1 和 5 之间的整数"，对上面两个题目有什么影响？

19. 在介绍蜈蚣博弈的文字里提到主持人。这个主持人是不是蜈蚣博弈的参与人？

20. 假设图表 4-18 中的蜈蚣博弈最后轮到 B 决策，这时候如果他决策结束游戏，A、B 得到的支付将是（98，101）。如果把这个（98，101）改为（98，100），在完全理性假设下按照倒推法得到的博弈结果将是什么？

21. 如果把后面第五章图表 5-28 的二人同时决策博弈改为二人序贯决策博弈，请讨论局中人是否具有先动优势或者后动优势。

22. 正文中残酷的蜈蚣博弈是这样的：有人主持 A、B 两人做博弈游戏，决策节点上写谁就轮到谁决策。一开始，A 决策。如果 A 决策结束游戏，A 得 1，B 得 0；如果 A 不结束游戏，就轮到 B 决策，这时如果 B 决策结束游戏，B 得 2，A 得 0；如果 B 不结束游戏，则又轮到 A 决策。总之，两人轮流决策，奖赏越来越大，谁决策结束游戏，谁就得到全部奖赏，而对方什么也得不到。假定 $N = 100$，那么如果玩到第 99 次 A 还不结束游戏，游戏就要强制结束，B 得到 100，A 得 0。

下面，我们修改这个博弈的规则，做 3 个练习：

（1）如果 A 不结束游戏，则他每次不结束游戏可多得 0.2 作为奖励，奖励累加。请用倒推法找出每个局中人的均衡策略。

（2）博弈从 1 到 N 进行两轮，而且每轮的局中人都是 A 和 B。在第一轮，局中人的博弈所得封顶，A 的最终所得不能超过 50，而 B 则不能超过 90。第二轮如前不变，即不封顶。请用倒推法找出每个局中人的均衡策略。

（3）博弈进行两轮，每轮的局中人都是 A 和 B。在第一轮，A 的最终所得不能超过 50，而 B 则不能超过 40。第二轮如前不变，即不封顶。请用倒推法找出每个局中人的均衡策略。

23. 试说明为什么旅行者困境博弈是同时决策博弈而不是序贯决策博弈。

24. 在下面的博弈树中，博弈参与人是 A 和 B，在各决策节点可供相应的博弈参与人选择的策略为 P 和 X，Q 和 Y，以及 R 和 Z（见图表 4-20）。请用符号列举这个序贯博弈的全部策略组合，然后使用箭头指向法说明其中所有不是纳什均衡的策略组合。

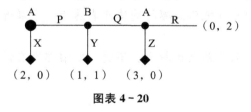

图表 4-20

25. 采取斜杠表示法，回答上题博弈的策略组合中哪些是纳什均衡，哪些不是纳什均衡。

26. 采取斜杠表示法，回答图表 4-4 情侣博弈的所有策略组合中哪些是纳什均衡，哪些不是纳什均衡。

27. 辨别图表 4-8 博弈的全部 48 个策略组合中，哪些是纳什均衡，哪些不是纳什均衡。

28. 采用箭头指向法寻找图表 4-21 中博弈的纳什均衡，其中小写字母表示节点。

29. 考虑下述两个人甲、乙玩的被称为"力争上游"的卡片游戏：桌子上，面朝下放着 3 张卡片，分别写着 1、2 和 3。甲先拿一张卡片，然后乙拿一张卡片，他们相互看不到对方卡片上写着的数字。现在，甲先行动，他可以选择是否和乙交换卡片，如果甲选择交换，乙必须和他交换；然后乙行动，他可以选择是否和桌面上剩余的那张卡片交换。这一切做完以后，手上卡片数字小的人，输给手上卡片数字大的人 1 根火柴。

试把这个游戏表达为一个序贯博弈。注意难点可能在对支付的描述上。

30. 我们在正文中提到，如果博弈树从左往右延伸，那么同一铅垂位置的所有决策

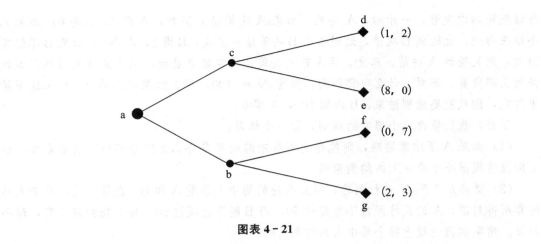

图表 4-21

节点均必须是同一个博弈参与人的决策节点，这个铅垂位置就是这个博弈参与人的一个决策时点；如果博弈树从上往下延伸，那么同一水平位置的所有决策节点均必须是同一个博弈参与人的决策节点，这个水平位置就是这个博弈参与人的一个决策时点。

请读者按照自己对决策时点概念的理解，对于博弈树从下往上、从右往左或从中心向四周延伸的情况，自行做出相应的说明。

**31. 你记得第一章习题讲过的"田忌赛马"吗？该故事说的是在一场三局二胜的赛马中，马匹略次的田忌，在孙膑的谋略策划下，赢了齐威王。

如果你做过第一章习题 3 把田忌赛马的博弈表达为一个展开型博弈的练习，试找出这个博弈的纳什均衡。

这道题难度并不大，只是篇幅比较大。不过，哪怕你没有做完这道题，想想这个博弈的纳什均衡也很值得。

第五章

同时博弈与序贯博弈

在第二章和第四章，我们分别详细讨论了纯粹的同时决策博弈和纯粹的序贯决策博弈。一方面，虽然在这些章节里，我们用不同的方法表述和求解了这两类不同的博弈，但是要注意这两类博弈之间还是有许多共同点。例如，虽然我们在前面的讨论中一直采用正规型的形式来表述同时决策博弈，用展开型即博弈树的形式来表述序贯决策博弈，但是事实上我们可以采取任何一种表述形式来表述同时决策博弈，也可以采取任何一种表述形式来表述序贯决策博弈。这就是说，两种表述之分，并非楚河汉界之分。另一方面要注意，将来我们会遇到一些博弈，它们的大局本身是序贯决策博弈，但是在许多时点又表现为同时决策博弈。由此可见，许多博弈并不截然是同时决策博弈或者截然是序贯决策博弈，而是两者兼有。

本章的第一个内容是说明如何用正规型表示和展开型表示来表述同一个博弈，试图沟通矩阵表示与树型表示之间的相互转换关系，并介绍博弈论中的两个重要概念——信息集和不完美信息。然后，我们考察包含同时决策行动和序贯决策行动的一类混合博弈，并把前面讨论的求解同时决策博弈和求解序贯决策博弈的方法扩展到这类博弈之中。

在此基础上，我们引入子博弈以及子博弈精炼纳什均衡的概念，并介绍有限序贯博弈的库恩定理（Kuhn theorem）。然后我们比较序贯博弈中通过倒推法寻找出来的均衡以及直接通过纳什均衡概念寻找出来的均衡，说明两者之间的关系。最后，我们通过斯塔克尔伯格（Stackelberg）寡头竞争模型（简称"斯塔克尔伯格模型"）和里昂惕夫劳资博弈模型（简称"里昂惕夫模型"）这两个例子，展示序贯决策博弈的实际应用。

第一节　正规型表示与展开型表示

在这一节，我们主要介绍如何将展开型（树型）表示的博弈转换成正规型或者策略型（矩阵型）表示的博弈，以及反过来如何将正规型表示的博弈转换成展开型表示的博弈。我们将以第四章中介绍过的进入障碍博弈以及第二章中讨论过的同时决策的情侣博弈作为分析的例子。使用这两个博弈作为例子的好处是，它们都是读者已经比较熟悉的容易把握的简单博弈。在尽可能简单的情况下引进新概念和新方法，有助于避免技术细节的干扰，较快地抓住新概念和新方法的实质。

我们首先简单回顾一下进入障碍博弈：垄断者可以赚取 10 亿元的利润；进入者为了进入，需要 4 亿元的投资。如果进入者进入，垄断者可以"容忍"，即收缩产量以维持高价，这样它的利润降为比方说 5 亿元，而进入者也将得 5 亿元的利润，但因为要减去 4 亿元进入投资，实得 1 亿元；或者，垄断者展开商战"抵抗"，就是加大产量，降低价格，力图把进入者挤出去，这样的话它的利润降到 2 亿元，而对方也得 2 亿元利润，但是抵不过投资的 4 亿元，结果亏损 2 亿元。这里要注意，即使进入者不进入，垄断者也可以采取降价威胁的策略，这时候它的利润同样下降为 4 亿元。考虑到保护垄断地位之战是因为有人想要打破垄断而发生的，所以我们把潜在的进入者放在先行动的位置。

进入者需要做出是否进入市场的决策，而垄断者则需要做出是否阻挠进入者进入市场的决策。这是一个序贯决策博弈，进入者首先做出决策选择，然后才轮到垄断者决策。正如我们在上一章所分析的那样，这个博弈可以表示成如图表 5-1 所示的博弈树形式。

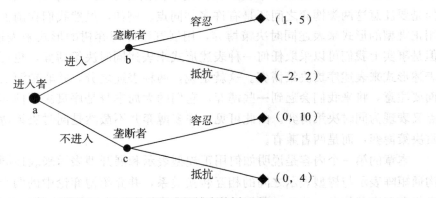

图表 5-1 进入障碍序贯博弈的树型表示

如果要用矩阵形式表述这个博弈，则需要对进入者和垄断者这两个局中人所有可能的策略组合列出一张表格。为此，我们必须识别清楚每个局中人可以采取的纯策略，以便确定表格的大小，在此基础上，我们就可以将树型表示中关于局中人支付的信息，填入矩阵表格的每个格子。

在用树型表示的进入障碍博弈中，进入者只有一个决策节点，它的策略选择为是否进入市场。在这个博弈中，如果我们把进入者看作支付矩阵表格中的行局中人，那么这个支付表格将有两行，其中一行对应于进入者的"进入"选择，另一行对应于进入者的"不进入"选择。垄断者的情况稍有不同，它有两个决策节点，在每个决策节点上各有两个行动选择："容忍"或者"抵抗"，但它的行动选择依赖于进入者之前所做的策略选择。正如我们在第四章第二节所强调的那样，策略是一个完整的行动计划。所以垄断者的策略必须规定好垄断者在属于自己的每一个决策节点上的行动。现在，垄断者有两个决策节点，在每个决策节点上有两个行动可供它选择，从而一共有四个纯策略可供它选择，可以表示为：｛容忍，容忍｝、｛抵抗，抵抗｝、｛抵抗，容忍｝、｛容忍，抵抗｝，其中每个花括号中的第一项表示垄断者在进入者选择"进入"时所选择的行动，第二项表示垄断者在进入者选择"不进入"时所选择的行动。因此，支付表格必须有四列，每一列对应四个纯策略中的一个。

图表5-2给出了进入障碍序贯博弈的策略型（矩阵型）表示。这里，我们把首先行动的局中人放在行局中人的位置，把后行动的局中人放在列局中人的位置。我们看到，进入障碍序贯博弈的矩阵型表示是一个2×4的表格，因而一共有8种可能的博弈结果，而不是像树型表示形式下那样只有4种可能的结果。之所以出现这种情况，是因为对于垄断者来说，有不止一个纯策略可以导致相同的博弈结果。现在让我们考虑一下进入者选择"进入"而垄断者选择"容忍"这个博弈结果。如果进入者选择"进入"而垄断者使用它的第一个策略｛容忍，容忍｝，即总是选择"容忍"，上述这个博弈结果就会出现。然而，如果进入者选择"进入"，而垄断者选择它的第四个策略｛容忍，抵抗｝，即进入者进入我就容忍，进入者不进入我就抵抗，同样也会出现这个博弈结果。对于在展开型博弈中给出的其他三个可能的博弈结果，同样也可以看到这样的情况。

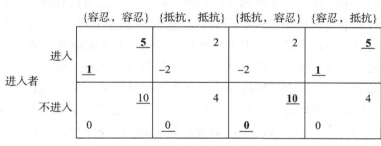

图表5-2　进入障碍序贯博弈的矩阵型表示

树型表示的序贯决策博弈，可以通过这样的方法转换成矩阵型表示的博弈，或者更一般地说，转换成正规型表示的博弈。在两个局中人的情况下，转换成矩阵型表示的具体步骤是：首先确定好可供每个局中人选择的纯策略的总数目，以便把表格的大小确定下来，然后在每个策略组合所对应的格子中，按照约定的规格填入相应的支付向量。在上述例子中，所谓约定的规格，就是支付矩阵的每个格子中，左下角的数字是行局中人的支付，右上角的数字是列局中人的支付。这里，纯策略的准确表达是一个关键的问题。

一般来说，每个局中人的决策轮数越多，则他的纯策略选择的数目就越大，从而博弈矩阵的表格也就越大。按照复杂性理论的术语，这个决策轮数越多则纯策略选择的数目就越大的关系，是一种指数式增长的关系，随着决策轮数的增加，很快就会成为天文数字，使序贯博弈的矩阵型表示，至少在纸面上变得无法把握。至于参与博弈的局中人的数目，更是博弈表述的复杂程度的重要影响因素。

我们在本章末提供了一道习题，要求读者把一个展开型表示的三人序贯博弈转换成策略型表示的博弈，以便略略体会指数式增长。

　　反过来，把一个策略型表示的同时决策博弈转换成一个展开型表示的博弈，在理解上就会比较自然，比较简单，但是为了体现仍然是同时决策，需要做一些处理，这就出现了一个新的非常重要的概念——信息集。

　　例如，我们在第二章曾详细讨论过同时决策的情侣博弈，在这个博弈中，男女双方同时选择是去看足球还是去看芭蕾。男方喜欢看足球，女方喜欢看芭蕾，但他们又是热恋中的情侣，不愿意彼此分开。图表 5-3 具体给出了这个博弈的策略型表示。

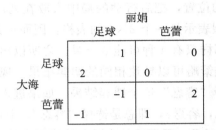

图表 5-3　同时决策情侣博弈的策略型表示

　　我们将把作为同时博弈的情侣博弈，像二人序贯博弈那样用博弈树表达出来。为了和上面从树型表示到矩阵型表示的转换协调，我们同样假定行局中人大海先行动，列局中人丽娟后行动。记得在二人序贯博弈情形中，从初始决策节点延伸开去的博弈枝的数目，就是可供行局中人选择的纯策略的数目，它恰好也等于列局中人的决策节点数目。然而，到了列局中人行动的时候，无论他在自己的哪个具体的决策节点选择行动，都表示他已经知道先行动的行局中人的选择，因为正是行局中人在"前面"已经实施的具体选择，使得列局中人会在这个具体的决策节点而不是在别的决策节点选择行动。注意在上面的句子里，我们连着使用了两个"已经"。后一个"已经"表示轮到行动的列局中人"已经"知道了什么。头一个"已经"，则表示我们画博弈树的人"已经"假定了什么：博弈树这么画下来，画博弈树的人"在不知不觉之中"，已经假定列局中人在知道行局中人的策略选择的情况下行事。按照博弈树到现在为止的用法，难道不是这样吗？

　　但是，面对将原型同时决策的情侣博弈这样一个矩阵型表示的策略型博弈转换成树型表示的问题，基本的事实是，博弈还是同时博弈，局中人的决策是同时进行的。这一点不能改变。至于我们怎么把它表达好，正是现在要解决的问题。一个博弈是不是同时行动博弈，局中人的决策是否同时进行，不应该因为表示方式的不同而不同。所以，为了用展开型方式表达一个同时博弈，我们需要对博弈树做一些处理，通过表明（列）局中人**不能**识别他自己究竟处于哪个决策节点上，反映（列）局中人不预先知道按照树的伸延方向似乎先行动的（行）局中人的策略选择的事实。具体处理方法是这样的：我们用一个扁椭圆形的虚线圈，把所论局中人的若干决策节点罩起来，成为他的一个信息集，并且约定如下理解：所论局中人只知道博弈是否进行到了他的这个信息集，但是在他知道博弈已经进行到他的这个信息集的情况下，他不知道博弈究竟进行到了这个信息集中的哪个决策节点。图表 5-4 给出了信息集的三个例子，其中 A、B、C、D 表示局中人。

　　不能识别对方"已经"做出的行动或者决策，就等于同时行动或者决策。为理解这

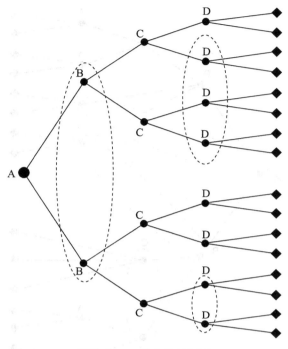

图表 5-4　信息集的例子

一点，不妨想象玩扑克牌对色游戏的时候，可能甲很爽快地就先选好了出红牌或者出黑牌，而乙非常犹豫，磨蹭了半天才选好出红牌还是出黑牌，但是因为他们需要按照规则同时翻牌，不仅我们还是认为他们是同时出牌，而且他们自己更加意识到确实是同时出牌。事实上在这个时候，看起来"后决策"的乙，并不知道甲比他"早"的选择是什么，实际上还是处于和甲同时决策的位置。

　　归纳起来，按照博弈树伸延的时序，或者说按照博弈树生长的时序，我们用一个扁椭圆形的虚线圈，把所论局中人在**同一个时点**的若干决策节点罩起来，成为他的一个**信息集**（information set）。正如前面所讲过的，信息集的意思，是局中人能够判别博弈是否已经进行到他的这个或者那个信息集，但是在他知道博弈已经进行到他的某个信息集的情况下，他不知道博弈究竟进行到了这个信息集中的哪个决策节点。

　　注意，一个信息集罩住的首先必须是同一个局中人的决策节点。因此，图表 5-5 中中间的那个椭圆罩住的两个决策节点，并不构成一个信息集，因为这两个决策节点一个属于局中人 A，另外一个属于局中人 B。还要注意，一个信息集罩住的必须是同一个局中人在同一个时点的决策节点。因此，图表 5-5 中最上面的那个椭圆罩住的两个决策节点也不构成一个信息集，因为这两个决策节点虽然都是局中人 A 的决策节点，却是 A 在两个不同时点的决策节点。图表 5-5 一共给出了信息集的三个反例，其中 A、B、C 表示局中人。现在我们已经解释了三个反例中的两个，最后一个反例稍后再说。

　　为了把过去我们习惯了的博弈都是进行到一个确定的决策节点这种情况也包括进来，仿照"给私营企业以国民待遇"的句式，我们规定给予不被扁椭圆虚线圈罩住的每个决

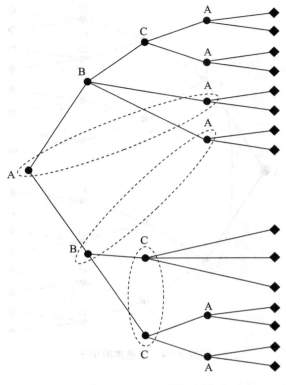

图表 5-5 信息集的反例

策节点以信息集的地位，这样的信息集，是单点集的信息集。大家知道，在集合论中，只包含一个点的集合，叫作**单点集**（singleton）。

这样一来，每一个决策位置都是一个信息集。当博弈走到一个单点集的信息集时，面临决策的局中人对于博弈迄今的历史是清楚的，他清楚博弈具体走到了他的这个决策节点而不是别的决策节点。但是当博弈走到一个非单点集的信息集时，面临决策的局中人对于博弈迄今的历史是不清楚的，他不清楚博弈具体走到了他的这个信息集的哪个决策节点。

历史，也是一种信息。按照博弈论的术语，历史清楚的博弈，叫作完美信息博弈，历史不清楚的博弈，叫作不完美信息博弈。非单点集的信息集的作用，在于说明所论局中人在决策时面对不完美信息的局面，即他不能根据自己现有的信息对位于信息集内的决策节点进行区分，他不知道自己现在究竟位于这个信息集的哪个决策节点上。不完美信息是博弈论的一个非常重要的概念，为此，我们以集合论的语言给出它的一个正式定义。

定义 5.1 如果一个树型表示的序贯博弈的每个信息集都是一个单点集，那么该序贯博弈就是**完美信息博弈**（games of perfect information）；否则，它就是**不完美信息博弈**（games of imperfect information）。

既然非单点集的信息集的作用，在于说明所论局中人在决策的时候不知道自己究竟位于一个信息集的哪个决策节点，那么在他的同一个信息集上，老天爷（或者上帝、大自然这样的虚拟局中人）必须给位于该信息集内的每个决策节点规定相同的行动选择集合。基于这样的认识，图表 5-5 中最下面的那个椭圆罩住的两个决策节点，并不构成一个信息集。虽然这两个决策节点都是局中人 C 的决策节点，而且是 C 在同一时点的决策节点，但是因为在第一个决策节点有三个行动选择，而在第二个决策节点只有两个行动选择，从而在这两个决策节点的行动选择集合不同，所以我们不能认同这两个决策节点可以构成一个信息集。总之，面临决策的参与人只知道博弈走到了自己的这个信息集，但是他不能辨别博弈是走到了自己的这个信息集中的哪个决策节点。

只包含一个决策节点的信息集，可以叫作退化的信息集，相应地，包含不止一个决策节点的信息集，叫作非退化的信息集。一种形象的比喻是：在非退化信息集的情形中，面临决策的参与人是高度近视的，他把这个信息集中的所有决策节点，都模糊地看成是一个决策节点，而他的纯策略告诉他的，只是到了这"一"决策节点他应该怎么做。

之所以必须给位于同一个信息集内的每个决策节点规定相同的行动选择，就是这个道理。如果不规定相同的行动选择，那就意味着面临决策的局中人能够通过观察不同的行动选择而把决策节点区分开来，从而信息集也就不成其为信息集了。这里，所谓不同的行动选择，既指在这个决策节点上有两个行动选择而在另一个决策节点上却有三个行动选择这样的情形，也指在这个决策节点上有〔足球，芭蕾〕这样两个行动选择而在另一个决策节点上却有〔足球，游泳〕这样两个不同的行动选择的情形。

由于上述原因，在引入信息集以后，博弈树上的策略标注，都必须符合**"同集同注"**（same labels of all nodes in an information set）的要求。所谓同集同注的策略标注，就是从同一个信息集的各个决策节点出发的策略选择，不仅数目相同，而且名称相同。以图表 5-4 的三个信息集为例，每个都罩住两个或者三个决策节点，在这些决策节点的策略选择数目相同，都是两个。所以，这些决策节点上的策略选择，可以采取如图表 5-6 那样的方式，叫作黑和白，或者 U 和 D，或者 L 和 R。

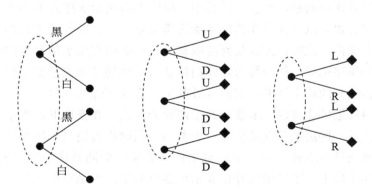

图表 5-6 同集同注的策略标注

从上面的讨论及定义 5.1 我们可以看出，完美信息博弈所强调的，是"历史清楚"。具体来说，完美信息博弈要求，当轮到一个局中人决策的时候，他对这个博弈进行到这个时刻的所有历史完全清楚，即他对他前面所有局中人的所有已经采取的行动都很清楚。

换句话说，博弈参与人在决策时知道该博弈所有的相关历史信息。信息集因为"罩住"了两个或者几个决策节点，使得当事的局中人因为不知道博弈具体走到了信息集的哪个决策节点，从而不清楚博弈到那时为止的全部历史。这样，我们知道，凡是不存在"罩住"两个或者几个决策节点的信息集的博弈，就是完美信息博弈。出于本书的写作宗旨，我们的讨论主要限于完美信息博弈，对于不完美信息博弈，只是略略涉及，并不深入展开。

回到同时决策的情侣博弈的例子。如果用博弈树来表述这个博弈，则女方的两个决策节点应该被圈定在一个信息集中，以表示女方不清楚她究竟需要在哪个决策节点上进行选择，见图表5-7。也就是说，女方并不清楚男方"先前做出"的策略选择。按照上述同集同注的策略标注的说明，女方必须要么在两个决策节点上都选择足球，要么在两个决策节点上都选择芭蕾，她不能在同一个信息集的这个决策节点上选择足球而在另一个决策节点上选择芭蕾。之所以这样，是因为女方根本无法观察到男方的选择。

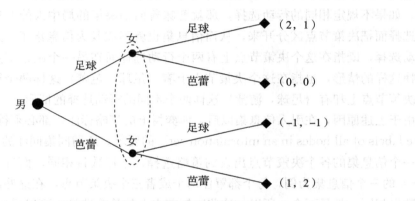

图表 5 - 7　同时决策情侣博弈的展开型表示

需要提请读者注意的是，在这个博弈中，局中人的决策次序并不影响我们对博弈的分析。女方的选择也可以放在博弈树的初始决策节点上，这时候男方的两个决策节点就位于同一个信息集内。此时，男方受到的限制是，他必须在位于信息集内的两个决策节点上做出相同的策略选择。作为练习，我们把这后一种展开型表示留给读者。按照这后一种表示所分析出来的均衡结果，应该与图表5-7的分析结果一样。

可见，同时决策博弈可以表示成展开型博弈的形式。在变换的过程中，读者只要记住，如果参与人的一些决策节点是从另一个参与人同时进行决策的决策节点处延伸出来的，则要把这些决策节点放在同一个信息集内。如果一个同时决策博弈的局中人很多，比如说四个或四个以上，则采用展开型表示可能更容易。如果坚持采用支付矩阵表格的形式，四个局中人意味着需要制作一张四维的表格，哪怕把它"切片"，也会是非常庞杂的工程，完全不具备实际可行性。如果用展开型表示来刻画一个四人同时决策博弈，则只是博弈树大一点罢了，其中三个局中人各自的所有决策节点都分别位于同一个信息集内。我们在本章的习题中给读者提供了这样一道习题。

第二节　同时决策与序贯决策的混合博弈

我们在本章开头曾经说过，在现实生活中，许多博弈往往会既包含若干阶段的同时决策博弈，整体框架又是一个序贯决策博弈。为方便起见，我们非正式地把包含同时决策行动与序贯决策行动的博弈，叫作混合博弈。分析这类博弈，我们需要具备同时决策博弈和序贯决策博弈两方面的知识。

混合博弈最容易产生于两人（或多人）在相当长一个时期内的策略互动过程。例如，在一个星期内，你与你的室友可能玩过不止一个可以归纳为同时决策博弈的游戏，比如说打扑克牌、上网玩拳击游戏等。你们各自在先前游戏过程中的行为表现，如出牌策略或游戏攻略等，对于决定你们在下一轮游戏中的行动选择有重要的影响。类似地，许多体育赛事、企业之间的竞争合作乃至国家之间的政治关系，都把一系列同时决策博弈序贯地联系在一起。分析这类博弈，我们需要综合运用在第二章到第四章中学习过的各种分析工具，并且随着局中人数目的增加以及互动阶段的增加，分析过程会变得非常复杂。

我们将举出一个包含同时决策行动和序贯决策行动的例子，以便大家对混合博弈有一点初步的体会。

例子是这样的：假定有两个计算机公司，彼此就新产品的研发展开博弈竞争。博弈持续的时间为一年。在这一年里，这两个公司为能在市场上推出新产品而需要各自私下里确定对研发的投入。为讨论方便，我们借用大家熟悉的两个成功的公司的名称，把它们叫作方正和联想。假设这两个公司致力于推出的新产品类型相同，并且双方都知道对方要这样做，但它们都没有向公众公开它们的研发预算。假定了解对手研发投入决策的唯一方法，是通过在产业年度交易展上观察其产品的性能来推断最终产品的情况。在交易展上观察到对手的新产品后，双方必须分别对各自的新产品定价。

为简化对问题的讨论，我们假定公司的研发投入只有低预算和高预算两种选择。低预算的结果是新产品只是旧产品的部分改良，而高预算的结果则是推出一种完全不同于旧产品而且质量高很多的全新产品。另外，我们假定方正和联想在看到对手的新产品后的唯一决策问题就是对自己的新产品进行定价，而且定价只有"高"和"低"两种选择。

为了与价格"高""低"的策略名称相区别，低预算策略用"小"或者"小投入"表示，高预算策略用"大"或者"大投入"表示。

图表5-8给出了这个博弈的以矩阵型为主的表示。博弈分为两个阶段。在第一阶段，两个公司首先选择各自的研发预算，"大投入"策略或者"小投入"策略。这一阶段结束以后，两个公司都通过交易展的机会，观摩对方研制出来的新产品，在此基础上进入第二阶段的博弈：各自选择一个定价策略，"高"价格或者"低"价格。它们各自的支付，在第二阶段4个博弈的矩阵中已经清楚列出。注意这些支付代表的不必是利润，而是方正和联想对这些可能结果的一个偏好或高低排序，不过仍然保持支付越大越好的性质。这些通过具体数字表示的偏好排序表明，通过高的研发预算研制出来的新产品要耗费公司更大的生产成本，而且消费者会看到这一点并愿意支付更高的价格。当然，我们

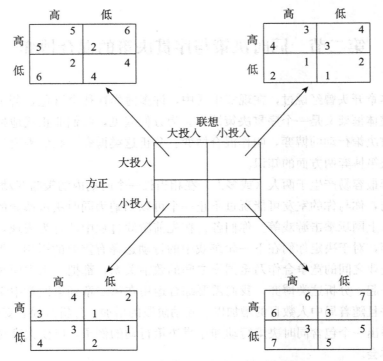

图表 5-8 研发预算和定价博弈的矩阵型表示

不排除一些消费者出于性价比的考虑，宁愿以低价格购买改良产品。

　　这个博弈从位于图表 5-8 中央的那个同时博弈开始，它是第一阶段的博弈。与以往不同的地方是，我们对于"中央"博弈的结果，并不给出支付，而是给出在这种结果之下第二阶段的博弈会是什么，将走向哪里。周围的 4 个矩阵，是第二阶段 4 个可能的同时博弈，每个都对应第一阶段同时博弈的一个结果，行局中人都是方正，列局中人都是联想，从而我们在图表上可以把它们省略。第二阶段的 4 个同时博弈的支付，已经在矩阵中详细列出。

　　从图表 5-8 中我们看得很清楚，这个混合博弈，是两阶段同时博弈的一种序贯结构。如果把"中央"同时博弈看作这个混合博弈的"根"，那么从"根"出发，有 4 条"棱"通向第二阶段 4 个不同的同时博弈。这样，序贯关系就清楚了。但是要注意，这里"根"的说法只是借用，因为被我们作为博弈的初始节点正式定义的根，既然首先必须是决策节点，就一定是一个博弈参与人的决策节点，而眼下我们借用"根"的说法说明的"中央"博弈，却包含了全部两个参与人的共同决策。

　　第二阶段的 4 个同时博弈，都存在严格优势策略均衡。其中，左上角和右下角的两个同时博弈，还都是囚徒困境博弈，支付分别为（4，4）和（5，5）；左下角的同时博弈的支付为（4，3），右上角的同时博弈的支付为（3，4）。这样，我们可以将这个混合博弈进一步简化为图表 5-9。

　　在图表 5-9 中，第二阶段的 4 个同时博弈没有写出来的策略和支付，都是被劣势策略逐次消去法淘汰的策略和支付。认识到这一点，我们甚至可以把这个混合博弈更进一

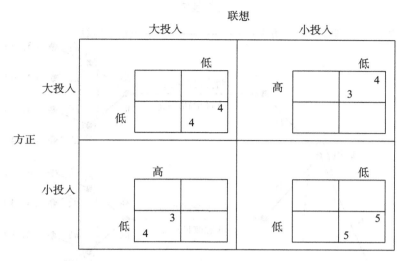

图表 5-9 研发预算和定价博弈的简化表示

步简化为图表 5-10。到了这里，已经凸显这个混合博弈的两个纳什均衡，其一为右下角中支付为（5，5）的那个，其二为具有帕累托优势的左上角中支付为（4，4）的那个。据此我们可以预料博弈的结果：在博弈的第一阶段，方正和联想都选择小投入的研发预算，在博弈的第二阶段，方正和联想都采用低价格策略。

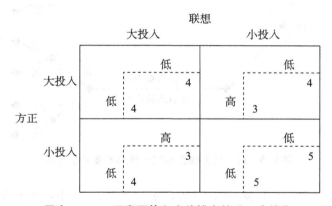

图表 5-10 研发预算和定价博弈的进一步简化

图表 5-11 给出了这个博弈的展开型表示，其中每条双箭头虚线相连的两个决策节点实际上是同一个决策节点。两个公司首先选择各自的研发预算，"大"或者"小"，然后通过交易展的机会观摩对方研制出来的新产品，在此基础上各自选择一个定价策略，"高"或者"低"。在各个策略组合下方正和联想的支付列在 16 个末端节点的右边。在图表 5-11 所刻画的博弈中，方正和联想都需要在各自拥有的 4 个决策节点上对自己的产品进行定价，而每一个这样的决策节点又与一个特定的研发预算策略组合联系在一起。所以，每个公司各有 32 个具有如下形式的纯策略：

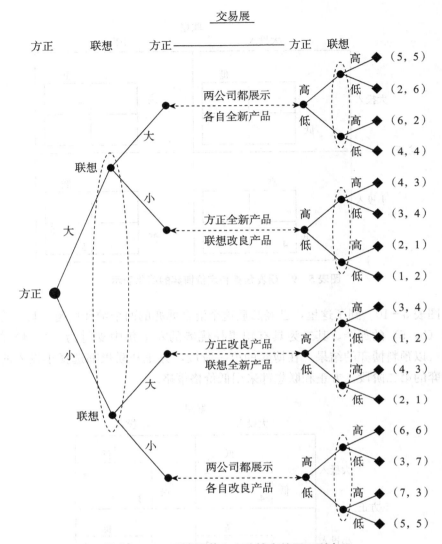

图表 5 - 11　研发预算和定价博弈的展开型表示

{大/小；（大，大）高/低，（大，小）高/低，（小，大）高/低，（小，小）高/低}[32]

　　如前所述，可供博弈参与人选择的（纯）策略，以花括号表示。现在我们讨论的是一先一后两个同时博弈的序贯结构，在花括号里面，第一阶段同时博弈的研发预算策略选择，写在分号前面，第二阶段同时博弈的价格策略选择，写在分号后面。这里要注意，我们把方正选择大投入联想选择大投入的对局记作（大，大），把方正选择大投入联想选择小投入的对局记作（大，小），余类推。这样，花括号策略表示中的（大，大），表示头一个同时博弈的结果是（方正大投入，联想大投入）。其余花括号中的（大，小），（小，大）和（小，小），也都做类似理解。

　　可供每个局中人选择的纯策略的数目很大，博弈的纯策略组合的数目更大。可是结果的数目却小得多，只有 16 个。其原因是许多纯策略组合导向同一个博弈结果。这里又凸显了博弈的（纯）策略组合与博弈的结果是很不相同的概念。

对于既包含同时决策又包含序贯决策的混合博弈，原则上我们既可以采取如图表 5-8 那样以矩阵型结构为主的表示，又可以采取如图表 5-11 那样以树型结构为主的表示，哪一种方便，就采用哪一种。具体对上述研发预算与定价策略的混合博弈，许多读者觉得以矩阵型结构为主的表示比较方便。

最后，需要对上述混合博弈的支付结构略加说明。两个公司都采用高研发预算而导向的定价博弈的结果，与其他三种情况下的定价博弈的结果相比，并不那么受到局中人的青睐，这可以理解为在该博弈中，生产新产品需要支付更高的成本。我们已经知道，当两个公司选择相同的研发预算水平时，都导向囚徒困境型定价博弈，两个公司都选择低研发预算水平的结果比较好。当两个公司选择不同的研发预算水平时，与此相伴随的两个定价博弈的最终结果，无论是对于低研发预算的公司来讲还是对于高研发预算的公司来讲，都是一样的：如果我选择小投入对方选择大投入，那么在对方高价的情况下我高价得 3 低价得 4，在对方低价的情况下我高价得 1 低价得 2。第一阶段研发预算决策不同导致的第二阶段的两个定价博弈，都不是囚徒困境，但每个公司仍旧有一个优势策略：低研发预算的公司定低价，高研发预算的公司定高价。

需要注意的是，这个博弈之所以得到现在的均衡，源于其具体的支付结构。如果两个公司更看重的是成为市场上新产品的唯一生产商，那么相应地，位于博弈树中间的两个定价博弈的支付应该比现在高。如果在研发预算不同导向的这两个博弈中，局中人对其均衡结果的评价超过 5，即超过对位于博弈树最底端的囚徒困境博弈的均衡结果的评价，则整个博弈的均衡结果将发生变化。这时候，由于位于博弈树中间的两个博弈是对称的，可以预料整个博弈最终存在总体上不相上下的两个纯策略纳什均衡，但是每个公司各偏好其中的一个。

有兴趣的读者可以尝试着做做这样的练习。

第三节　树型博弈的子博弈

通过前面的讨论大家知道，我们总是可以把一个序贯（动态）博弈表示为一棵博弈树。但是，树的一枝又可以被看成一棵树，这就引出了子博弈的概念。

图表 5-12 是我们在第一章已经熟悉的一棵较大的博弈树，圆点是决策节点，菱形是末端节点，即对局结果。菱形的右边应该写出博弈各方在这种对局下的支付，但是现在为了集中注意力说明子博弈的概念，表示支付或者得益的数字都一概不写了。不仅如此，我们连局中人和可供每个局中人选择的行动的名称都一并省略，从而我们甚至不知道上述博弈有几个局中人！但是这一切省略或者忽略，不仅不妨碍我们说明现在就要引进的子博弈的概念，而且恰恰摒弃了对于引入子博弈概念本身来说并不重要的东西。

现在我们只看这棵大树，这是以 A 为根的一棵树。但是如果我们在 B 这个地方砍一刀，那么从 B 往右，还是一棵树，是一棵以 B 为根的小很多的树。同样，如果我们在 C 这个地方砍一刀，那么从 C 往右是一棵以 C 为根的比较小的树。再往右，从 D、E、F、

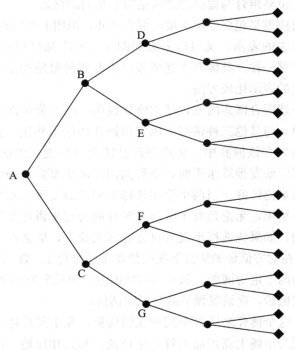

图表 5 - 12   一棵较大的博弈树

G 甚至从我们没有标示出来但是读者容易想象的 H、I、J、K 等地方"下手"，都可以"砍"出小树来，是更小的树。

在数学上，我们把从 B、C、D、E、F 或者 G 往右的小树，即以 B、C、D、E、F 或者 G 为根的小树，叫作原来以 A 为根的树的**子树**（subtree）。进一步，以 D 或者 E 为根的小树，既是以 A 为根的大树的子树，也是以 B 为根的树的子树；以 F 或者 G 为根的小树，既是以 A 为根的大树的子树，也是以 C 为根的树的子树。

既然一棵大树表示一个博弈，那么一棵小树同样可以表示一个博弈。如果小树是大树的一棵子树，并且小树表示的博弈按照定义 5.2 中条件（2）的意义不破坏大树表示的博弈的结构，那么小树表示的博弈，就叫作大树表示的博弈的**子博弈**（subgame）。图表 5 - 12 中大树表示的博弈，有许多个子博弈，图表 5 - 13 画出了其中两个。

我们已经非正式地用树的"枝"来称呼树的子树。注意，"枝"和"棱"是不同的概念，一个枝可以包含许多条棱。枝必须包含从它的每个决策节点往后直到末端节点的所有棱。

在数学上，因为逻辑的需要，规定任何一个集合也是它自己的子集合，而把它的不等于自己（即小于自己）的子集合，专门叫作真子集合。但是为了实际讨论的方便，我们在本书中约定，大树不算自己的子树，原来的博弈不算自己的子博弈。前面说过，数学上规定集合是自己的子集合，是出于逻辑学上的要求，所以比较讲究理论性的著作，都把大树也作为自己的子树，把原来的博弈也算作自己的子博弈。我们讲究实际应用，会发现采取"凡人思维"，不把大树看作自己的子树、不把博弈看作自己的子博弈，就像不把自己看作自己的儿子那样，会使讨论在语言上变得朴素简单。"白马非马"的命题也是逻辑的要求，但是建立"白马非马"那样的思维反射，对于我们这样的凡人来说，需要消耗的成本太多。

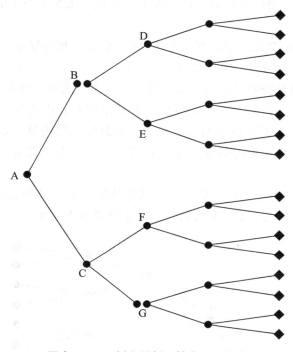

图表 5 - 13　树和子树，博弈和子博弈

现在，我们比较正式地给出树型博弈的子博弈的定义。

定义 5.2　在一个 n 人展开型博弈 T 中，满足如下 3 个条件的一个博弈 S，被称为博弈 T 的一个子博弈：

（1）S 的博弈树是 T 的博弈树的一枝。

（2）博弈 S 不能分割博弈 T 的信息集。具体来说，只要博弈 T 的某个信息集的任何一个决策节点均是博弈 S 的一个决策节点，那么 T 的这个信息集的每一个决策节点都必须是博弈 S 的决策节点。

（3）博弈 S 的末端节点处的支付向量，与博弈 T 在这些末端节点处的支付向量的有关部分重合。

为叙述方便，有时候我们把定义 5.2 中的博弈 T 叫作子博弈 S 的母博弈。注意任何博弈树均必须从一个叫作根的初始决策节点开始。由此，定义的条件（2）就意味着，子博弈的根，必须是母博弈的单点信息集。条件（2）还意味着，子博弈的信息集和不包含在它的这个枝内的母博弈的信息集不相交。至于定义中条件（3）不说"博弈 S 的末端节点处的支付向量，与博弈 T 在这些末端节点上的支付向量相同"，主要是因为子博弈的参与人可能比母博弈的参与人少。例如，母博弈是甲、乙、丙三人博弈，而子博弈是（剩下）甲、乙二人博弈，那么当母博弈在这个末端节点处的支付向量是（a，b，c）的时候，子博弈在这个末端节点处的支付向量，实际上应该是（a，b）。向量（a，b）不等于向量(a，b，c)，但是条件（3）要求，向量（a，b）与向量（a，b，c）的有关部分重合，与向量（a，b，c）的关于子博弈参与人甲、乙的那些部分重合。这就是条件（3）写"博弈 S 的末端节点处的支付向量，与博弈 T 在这些末端节点上的支付向量的有关部分重合"的道理。

　　为加深我们对子博弈概念的理解，让我们看下面这个稍许复杂一点的例子。

　　在图表 5-14 给出的博弈中，参与人是 1 和 2，A、B、C、D、E、F、G 等是决策节点。在形式上，博弈按照"参与人 1 决策—参与人 2 决策—参与人 1 决策—参与人 2 决策"的顺序进行。这是一个不完美信息的展开型博弈，因为这个博弈有非单点集的信息集。其中节点 D 和 E 组成参与人 1 的一个信息集，因为这个信息集的存在，当博弈进行到参与人 1 再次决策的时候，他不知道参与人 2 在决策节点 B 的决策是走向 D 还是走向 E。

　　这个序贯博弈有 8 个子博弈，第一个子博弈从决策节点 B 开始，而第二个子博弈从决策节点 C 开始，另外几个子博弈从如 K 这样的决策节点开始。

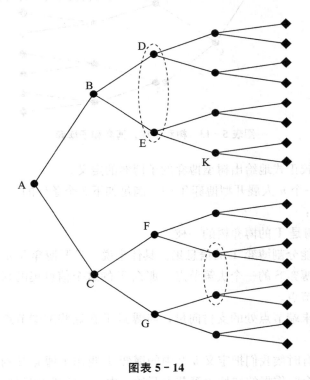

图表 5-14

　　但是，我们不能说博弈树从 E 往后的枝构成一个子博弈，因为 E 不成其为单点信息集，没有资格成为博弈树的一个根。我们也不能说博弈树从 F 往后的枝构成一个子博弈，因为博弈树从 F 开始的枝与母博弈的一个非单点集的信息集相交，而这个信息集并不包含在从 F 开始的枝里。

　　我们在前面说图表 5-14 的博弈"形式上"按照"参与人 1 决策—参与人 2 决策—

参与人1决策—参与人2决策"的顺序进行，是因为观察到在博弈树的上枝，参与人2的首次决策与参与人1的再次决策实际上同时进行，这里存在一个局部的同时博弈。

从像K这样的决策节点开始的子博弈，本来已经只剩下单人决策的问题，不再包含博弈的成分，但是为了叙述的方便，我们仍然把它们叫作博弈。

第四节 子博弈精炼纳什均衡

从第四章第三节我们知道，如图表5-15所示的序贯情侣博弈，一共有8个纯策略组合，它们是：

（足球，｛足球，足球｝）对局；
（足球，｛足球，芭蕾｝）对局；
（足球，｛芭蕾，足球｝）对局；
（足球，｛芭蕾，芭蕾｝）对局；
（芭蕾，｛足球，足球｝）对局；
（芭蕾，｛足球，芭蕾｝）对局；
（芭蕾，｛芭蕾，足球｝）对局；
（芭蕾，｛芭蕾，芭蕾｝）对局。

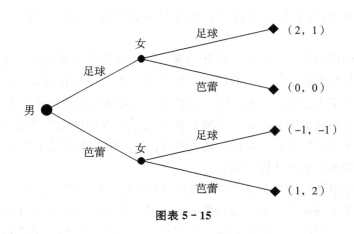

图表 5 - 15

采用第四章所讲的（纯）策略组合的粗线表示法和纳什均衡的箭头指向法，我们知道在全部8个纯策略组合当中，有3个是纳什均衡。它们是图表5-16的3个对局。

现在的问题是：3个纳什均衡之中，哪个或者哪些最可能发生？事实上，我们所有围绕纳什均衡的讨论，思路可以说都是探寻最可能发生的并且具有最好的稳定性的结果。

为了解决这个问题，泽尔滕（Reinhard Selten）提出了**子博弈精炼纳什均衡**（subgame perfect Nash equilibrium）的概念。

定义 5.3（泽尔滕） 在一个博弈的所有作为纳什均衡的策略组合当中，那些局限

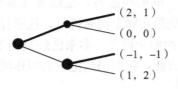

（足球，{足球，足球}）对局

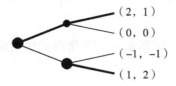

（足球，{足球，芭蕾}）对局

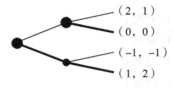

（芭蕾，{芭蕾，芭蕾}）对局

图表 5－16

在每个子博弈上都仍然是那个子博弈的纳什均衡的策略组合，叫作子博弈精炼纳什均衡。

子博弈精炼纳什均衡本身首先是纳什均衡，但还要符合定义所述的更强的条件。按照子博弈精炼纳什均衡的定义，当我们利用博弈树考察一个纳什均衡的时候，只要局限于某个子博弈上它不再是纳什均衡，所考察的纳什均衡就不是子博弈精炼纳什均衡。

在下面的讨论中我们还会看到，子博弈精炼纳什均衡的概念能够帮助我们排除策略组合中比较"不可置信"的行为选择，从而使所论的序贯博弈的结果具有真正的稳定性，这是原来的纳什均衡的概念所做不到的。

我们首先看序贯情侣博弈的 3 个纳什均衡中的头一个，即（足球，{足球，足球}）对局。我们采用在子博弈的"根"前面断开的方式，标示正在讨论的子博弈。这种图示方法，在图表 5－13 中用过，现在为使语言简便，我们把它叫作子博弈的**根前断开标示法**（marking method of breaking before root），背景是在博弈树的环境下讨论子博弈。但是如同图表 5－11 曾经做过的那样，从根一分为二的"两个"节点，还是用一个虚线双箭头相连，以示它们实际上是一个节点，就是所论的子博弈的根的那个决策节点。不过，现在这些虚线双箭头一般很短就可以了。

仔细分析作为纳什均衡的（足球，{足球，足球}）对局。从理性行为的要求看，这个策略对局的指向（－1，－1）的一枝，即如果先行的男孩选择芭蕾，后行的女孩却选择足球，有点不合常理，因为跟着选择芭蕾的话她可以得 2，而选择足球只能得

—1。可见，如果效用最大化真的是女孩的行为模式，那么她的这个策略选择没有信服力。

事实上，（足球，{足球，足球}）对局虽然是这个博弈的纳什均衡，但不是这个博弈的子博弈精炼纳什均衡，因为局限在根前断开的那枝子树所标示的子博弈上，指向（－1，－1）的策略选择有单独偏离的激励，这次我们用图表 5－17 那样的弯曲箭头，表示箭尾的策略成分有向箭头的方向偏离的激励。这种偏离方向的箭头标示法，实际上我们在前面已经用过了，只不过现在箭头可以弯曲，那就不必再用双线。因为策略必须是完整的行动计划，所以我们在这里具体地说某个"策略成分"有偏离的激励，而不是笼统地说整个"策略"有偏离的激励。

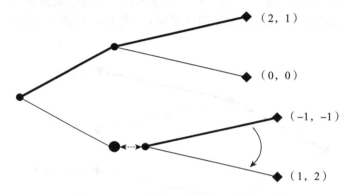

图表 5－17　（足球，{足球，足球}）对局

如果一个策略组合的某个策略成分有偏离的激励，我们可以说这个策略组合缺乏局部稳定性。序贯情侣博弈的上述（足球，{足球，足球}）对局，虽然是博弈的纳什均衡，却因为缺乏局部稳定性，而不是子博弈精炼纳什均衡。可见，子博弈精炼纳什均衡的概念，至少能够帮助我们排除一些缺乏局部稳定性的纳什均衡。

再看序贯情侣博弈的 3 个纳什均衡中的第三个，我们把它复制为图表 5－18。作为原博弈的纳什均衡的（芭蕾，{芭蕾，芭蕾}）对局，在我们根前断开的子博弈中似乎包含一个威胁：如果男孩选择足球，女孩一定和他作对选择芭蕾。但是按照局中人都是理性人的假设，这个威胁并不可信。事实上，在男孩已经选择足球的情况下，女孩也选择足

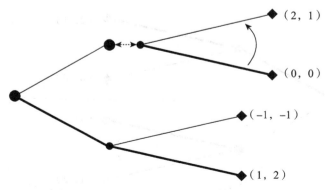

图表 5－18　（芭蕾，{芭蕾，芭蕾}）对局

球可以得 1，坚持选择芭蕾只能得 0。正如图表 5 - 18 中的弯曲箭头所示，在男孩选择足球的情况下女孩却要芭蕾的这个策略选择，具有单独偏离的激励。所以，这个（芭蕾，{芭蕾，芭蕾}）对局的纳什均衡，不是子博弈精炼纳什均衡。

说到这里我们是否可以体会，子博弈精炼纳什均衡，应该是经得起每个子博弈均衡检验的纳什均衡。图表 5 - 18 中（芭蕾，{芭蕾，芭蕾}）对局的例子告诉我们，包含不可信威胁的纳什均衡，不是子博弈精炼纳什均衡。

最后剩下按照图表 5 - 16 原来的排列次序位于第二的那个纳什均衡，即图表 5 - 19 中的（足球，{足球，芭蕾}）对局。这个策略组合，无论从全局看还是从每个局部看，都符合稳定性的要求，符合最优性的要求。指向（2，1）的策略选择，没有改变为指向（0，0）的策略选择的激励；指向（1，2）的策略选择，没有改变为指向（-1，-1）的策略选择的激励。所以，序贯情侣博弈的（足球，{足球，芭蕾}）对局，是博弈的子博弈精炼纳什均衡。

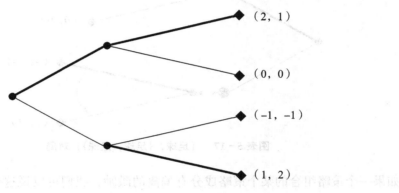

图表 5 - 19　（足球，{足球，芭蕾}）对局

学生在写作业的时候，子博弈的根前断开标示法因为要重新画图，使用起来不是很方便。为此，可以使用如图表 5 - 20 那样的**便捷标示**（convenient mark）法：把所论的子博弈用一条封闭的虚线圈住。这与信息集的标示不会混淆，因为标示信息集的一般都是狭长的椭圆，而标示子博弈的一般都是比较胖的封闭曲线。特别是因为，标示信息集的椭圆的长轴，与博弈行进的方向垂直，而标示子博弈的封闭曲线的"长轴"，却与博弈行进的方向一致。

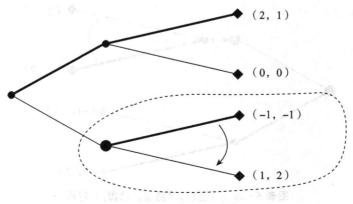

图表 5 - 20　子博弈的便捷标示

前面我们曾经提到过策略的威胁性。非常简单的序贯博弈，也可以演示**威胁**（threat）及其**可信性**（credibility），即威胁是否可信的问题。下面的例子改编自美国安德鲁·马斯-克莱尔、迈克尔·D. 温斯顿和杰里·R. 格林（Andreu Mas-Colell，Michael D. Whinston and Jerry R. Green）的那本著名的《微观经济理论》（*Microeconomic Theory*），一本博士研究生教材，博弈论可以说是微观经济学的一个分支。

假定现存的一个企业 I 垄断了某个市场，每年的利润是 4 亿元。现在，企业 E 考虑是否打进这个市场。如果企业 E 决定进入，而企业 I 容忍它进入，以后每年企业 E 将获得 2 亿元利润，企业 I 的利润将下降到 1 亿元。如果企业 E 决定进入，但是企业 I 抵抗它，这里说的是一直抵抗，那么以后每年企业 E 和企业 I 都损失 1 亿元。这样，我们可以把两个企业的博弈表达为如图表 5 - 21 所示的非常简单的博弈树。

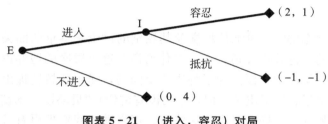

图表 5 - 21　（进入，容忍）对局

很清楚，这个非常简单的动态博弈有两个纳什均衡：一个是（进入，容忍）对局，另一个是（不进入，抵抗）对局。在这个博弈中，我们只要注意画粗线的两段所代表的策略选择都没有单独改变的激励，就知道（进入，容忍）对局是一个纳什均衡。

再看图表 5 - 22 的（不进入，抵抗）对局。首先，读者可能会问：人家不进入，你还抵抗什么？但是话不能这样说。当我们画了图上指向（－1，－1）的粗实线的时候，它表示的策略就是"只要 E 进入，I 就抵抗"，而不管 E 到底有没有进入。

好了，现在指向（0，4）的策略选择没有单独改变的激励，因为这是 E 的策略选择，改变将使它的得益从 0 降为－1；指向（－1，－1）的策略选择也没有单独改变的激励，因为这是 I 的策略选择，给定 E 的策略选择是不进入，那么无论 I 采取什么策略，都影响不了自己的得益。可见，策略组合（不进入，抵抗）是纳什均衡，虽然抵抗并没有发生。

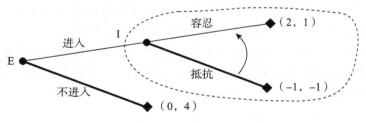

图表 5 - 22　（不进入，抵抗）对局

但是，（不进入，抵抗）这个纳什均衡，不是子博弈精炼纳什均衡。这只需看指向（－1，－1）的策略选择，原来在全局因为影响不了结果所以没有单独改变的激励，但是现在在虚线圈住的子博弈这个局部，I 单独改变它的这个策略选择，它的得益将从－1 上升为1。

　　事实上，I的指向（−1，−1）的这个策略选择，包含一个威胁：如果你进入，我就要抵抗。可是，在博弈的上述支付结构之下，如果E真的要进入，I的最优策略选择其实是容忍。弄清楚这个情况后，我们就知道I的以指向（−1，−1）的粗线宣示的威胁并不可信。

　　总的来看，两个纳什均衡之中，只有一个是子博弈精炼纳什均衡，它就是（进入，容忍）对局。

　　我们在下一章还会谈到可信性问题。

第五节　完美博弈的库恩定理

　　从第三章关于静态博弈多重纳什均衡及其甄别的讨论和本章前面关于动态博弈多重纳什均衡及其甄别的讨论我们知道，在"纳什均衡"这个层次的博弈论讨论中，经常出现得到"太多"纳什均衡的局面。为了解决这个问题，泽尔滕教授提出了子博弈精炼纳什均衡的概念，哈萨尼教授提出了（但是本书没有讲到）"贝耶斯"均衡的概念，还有其他一些学者提出了另外一些均衡概念，这些概念都有助于我们把更有可能发生的那些纳什均衡从众多纳什均衡当中提炼出来。

　　那么，是否能够保证每个树型表示的动态博弈都有纳什均衡呢？这个问题的答案依赖于具体博弈的条件。

　　库恩定理　完美信息的有限序贯博弈（finite sequential game of perfect information）都有纳什均衡。

　　库恩（Harold Kuhn）是纳什的同学和挚友，美国普林斯顿大学现已退休的教授。定理的"有限"条件，现在可以理解为博弈树有限，而不是一棵无限生长的博弈树。"完美信息"就是本章一开始给出的一个概念，是强调"历史清楚"的概念。

　　完美信息的有限博弈，都可以采用逆向推理的方法得到至少一个纳什均衡。事实上，这也是库恩定理证明的思路。所谓**逆向推理**（backward deduction），就是我们在第四章所讲的倒推法。在第四章讨论过的蜈蚣博弈，就是完美信息的有限博弈。我们当时利用逆向推理，得到了蜈蚣博弈的一个纳什均衡。现在我请读者做一个练习，说明利用逆向推理得到的蜈蚣博弈的那个纳什均衡，是子博弈精炼纳什均衡。

　　如果把一个树型博弈从根到最远的节点的路径所包含的棱的数目叫作这个树型博弈的长度，我们知道蜈蚣博弈的树比较长。为了完成蜈蚣博弈这个练习，建议先考虑下面短得多的如蜈蚣博弈那样的博弈（见图表5－23）。

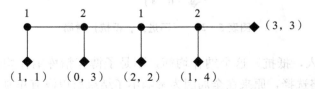

图表 5 - 23　长度为 4 的一个蜈蚣博弈

这个博弈有许多纳什均衡，但是只有一个纳什均衡是子博弈精炼纳什均衡。请读者把这个博弈所有的纳什均衡都找出来，再论证其中可以用倒推法找出来的那个纳什均衡是子博弈精炼纳什均衡，并且再没有其他子博弈精炼纳什均衡。前面已经说过策略的粗实线表示法、纳什均衡的箭头指向法和子博弈的虚线圈住法，所以我们现在已经有足够方便的符号，供你简明地给出解答。

求出这个比较短的蜈蚣博弈的均衡以后，只要你善于归纳，长度为 200 或者长度为 N 的蜈蚣博弈，你也会解了。总的情况是，纳什均衡非常多，多至天文数字，但是子博弈精炼纳什均衡总是只有一个，那就是可以用倒推法找出来的那个。

现在，向读者提供我给本科生开博弈论课的一道考题，大家可以体会我的考试与人为善，对学生非常友好。坦率地说，这是大考中最简单的一道题目。

博弈的树型表示如图表 5-24 所示。要求读者用策略组合的粗实线表示法画出全部 8 个可能的对局或者策略组合，用箭头具体标示每个有动机偏离的选择，这样来讨论全部 8 个策略组合，发现其中 5 个对局应该画上箭头，从而它们不是纳什均衡。这样，剩下 3 个没有偏离箭头的对局，就是纳什均衡了。最后，对于 3 个纳什均衡，用箭头具体标示它们的子博弈中各个有动机偏离的选择，并用虚线圈住这些子博弈及相应的箭头，进而排除那些不是子博弈精炼纳什均衡的纳什均衡，得到唯一的子博弈精炼纳什均衡。

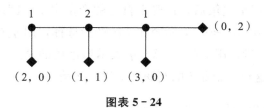

图表 5-24

这道题目不难。实际上它取自美国吉本斯（Robert Gibbons）教授 1992 年初版的那本流行的博弈论教材——《博弈论基础》（*A Primer in Game Theory*）。

在结束本节的时候，我们提请读者注意"同一个"英文单词 perfect 的两种不同的意思，这两种意思我们都谈到过。在 games of perfect information 中，perfect information 是对博弈的进程或者历史的要求，要求博弈进行的历史清楚。但是在 subgame perfect equilibrium中，我们要注意 perfect 不是单独使用的，而是紧接 subgame 使用，subgame perfect 原意就是 subgame-perfect，是对博弈的结构的要求，要求所论的均衡经得起子博弈的"精炼"。前面说"同一个"英文单词，"同一个"打引号，强调的是它们已经不是同一个单词：一个是单独的 perfect，另一个是连用的 subgame perfect，并不一样。有鉴于此，我们赞成"完美信息博弈"和"子博弈精炼纳什均衡"这样的中文说法。

第六节　连续支付情形的序贯博弈

在前面列举的所有关于序贯博弈的例子中，每个局中人在其决策节点上的行动集都是离散的行动集，每个局中人通过比较自己在各种行动选择上的得益，最终确定自己在该决策节点上的行动选择。然而，在实际分析问题时，我们还会遇到局中人在他所拥有的每个决策节点上的行动集是连续的情形，例如厂商的产量决策。我们知道，为了求解序贯博弈的子博弈精炼纳什均衡，我们需要运用倒推法，这一点无论是对离散支付情形的序贯博弈，还是对连续支付情形的序贯博弈，都是适用的。但是，求解连续支付情形的序贯博弈确实比求解离散支付情形的序贯博弈要稍微复杂一些，需要在倒推法的基础上加入一些优化方法。

下面我们通过两个具体的例子来说明如何求解连续支付情形的序贯博弈。第一个例子是大家在中级微观经济学课程里接触过的斯塔克尔伯格寡头竞争模型，或者称**数量领先模型**（quantity leadership model），第二个例子是里昂惕夫劳资博弈模型。

一、斯塔克尔伯格寡头竞争模型

与古诺竞争模型一样，斯塔克尔伯格寡头竞争模型也是同质产品的产量竞争模型。与古诺模型不同的是，**斯塔克尔伯格模型**（Stackelberg model）是一个序贯决策模型，博弈的其中一方具有较强的实力，我们称之为企业 1；而另一方的实力相对较弱，我们称之为企业 2。博弈首先由实力比较强的企业 1 选择自己的产量，实力比较弱的企业 2 在观察到企业 1 所做出的产量决策后，再确定自己的产量水平。因此，这是一个两阶段的序贯决策博弈。我们用 $q_1(q_1 \geqslant 0)$ 表示企业 1 的产量选择，用 $q_2(q_2 \geqslant 0)$ 表示企业 2 在观测到 q_1 后所选择的产量，用 $p(q)=A-q$ 表示当市场的总产量为 q 时的市场出清价格，其中 $q=q_1+q_2$。这样，企业 i 的利润（支付）就是

$$\pi_i(q_1, q_2)=q_i[p(q)-c_i], \ i=1, 2$$

其中，c_i 是企业 i 的边际成本。按照 $p(q)=A-q$，我们知道每个企业 i 的利润都可以写成

$$\pi_i(q_1, q_2)=q_i(A-q_1-q_2-c_i)$$

需要提请读者注意的是，这是一个两阶段的二人完美信息序贯博弈。如果我们使用倒推法来求解这个博弈，就必须首先找出企业 2 对企业 1 的所有可能的产量选择的产量反应函数 $q_2=q_2(q_1)$。具体来说，我们必须找出在企业 1 的产出 q_1 给定的条件下，使企业 2 利润最大化的产出 q_2。可见，$q_2=q_2(q_1)$ 应该是最优化问题

$$\max_{q_2 \geqslant 0} \pi_2(q_1, q_2)$$

即

$$\max_{q_2 \geqslant 0} q_2(A-q_1-q_2-c_2)$$

的解。

因为 $\pi_2(q_1, q_2)=-(q_2)^2+(A-q_1-c_2)q_2$，对 q_2 分别求一阶和二阶偏导数，得

$$\frac{\partial \pi_2}{\partial q_2}=-2q_2+A-q_1-c_2 \text{ 和 } \frac{\partial^2 \pi_2}{\partial^2 q_2^2}=-2<0$$

所以，由二阶条件的检验我们知道，q_2 就是方程 $\frac{\partial \pi_2}{\partial q_2} = -2q_2 + A - q_1 - c_2 = 0$ 的解。这样，我们得到反应函数

$$q_2 = q_2(q_1) = (A - q_1 - c_2)/2$$

同时得到 $q_1 < A - c_2$。

企业 1 现在预见到如果自己选择 q_1，则企业 2 会选择 $q_2 = q_2(q_1) = (A - q_1 - c_2)/2$。因此，企业 1 会通过选择 q_1 从而最大化自己的利润函数

$$\begin{aligned} \pi_1(q_1, q_2) &= q_1(A - q_1 - q_2 - c_1) \\ &= q_1\left(A - q_1 - \frac{A - q_1 - c_2}{2} - c_1\right) \\ &= (1/2)[-(q_1)^2 + (A + c_2 - 2c_1)q_1] \end{aligned}$$

对 q_1 分别求一阶和二阶偏导数，我们得到

$$\frac{\partial \pi(q_1, q_2)}{\partial q_1} = -q_1 + \frac{A + c_2 - 2c_1}{2} \text{ 和 } \frac{\partial^2 \pi(q_1, q_2)}{\partial^2 q_1} = -1 < 0$$

可见，$q_1^* = (A + c_2 - 2c_1)/2$ 能使 $\pi_1(q_1, q_2)$ 取得最大值。将其代入 $q_2 = q_2(q_1) = (A - q_1 - c_2)/2$，我们得到 $q_2^* = (A + 2c_1 - 3c_2)/4$。这个 (q_1^*, q_2^*) 就是我们按照倒推法求出来的斯塔克尔伯格博弈的均衡解。企业 1 的均衡策略是 $q_1^* = (A + c_2 - 2c_1)/2$，而企业 2 的均衡策略是 $q_2^* = (A + 2c_1 - 3c_2)/4$。

对这个结果与双方同时行动的古诺竞争博弈的结果做个比较，我们不难发现，序贯决策的动态博弈与同时决策的静态博弈确实存在差别：首先，企业 1 和企业 2 的总产量大于古诺竞争模型，价格却低于古诺竞争模型，这对消费者来说是有利的。其次，在斯塔克尔伯格寡头竞争博弈中，企业 1 的利润大于在古诺竞争博弈中的利润，而企业 2 的利润则小于在古诺竞争博弈中的利润。图表 5-25 具体画出了古诺竞争模型与斯塔克尔伯格模型比较的结果。两个企业的反应曲线的交点，给出了古诺均衡；企业 2 的反应曲线与企业 1 的等利润曲线的交点，给出了斯塔克尔伯格均衡。对于企业 1 来说，位置越靠近下方的等利润曲线，利润水平越高；对于企业 2 来说，位置越靠近左边的等利润曲线，利润水平越高。

从进行博弈的战略观点来考虑，我们发现首先行动给企业 1 带来相当大的优势，这也是我们在上一章讲过的先动优势的一个例子。这个现象背后还隐藏着一个理念，就是企业 2 必须对企业 1 的承诺（commitment）做出反应，而企业 1 由于先一步行动，所以选择了一个对它自己最有利的策略。关于承诺问题，我们在下一章会予以详细讨论。

二、 里昂惕夫劳资博弈模型

下面这个**劳资博弈模型**（labor-wage game model）首先是由**里昂惕夫**（Wassily Le-

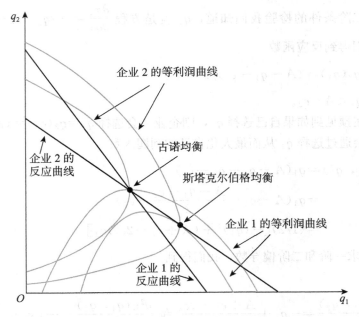

图表 5-25 斯塔克尔伯格均衡与古诺均衡

ontief）在 1946 年提出的，因而也被称为里昂惕夫模型，它是分析分别代表劳方的工会与代表资方的厂商之间的博弈行为的一个模型。该模型假定工资完全由工会决定，而厂商则根据工会的工资要求决定工人雇用数。这当然是非常理想化并且很强的假定。

站在工会的立场看，它不会单单追求较高的工资这个目标，而必然同时还会希望有较多的工人得到雇用，因此，工会的效用应该是工资率和工人雇用数这两者的函数，即 $u=u(W, L)$，其中 W 和 L 分别表示工资率和厂商雇用的工人数。

从厂商的角度看，利润最大化是它的根本目标，而利润则等于收益减去成本。假设收益 R 是工人雇用数的函数，即 $R=R(L)$，并且 $R(L)$ 是 L 的严格凹函数。再假设企业的生产只需支付劳动成本，因此总生产成本等于工资率乘以工人雇用数，即 $W \times L$，这样，厂商的利润函数为 $\pi(W, L) = R(L) - W \times L$，它也是工资率和工人雇用数两者的函数。

假设工会与厂商之间的博弈过程如下：工会首先决定工资率，然后厂商根据工会提出的工资率水平决定工人雇用数。为简单起见，假设工资率和工人雇用数是连续可分的，因此双方都有无限多种选择。工会和厂商的博弈支付分别用 $u(W, L)$ 和 $\pi(W, L)$ 表示。

显然，这是一个序贯博弈。我们还是用倒推法来分析这个博弈。第一步首先分析后动的厂商的选择，求出厂商对工会选择的工资率 W 的反应函数 $L(W)$。假设工会提出的工资率为 W，则厂商的目标是找出能使自己实现最大利润的工人雇用数 L，即

$$L \in \arg \max_{L \geqslant 0} \pi(W, L) = \arg \max_{L \geqslant 0} [R(L) - WL]$$

通常来讲，我们可以假设厂商的收益和利润函数满足连续性和边际收益递减的性质，因此通过计算厂商的利润函数 π 对工人雇用数 L 的一阶导数并令其等于 0，就可以求出

在给定工会选择工资率 W 时厂商的最优工人雇用数，即

$$\pi'(W,L)=R'(L)-W=0$$

$R'(L)-W=0$ 的经济含义，是厂商增加工人雇用数的边际收益，也就是雇用最后一个工人所能增加的收益，等于雇用工人的边际成本。在本模型中，雇用工人的边际成本也就是平均成本，即工资率。在收益函数 $R(L)$ 的图像上反映出来，就是厂商取得最大利润的工人雇用数 $L(W)$ 对应的在 $R(L)$ 曲线上的点处的切线斜率，一定要等于工资率，具体如图表 5-26 所示。如果在图中画出厂商的成本线 WL，则 WL 与上述切线必然是平行的，也就是说，在 $L(W)$ 处 $R(L)$ 与 WL 之间的距离最大。

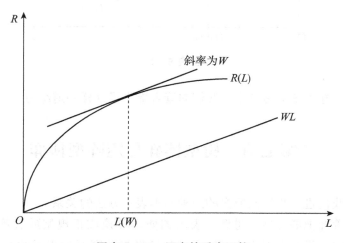

图表 5-26　厂商的反应函数

第二步我们回到博弈的第一阶段，即工会的选择。由于工会了解厂商的决策方法，因此它完全清楚对应于自己选择的每一工资率，厂商将会选择的工人雇用数一定是由一阶条件决定的 $L(W)$。因此，工会需要解决的决策问题是选择 W^*，从而使自己的效用达到最大，即

$$W^* \in \arg\max_{W\geqslant0} u[W,L(W)]$$

只要能够给出工会效用函数的具体形式，我们就可以通过求解这个最优化问题，找出符合工会最大利益的工资率 W^*。

我们可以在图上画出与工会的效用函数 $u(W,L)$ 对应的 W 和 L 之间的无差异曲线，具体如图表 5-27 所示，其中越靠近东北方向的无差异曲线所表示的工会的效用越高。然后，我们把厂商的反应函数 $L(W)$ 画在图表 5-27 上，就可以得到 W^* 的一个图解。事实上，与厂商的反应函数相切的那条无差异曲线所对应的效用，就是工会所能实现的最大效用，而切点的纵坐标 W^* 正是工会为实现最大效用所必须选择的工资率，横坐标则是厂商对工会所选择的工资率 W 的最佳反应 $L(W^*)$。因此，这个博弈的均衡解就是 $(W^*,L(W^*))$。根据我们上面关于子博弈精炼纳什均衡的讨论，我们知道上述策略组合就是一个子博弈精炼纳什均衡。

给出上述模型中效用函数以及收益函数的具体形式，我们就可以求出具体的子博弈

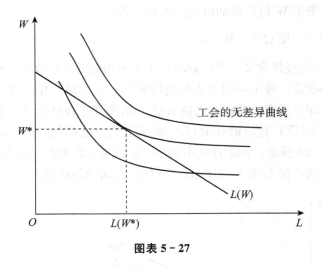

图表 5 - 27

精炼纳什均衡解。在本章的习题中，我们向读者提供了这样一道练习。

** 第七节　树型博弈与矩阵型博弈

在这一节，我们进一步讨论博弈的两种基本表示方法的关系。

前面，我们曾经把展开型（树型）表示的博弈转换成正规型或者策略型（矩阵型）表示的博弈，又曾经反过来将正规型表示的博弈转换为展开型表示的博弈。一个自然的问题是：树型表示的博弈是否都可以"性质不变"地转换成矩阵型表示的博弈？矩阵型表示的博弈是否都可以"性质不变"地转换成树型表示的博弈？

这是一个博弈论专家仍然在讨论的问题，迄今未有完全一致的看法。其中，什么叫作"性质不变"就颇费思量，不容易界定。我们已经体会到，有些博弈采用树型表示比较便于讨论，有些博弈则采用矩阵型表示比较容易入手。的确，这也是博弈论专家比较一致的意见：怎么方便就怎么表示。我们不妨把能否"性质不变"地相互转换这个比较理论性的问题，暂时放在一边。

大家看来比较一致的另外一点是觉得像我们在第一节对进入障碍博弈做过的那样，从树型博弈转换成矩阵型博弈，做法比较明确，不同的人得出来的结果会一样，但是从矩阵型博弈转换成树型博弈，路径就比较丰富，不同的人可能得出不同的结果。问题当然依赖于什么叫作"一样"，什么叫作"不同"。让我们看一个至少样子不大相同的例子，该例子源自**克雷普斯**（David M. Kreps）教授的小册子《博弈论与经济建模》（*Game Theory and Economic Modelling*）。

在图表 5 - 28 的二人矩阵型博弈中，可供参与人 A 选择的纯策略是 U 和 D，可供参与人 B 选择的纯策略是 L 和 R，两个局中人在各个纯策略组合下的博弈支付，已经写在矩阵中。现在考虑把这个矩阵型表示的博弈转换成树型表示的博弈。

首先，我们容易按照形式上 A 先行动还是 B 先行动，将图表 5 - 28 的矩阵型博弈转换成图表 5-29 的上面两树型博弈。在这样做的时候，我们需要信息集的设置。

问题是按照图表 5-28 矩阵型博弈的支付结构，我们还可以将它转换成图表 5-29 最下面那个树型博弈。它和前面两棵博弈树连样子都很不相同，而且有其他一些不同的地方。但是，它们都是图表 5-28 矩阵型博弈的展开型翻版。

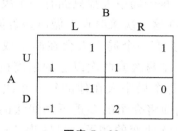

图表 5-28

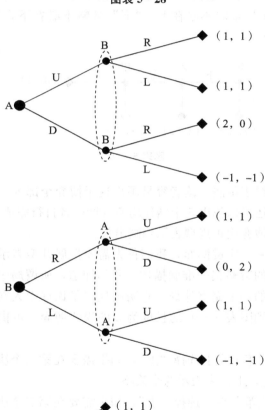

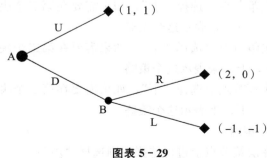

图表 5-29

最后，我们介绍为从序贯博弈转换过来的矩阵型博弈寻找纳什均衡的"多重下划线法"，希望它有助于读者加深对博弈的两种表示方法的关系的认识。

从前面的讨论我们知道，纳什均衡的精髓，是博弈各方"单独偏离（既定的策略选择）没有好处"。在完全信息的同时决策博弈中，由于每个局中人都只有一次决策机会（从序贯博弈的角度看，也就是每个局中人都只拥有一个决策时点），因此每个局中人都只有一次偏离的机会，即只能在这一决策时点上做出是否偏离的选择。但是，在我们实际讨论的序贯博弈中，常常至少有一个局中人会在两个或两个以上的决策时点处进行选择，因此，这个局中人就存在两次或两次以上的偏离机会。这样，纳什均衡所说的"单独偏离没有好处"就要求每个局中人在他的每一个决策时点上都没有动机单独偏离。理解了这一点，掌握我们即将介绍的多重下划线法的思路就比较清晰了。让我们具体看下面这样一个简单的蜈蚣博弈的例子（见图表 5-30），博弈参与人是甲和乙。注意在这个博弈中，"上"策略不必在上，"下"策略不必在下，"上""下"都只不过是个名称罢了。

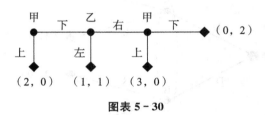

图表 5-30

运用前面学过的粗线表示法，读者容易画出这个博弈全部 8 个可能的对局或者策略组合，运用箭头指向法还可以找出 3 个纳什均衡（请读者自行完成）。但是，我们现在换一个思路，把这个序贯博弈用正规型表示刻画出来。

用正规型表示刻画一个序贯博弈，我们首先需要把展开型表示中的信息转换为对正规型表示中每个局中人的策略集的准确描述。我们知道，所谓局中人的一个策略，就是关于该局中人如何行动的一个完整计划，它明确规定了该局中人在可能遇到的每一种情况下的行动选择。具体到图表 5-30 的长度为 3 的蜈蚣博弈，可供局中人甲选择的纯策略具体有以下 4 个：

策略 1：在第一个决策节点上选择"上"，如果需要在第二个决策节点进行选择，则选择"上"。我们用｛上，上｝来表示这个策略。

策略 2：在第一个决策节点上选择"上"，如果需要在第二个决策节点进行选择，则选择"下"。我们用｛上，下｝来表示这个策略。

策略 3：在第一个决策节点上选择"下"，如果需要在第二个决策节点进行选择，则选择"上"。我们用｛下，上｝来表示这个策略。

策略 4：在第一个决策节点上选择"下"，如果需要在第二个决策节点进行选择，则选择"下"。我们用｛下，下｝来表示这个策略。

局中人乙有以下两个策略：

策略 1：如果需要在决策节点上进行选择，则选择"左"；

策略 2：如果需要在决策节点上进行选择，则选择"右"。

这样，我们就已经把两个局中人的策略集描述清楚，从中导出正规型表示就变得十分简单。在相应的正规型表示中，我们用行表示可供局中人甲选择的策略，用列表示可供局中人乙选择的策略，并填写每个局中人在每一可能的策略组合下的支付。做完这一切，我们得到图表 5 - 31 的正规型博弈。

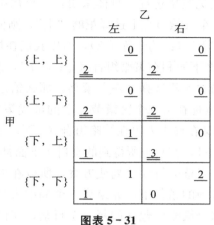

图表 5 - 31

在第二章我们知道，求解二人同时决策的静态博弈的纯策略纳什均衡，可以采用相对优势策略下划线法。具体来讲，就是对局中人乙的每一个可选策略（行动），确定局中人甲相应的最优策略（行动），并在这个策略（行动）组合下甲的支付下面画一横线；对局中人甲的每一个可选策略（行动），确定局中人乙相应的最优策略（行动），并在这个策略（行动）组合下乙的支付下面画一横线。这样做了以后，博弈矩阵中哪个格子里面的两个支付数字下面都画了线，这个格子代表的纯策略组合，就是这个博弈的一个纯策略纳什均衡。

把这个想法直接移植到现在这个从"多阶段"的二人序贯博弈转换过来的矩阵型博弈上，就要对局中人乙的每一个可选策略，确定局中人甲在他自己的每个决策阶段（每个决策节点上）相应的最优策略（给定他在其他决策阶段或决策节点上的策略选择），并在这个相应的策略组合下甲的支付下画一横线；同样，对局中人甲的每一个可选策略，确定局中人乙在他自己的每个决策阶段（每个决策节点上）相应的最优策略（给定他在其他决策阶段或决策节点上的策略选择），并在这个相应的策略组合下乙的支付下画一横线。需要说明的一点是，我们这里所讨论的，都是完全信息序贯博弈，所以决策节点都是单点节点，这意味着每个局中人所拥有的决策节点数目，就是该局中人需要进行决策的次数。例如，在图表 5 - 31 中，局中人甲有两个决策节点，所以他需要决策两次，而局中人乙只有一个决策节点，所以他只需要决策一次。

如果局中人乙选择"左"策略，那么给定局中人甲在他的第二个决策节点上选择策略"上"，则局中人甲在他的第一个决策节点上的最优策略选择将是"上"（因为 2 比 1大），所以我们在局中人甲在策略组合（｛上，上｝，左）下所得到的支付 2 下面画一横线。类似地，如果局中人乙选择"左"策略，那么给定局中人甲在他的第二个决策节点上选择策略"下"，则局中人甲在他的第一个决策节点上的最优策略选择将是"上"（因为 2 比 1 大），所以我们又可以在局中人甲在策略组合（｛上，下｝，左）下所得到的支付 2 下面画一横线。说得更简单一些，我们此时所进行的，就是对局中人甲在策略组合（｛上，上｝，左）和（｛上，下｝，左）下分别得到的支付进行比较。但是，由于局中人甲有两个决策节点，所以我们还要考虑在给定他的第一个决策节点的策略选择的条件下，他在第二个决策节点上的最优策略选择。具体来讲，如果局中人乙选择"左"策略，那么给定局中人甲在他的第一个决策节点上选择策略"上"，则他在第二个决策节点上的最优策略选择将是"上"或"下"（因为 2 等于 2），所以我们在局中人甲在策略组合（｛上，上｝，左）下所得到的支付 2 下面和在策略组合（｛上，下｝，左）下所得到的支付 2 下面都画一横线。同理，如果局中人乙选择"左"策略，那么给定局中人甲在他的第一个决策节点上选择策略"下"，则他在第二个决策节点上的最优策略选择将是"上"或"下"（因为 1 等于 1），所以我们又在局中人甲在策略组合（｛下，上｝，左）下所得到的支付 1 下面和在策略组合（｛下，下｝，左）下所得到的支付 1 下面都画一横线。

我们知道，策略是一个完整的行动计划或方案，所以在二人序贯博弈中，在给定其中一个局中人的某个策略选择的条件下，如果另一个局中人的某个策略构成该局中人的一个最优反应策略，那么这个策略所包含的每一个行动，在该局中人的每个相应的决策节点上都必须是最优的。具体到用矩阵型表示的序贯博弈，就是：给定某个局中人的某个策略选择，如果另一个局中人的某个策略构成该局中人的一个最优反应策略，则这个局中人在这一对策略所形成的策略组合下得到的支付下面的下划线数目，必须等于该局中人所拥有的决策节点数目。在图表 5-30 所描述的蜈蚣博弈的例子中，给定局中人乙选择"左"策略，那么局中人甲的最优反应策略是｛上，上｝和｛上，下｝，因为在局中人乙选择"左"策略的条件下，只有这两个策略所对应的局中人甲的支付下面有两条下划线。

同样的推理告诉我们，给定局中人乙选择"右"策略，局中人甲的最优反应策略是｛上，下｝和｛下，上｝。

现在我们再来看局中人乙的最优反应策略。由于局中人乙只有一个决策节点，所以寻找他的最优反应策略就跟完全信息静态博弈的情形完全一样。给定局中人甲选择策略｛上，上｝，局中人乙的最优反应策略就是"左"或"右"（因为 0 等于 0）；给定局中人甲选择策略｛上，下｝，局中人乙的最优反应策略也是"左"或"右"（因为 0 等于 0）；给定局中人甲选择策略｛下，上｝，局中人乙的最优反应策略是"左"（因为 1 大于 0）；给定局中人甲选择策略｛下，下｝，局中人乙的最优反应策略是"右"（因为 2 大于 1）。我们相应地分别在每个最优反应策略所对应的策略组合下局中人乙的支付下面画一横线。

根据纳什均衡的概念，如果在二人博弈的一个策略组合即一对策略中，每个局中人的策略都是对方策略的最优反应策略，则这对策略就构成博弈的一个纳什均衡。具体的画线，正如上面所看到的，还是就相对优势策略画线。全部画线完毕以后，哪个格子里面两个局中人的支付下面都画了线，并且下划线的数目与相应局中人的决策重数相同，那么这个格子代表的策略组合，就是这个博弈的一个纯策略纳什均衡。根据这个原则，我们容易看到，在这个简单的蜈蚣博弈中，一共有 3 个纯策略纳什均衡：（（｛上，上}，左)、({上，下}，左) 和 ({上，下}，右)，这跟用箭头指向法得出来的结果完全一样。

注意在标示这 3 个纯策略纳什均衡(({上，上}，左)、({上，下}，左) 和 ({上，下}，右) 的格子中，二重决策的局中人甲的支付下面都画了两条线。非如此不成均衡。实际上我们看到，在图表 5－31 的矩阵型博弈中，还有两个格子里面的两个支付数据下面都画了线，但是因为在二重决策的局中人甲的支付下面都只有一条线，下划线数目小于决策重数，所以这两个格子标示的策略组合，不成其为博弈的纳什均衡。

对于确定从二人多阶段序贯博弈转换过来的二人矩阵型博弈的纯策略纳什均衡，上面介绍的方法，是一种有效的方法。我们把这种方法叫作相对优势策略的**多重下划线法**（method of multi-underline）。

掌握这种方法的关键，在于加深对纳什均衡概念的理解。在序贯博弈中，我们说一个策略组合构成纳什均衡，是指对于每个局中人而言，构成纳什均衡的策略在他的每个决策阶段或每个决策节点上都是最优的。有兴趣的读者不妨试着用上面介绍的相对优势策略的多重下划线法，求解下面这个稍微复杂一点的蜈蚣博弈，以检验自己是否真正掌握了这种方法。

图表 5－32 所给出的蜈蚣博弈与图表 5－30 所给出的蜈蚣博弈的区别，仅仅在于现在局中人乙的决策节点由一个变成了两个。但是从整个分析过程看，两者没有本质的区别。我们可以告诉读者，这个长度为 4 的蜈蚣博弈一共有 5 个纯策略纳什均衡，它们分别是：({上，上}，{左，左})、({上，上}，{左，右})、({上，下}，{左，左})、({上，下}，{左，右})、({上，下}，{右，左})。

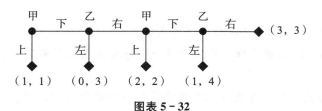

图表 5－32

这样，我们一共介绍了两种求解序贯博弈的纯策略纳什均衡的方法：箭头指向法和多重下划线法。从本质上说，两者没有根本性的区别。从掌握求解纳什均衡的方法考虑，箭头指向法可能要相对容易一些；但从对概念的理解和把握看，多重下划线法要深刻一些。读者更喜欢哪一种方法，那就看自己的判断取舍了。

在结束这一章的时候，我们介绍信息集的虚线表示法，那就是把同一个信息集里面的决策节点，用一条虚线连接起来。这样，图表 5－4 的虚线椭圆围住的三个信息集，就变成如图表 5－33 那样用虚线连接的三个信息集。有些博弈论著述，就采用这种虚线表示法。

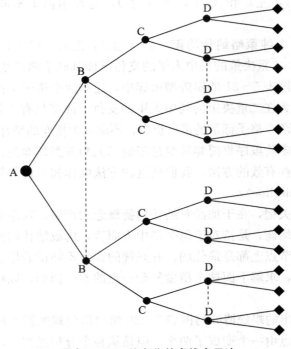

图表 5 - 33 信息集的虚线表示法

◀ **习 题** ▶

1. 图表 5 - 4 的博弈树一共有多少个信息集？

2. 试在图表 5 - 11 的混合博弈中，列举所有导致从上往下第 7 个结果支付为（2，1）的纯策略组合。

3. 试运用倒推法，确定图表 5 - 11 的博弈的一个纳什均衡，并且采用策略组合的粗线表示法在图表 5 - 11 上把这个纳什均衡标示出来。

** 4. 试讨论图表 5 - 11 的博弈有没有其他纳什均衡。

** 5. 试运用纳什均衡的箭头指向法，检验第 2 题的纯策略组合是否为图表 5 - 11 的博弈的纳什均衡。

** 6. 试采用斜杠表示法，写出图表 5 - 11 的混合博弈的所有纯策略组合。

7. 图表 5 - 12 的博弈树一共有多少个子博弈？请把它们全部列举出来。

8. 你在第 3 题运用倒推法确定的图表 5 - 11 的博弈的那个纳什均衡，是不是博弈的子博弈精炼纳什均衡？

9. 找出第四章第 24 题的序贯博弈的子博弈精炼纳什均衡。

10. 构造一个（纯）策略组合数目不少于 7 的展开型博弈，它的纳什均衡的数目大于 1，但是它只有一个子博弈精炼纳什均衡。

11. 构造一个（纯）策略组合数目不少于 7 的展开型博弈，它的纳什均衡的数目大于 1，但是它没有子博弈精炼纳什均衡。

12. 试设计一个尽可能简单的序贯博弈，它有不止一个纳什均衡，但只有一个子博弈精炼纳什均衡，并且基于这个博弈编制故事，说明某一方的策略选择包含一个可信的威胁。

13. 设计一个尽可能简单的序贯博弈，它有不止一个纳什均衡，但是只有一个子博弈精炼纳什均衡，并且基于这个博弈编制故事，说明某一方的策略选择包含一个不可信的威胁。

14. 说明图表 5-23 中蜈蚣博弈的利用倒推法得到的那个纳什均衡，是子博弈精炼纳什均衡。

15. 考虑如下这样一个二人博弈：有两个局中人，A 和 B，A 首先行动，他可以选择"上"或"下"。如果 A 选择"上"，则博弈结束，每个局中人都得到支付 2。如果 A 选择"下"，则轮到 B 做决策，B 可以选择"左"或"右"。如果 B 选择"左"，则双方都只能得到 0；如果 B 选择"右"，则 A 得 3，B 得 1。

（1）请用博弈树的形式表述这个博弈，并判断这个博弈是完美信息博弈还是不完美信息博弈。

（2）请找出这个序贯博弈的所有子博弈。

（3）把这个序贯博弈用矩阵型表示的形式写出来，并找出所有的纳什均衡。在这些纳什均衡中，哪些是子博弈精炼纳什均衡？简要说明理由。

（4）用倒推法找出这个博弈的均衡结果，这个均衡结果是子博弈精炼纳什均衡吗？

16. 请把囚徒困境博弈用博弈树的形式表述出来。这个博弈存在子博弈吗？它的子博弈精炼纳什均衡是什么？这个博弈有多少个信息集？

17. 把第四章第 9 题中头两个展开型博弈表述为矩阵型博弈，并找出每个博弈的所有纯策略纳什均衡。在这些纳什均衡中，哪些是子博弈精炼纳什均衡？说明理由。

18. 考虑下面两个超级大国争霸的博弈：有两个超级大国，1 和 2。在第一阶段，1 首先行动，它可以选择发展核武器或不发展核武器。在第二阶段，2 观察到 1 的选择后，决定自己是发展核武器还是不发展核武器。这个博弈的具体支付情况如下：如果双方都发展核武器，则双方都不会获得额外的好处，我们用 0 和 0 来表示这种情形。如果一方发展核武器而另一方不发展核武器，则发展核武器的一方会赢得军备优势，从而称霸世界。我们用发展核武器的一方得 5、不发展核武器的一方得 -1 来表示这种情形。如果双方都不发展核武器，则可以节省军费开支，我们用双方各得 1 来表示这种情形。

（1）国家 1 有多少个纯策略？国家 2 又有多少个纯策略？

（2）请分别用矩阵型和展开型表示这个博弈，找出这个博弈所有的纳什均衡，并说明其中哪些是子博弈精炼纳什均衡。

19. 在饮料行业中，可口可乐和百事可乐是两个占据市场主导地位的企业。为简单起见，我们假设整个饮料行业只有这两个企业。假设整个市场容量是 80 亿美元。每个企业需要决定是否做广告。如果做广告，则每个企业需要支付 10 亿美元的广告费用。如果一个企业做广告而另一个企业不做广告，则前者将得到全部的市场。如果双方都做广告，则它们平分市场并支付广告费用。如果双方都不做广告，则双方平分市场并且无须支付广告费用。

（1）请写出这个博弈的支付矩阵，找出这两个企业进行同时博弈时的纳什均衡，并画出相应的博弈树表示。

（2）假设双方进行的是序贯博弈，并且可口可乐先行动，然后轮到百事可乐。请分别画出这个博弈的博弈树和矩阵型表示，并判断这是完美信息博弈还是不完美信息博弈。

（3）从双方总体福利最大化的角度考虑，（1）和（2）的均衡是不是最好的？这两个企业怎样做才能使双方都得到更大的支付？

20. 在一个线性伸展的海滩上，500个孩子每100人为一群，分成5群，我们按从左到右的顺序，把这5群小孩分别标记为 A、B、C、D 和 E。有两个小贩，他们需要同时决定在哪里卖冰棍。他们必须各自在这5群人所在的位置上选择一个位置。

如果一个小贩把他的摊位摆放在某群小孩当中，那么这群小孩中的每一个都会向这个小贩买一根冰棍。那些没有小贩摆摊的人群，其中的50个小孩会愿意走到旁边有小贩的人群那里去买冰棍，其中的20个会愿意走到离自己两个人群那么远的有小贩的人群那里去买冰棍，另外的30个小孩不动，没有小孩会愿意走到离自己三个或三个以上人群那么远的地方去买冰棍。由于冰棍很容易融化掉，所以愿意离开自己所在人群去买冰棍的小孩，不会帮不愿意离开的小孩买冰棍。

如果两个小贩选择在同一群小孩里卖冰棍，每一个小贩将得到50%的冰棍总需求份额。如果他们选择在不同的人群里卖冰棍，那么小孩将按照上面描述的规律选择到哪个小贩那里买冰棍，或者不买冰棍；如果到两个小贩处的距离相等，那么小孩究竟选择到哪个小贩那里买冰棍，则是随机的，各有50%的可能性。

每个小贩的目标都是卖出尽可能多的冰棍。

（1）如果两个小贩都选择在 A 处卖冰棍，每个小贩能卖出多少冰棍？如果一个选择在 B 处卖冰棍，另一个选择在 C 处卖冰棍，结果又会怎样？如果一个选择在 E 处卖冰棍，另一个选择在 B 处卖冰棍呢？

（2）用一个5×5的支付矩阵表述这个博弈。

（3）尽可能用劣势策略逐次消去法排除劣势策略。

（4）在（3）的基础上，尝试找出所有的纯策略纳什均衡。

（5）在（3）的基础上，把这个博弈表述为博弈树的形式。

（6）如果我们把博弈改成一个序贯行动博弈，其中一个小贩先选择摆摊地点，然后轮到另一个小贩选择。请用博弈树的形式表述这个博弈。

（7）在（6）的基础上，画出这个博弈的矩阵型表示，并找出所有的纳什均衡。

（8）在（6）的基础上，找出这个博弈的子博弈精炼纳什均衡的结果。这个结果与（3）的结果有什么不同？试说明结果不同的原因。

21. 我们在正文中讨论斯塔克尔伯格模型时曾经提到，企业1的利润大于它在古诺竞争博弈中的利润，而企业2的利润则小于它在古诺竞争博弈中的利润。请根据正文中具体的需求函数以及成本函数计算出这样的结果。

22. 假设在正文所讨论的里昂惕夫劳资博弈模型中，$R(L)=12L-L^2$，$u(W, L)=18WL-3W^2+2L^2$，请求出这个博弈的子博弈精炼纳什均衡。

**23. 如果你曾经做过第一章第3题并把"田忌赛马"的故事完整地表述为一个序贯

博弈，请说明这个博弈是完美信息博弈还是不完美信息博弈。

**24. 如果你曾经做过第四章第 31 题并且把"田忌赛马"博弈的纳什均衡都找出来了，请确认在这些纳什均衡之中，哪些是子博弈精炼纳什均衡。

**25. 对于信息集的理解，一位学生有这样的体会：第四章第 29 题说两个人甲、乙玩"力争上游"的卡片游戏：桌子上，面朝下放着 3 张卡片，分别写着 1、2 和 3。甲先拿一张卡片，然后乙拿一张卡片，他们相互看不到对方卡片上写着的数字。现在，甲先行动，他可以选择是否和乙交换卡片，如果甲选择交换，乙必须和他交换；然后乙行动，他可以选择是否和桌面上剩余的那张卡片交换。这一切做完以后，手上卡片数字小的人，输给手上卡片数字大的人 1 根火柴。这位学生把这个博弈表示如下（见图表 5-34）。

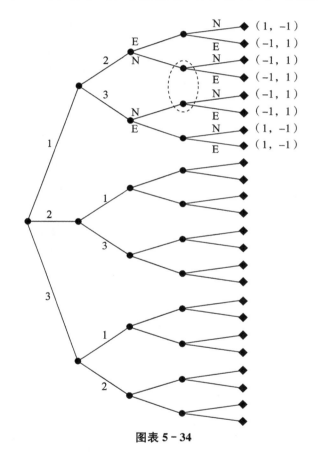

图表 5-34

其中，头两个决策时点，是上帝在选择，最早的 1、2、3，表示上帝让甲抽到 1、2或者 3，上帝第二次选择的 2、3，或者 1、3，或者 1、2，表示在上帝已经把 1 给了甲的情况下给乙 2 或者 3，依此类推。第三个决策时点，是甲的决策时点，甲可以选择与乙交换，记作 E，也可以选择不与乙交换，记作 N；最后一个决策时点，是乙的决策时点，乙可以选择与桌面上的卡片交换，记作 E，也可以选择不与桌面上的卡片交换，记作 N。甲和乙的支付写在后面的括号中。我们只在博弈树的三大分枝中，详细注明了最上面的一个分枝。

　　这位学生认为，只有当甲与乙交换时，乙才清楚甲拿的是什么数字的卡片，从而历史清楚，否则历史就不清楚。因此，最上面的那个分枝从两个 N 即甲不与乙交换伸出去的决策节点，应该属于乙的一个"跨小枝"的信息集。

　　请问：对信息集的这种认识是否准确？

第六章

重复博弈与策略性行动

囚徒困境博弈是博弈论的一个非常深刻的例子，它告诉我们，博弈各方都只是急功近利地盯着自己的利益，可能导致对各方都不利的结局。价格大战、广告大战和优惠大战，都是和囚徒困境一样的个体私利导向整体损失的博弈。

我们迄今讨论过的博弈，基本上都是一次博弈，在一次博弈的框架中分析博弈的形势，讨论可能的结果。但是如果这个博弈会重复进行，情况可能就会有很大变化，结局可能就很不相同。就拿囚徒困境来说吧，在"一次"囚徒困境博弈中，不管对方怎样，"我"把对方"卖"了，总是对自己有利，所以双方都选择"出卖"对方的这个严格优势策略。可是，在这次博弈以后，在对方"刑满释放"以后，情况会怎么样，那是一个必须考虑的问题。事实上，出狱报复或者越狱报复，正是许多外国小说和电影的主题。

本章讨论的重点，就是考察在囚徒困境博弈之类的博弈中，如果博弈是重复进行的，能否实现使整体利益大一些的博弈结果。之所以以囚徒困境重复博弈为例，就是为了对比地探讨局中人能否因为博弈重复而克服为短视的个体私利而出卖对手的倾向，转而彼此合作，使双方从长期看来都得到比较大的收益。

我们首先复习一下标准的囚徒困境博弈，然后分别讨论有限重复、无限重复以及重复次数不确定三种情形，探讨囚徒困境重复博弈的各种可能结果，并给出一般性的理论概括。

我们还会讨论博弈论中与策略性行动有关的其他若干经典论题，如承诺、威胁及其可信性等。

第一节　囚徒困境的有限次重复

在开始探讨重复的囚徒困境博弈之前，我们简要地复习一下单阶段囚徒困境博弈的基本内容。故事是这样的：一个案件发生以后，警察抓到甲和乙两个犯罪嫌疑人，但是没有掌握足够的证据。这时候，警方把他们隔离囚禁起来，要求他们坦白交代。如果他们都招供，每人都将入狱 3 年；如果他们都抵赖，由于严重犯罪的证据不足，每人都将只入狱 1 年；如果一个抵赖而另一个供认并且愿意做证，那么抵赖者将入狱 5 年，而坦白者将因为做证指认立功受奖而免受刑事处罚。图表 6-1 具体给出了囚徒困境博弈的支付矩阵。每个格子中的数字的绝对值表示入狱的年数。

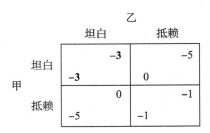

图表 6-1　囚徒困境博弈

　　甲、乙两个局中人都有各自的严格优势策略，即坦白：无论对手是坦白还是抵赖，自己选择坦白对于自己的利益来说总是最好的。从而上述囚徒困境博弈的纳什均衡结果，是两个局中人都选择坦白并因此都入狱 3 年。然而，如果他们都选择抵赖，他们受到的惩罚都比较轻，即每人只需入狱 1 年。

　　为了语言上的简便，在所有囚徒困境博弈中，我们概括一个**合作策略**（cooperative strategy）以及一个**背叛策略**（betrayed strategy）。在图表 6-1 中，抵赖就是一个合作策略，主要是对对方表示合作。如果两个局中人都采取这个合作策略，他们会得到对双方都比较好的博弈结果。而坦白则是一个背叛策略，在这里主要是说不考虑对方的利益。这时候他们会选择坦白，企图通过牺牲对手的利益来增进自己的利益。这样，我们还可以根据局中人所选择的策略而把他们称为囚徒困境博弈的**背叛者**（betrayed player）或者**合作者**（cooperative player）。在下文的讨论中，我们将统一使用这些方便的称谓。我们知道，价格大战、广告大战和优惠大战，实际上都是囚徒困境博弈。例如价格大战，我们会把博弈参与人维持高价格叫作合作策略，把降价竞争叫作背叛策略。

　　对于如囚徒困境博弈这样的博弈而言，在所有能够支持局中人选择合作策略的机制中，最著名同时也是最自然的当属重复博弈。在囚徒困境重复博弈中之所以能够出现局中人之间的合作，是因为局中人担心一次不合作会招致未来合作机会的丧失。如果未来合作的价值很大，超过采取背叛策略所能获得的短期收益，则出于对长远利益的考虑，双方会形成非契约的默契，使彼此都从默契的非契约合作中得到好处。

　　现在让我们分析一个具体的囚徒困境重复博弈。相信读者还记得价格大战的例子，它在本质上和囚徒困境是一样的，但是因为支付都是正数，讨论起来比较自然，更加便于讨论。这就是我们选择囚徒困境博弈的价格大战版本的理由。具体来说，两个企业垄断了一种商品的市场，如果它们都实行高价，各得利润 5 万元；如果你高我低，我得 6 万元你得 1 万元；如果都实行低价，双方的利润都是 3 万元（见图表 6-2）。大家已经清楚，如果只是一次博弈，双方都实行低价是唯一的纳什均衡。但是我们现在即将讨论的，是如何才能使双方在重复博弈中合作这个新问题。为分析问题的方便，我们设想两个企业对它们的同质产品在每个星期一都要重新定价，"价格大战"按照星期的频率重复。

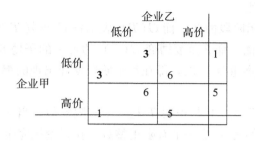

图表 6-2　价格大战的囚徒困境

　　假定开始的时候这两个企业彼此合作，双方都实行高价。如果其中一个企业，比如说企业乙，在某个星期一偏离这个定价策略，则它在这个星期的利润会从 5 万元上升到 6 万元。但如果乙这样做，它们的合作就会瓦解，甲会觉得不应当继续它们之间的合作。一旦彼此不合作，乙在往后每个星期所得的利润都顶多只能是 3 万元，而不是采取背叛策略之前的 5 万元。乙在采取背叛策略的当周获得的 1 万元利润的增加，是以随后每个星期损失 2 万元为代价的。这样看来，即使这种合作关系的潜在持续期只有两个星期，似乎采取背叛策略也不是企业乙的最优选择。同样的论证似乎也适用于企业甲。因此，如果这两个企业之间的竞争预计能够持续两个星期或者两个星期以上，似乎我们就可以预料两个企业都会选择高价这个合作策略，而不是像一次博弈模型所推断的那样，双方进行价格战，都采取低价策略。

　　但是，囚徒困境有限重复博弈的解，并没有像上面描述的那么简单。让我们从博弈互动的视觉出发，仔细看看如果甲、乙之间的合作关系恰好只持续两个星期，结果会是怎样的。出于对策略互动性的考虑，这两个企业需要对这个持续两个阶段的博弈进行全面的分析，并选择它们各自最优的定价策略。这样，每个局中人都会使用我们前面介绍过的倒推论证法，决定各自的策略选择。我们首先从最后一个阶段即第二个星期开始分析，此时双方都会意识到，这已经是最后一次博弈了，没有"后效"影响，于是各方都只追求这次博弈的利益，不必为将来打算。这时候每个企业都会发现，背叛是自己的一个优势策略。因此为了自己的利益，双方都要实行低价，抢夺市场份额。结果竟然和一次囚徒困境博弈一样。现在考虑第一阶段即倒数第二个星期的博弈。局中人已经清楚，在最后一次博弈对方肯定要背叛从而实行低价，不管我现在对他如何好心（即收缩产量维持高价），都不会在下一次得到好报。既然这样，作为理性人的"我"，现在没有理由对他好心而损害自己的利益。因为双方都这样想，于是这个两阶段博弈的第一阶段博弈的结果，也和一次囚徒困境博弈一样，是双方都只追求当时的私利。按照这样的推断，从一开始，甲、乙双方都会采取背叛策略。这样的话，两阶段的价格大战博弈就无法走出囚徒困境。

　　这是一个非常一般化的结果。在囚徒困境多阶段重复博弈中，只要两个局中人的策略互动关系所持续的次数固定，或者说只要囚徒困境的重复次数是预先确定并且双方知晓的有限正整数，那么在理性人假设之下，重复博弈的结果一定还是各方在每次博弈中只追求当时的私利，即每个局中人在每个阶段的博弈中都采取背叛策略。上述结果可以归纳为下面一般化的定理。

定理 6.1 令 G 表示阶段博弈，而 $G(T)$ 表示把 G 重复 T 次的重复博弈，$T<\infty$。如果 G 有唯一的纳什均衡，那么重复博弈 $G(T)$ 的唯一的子博弈精炼纳什均衡的结果，是阶段博弈 G 的纳什均衡重复 T 次，即在每个阶段博弈出现的都是一次性博弈的那个均衡结果。

在数学上，不等式 $T<\infty$ 只是说明 T 是一个有限实数，当 T 已经被界定为正整数的时候，不等式 $T<\infty$ 指的是 T 是一个有限正整数。在讨论把完全一样的一个博弈 G 重复 T 次的时候，我们把 G 叫作**阶段博弈**（stage game），或者把它理解为基础博弈，而把 G 重复 T 次的博弈记作 $G(T)$。上述定理表明，只要博弈重复的次数有限，并且博弈各方都知道博弈重复的次数有限，知道博弈具体重复多少次，那么博弈重复这个事实本身并不改变囚徒困境原来的均衡结果。

在我们上面给出的例子中，阶段博弈就是每个星期甲、乙双方所进行的如图表6-2所示的定价博弈。需要注意的是，定理中单阶段博弈纳什均衡的"唯一性"是一个重要的条件。如果阶段博弈的纳什均衡不唯一，上述结果就不一定成立。富登伯格和梯若尔（Fudenburg and Tirole，1992）在他们那本著名的博弈论教材中对此提供了详细的说明，有兴趣的读者可参考他们的著作。

第二节　囚徒困境的无限次重复

上面关于有限次重复囚徒困境博弈的分析表明，即使博弈是重复进行的，也不能保证局中人会采取合作的策略。具体来说，如果囚徒困境博弈重复的次数有限，并且博弈各方都知道博弈重复的次数有限，知道博弈具体重复多少次，那么在理性人假设之下，博弈的每个参与人在每个阶段博弈都仍然会采取他们的背叛策略。但是，如果囚徒困境博弈将无限次重复下去，或者重复的次数事先没有确定，结果又会怎样呢？以价格大战的囚徒困境为例，首先我们考虑，如果甲、乙两个企业的竞争将持续无限次，结果会怎么样。这时候，我们的分析就要有所改变，必须反映博弈将重复无限次这一新的互动关系特征。我们将发现，如果博弈重复的次数是无限的，那么对于局中人的激励也会发生相应的改变。

在任何重复博弈中，互动关系的序贯性均意味着局中人可以根据先前双方的博弈行为，决定自己下一阶段的策略选择。具体来说，根据先前双方是否合作，决定自己下一阶段的策略是选择合作还是选择背叛等等。这类策略在博弈论上被笼统地称为**依存策略**或者**相机策略**（contingent strategy），后一种翻译取自汉语"相机行事"的说法。大多数依存策略都是现在就要介绍的所谓**触发策略**（trigger strategy）。因为阶段博弈已经限制为囚徒困境博弈，所以在下面的讨论当中，注意合作策略和背叛策略是关于囚徒困境博弈这个具体的阶段博弈的策略，而触发策略则是关于囚徒困境博弈重复多次的这个多阶段博弈的策略。现在，是重复无限次。

在囚徒困境重复无限次的这个多阶段博弈中，一个局中人使用触发策略，说的是只要他的对手在博弈的每个阶段一直采取合作策略，该局中人就会在博弈的每个阶段均采取合作策略；但是，一旦对手在博弈的某个阶段采取背叛策略，就会触发该局中人在往后的一个时期内采取不合作策略，甚至永远采取不合作策略，这样来对对手实施惩罚。基于往后的"一个时期内"实施惩罚这个"时期"的长短，有惩罚期长短不同的触发策略。作为两个极端，两个最著名的触发策略分别是**冷酷策略**（grim strategy）和**礼尚往来策略**（tit-for-tat strategy）。

很明显，触发策略包含着威胁和惩罚，但是惩罚的力度有所不同，现在表现为惩罚期的长短。其中冷酷策略，是指双方一开始的时候选择合作，然后继续选择合作，直到有一方选择背叛，从此双方永远选择背叛。这个策略之所以冷酷，是因为任何局中人的一次性不合作都将触发永远的不合作。相比之下，礼尚往来策略要温和许多，我们很快可以看到，礼尚往来策略既可以让重复的囚徒困境博弈"走出囚徒困境"，又无须借助于"永久受罚，不可挽回"的惩罚机制。所谓礼尚往来策略，开始的时候和冷酷策略一样，即双方从合作开始，在以后的每个阶段，如果你的对手在最近的一次博弈中还是采取合作策略，则你继续跟他合作；如果你的对手在上一阶段的博弈中采取背叛策略，则你在下次的博弈中采取背叛策略报复他，但是如果你的对手在下一次博弈中"回心转意"又采取合作策略了，则你在再下次继续博弈中还是跟他合作。可见，礼尚往来策略是一种这样的策略：你这次对我不好，下次我马上对你不好；你这次"改邪归正"了，下次我马上与你"和好如初"。

实际上，礼尚往来策略因此也被一些学者称作不记仇的触发策略，与此相对应，冷酷策略也可以被称作记仇的触发策略，或者"惩罚无穷次"的礼尚往来策略。注意，这里的"惩罚无穷次"，不是字面意思的惩罚无穷次，而是特指一直惩罚下去。从字面来说，惩罚一次又合作一次，再惩罚一次又合作一次，这么反复下去，也是惩罚无穷次，但不是我们刚才所说的惩罚无穷次的礼尚往来策略中的"惩罚无穷次"。

礼尚往来策略被一些学者直译为"以眼还眼、以牙还牙"策略、"针尖对麦芒"策略或者"针锋相对"策略，但是我们认为"以牙还牙"和"针锋相对"之类的说法，只体现制裁的一面，没有反映原谅的一面，更不用说合作的意愿了，所以"以牙还牙"和"针锋相对"的说法未能概括礼尚往来策略的原意。不过，一定要把它叫作以牙还牙策略或者针锋相对策略也无所谓，就像几幢没有花园的公寓也可以被开发商叫作"东方花园"一样，毕竟只是个称呼而已。

以前面两个企业垄断一个市场的价格竞争策略为例，礼尚往来策略是这样的：一开始，"我"好心收缩产量力图维持高价以便双方都得到较高的利润；如果你这次也这么"好心"，那么下次我继续"好心"，如果你这次以"坏心"对我的"好心"，那么下次我也不客气。但是，如果你下次又重新"好心"待我，那么我在再下次又会重新回报你以"好心"。也就是说，只有当你的对手继续采取背叛策略的时候，惩罚阶段才会继续下去。

密歇根大学的政治学家罗伯特·阿克塞尔罗德（Robert Axelrod）深入讨论了礼尚往来策略这种惩罚方式，把它归纳为非常简短的一句话：以其人之道，还治其人之身。

为了说明博弈怎么开始，我们需要说得更精确一些：礼尚往来策略在开始的阶段博弈中选择合作，以后则**模仿**对手在前一阶段博弈的行动，对手上次对我怎样，这次我就对他怎样。

阿克塞尔罗德认为，礼尚往来策略体现了任何一个行之有效的带威胁的策略明显应该符合的 4 个原则：清晰、善意、激励性和宽恕性。再也没有什么（英文）字眼会比 tit for tat 更加清晰、更加简单了。这一法则不会引发作弊，所以是善意的。它也不会让作弊者逍遥法外，所以能够产生激励。但是它也是宽恕的，因为它不会长时间怀恨在心，而是只要作弊者能够改正，就愿意恢复合作。"不记仇"是宽恕性的另一表述。

阿克塞尔罗德并不仅仅纸上谈兵，他还通过实验证明礼尚往来策略的威力。他设计了一个二人囚徒困境重复博弈的锦标赛，邀请世界各地的博弈论学者以电脑程序的形式提交他们的策略。这些程序两两结对，反复进行 150 次囚徒困境重复博弈。参赛者按照最后总得分排定名次。

结果获得冠军的是多伦多大学数学教授阿纳托·拉波波特（Anatol Rapoport）。他的取胜策略就是礼尚往来。阿克塞尔罗德对此感到很惊讶。他又开展了一次锦标赛，这次有更多学者参赛。拉波波特再次提交礼尚往来策略，再次夺标。

礼尚往来策略的一个非常引人注目的特征在于，虽然它在整个比赛中取得了突出的成绩，但是它实际上并没有（也不能）在一场一对一的正面较量中击败对手。最好的结果是跟对手打成平局。因此，假如当初阿克塞尔罗德是按照"赢者通吃"的原则打分的，礼尚往来策略的总得分怎么也不会超过 0.500，更不可能取得最后的胜利。

不过，阿克塞尔罗德没有按照"赢者通吃"的原则给结对比赛的选手打分，只有比赛全部结束了才给出总的得分来决定胜负。礼尚往来策略的一大优点在于，它最坏的结果是礼尚往来策略一直遭到背叛。在这种情况下，对方占了一次便宜以后，往后的每个阶段总是打成平局，于是重复次数越多，双方的得分越接近。礼尚往来策略之所以赢得了两次锦标赛，理由是它通常都能够十分有效地促成合作，同时避免相互背叛。其他参赛者的策略则要么太轻信别人，一点也不会防范和惩罚背叛，要么太咄咄逼人，动不动就把对方踢出局。

不过，尽管如此，礼尚往来策略仍然是一个有缺陷的策略，因为只要有一丁点儿发生误解的可能性，礼尚往来策略的优势就会土崩瓦解。这个缺陷在人工设计的电脑锦标赛中并不明显，因为电脑按照程序"照章办事"，根本不会出现误解。但是，人是会犯错误的，任何具体的人都不是完美的。一旦人们将礼尚往来策略用于解决现实世界的问题，误解就难以避免，结局可能变成一场灾难。

举个例子：1987 年，美国就苏联侦察和窃听设在莫斯科的美国大使馆一事做出回应，宣布减少在美国工作的苏联外交官的人数。苏联的回应是调走苏联在莫斯科美国大使馆的后勤人员，同时对美国外交使团的规模设置更加严格的限制。结果是双方都难以开展各自的外交工作。另一个引发一系列针锋相对行动的例子出现在 1988 年，当时加拿大发现前来访问的苏联外交官从事侦察活动，当即宣布缩小苏联外交使团的规模，而苏联则以缩小加拿大在苏联的外交使团的规模作为回应。到了最后，两个国家关系恶化，此后的外交合作也就更是难上加难。

礼尚往来策略存在的问题在于，任何一个错误都会反复重现，犹如回声震荡。只要一次出错，一方就会惩罚另一方的背叛行为，从而引发连锁反应。对手在受到惩罚之后，不甘示弱，进行反击。这一反击招致第二次惩罚。事实上，按照这个策略，博弈的参与人无论什么时候都不会接受惩罚而不做任何反击。以色列由于巴勒斯坦发动袭击而进行惩罚，巴勒斯坦拒绝忍气吞声，于是采取报复行动。由此形成中东地区数十年时间的恶性循环，惩罚与报复就这样"自动"地永久持续下去。

现在还是让我们回到前面图表6-2中两个企业垄断一个市场的价格竞争策略这个例子的讨论中来，我们想通过这个例子的讨论，进一步掌握分析重复博弈的基本方法。

假定甲企业采取"礼尚往来"的触发策略。在前面的讨论中我们已经知道，如果乙企业在某个星期采取背叛策略，则它在这个星期可以增加1万元利润（即得到6万元利润而不是5万元利润）。但是如果甲采取礼尚往来策略，则乙的这种背叛行为会招致甲在下个星期的报复。在遭受甲报复的这个星期，乙有两个选择：它可以实行低价继续背叛下去，那么甲也会继续实行低价惩罚乙，这样的话，乙从遭受报复的这个星期开始，每周的损失将是2万元（即得到3万元利润而不是5万元利润）；当然，乙也可以改邪归正转而采取合作策略。如果乙在背叛之后的下一周重新采取合作策略，则它在遭受惩罚的这个星期将损失4万元（即得到1万元利润而不是5万元利润）。但是对于甲来讲，由于它采取的是礼尚往来策略，所以它在惩罚一次以后接下来的那个星期将重新采取合作策略，这样的话，每个企业在之后的每个星期所赚取的利润又会重新回到5万元。

需要注意的是，乙通过背叛所获得的1万元利润的增加是在第一个星期实现的，而由此造成的损失则是它在未来才需要承受的。因此，利润的增加与损失的承受之间的权衡，取决于未来与当前相比的相对重要性。在这里，假定支付的计算以金钱来衡量，我们就可以进行客观的比较。一般来说，今天能赚到一笔钱要比未来赚到同样多的一笔钱好。这是因为即使你将来才需要这笔钱，但如果你今天就能拿到这笔钱，那么你今天就可以用它来进行各种别的投资，赚取"额外"的收益，直到你需要使用这笔钱为止。因此，乙就会想，背叛有没有好处？它会考虑今天赚到的这笔钱用于投资所能产生的投资**收益率**或者**回报率**（rate of return）r是多少。r可以是股票分红的收益率，可以是银行利率，还可以是债券利率，它依赖于乙的投资类型。

由于企业的利润是以金钱来度量的，因此我们就可以计算乙采取背叛策略是否符合它自身的利益。

我们首先分析这样一种情形：如果其中一个局中人采取礼尚往来策略，那么另一个局中人背叛一次是否值得？

如果双方开始的时候进行合作，并且甲企业所使用的是礼尚往来策略，则乙企业的一个选择是背叛一次之后继续与甲企业合作。采用这个策略，则乙企业在第一个星期（即它进行背叛的那个星期）可以多得到1万元利润，但它在第二个星期将会损失4万元。而从第三个星期开始，双方又可以继续进行合作。我们现在要讨论的是，只背叛一个星期对乙企业来说是否有利？

我们不能把第一个星期多赚的1万元与第二个星期损失的4万元直接进行比较，这是因为我们还必须考虑金钱的时间价值。也就是说，我们需要通过一种方式，决定第二个星期损失的 4 万元在第一个星期值多少钱，然后我们把这个经过转换的金额与 1 万元进行比较，从而确定背叛一次是否值得。这里我们所要寻找的，其实就是未来的 4 万元**的现值**（present value），或者说这个星期应当赚多少钱才能相当于下个星期所赚的 4 万元。换句话说，我们需要确定今天挣多少钱，经过利率换算后，能够在下个星期给我们带来 4 万元的收益。我们把这个金额记为 PV，它表示 4 万元的现值。

PV 必须满足下面的等式：

$$PV + rPV = 4$$

给定每周的投资收益率 r，则我们可以求出 PV。现在显然，

$$PV = \frac{4}{1+r}$$

对于投资收益率 r 的任何取值，我们现在都可以按照这个式子确定今天挣多少钱才能相当于下个星期的 4 万元钱。

站在乙企业的角度看，它需要决策的问题是，这个星期所多赚的 1 万元能否抵销下个星期 4 万元的损失。而答案则依赖于下个星期所赚的 4 万元钱的现值的具体取值。乙企业必须将所得到的 1 万元钱的收益与所损失的 4 万元钱的现值进行比较。因为 $PV = 4/(1+r)$，我们知道只有当 $1 > 4/(1+r)$ 时，乙企业背叛一次然后与甲企业继续合作才是值得的。解这个不等式我们容易得到 $r > 3$。因此，只有当投资的周收益率超过 300% 时，乙企业背叛一次然后与甲企业继续合作才是值得的。显然，这个结果发生的可能性极低，或者说几乎不可能。因此，就这个博弈而言，当甲企业采取礼尚往来策略时，乙企业与甲企业一直保持合作要优于背叛一次然后继续合作。

下面我们再讨论第二种情形：如果其中一个局中人采取礼尚往来策略，那么另一个局中人永远背叛下去是否值得？

我们还是假设甲企业实行礼尚往来策略，但乙企业现在采取背叛一次后就永远背叛下去的策略。这样，乙企业在第一个星期将多得到 1 万元利润，但它在以后每个星期都将遭受 2 万元的损失。为了考察这个策略是否符合乙企业自身的利益最大化目标，我们同样需要考虑它所承受的所有损失的现值。需要注意的是，乙企业现在所承受的损失从理论上说是无限期的损失。所以，我们需要计算出乙企业在未来每个星期所遭受的 2 万元钱损失的现值，并把它们加总起来与第一个星期多挣的 1 万元钱进行比较。按照复合利率的计算方法，如果周投资收益率 r 固定，乙企业在背叛后的第二个星期所遭受的损失的现值为 $2/(1+r)$，在第三个星期所遭受的损失的现值为 $2/(1+r)^2$，依此类推，直到无穷。这样，它们的总和就是

$$\frac{2}{1+r} + \frac{2}{(1+r)^2} + \frac{2}{(1+r)^3} + \frac{2}{(1+r)^4} + \cdots \tag{6.1}$$

由于 r 表示投资收益率，并且我们假定它是一个正数，所以比率 $1/(1+r)$ 小于 1；这个比率通常被称为**折现因子**（discount factor），一般记作希腊字母 δ。由于 $\delta = 1/(1+r) < 1$，根据等比数列的求和公式，等比无穷级数（6.1）收敛于一个具体的值，具体来

说就是 $2/r$。

现在，我们就可以确定乙企业是否会选择永远背叛下去。乙企业在决策时需要比较 1 与 $2/r$ 的大小关系。如果 $1>2/r$，或者说 $r>2$，则乙企业会选择永远背叛下去。换句话说，只有当投资的周收益率超过 200% 时，乙企业选择永远背叛下去才是值得的，然而这同样几乎是不可能的。因此，当甲企业、乙企业双方都实行礼尚往来策略时，乙企业是不会背叛一个采取合作策略的对手的。当甲企业、乙企业双方都实行礼尚往来策略时，双方都实行高价这个合作结果就会成为这个博弈的一个纳什均衡。这样，礼尚往来策略就解决了囚徒困境的难题。

需要指出的是，礼尚往来策略并非解决囚徒困境难题的唯一手段，冷酷策略同样可以做到这一点，只不过礼尚往来策略相对温和一些罢了。冷酷策略的分析思路在本质上与礼尚往来策略类似，作为练习，我们请读者对采取冷酷策略的情形做出同样的分析。

有些读者会问：如果博弈双方都采取礼尚往来策略，而且在第一期的时候甲企业选择合作而乙企业选择背叛，那么这个博弈是否就不会发生双方合作的情形，成为一直都是一方选择合作另一方选择背叛的恶性循环？是的，情况就是这样。这也是一般来说我们只把一开始双方都合作的礼尚往来策略叫作礼尚往来策略的原因，从而我们通常不把读者提出的这种策略包括在我们所说的礼尚往来策略之内。

事实上，即使双方都采取一开始双方合作的礼尚往来策略，若在某一阶段一方不小心做错了，接下去也将会是连绵不断的相互报复。许多博弈论专家认为，前面说过的以色列和巴勒斯坦之间愈演愈烈的争斗报复，就是现实的例子。有趣的是，这种一旦犯错就永远振荡的态势，只有靠在某个阶段被报复的一方因"大意"而忘记了在下一阶段"以牙还牙"报复回去，才能够解脱。

最后我们指出，冷酷策略和礼尚往来策略都可以用一种**"惩罚 K 次的礼尚往来策略"**（tit-for-tat strategy with K punishments）来概括，这就是：如果你的对手在某一阶段博弈中采取背叛策略，则你在后面连续 K 个阶段博弈中采取背叛策略来惩罚他。这里，自然数 K 究竟有多大，即被背叛以后，究竟连续惩罚或者报复多少次，是策略本身的规定。如果我们把这种"惩罚 K 次的礼尚往来策略"叫作礼尚往来策略，那么可以把原来总是只惩罚一次的礼尚往来策略，特别叫作**严格的礼尚往来策略**（strictly tit-for-tat strategy）。

请注意，这里的"严格"指的是严格于"礼尚往来"的字面意思：你这次对我不好，下次我马上对你不好；你这次"改邪归正"对我好了，下次我马上与你"和好如初"。但是就博弈的对抗关系来说，严格的礼尚往来比非严格的礼尚往来宽容得多，严格的礼尚往来策略，是最不严厉的礼尚往来策略。

第三节　重复次数不确定的情形

我们在前面分别讨论了重复次数有限和重复次数无限的博弈，但是，除了这两类重复博弈外，我们还需要考察局中人并不清楚彼此之间的博弈关系到底会持续多久这种重复博弈的情形。讨论这类特殊的重复博弈，我们需要引入新的分析工具。

首先我们设想，在这类重复博弈中，虽然局中人并不确切知道博弈究竟会持续多长时间，但他们应该对博弈能否多持续一个时期或者多重复一次形成一定的概率判断。例如，以我们上面一直讨论的两个企业垄断一个市场的价格竞争博弈为例，如果甲、乙两个企业都是生产某种电视机的企业，则它们会认为，只要消费者还欢迎这种电视机，对它们生产的电视机就还有需求，它们彼此之间的重复竞争就会持续；要是从某个星期开始，市场上出现了另外一种能够替代它们的产品的电视机，消费者不再需要购买它们所生产的电视机了，则甲、乙两个企业之间的博弈就可能发生根本性的改变。

在上一节的讨论中我们说过，在实行背叛策略后的下一个星期的损失的现值，等于 $\delta=1/(1+r)$ 乘以损失。但是，如果双方的这种博弈关系在下一个星期持续的概率只有 $p(0<p<1)$，则下一个星期的损失的现值将只有 p 乘上 δ 再乘上损失那么多。对于乙企业来讲，这意味着如果竞争一定持续下去，继续背叛所遭受的 2 万元损失的现值等于 2δ [或者 $2/(1+r)$]；但是如果竞争持续下去的概率只有 p，继续背叛所遭受的 2 万元损失的现值就等于 $2p\delta$。由此可看出，引入下一阶段结束博弈的不确定性（用概率 p 表示），使得损失的现值相比于确定性情形变小了。

引入 p 使得我们需要用因子 $p\delta$ 而不是单单用 δ 来折现未来的支付。在此基础上，我们引入投资的**有效收益率**（effective rate of return）R，其中 $R=1/(p\delta)-1$，R 取决于 δ 和 p。可见，所谓投资的有效收益率，是指在引入不确定性这个因素以后，投资者的预期收益率。与原来的投资收益率相比，有效收益率体现了对投资风险的考虑。

从 $R=1/(p\delta)-1$ 易得

$$R+1=1/(p\delta)$$

例如，如果投资收益率是 10%（即 $r=0.1$，从而 $\delta=1/1.1=0.91$），并且博弈再持续一个星期的概率是 35%（即 $p=0.35$），那么可以算出投资的有效收益率是 $R=[1-0.35\times0.91]/(0.35\times0.91)=2.14$，或者说 214%。

从上面的分析我们可以发现，如果博弈在不久的将来结束的可能性足够大，局中人采取背叛策略将有利可图。我们不妨站在乙企业的角度考虑是否采取永久性背叛的策略。假定甲企业坚持采用礼尚往来策略，根据我们先前的分析可以知道，只有当 r 超过 2 或者 200% 时，采取永久性背叛策略才是值得的。但是如果乙企业所面临的前景是 10% 的投资收益率以及博弈再持续一个星期的概率是 35%，那么根据我们前面的分析，有效收益率是 214%，超过了 200% 的临界值。因此，如果重复博弈有足够高的概率在下一阶段结束，也就是 p 足够小，则通过礼尚往来策略支持的合作会由于局中人的背叛而结束。

前面我们讨论了当对手采取礼尚往来策略时，在什么情形下采取背叛策略是值得的。我们很容易就能够把这种分析方法一般化，用它分析各种类似的囚徒困境重复博弈问题。为了使分析过程具有一般性，我们用字母而不是具体数字来表示局中人的支付，这些字母满足图表 6-1 所体现的囚徒困境支付的标准结构，具体见图表 6-3。列示在图表 6-3 的支付矩阵中的支付，满足以下关系：$H>C>D>L$，其中 C 表示双方合作时各自得到的支付，D 表示双方都采取背叛策略时各自得到的支付，H 表示当一个局中人采取背叛策略而另一个局中人采取合作策略时背叛者所得到的支付，L 则是同一情形下合作者所得到的支付。

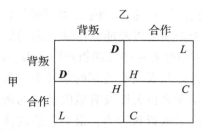

图表6-3　囚徒困境博弈的一般形式

在这个一般化了的囚徒困境博弈中，一个局中人采取背叛策略所得到的一次性收益为（$H-C$），背叛者重新采取合作策略时需要经过一个惩罚期，在惩罚期内所遭受的损失为（$C-L$），背叛者采取永久性背叛策略时每期的损失为（$C-D$）。为了使分析尽可能一般化，我们考虑这样一种情形：博弈在下一时期继续的可能性为 p（$0<p<1$），并且每个时期都使用有效收益率 R 对支付进行折现。如果 $p=1$，则博弈一定会持续下去，此时 $R=r$，这是最简单的一种情形。因为可以用 R 代替 r，我们立刻可以把先前讨论的结果一般化。

在前面的讨论中我们发现，在给定对手采取礼尚往来策略的条件下，如果背叛当期所获得的收益超过下一个惩罚期内所遭受的损失的现值，则局中人会采取背叛行为。在现在这个一般化了的囚徒困境博弈中，这意味着只有当（$H-C$）>（$C-L$）/（$1+R$）时，一个局中人才会背叛一个采取礼尚往来策略的对手。这个条件可进一步改写为：

$$R>\frac{C-L}{H-C}-1$$

类似地，永久性的背叛行为会导致未来各个时期都产生损失，在对手采取礼尚往来策略的条件下，只有当背叛所获得的一时收益超过无限期损失之和的现值时，局中人采取永久性的背叛策略才是值得的。就现在这个一般化了的囚徒困境博弈来讲，这相当于要求条件（$H-C$）>（$C-D$）/R 得到满足，或者说：

$$R>\frac{C-D}{H-C}$$

以上分析表明，一个局中人在决定是否采取背叛行为时，他需要考虑的最重要的因素，是权衡背叛行为所产生的即时收益以及未来需要承担的损失。此外，他还需要考虑折现因子 δ 以及博弈持续下去的概率 p 这两个重要因素，这两个因素共同决定了 R 的取值。经济学上通常用折现因子作为衡量"未来相比于现在的重要性"的指标。折现因子越大，表示未来越重要，表示越看重未来；折现因子越小，表示未来越不重要，表示越不看重未来。从式子 $R+1=1/(p\delta)$ 我们知道，$R+1$ 与折现因子 δ 和博弈持续下去的概率 p 都成反比，因此，如果未来越重要而现在越不重要，则均衡的有效收益率 R 就会越低。具体来说，在给定 p 的条件下，低的有效收益率对应于高的折现因子；而在 δ 给定的条件下，低的有效收益率则对应于高的博弈持续下去的概率。

现在我们可以进一步考虑背叛行为所产生的即时收益（简称"背叛收益"）、未来需要承担的损失（简称"未来损失"）、折现因子以及博弈持续下去的概率这四个因素之间的交互作用。在背叛收益、未来损失以及博弈持续下去的概率给定的条件下，当未来相比于现在不那么重要时（即有效收益率很大而折现因子很小时），局中人就很有可能会采取背叛行为。在给定背叛收益以及有效收益率的条件下，未来的损失越小，局中人就越有可能采取背叛行为。在给定未来损失以及有效收益率的条件下，采取背叛行为产生的收益越高，局中人就越有可能采取背叛行为。最后，给定背叛收益以及未来损失，并且折现因子固定的条件下，博弈持续下去的概率越小，局中人就越有可能采取背叛行为，因为此时他们无须对未来的情形做太多的考虑。

考虑这些因素在不同情形下的不同取值，也是非常重要的。例如，如果背叛行为可带来丰厚的回报或者背叛行为并不能及时地被对手察觉，则通过采取背叛行为所产生的收益会非常大。类似地，如果通过合作所产生的收益非常大或者如果惩罚非常及时、严厉或者明确，则采取背叛行为的成本会很高。最后，如果局中人彼此之间的博弈关系可能持续很长时间或者如果局中人都非常有耐心，则折现因子和博弈持续下去的概率都会很大，与现在相比未来显得更重要（即有效收益率很低），此时采取背叛行为的成本也会很高。

读者可以运用上述思想来帮助自己判断，在什么情形下可以预期竞争对手之间会产生更多的合作行为，在什么情形下可以预期会有更多背叛行为发生。例如，在经济不景气时期，整个行业都面临崩溃，则从事该行业的生意人会感到没有前景，由此导致企业之间的竞争要比正常时期激烈许多，我们会看到更少的合作行为。即使市道暂时还不错，但看来并不能保持下去，那么企业可能抱着捞一把的态度，希望尽快把钱赚到手，这时候合作行为也会大大减少。类似地，如果一个行业的繁荣仅仅是因为时尚潮流方面的原因，则当时尚潮流发生改变时，人们就会预期该行业可能会凋敝，这样，在这个行业内就不大容易出现合作行为。

第四节　策略性行动的分类

博弈论所研究的核心内容，是局中人之间的策略互动行为。博弈的结果，取决于博弈各方的行动，并不能由一方的行为决定。因此，在博弈的过程中，一些局中人为达到某种目的，往往会采取某种行动来影响对手的行为，如诱使对手采取对自己有利的行动选择，或阻止对手采取对自己不利的行动选择。我们把这种行动称为**策略性行动**（strategic move）。

在前面几章我们已经详细讨论了同时决策博弈和序贯博弈，通过这些讨论我们应该能够初步体会到，局中人的策略性行动在很大程度上取决于博弈的行动顺序。在一个博弈中，先行一步和后行一步对局中人来讲差别可能很大，甚至有时候会对他们的策略选择产生决定性的影响，并导致不同的博弈结局。为此，我们在研究局中人的策略性行动时，必须首先明确什么叫作"先行一步"，它的具体含义是什么。在前面的讨论中，我们实际上已经在用这个概念了，但是并不自觉。现在我们需要详细讨论一下这个概念。

一般来讲，先行一步有两重基本含义：首先，你的行动必须能被对手观察到；其次，你的行动必须是不可逆转的。简单来讲，就是具有可观察性和不可逆转性。

考虑一个由 A 和 B 两个人所进行的博弈，A 首先行动。如果 A 的选择不能被 B 观察到，则 B 不会对 A 的选择做出反应，这样，行动的先后次序就与局中人的策略选择无关，使得博弈从本质上讲仍然是一个同时决策博弈。例如，C 和 D 两个公司参与一个竞标拍卖。C 公司的董事会在星期一秘密开会，决定它的具体出价；D 公司的董事会则在星期二秘密召开了一个类似的会议。然后两个公司把各自的出价寄给拍卖商。拍卖商在星期五开标。当 D 公司在决定它的具体出价时，它并不清楚 C 公司的具体出价，因而这个博弈从本质上讲仍然是同时决策博弈。可见，先行动者的行动的可观察性，是确认先行一步的一个要件。

如果 C 公司在星期一决定它的具体出价并且公之于众，然后 D 公司在星期二做出出价决定，那么我们可以说 C 公司先行一步了。但是假如 C 公司在拍卖商开标前的星期三或者星期四"推倒重来"，重新决定出价，那么我们当然不能够说 C 公司先行一步了。所以，不许推倒重来的"不可逆转性"，是确认先行一步的另外一个要件。

事实上，如果 A 的行动是可以逆转的，或者说是可以改变的，则 A 甚至可能会假装去做某件事情以诱使 B 对此做出回应，然后根据 B 的反应改变自己的行动，使自己得到好处。当然，B 应该能够预料到这是个圈套，以免自己上当。这样，B 就不会对 A 的假象选择做出反应。这在本质上仍然是一个同时决策博弈。

因此，先行一步要有意义，它必须满足可观察性和不可逆转性这两个要件。

策略性行动大致上可以归结为承诺、威胁和允诺。假定 A 在博弈的第一阶段采取一个可以观察到并且不可逆转的行动，例如本来第二阶段应该 B 先行，但是 A 在目前这个阶段却对 B 说"在接下来的博弈中，我将采取行动 X"，这意味着 A 在未来采取的行动是无条件的，无论 B 在将来采取什么行动，A 都将采取行动 X。如果 A 的这番话可信，就相当于改变了下一阶段的博弈顺序，使得不但 A 先行动而 B 后行动，并且 A 将采取的行动一定是 X。我们把这种策略性行动称为**承诺**（commitment）。承诺从本质上讲是一种无条件的策略性行动。

如果在第二阶段之前的博弈规则已经明确以后阶段的博弈首先由 A 采取行动，那么 A 说这番话就没有意义了。但是，如果在第二阶段的博弈原本是一个同时行动博弈，或者原本应该是 A 后采取行动，则 A 的这番话如果可信，就会改变博弈的结果，因为 A 的这番话会改变 B 对自己所能采取的各种行动的后果的判断或者说信念。事实上，承诺如果成立，它应该能够帮助做出承诺的局中人抓住先动优势，不然的话，他为什么要做出承诺呢？在情侣博弈中，男方先买好足球票，然后打电话邀请女方一起去看足球比赛，就是做出承诺获取更大利益的一种表现。

另一种可能情况是，A 在第一阶段对 B 说："在下一阶段的博弈中，我对你的选择所做出的反应将遵循以下规则：如果你选择 Y_1，则我选择 Z_1；如果你选择 Y_2，则我选择 Z_2；如此等等。"换句话说，A 所采取的行动取决于 B 的行动。我们把这种行动选择称为反应规则（response rule）或者反应函数（reaction function）。A 的这番话意味着在接下来第二阶段进行的博弈中，A 将在 B 行动之后才采取行动，但关于他将如何回应 B 的选择，已经在第一阶段通过这番话事先确定下来了。A 要使自己说的这番话有意义，他必须能够等到 B 已经做出不可逆转的选择之后再采取行动。也就是说，在博弈的第二阶段 B 首先行动。显然，A 所采取的策略性行动是一种条件依存的策略性行动。

条件依存的策略性行动可以有不同的表现形式，关键在于局中人采取这些策略性行动的目的是什么以及如何实现这些目的。一般来讲，条件依存的策略性行动有两种主要的表现形式：**威胁**（threat）和**允诺**（promise）。如果 A 对 B 说，"除非你的行动符合我所说的条件，否则我将采取行动报复你"，这就是一个威胁。如果 A 对 B 说，"如果你的行动符合我所说的条件，我将采取对你有利的行动"，这就是一个允诺。如前所述，我们通常用支付的大小来衡量"报复"和"得到好处"的程度。如果 A 要报复 B，则 A 将采取某种行动使 B 得到比原来更低的支付；如果 A 让 B 得到好处，则 A 会采取某种行动使 B 得到比原来更高的支付。

在日常生活中，我们很容易就能找到一些威胁和允诺的例子。例如，小孩子一般都不喜欢吃蔬菜而喜欢吃甜食，但家长从孩子得到均衡营养的角度考虑，通常都会强迫孩子吃蔬菜。经常听到家长对孩子说："除非你把碗里的蔬菜吃完，否则不准吃糖果。"这就是一种威胁。经常会听到家长对承受分数和升学重压的孩子说："如果你这次考试能进入全班前五名，我就奖励你一双球鞋或者一台电脑。"这就是一种允诺。

简而言之，承诺是无条件的策略性行动，而威胁和允诺则是条件依存的策略性行动，属于反应函数或者反应规则的范畴。下面，我们就分别具体讨论一下承诺、威胁和允诺。

第五节　承诺及其可信性

在第二章我们曾经讨论过同时决策的情侣博弈，并且知道这个博弈有两个纯策略纳什均衡和一个混合策略纳什均衡。在第四章，我们还从序贯博弈的角度讨论了情侣博弈，我们发现，按照模型的理性人假设，先行动的一方会选择对自己最有利的行动（即男方先行动会选择足球，女方先行动会选择芭蕾），使得后行动的一方只能选择从同时决策博弈角度来讲次优的行动（即女方也选择足球，男方也选择芭蕾），这就是先动优势。现在，我们可以从另一个角度来考虑同样的问题。即使博弈本身是一个同时决策博弈，如果其中一个局中人能够采取一个策略性行动，创造博弈的"前置阶段"，对自己在"下一阶段"进行的情侣博弈中将采取的行动，做出一个可信的宣告（如男方率先选择足球或女方率先选择芭蕾），同样也能够获得类似于序贯博弈的先动优势。下面我们具体分析一下情侣博弈这个例子。

假定男方有机会首先采取策略性行动。下面的图表 6-4 用博弈树的形式表述了这个两阶段博弈。在第一阶段，男方需要决策，是做出承诺还是不做出承诺。如果博弈是沿着上枝进行的，则表明男方没有做出承诺，那么在第二阶段，男女双方进行同时决策博弈，具体的支付就与我们在第二章所给出的情侣博弈的矩阵型表示一样。显然，此时第二阶段的博弈存在多重纳什均衡，而其中只有一个对男方来说是最优的。如果博弈沿着下枝进行，就是说男方选择做出承诺。我们把男方的这种承诺解释为他放弃行动的自由使得足球成为他在第二阶段唯一的选择。因此，在第二阶段的支付矩阵中，男方只有一个行策略，即选择足球的策略。在这个支付矩阵中，女方的最佳行动只能是选择足球，从而均衡结果能给男方带来最好的支付。因此，在第一阶段（即前置阶段），男方选择做出承诺是最优的，因为这种策略性行动保证了在博弈中他能得到最高的支付，而不做出承诺只会让事情变得不明确。

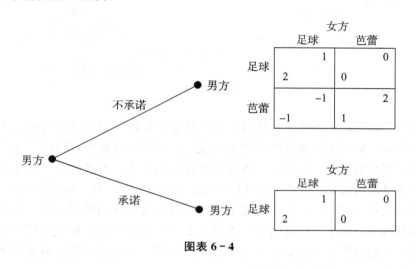

图表 6-4

男方如何能使承诺变得可信呢？我们在前面说过，一个可信的承诺必须是不可逆转的和能被对手观察到的。比如说，男方可以先把足球比赛的门票买好，然后打电话给女方。在这种情形下，女方最好的选择只能是去看足球，不然的话球票就会被浪费。

现在我们对情侣博弈稍稍做些修改，使之变为夫妻博弈。假设丈夫是一个长途客车司机，星期一到星期五都要在外面跑生意，只有星期六才能回家跟妻子共度周末。由于难得一个周末，所以他们都要在这个晚上安排一个节目。丈夫是一个超级球迷，同时也是一个典型的大男子主义者，喜欢对家里的事情做主，而妻子则是一个性格温顺的人，但她非常喜欢看芭蕾表演。假设每个周末他们都需要决定是去看足球比赛还是看芭蕾表演。由于丈夫喜欢做主，所以每个周末他们都会去看足球比赛，丈夫也因此有了大男子主义的绰号。这在外人看来当然是不好的事情，丈夫的声誉也会因此而有所损害。我们可以在丈夫选择足球所得到的支付中减去一定的数值以表示他的这种声誉损失。若这种声誉损失足够大，比如说 3，则丈夫如果事先做出承诺说这个星期去看足球，那么第二阶段的博弈将会出现一个与我们前面的讨论不一样的支付矩阵。图表 6-5 给出了这个博弈的完整表述。

按照图表 6-5，丈夫发现如果他在开始阶段做出一定要看足球的承诺从而改变他在第二阶段的支付，则他顶多可以得到 -1；如果他在这个阶段不做出承诺，则他在第二阶段既可能得到 2，也可能得到 1。因此，倒推法的分析表明，丈夫在第一阶段不应该做出看足球的承诺。

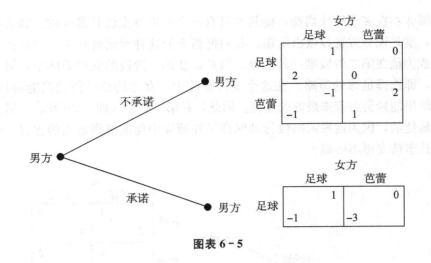

图表 6－5

上面的例子说明，承诺并非在任何情况下都是最优的。如果所进行的是类似于情侣博弈一类的博弈，则做出那种承诺当然是最优的；但是，如果所进行的是类似于改版得到的夫妻博弈那样的博弈，出现一个外在声誉这样的因素，并且这个因素举足轻重，则不做出那种承诺是最优的。在类似情侣博弈的一类博弈中，男女双方都可以做出承诺，因此，谁获得最后的成功，取决于谁能率先行动以及这种行动的可信性。如果采取行动与对手观察到这个行动之间存在时滞，则男女双方有可能做出不相容的同时承诺：男方买好了足球比赛的门票，女方买好了芭蕾演出的门票，然后双方通过电话联系才知道对方的行动。这就是俗话所说的"撞车"。

甚至还有可能出现这样一种情况：其中一个局中人可以首先做出承诺，但另一个局中人视而不见，从而使得做出承诺方的企图落空。例如，男方比较有空，事先买好足球比赛的门票，然后打电话给女方，但女方却故意不接男方的电话，到最后约会的时间才出现。这里，承诺不起作用是因为缺乏可观察性这个要件。

再看下面这样一个相信学生们都很容易理解的例子，因为他们旁边总有乐于迟交作业的同学。老师在课堂上规定了学生交作业的最后时间，老师在实施这项措施的时候可以很严格，也可以很宽松。学生也有两种选择：按时交作业或迟交作业。图表 6－6 用策略型的形式表述了这个博弈。老师不喜欢让学生觉得自己很严格，所以对老师来讲，最好的结果是即使自己不那么严格，学生也能按时交作业，此时老师的支付是 4；最坏的结果是尽管自己很严格，但学生还是迟交作业，此时老师只能得到 1。对于其他两种情形，在给定老师实行严格的交作业制度的条件下，老师认为按时交作业更重要，因此对老师而言，（严格，按时）的结果要比（严格，迟交）的结果好。对学生来讲，（不严格，迟交）的结果是最好的，因为他们可以疯狂地玩但又无须为迟交作业而受到老师的责备。但（严格，迟交）的结果对他们来讲却是最差的，原因是学生从心理上非常惧怕老师的责备。对于其他两种情况，学生会认为（不严格，按时）的结果好于（严格，按时）的结果，因为如果学生觉得自己按时交作业是出于自愿而不是出于老师责备的威胁，他们在心理上会觉得好受些。

如果这是一个同时行动博弈，或者如果老师后行动，则不严格是老师的优势策略，于是学生选择迟交作业。均衡的结果就是（不严格，迟交），相应的支付为（2，4）。但是，如果老师在一开始就承诺执行严格的交作业制度，那么老师可以实现一个更好的结果。我们在这里不画出具体的博弈树，事实上，这个博弈树与我们在前面讨论情侣博弈时所画的博弈树类似，作为练习，请读者自行完成。如果老师不事先做出承诺，则第二阶段的博弈与同时行动博弈一样，老师只能得到 2。当老师承诺执行严格的交作业制度时，学生会发现，在第二阶段采取按时交作业的策略是最好的，在这种情况下，老师就可以得到支付 3。

图表 6-6

通过比较我们发现，老师所采取的承诺行动不同于他在同时行动博弈中的选择，或者说不同于首先让学生采取行动时的最优选择。这里的关键就在于策略互动的思想。如果老师宣布实行宽松的交作业制度，他显然不能得到任何好处；而如果老师不做出任何宣告，则学生无论如何也能预计到老师会采取宽松的交作业制度，从而他们就敢大胆地迟交作业。因此，在采取一个旨在获取先动优势的策略时，老师必须做出承诺，表明他不会采取他在同时行动博弈中所采取的均衡策略。这一策略性行动会改变学生的预期以及他们的行动。一旦学生相信老师真的会实行严格的交作业制度，那么他们都会选择按时上交作业。当然，如果他们不相信老师真的会实行严格的交作业制度而迟交作业，老师也可能会原谅他们，通常原谅他们的借口是"就这一次，下不为例"。如果一个人存在这种说话不算数的偏离承诺的倾向，那么他的承诺本身的可信性就会产生问题。

值得注意的是，在这个例子中，老师通过做出一种采取劣势策略的承诺而使自己得益。他所做出的实行严格的交作业制度的承诺，是一个严格劣于采取宽松的交作业制度的策略，这是因为按照上述模型的设定，如果学生选择按时交作业，则老师可以得到 3；如果学生选择迟交作业，则老师只能得到 1。但是，如果老师选择宽松的交作业制度，则他所得到的相应支付为 4 和 2。在这里，我们需要加深对优势这个词的理解。优势可以有两种理解。优势要么是：（1）在对手做出某种行动选择后，我应当如何回应？在给定所有可能性的条件下，我的某种选择是否最优？要么是：（2）如果对手与我同时采取行动，他选择行动 X，那么我的最优选择是什么？然而，当你首先采取行动时，你根本无须考虑上面提到的两点。相反，你需要考虑的，是别人如何对你的行动选择做出回应。因此，在上述例子中，老师不会在给定学生的一个可能行动的条件下，对垂直相邻格子内的支付进行比较。他需要考虑的是学生如何对他可能采取的每一种行动做出回应。如果老师承诺执行严格的交作业制度，则学生会按时交作业。但是，如果老师承诺执行宽松的交作业制度或者说根本不做出任何承诺，则学生会选择迟交作业。因此，唯一合理的支付比较，是对老师在右上方格子中得到的支付与在左下方格子中得到的支付进行比较，显然，后者会使老师得到更大的得益。

为了使承诺可信，老师所做出的承诺必须满足以下几点：首先，承诺必须在学生采取行动之前做出。也就是说，老师必须在布置作业之前制定好交作业的基本规则。其次，老师的承诺必须能被学生观察到，也就是说，学生必须清楚他们所需要遵守的规则。最后一点，也是最重要的一点，老师的承诺必须是不可逆转的，必须让学生知道，一旦他们违背规则，无论有任何理由，老师都不会改变规则而原谅他们。如果做不到这一点，则学生根本不会认真对待老师的承诺，于是必要时迟交作业就成为他们的必然选择。

第六节　威胁、允诺及其可信性

在讨论策略性行动的分类时，我们就强调过，威胁与允诺都是反应规则：你在未来所采取的行动，依赖于你的对手当前所采取的行动，但是你在未来选择行动的自由就会因而受到限制，你只能根据向对手公布的行动规则行事。当然，你这样做的目的在于改变其他对手的预期，从而诱使他们采取对你有利的行动。在对手采取行动之后你也许会觉得，如果不受这个规则的约束可能会更好，就是说你想变卦。这就涉及可信性的问题。在这一节，我们会说明使威胁和允诺可信的一些基本原则，但需要指出的是，在实际生活中如何应用这些原则，在很大程度上是一门艺术。

我们知道，威胁意味着如果对手采取与你的利益相违背的行动，你将采取行动使他们在博弈中遭受损失，而允诺则意味着如果对手采取对你有利的行动选择，那么投桃报李，你将采取对他们有利的行动。也就是说，威胁的目的在于防止其他局中人做出一些对你不利的事情，它具有威慑的功能；而允诺的目的则在于引导其他局中人做出一些对你有利的事情，它具有诱导的功能。下面我们通过两个具体例子说明威胁和允诺各自所具有的特点。

一、威胁的例子：日美贸易关系[①]

众所周知，日美之间的贸易摩擦由来已久，它们之间的贸易争端一度成为国际贸易理论中一个非常重要的论题。简单来讲，每个国家都可以选择或者对另一个国家开放本国的市场，或者阻止另一个国家的产品进入本国市场，即关闭本国市场。问题是两个国家对不同的博弈结果具有不同的偏好。

图表6-7给出了这个贸易博弈的具体支付矩阵。对美国来讲，最好的博弈结果是两个市场都开放，这样它可以得到支付4。大家知道，美国是一个承诺坚决执行市场机制和自由贸易的国家，而且与日本进行贸易可以给美国带来两方面的好处：一方面可以使美国的消费者购买到质量更高的汽车和电子产品，另一方面可以把美国的农产品和高科

---

① 这个例子取自 Dixit, A. and Susan Skeath, 1999, *Games of Strategy*, New York: W. W. Norton & Company。

技产品出口到日本市场。对美国而言，最坏的博弈结果则是两个市场都关闭，此时美国只能得到支付 1。在只有一个市场开放的两种情形中，美国更偏好本国市场开放而日本市场关闭这种情形，这是因为与美国的市场相比，日本的市场要小得多，不能进入日本市场给美国企业造成的损失，要远远小于美国消费者不能消费日本的汽车和电子产品所遭受的损失。

	日本 开放	日本 关闭
美国 开放	3 / 4	4 / 3
美国 关闭	1 / 2	2 / 1

图表 6-7　日美贸易博弈的支付矩阵

考虑到日本是一个崇尚保护本国企业的国家，我们在本例中设定，对日本而言，最好的博弈结果是美国的市场开放而本国的市场关闭，最差的结果是本国市场开放而美国市场关闭。对于其他两种博弈结果，日本更偏好两个市场都开放的情形，因为这样一来，它的企业可以进入美国这个比日本大得多的市场。

显然，在这个博弈中，无论博弈是同时进行的，还是序贯进行的，双方都有各自的优势策略，均衡的博弈结果都是（开放，关闭），相应的支付为（3，4）。这与现实中日美两国的贸易政策表现是一致的。

日本在这个均衡的博弈结果中得到了它最希望得到的支付，因此它没有必要采取任何策略性行动。然而，对美国而言，它在这个博弈中本可以得到支付 4 而不是支付 3。但是在这个例子中，通常的无条件承诺并不起作用，因为对日本而言，无论美国做出何种承诺，它的最优反应都是关闭本国市场。在这种情况下，美国承诺保持本国市场开放是一个更好的选择，但这是一个无须借助于任何策略性行动的均衡结果。

但是，假定美国可以选择"如果你方关闭本国市场，则我方也会关闭我国市场"这一有条件的反应规则，则整个博弈会演变为如图表 6-8 所示的两阶段博弈。如果美国不使用这个威胁，第二阶段的博弈与原来一样，均衡结果就是美国开放本国市场得到支付 3，日本关闭本国市场得到支付 4。如果美国使用这个威胁，则在第二阶段的博弈中，只有日本有选择的自由；给定日本的选择，美国会根据它事先公布的反应规则进行选择。因此，沿着博弈的这一枝，第二阶段博弈的实际决策人只有日本，日本的选择确定下来后，美国的选择也就按照反应规则随之确定了。博弈最终的支付情况如下：如果日本保持它的市场关闭，则美国也会关闭本国的市场，此时美国得到 1 而日本得到 2。如果日本保持它的市场开放，则美国的威胁起到了作用，它也会保持本国市场的开放，这样，美国得到 4 而日本得到 3。在上述两种可能性中，后者可以使美国得到更大的好处。

现在，我们可以使用读者非常熟悉的倒推法分析这个两阶段博弈的均衡结果。显然，给定第一阶段美国提出威胁，日本在第二阶段肯定会选择保持本国市场开放，此时美国得到 4；而如果美国在第一阶段不提出威胁，则在第二阶段的同时行动博弈中，日本肯

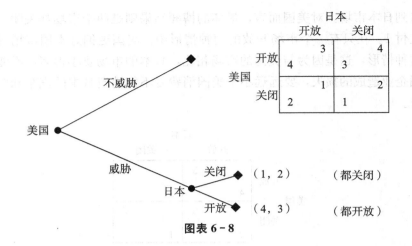

图表 6-8

定会选择关闭本国市场，而美国最好的选择是开放本国市场，此时美国只能得到 3。两相比较，美国必定会在第一阶段提出威胁。这样，日本会开放本国市场，而美国也能得到它最希望得到的支付 4。

在描述了这个威胁机制后，我们现在需要指出这个机制的一些重要特征：

第一，当美国所做出的威胁可信时，日本不会采取它的优势策略，即关闭本国市场。因此，优势的思想只有在同时行动博弈中或者日本先采取行动的条件下才有意义。在美国发出威胁后，日本知道如果自己选择关闭本国市场，美国将采取偏离自身优势策略的行动。在这种情况下，日本只需比较策略式矩阵表中左上方和右下方的相应支付，显然，它更偏好于左上方的结果。

第二，在这个例子中，威胁的可信性是值得怀疑的，因为如果日本为了测试美国的威胁是否可信而继续关闭本国市场，美国面临着不实施威胁的诱惑。事实上，如果实施威胁是美国在日本关闭本国市场条件下的最优反应，则美国事先根本没有必要提出威胁（不过，美国可能会对日本发出警告，让它看清楚形势）。一般来讲，一个出于策略性考虑的威胁，通常需要实施威胁的一方局中人有承担巨大成本的思想准备。实施威胁的最终结果可能是两败俱伤。

第三，条件准则"如果你方关闭本国市场，则我方也会关闭我国市场"并没有完全概括美国的策略。要完整地描述美国的策略，我们还需要说明，如果日本开放本国市场，美国将如何做出回应。因此，我们还需要在条件准则的后边加上这么一句话："如果你方保持本国市场开放，则我方也会保持本国市场开放。"这句话其实是一个隐含的允诺，同时也是威胁的一部分，但这句话没有必要明确地说出来，因为条件准则本身就隐含这个意思，只要条件准则可信，则它就是自动可信的。因为给定第二阶段的博弈支付，如果日本保持本国市场开放，则美国保持本国市场开放最符合自身的利益。

第四，只要日本认为美国所发出的威胁是可信的，则日本的行动选择会发生改变。比如说，如果日本市场原来是开放的，而它的政府现在正在考虑采取贸易保护政策，则美国发出的威胁能起到阻吓它采取贸易保护政策的作用；如果日本的市场原来是关闭的，则美国的威胁会起到迫使日本开放本国市场的作用。

　　第五，美国可以采取一些方法来使威胁变得可信。例如，美国政府可以通过立法的方式明确威胁行动，这样就可以避免出现在第二阶段如果日本关闭市场美国不实施威胁的情况。当然，美国也可以通过世界贸易组织（WTO）与日本订立双边互惠条款，但程序可能比较慢并且不确定性比较大。再比如，美国政府可以找一个代理机构，如美国商务部代理执行这项威胁。我们知道，美国商务部是由美国的企业控制的，它们当然希望关闭美国的市场从而减少外部的竞争压力。如果美国政府采取这种方式，则在第二阶段，美国政府的支付会发生改变，美国政府原来的支付会被美国商务部的支付替代，这样，实施威胁行动就真的变成最优选择了。当然，美国政府这样做也面临一个危险，那就是即使日本政府开放本国市场，美国商务部仍然坚持关闭本国市场，这意味着在威胁变得可信的同时可能会使隐含的允诺变得不可信。

　　第六，与没有发出威胁的情形相比，日本在美国发出威胁的情形下获得了相对较低的支付，因此，它也会想方设法通过采取策略性行动，挫败美国使用威胁的企图。例如，假定日本当前的市场是关闭的，而美国试图强迫日本开放市场。日本政府可能表面上同意，但在具体的实施过程中故意拖延。比方说，日本政府可以对美国政府说，它需要一个从下到上的立法审批过程，这需要时间。或者，日本政府也可以宣称，国内商人的政治压力使得它很难完全开放本国市场，从而要求美国政府同意日本只在一些行业实行开放。如此等等。由于美国并不想真的实施威胁，所以它很有可能会同意日本的这些要求。结果，日本就可以通过这种缓冲的方式，降低本国市场的开放程度，使美国的威胁不能完完全全起到作用。

二、 允诺的例子： 价格大战博弈

　　我们下面使用价格大战的囚徒困境博弈的例子，具体说明什么是允诺。价格大战的策略型表示具体如图表 6-9 所示。我们知道，如果双方都没有采取策略性行动，则该博弈通常的纳什均衡是一个严格优势策略均衡：双方都实行低价策略。显然，此时双方得到的利润都要小于如果双方都实行高价策略所得到的利润。

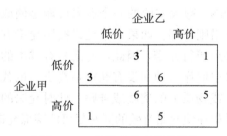

图表 6-9　价格大战的囚徒困境

　　如果任何一方做出"如果你实行高价，那么我也会实行高价"的可信允诺，那么双方就可以得到合作的结果。例如，如果乙企业做出这个允诺，则甲企业会知道它采取高价策略会产生互惠的效果，使自己得到支付 5，而采取低价策略只会使乙企业同样采取低价策略，从而只能得到支付 3。显然，在这种情况下，甲企业会选择采取高价策略。

如果我们画一棵两阶段的博弈树，上述论证就更清晰了。作为练习，请读者把上述论证用博弈树的形式表述清楚。

乙企业做出的允诺是否可信？为了能对甲企业的选择做出回应，乙企业必须在第二阶段选择在甲企业之后行动；相应地，甲企业必须在第二阶段首先采取行动。我们在前面一再强调，先行动的决策必须是不可逆转的并且确实被对手观察到。因此，如果甲企业首先行动并采取高价策略，则很容易被乙企业钻空子，使自己处于不利的位置。因为乙企业可以采取欺诈策略，违背事先的允诺实行低价，使自己得到更大的利益。所以，乙企业必须通过某种方式让甲企业相信，当甲企业采取高价策略时，乙企业不会违背自己的允诺而采取低价策略。

乙企业怎样才能做到这一点？一种可行的方法是，乙企业通过书面合同的形式把定价的决策权交给第三方，在合同中明确规定：如果甲企业采取高价策略，则乙企业也采取高价策略。乙企业可以邀请甲企业来一同监督这些合同指令的执行。通过这种方式，就可以防止乙企业在第二阶段采取机会主义的欺诈行动。

或者，乙企业也可以通过树立自己**声誉**（reputation）的形式来保证允诺的可信性，这在商界是非常普遍的事情。如果甲企业、乙企业之间的博弈关系是重复博弈的关系，则允诺肯定会起作用，因为根据我们在前面讨论重复博弈时的论证分析，违背允诺一次可能会造成未来合作关系的完全崩溃。从本质上讲，一种长期持续的关系意味着双方的博弈可以细分为许多更小的博弈，在每一次博弈中，违背允诺所带来的收益太小，以至不能抵偿受到惩罚所带来的损失。因此，对于建立了长期合作关系的博弈双方而言，出于声誉方面的考虑，双方往往不愿意违背自己做出的允诺。

从日美贸易关系的例子中我们知道，每个威胁都会与一个隐含的允诺相关联。类似地，每一个允诺也会与一个隐含的威胁相关联。在上述例子中，隐含的威胁就是："如果你采取低价策略，那么我也会采取低价策略"。这一点是显然的，因为在甲企业采取低价策略的条件下，采取低价策略是乙企业的最佳反应。

另外，威胁与允诺之间还有一个重要的区别。如果一个威胁是成功的，则提出威胁的一方无须实施威胁的内容，因而对提出威胁的一方而言，威胁是"无成本"的。正因为如此，威胁往往会被夸大。当然，夸大威胁的一个后果可能是使威胁变得不可信，所以这也是一个需要权衡的地方。允诺则不同。如果一个允诺按照允诺方的意愿，成功地改变了对手的行动选择，则允诺方必须履行允诺，因此，允诺是有成本的。在我们上面讨论的例子中，允诺的成本只是放弃采取欺诈行动和没有获得最高支付的代价。在其他情况下，允诺有可能是向对手提供金钱上或物质上的奖励或补贴，此时允诺的成本可能会更高。无论如何，做出允诺的一方总是希望在使允诺有效的同时尽可能降低允诺的成本。

◀ 习　题 ▶

1. 我们在正文中说过，价格大战、广告大战和优惠大战，都是和囚徒困境博弈一样的个体私利导向整体损失的博弈。请按照你的理解，具体编排广告大战和优惠大战的故事，并且把它们表述为正规型博弈。

2. "如果囚徒困境博弈重复进行 100 次，局中人一定会采取合作策略。"这句话正确吗？试说明理由并给出一个具体的博弈来支持你的观点。

3. 按照惩罚 K 次的礼尚往来策略，双方在第一阶段从合作开始。到了第 N 阶段，如果你的对手在最近连续 $\min\{N, K\}$ 次博弈中采取合作的策略，则你继续跟他合作；如果你的对手在上一阶段的博弈中采取背叛策略，则你在随后连续 K 次博弈中采取背叛策略报复他。

请讨论 N 和 K 的关系，并且说明为什么写 $\min\{N, K\}$ 而不是简单的 K。

4. 在通货紧缩的年份，今年的 100 元还是比明年的 100 元好吗？

5. 请判断，第五章第 19 题第（1）小题中所描述的博弈是囚徒困境博弈吗？如果是，该博弈的合作策略是什么？背叛策略又是什么？如果博弈只进行一次，纳什均衡策略和相应的支付分别是什么？

6. 继续第五章第 19 题所描述的博弈。假定可口可乐和百事可乐决定在一个固定的时期内进行这场是否做广告的博弈，比方说 4 年。在每年年初的时候，双方都需要同时决定是否为自己的产品做广告。请问：每个企业在这场博弈结束的时候得到的总利润是多少（不考虑折现）？你是如何推导出这个结果的？

7. 还是第五章第 19 题所描述的博弈。假定可口可乐和百事可乐将这场博弈无限次地重复下去，并且每次博弈时双方都是同时进行决策。如果在博弈过程中双方都采取冷酷策略，即双方一直都不做广告直到有一方出现背叛行为，之后双方就一直做广告。请问：背叛一次给背叛者带来的一时收益是多少？如果一方背叛，那么在背叛之后的未来每一时期，每个企业的损失是多少？如果年投资收益率 $r=0.25$，双方进行合作是否值得？请找出 r 的取值范围，使得可口可乐与百事可乐能够一直维持合作。

8. 继续第五章第 19 题所描述的博弈。假定可口可乐和百事可乐年复一年地进行这场是否做广告的博弈，双方都认为这场博弈会一直持续下去，当中不会出现什么变数。但是，如果地球在四年之后毁灭，这是双方都预想不到的事情，那么每个企业在博弈结束的时候得到的总利润是多少（不考虑折现）？将这个结果与上一道习题的结果进行比较，两者是否相同？如果相同，相同的原因是什么？如果不同，不同的原因又是什么？

9. 仍然继续第五章第 19 题所描述的博弈。假定这两个企业都知道，在未来的任何一年，它们当中的一方有 10% 的可能性会倒闭。如果其中一个企业倒闭，那么它们之间的博弈也就会结束。请问：当 $r=0.25$ 即折现因子 $\delta=0.8$ 时，这一信息是否会改变这两个企业的策略选择？如果倒闭的概率增大到每年 35%，结果又怎样？

10. 两个人，甲和乙，进行一场选择奖金和分配奖金的博弈。甲决定总奖金数额的大小，他可以选择 10 元或 100 元。乙则决定如何分配甲所选择的奖金数额，乙也有两个选择：将这笔奖金在甲和乙之间平分，或乙得 90%，甲得 10%。请以适当的方式具体表达下列博弈，并找出相应的均衡结果。

（1）甲和乙同时行动。

（2）甲先行动。

（3）乙先行动。

这些博弈是囚徒困境博弈吗？

11. 考虑下面这样一个博弈（见图表 6-10）。

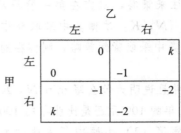

图表 6-10

假定这个博弈重复进行，每天一次。如果 $k<1$，则倘若双方一直合作，都选择左策略，显然会使双方都获益。如果 $k>1$，则倘若双方合作，一方选择左策略，另一方选择右策略，然后隔天轮换一次（即这次你选左策略，我选右策略，下次你选右策略，我选左策略），显然双方都会得到好处。请问，这两种类型的合作能够维持吗？

12. 我们在正文中说过，如果背叛行为可带来丰厚的回报或者背叛行为并不能及时被对手察觉，则通过采取背叛行为所产生的收益会非常大。请考虑当这样说的时候，所面对的博弈已经发生什么变化？

13. 试述承诺、威胁与允诺的异同。

14. 下面这个博弈所刻画的是 20 世纪 70—80 年代苏联和美国为争夺地域与政治影响而展开的对抗。双方各有两个纯策略：扩张和不扩张。苏联试图称霸世界，因此扩张是它的优势策略。美国试图阻止苏联称霸世界，因此如果苏联选择扩张，那么美国也会选择扩张；如果苏联选择不扩张，那么美国也会选择不扩张。具体来讲，博弈的支付矩阵如图表 6-11 所示。

图表 6-11

我们采用基数效用法：对于每个局中人而言，4 最好，1 最差。

（1）如果是两个国家同时行动的博弈，找出博弈所有的纳什均衡。

（2）考虑以下三种不同顺序的序贯博弈：一是美国先行动，然后轮到苏联行动；二是苏联先行动，然后轮到美国行动；三是苏联先行动，然后轮到美国行动，之后苏联再获得一次行动的机会，它可以借此机会更改它在第一阶段的行动。

请就每一种情形，画出相应的博弈树并找出相应的子博弈精炼纳什均衡。

（3）对这两个国家而言，关键的策略性问题（承诺、可信性等）是什么？

15. 分别就下面所列的三个博弈（见图表 6-12）回答以下问题：（1）如果所有局中人都不允许采取策略性行动，那么均衡是什么？（2）有没有一个局中人能够通过采取一种策略性行动（如承诺、威胁或者允诺）或者综合使用这些策略性行动从而提高自己的支付？如果可以，是哪个局中人可以做到这一点？他所采取的策略性行动又是什么？

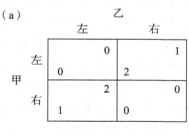

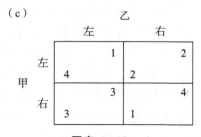

（c）

	乙
	左 右

甲

图表 6-12

16. 回到第 10 题所描述的博弈。请问：哪个局中人可以通过采取策略性行动得到好处？为了得到更好的博弈结果，他应该采取怎样的策略性行动？

17. 考虑父亲和儿子之间的博弈：儿子可以选择做听话的"好"孩子或淘气的"坏"孩子；父亲可以惩罚儿子，也可以不惩罚。假设做个坏孩子可以给儿子带来程度为 1 的满足感，但如果遭到父亲的惩罚，则会遭受支付为 −2 的伤害。如果做个好孩子并且不被父亲惩罚，则没有任何满足感可言，此时儿子得到的满足感为 0。如果做个坏孩子并且遭到父亲的惩罚，则儿子的所得为 $1-2=-1$。依此类推。如果儿子做了坏事，父亲的所得为 −2，惩罚儿子的所得为 −1。

（1）把这个博弈表述为一个同时行动博弈，并找出相应的均衡。

（2）假定儿子首先选择做好孩子还是坏孩子，然后父亲在观察到儿子的选择后，再决定是惩罚儿子还是不惩罚儿子。请画出这个博弈的博弈树，并找出子博弈精炼纳什均衡。

（3）假定在儿子行动之前，父亲可以承诺一个策略。例如，父亲可以威胁儿子："如果你干坏事，我将惩罚你。"父亲可以使用多少个这样的策略？用矩阵的形式表述这个博弈，并找出所有的纯策略纳什均衡。

（4）请问（2）和（3）的答案有什么不同？原因何在？

18. 请描述一个你曾经参与过的博弈，这个博弈必须包含策略性行动，如承诺、威胁或者允诺等，还要说明这些策略性行动的可信性。最好还能说明导致这个博弈的最终结果的原因。在你所描述的博弈中，局中人在进行决策时是否正确运用了策略性思维？

19. 考虑下面这样一个博弈：有两个局中人，A 和 B，以及一个裁判。裁判分别给每个局中人两张卡片，给 A 的两张卡片上分别写着 2 和 7，给 B 的两张卡片上分别写着 4 和 8，以上这些都是公共信息。在卡片分派好后，A 和 B 独立并且同时进行博弈，他们各自向裁判交回他的数字最大或者数字最小的卡片。裁判根据收集到的卡片，给每个局中人分派支付，这些支付由第三方提供而不是从局中人的口袋里来的。如果 A 交回的是数字较小的卡片 2，则 A 得到 2 元钱；如果 A 交回的是数字较大的卡片 7，则 B 得到 7 元钱。如果 B 交回的是数字较小的卡片 4，则 B 得到 4 元钱；如果 B 交回的是数字较大的卡片 8，则 A 得到 8 元钱。

（1）请用矩阵型表示刻画这个博弈。

（2）这个博弈的纳什均衡是什么？

（3）这个博弈是囚徒困境博弈吗？试说明理由。

20. 继续第 19 题所描述的博弈，不过现在对博弈的规则做一些修改。裁判还是如上题一样分派卡片，谁分到什么卡片仍然是公共信息。在第一阶段，每个局中人从自己的口袋里掏出一定数额的钱，分别存到同一个银行委托账户里去。局中人可以不掏钱，但不能是掏负数（即不能要求从账户拿钱）。如果 B 交回的是数字较大的卡片，则裁判把 A 存到委托账户里的钱交给 B；如果 B 交回的是数字较小的卡片，则 A 拿回他存在委托账户里的钱。类似地，如果 A 交回的是数字较大的卡片，则裁判把 B 存到银行里的钱交给 A；如果 A 交回的是数字较小的卡片，则 B 拿回他存在委托账户里的钱。以上这些牵涉钱的游戏规则，也都是公共信息。在第二阶段，每个局中人向裁判交回其中一张数字较大或数字较小的卡片。然后裁判按照第 19 题第（1）小题所给出的支付矩阵，给每个局中人分派由第三方所提供的奖金，并按照刚才描述的规则，处理 A 和 B 存在银行委托账户中的钱。

请找出这个两阶段博弈的子博弈精炼纳什均衡，并讨论它能否解决囚徒困境问题。银行委托账户在博弈过程中充当什么角色？

21. 你是第一次听说有限理性吗？请举出生活中一些说明了有限理性的例子。

22. 在正文中我们提到，假如每个阶段博弈都按照"赢者通吃"的原则打分，礼尚往来策略的总得分怎么也不会超过 0.500。请说明理由。

23. 在第六章第二节末，我们以投资收益率 r 为基本参数进行了计算，得出"只有当投资的周收益率超过 200% 时，乙选择永远背叛下去才是值得的"这样的结论。

请以折现因子 δ 为基本参数重复这个计算。事实上，以折现因子为基本参数的计算，往往是更方便的计算。

24. 第六章第二节末的计算，是关于严格的礼尚往来策略的计算，还是关于冷酷策略的计算？

25. 如果对于惩罚 2 次的礼尚往来策略进行上述计算，结论会有什么变化？具体来说，比起严格的礼尚往来策略，合作的激励是变大了还是变小了？比起冷酷策略，合作的激励是变大了还是变小了？

26. 我们知道，所谓（严格的）礼尚往来策略，是每次都模仿对手在上一阶段博弈中所采取的行动的策略，即：对手上次对我怎样，这次我就对他怎样。总之只看上一次。要是我们把规则改为对手在过去连续 K 次博弈都（对我）采取合作策略，我才愿意（对他）采取合作策略，那么我们可以把修改过的博弈叫作"考察 K 次"的礼尚往来策略。

你认为"对手在过去连续 K 次博弈都采取合作策略，我才愿意采取合作策略"这样的表述足够明确吗？如果不够明确，请你尝试准确地描述这种"考察 K 次"的礼尚往来策略。具体来说，就是要把按照这种策略，在什么情况下应该怎么做，非常明确地说清楚。

27. "考察 K 次"的礼尚往来策略比正文中的各种礼尚往来策略温和还是严厉？请以价格大战囚徒困境的重复博弈为背景，把比较"惩罚 K 次"的礼尚往来策略和"考察 K 次"的礼尚往来策略作为讨论的开始。

第七章
零和博弈

在引论部分介绍博弈的基本分类时我们曾经说过，博弈按照支付特性的不同，可以分为零和博弈与非零和博弈。本章从局中人的具体支付特性入手，回顾零和博弈与非零和博弈，略述以非零和博弈为背景的双赢对局的概念，重点则是比较详细地讨论求解零和博弈的最小最大方法、直线交叉法以及线性规划解法。最后，我们还要介绍著名的霍特林模型，以及从对抗性的角度给出典型博弈的一个排序。

第一节　零和博弈与非零和博弈

前面我们说过扑克牌对色游戏：你我各有一盒火柴和一盒扑克牌。裁判说“一、二、三!”，你就翻出一张扑克牌，我也同时翻出一张扑克牌。如果你我翻出的扑克牌颜色一样，你赢我一根火柴；如果你我翻出的扑克牌颜色不一样，你输给我一根火柴。这里为方便讨论起见，假设扑克牌只有黑红两种颜色。

这个游戏很容易表达为下述矩阵型博弈（见图表 7－1）。

		我	
		红	黑
你	红	−1 1	1 −1
	黑	1 −1	−1 1

图表 7－1　扑克牌对色游戏的支付矩阵

冯·诺依曼（J. von Neumann）把类似这种游戏的博弈叫作二人零和博弈。因为参加博弈的只有两方，即两个局中人，所以叫二人博弈。两个公司、两个国家、两个国家集团的博弈，也可以叫作二人博弈。又因为每一局博弈的总支付，即双方得失之和总是零，所以这类博弈又叫零和博弈。在上面的例子里，每一局博弈的结果不外乎你输一根我赢一根火柴或你赢一根我输一根火柴，每一局你的得失与我的得失的总和是零，所以是零和博弈。

还有一些二人博弈，每局双方得失之和虽然不是零，却是一个常数。例如，双方每进行一局博弈，除了他们之间的输赢支付外，还要向提供游戏器具或者场所的第三方交纳一定的租金，则每局双方得失之和就是一个负的常数；又如，每进行一局博弈，除了他们之间的输赢支付外，双方还可以得到来自第三方的一定数量的奖励，则每局双方得失之和就是一个正的常数，许多体育比赛就是如此。这些博弈都被称作常和二人博弈，或者二人常和博弈。推而广之，如果一个多人博弈每局各方得失之和是一个常数，这个博弈就被叫作多人常和博弈。

设 G 是一个 n 人常和博弈，那么按照定义，在 G 的每种对局下博弈的 n 个参与人的支付的总和，是一个常数。为语言上的方便，我们把这个常数的 n 分之一，叫作这个常和博弈支付的**偏零因子**（factor of zero-divergence）。容易知道，如果常和博弈的每个支付都减去这个博弈的偏零因子，那么每种对局下博弈的所有参与人的支付的总和就变为零了。可见，对于每个 n 人常和博弈 G，我们都可以施以从它的每个支付中减去这个博弈的偏零因子的操作，把它转换成一个零和博弈，记作 G'。为语言上的方便，我们把这样做出来的 G' 叫作原来的常和博弈 G 的**归零博弈**（sum-zeroing game）。

这时候容易知道，在理性假设之下，常和博弈与它的归零博弈，在策略讨论和均衡分析方面没有任何区别，所以人们一般不再单独讨论非零和的常和博弈。按照第三章的说法，常和博弈和它的归零博弈均衡等价。

我们在第一章曾经指出，在零和博弈中，任何参与人的每一分钱所得，都是其他参与人之所失。所以，零和博弈是利益对抗程度最高的博弈。其实，常和博弈也是这样，同样任何参与人的每一分钱所得，都是其他参与人之所失。由于这个原因，也由于在理性假设之下，常和博弈与零和博弈在处理上没有质的区别，所以博弈论一般约定不把常和博弈纳入非零和博弈的范畴。本书沿用这样的约定，即如果不做另外的声明，所说的非零和博弈，专指变和博弈，不包括非零的常和博弈。

在非零和博弈中，一个局中人的所得并不一定意味着他的对手要遭受损失，更不一定意味着他的对手要遭受同样数量的损失。总之，不同局中人的支付之间并不存在"你之所得即我之所失"这样一种简单的关系。这里隐含的一个意思是，局中人彼此之间可能存在某种共同的利益，蕴含博弈参与人"双赢"或"多赢"这一博弈论引发的非常重要的理念。

例如，大家都已经非常熟悉的囚徒困境博弈，如图表 7-2 所示，就是一个非零和博弈。在这个博弈中，如果双方彼此合作，都选择"抵赖"，则可以实现博弈参与人甲和乙双赢的局面，每人只被判入狱 1 年。在其他对局情形下，双方总的得益为入狱 5 年或 6 年，都比彼此合作即选择"抵赖"时的只各入狱 1 年差。

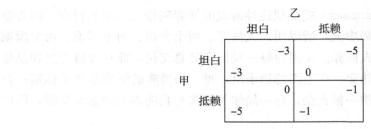

图表 7-2　囚徒困境博弈

　　需要指出的是，虽然双方都选择"抵赖"就能实现双赢的结局，但如果给定对方选择"抵赖"，则我方最好的选择是"坦白"。因此，如果没有一种约束机制，双方是很难有激励维持这种双赢局面的。为此，必须通过某种机制或手段，防止出现双方偏离合作策略的可能。关于这一点，我们在上一章讨论重复博弈的时候已经有所介绍。

　　回到我们的扑克牌对色游戏。如果单独把你作为行局中人的博弈支付写出来，那就得到图表 7-3。这个矩阵的意义是清楚的。例如，右上角的-1 表示，如果你出红而我出黑，你的支付就为-1，即你输一根火柴给我。值得注意的是，图表 7-1 的矩阵是我们在这门课程中引入的双矩阵，博弈论专用，而图表 7-3 的矩阵，本质上是我们在代数中早已熟悉的矩阵，每个位置一个数，只不过代数中一般用两条弧线或者如方括号那样的两条竖线括住，现在则从双矩阵的习惯写法继承下来使用表格而已。

图表 7-3　扑克牌对色游戏中"你"的支付矩阵

　　把"你"的支付矩阵的所有元素改变符号，变成图表 7-4 的形式，就得到"我"的支付矩阵。

	我	
	红	黑
红	-1	1
黑	1	-1

你

图表 7-4　扑克牌对色游戏中"我"的支付矩阵

　　由于这种关系，我们在研究这个二人零和博弈的时候，只要盯着"你"一个人的支付矩阵或者"我"一个人的支付矩阵就够了。在讨论二人零和博弈的时候，通常只使用一个局中人的支付（单）矩阵，就是这个道理。下面我们都会这样做，并且对于二人零和博弈的支付（单）矩阵，采取用方括号那样的两条竖线括住的表示方法。不论在数学文献里还是在经济学文献里，用方括号那样的两条竖线或者两条弧线括住来表示一个矩阵，都是标准的做法。

第二节 最小最大方法

寻求二人零和博弈的纯策略纳什均衡，可以采用我们前面介绍过的相对优势策略下划线法，还可以采用最早由冯·诺依曼提出的最小最大方法。冯·诺依曼是现代计算机科学的奠基人，美籍匈牙利数学家，他被不少人推崇为 20 世纪最伟大的数学家。他还是对策论和现代数理经济理论的奠基人之一。大家知道，对策论是博弈论的另一个说法。

早在 1928 年，冯·诺依曼就发表了一篇题为《论社会对策》的论文，开始形成他的博弈论思想。1944 年，他与经济学家**摩根斯坦**（O. Morgenstern）合作，把博弈论思想总结成一部名为《博弈论与经济行为》的学术巨著。

最小最大方法依托于这么一个想法：局中人在进行零和博弈时对自己取得好结果的机会抱"悲观"态度。作为一个局中人，你猜想你的对手将采取对他自己最有利的策略；也就是说，你觉得你的对手会选择一个使你获得尽可能差的支付的策略。由于零和博弈的性质使然，任何能使你的对手得到最好结果的选择，都会使你获得最差的支付。同样，你的对手也会想，你会在所有可能选择的策略中，选择一个对他最不利的策略。

在这种情况下，局中人应当如何行动呢？假定现在给出的是行局中人的支付矩阵，站在行局中人的角度看，他当然希望博弈的结果是支付尽可能大的那个矩阵位置（原来表格表示时的格子），而列局中人则希望博弈的结果是支付尽可能小的那个位置。按照我们前面谈到的悲观逻辑，行局中人会认为，对他所能选择的每个行策略，列局中人都将选择该行中数字最小的那一列以便为自己争取最好的结局。因此，行局中人应该选择在列局中人所选择的这些每行的最小数字中最大的数字所对应的那一行，简单来说就是选择"最小"中的"最大"，英语中简写为 maximin。类似地，列局中人也会认为，对于他所能选择的每一列，行局中人都将选择该列中具有最大数字的那一行以便为自己争取最好的结局。注意，我们是依托行局中人的支付矩阵来讨论问题，因此所谓数字最大，指的是行局中人的支付最大，也就是列局中人的支付最小。于是列局中人会在行局中人所选择的这些每列的最大数字中选择最小的数字所对应的那一列，简单来说就是"最大"中的"最小"，英语简写为 minimax。

如果行局中人的 maximin 值与列局中人的 minimax 值出现在支付矩阵的同一个位置（原来的格子），那么按照单独偏离没有好处的理解，该结果就构成博弈的纳什均衡。例如，假定行局中人的 maximin 选择是他的第三行，而列局中人的 minimax 选择是他的第四列，则第三行第四列的支付所代表的既是行局中人的 maximin，同时也是列局中人的 minimax。给定第三行，第四列的位置的数字必然是该行中最小的一个；如果行局中人选择与第三行对应的行策略，则列局中人的最佳反应是选择与第四列对应的列策略。反过来，给定第四列，第三行的位置的数字必然是该列中最大的一个；如果列局中人选择第四列所对应的列策略，则行局中人的最佳反应是选择与第三行对应的行策略。由于这些选择都是双方相互之间的最优反应，因此它构成纳什均衡。

　　上述这种在零和博弈中寻找纯策略纳什均衡的方法，称为**最大最小-最小最大方法**（maximin-minimax method），简称为**最小最大方法**（minimax method）。如果一个零和博弈存在纯策略纳什均衡，那么运用这种方法就可以把所有这些纯策略纳什均衡找出来。

　　为了加深读者对最小最大方法的理解，我们下面举一个具体的例子。记得讨论二人零和博弈只需分析一个参与人的支付情况，我们假定行局中人甲的支付矩阵如图表7-5所示。

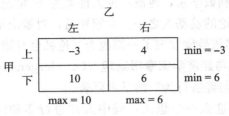

图表7-5

　　首先看甲的选择。由于甲是行局中人，他如果选择上策略，则他可能得到的最小支付是-3，如果他选择下策略，则他可能得到的最小支付是6。由于行局中人采用maximin的决策原则，而甲的两个最小当中，大的一个是6，即maximin=6，所以甲当然会从6和-3中挑选支付6所对应的行策略，即甲会选择下策略；现在我们再来看列局中人乙的选择。如果乙选择左策略，则甲可能得到的最大支付是10，如果乙选择右策略，则甲可能得到的最大支付是6。由于列局中人采用minimax的决策原则，而minimax=6，所以乙当然会从10和6中挑选支付6所对应的列策略，即乙最终会选择右策略。

　　许多初学博弈论的学生发现，把支付矩阵的每一行的最小值写在该行的最右边，把每一列的最大值写在该列的最下端，能够很直观地帮助我们找出行局中人的maximin和列局中人的minimax。我们在图表7-5中采用的就是这种标记方法。

　　观察图表7-5中甲和乙的策略选择，我们会发现，甲的maximin和乙的minimax都在支付矩阵的同一个位置出现。因此，甲的maximin策略是针对乙的minimax策略的最佳反应，反之亦然。可见，运用最小最大方法，我们就可以找出这个博弈的纯策略纳什均衡，即甲选择下策略，乙选择右策略，结果甲获得6，乙只能得到-6。

　　需要指出的是，最小最大方法与相对优势策略下划线法一样，都是寻找同时行动博弈的纯策略纳什均衡的一种方法，但是，上面那样的最小最大方法的适用范围要窄一些，只适用于零和博弈，对于非零和博弈它就束手无策了。其中的原因在于，在非零和博弈中，可能存在共同利益，从而选择一个你可能得到的所有最小支付中的最大者，不一定是你的最优反应，因为你的对手所选择的最优策略未必是使你获得最差支付的策略。

第三节　直线交叉法

　　上一节介绍的最小最大方法，只适用于寻找零和博弈中的纯策略纳什均衡。如果一个博弈不存在纯策略纳什均衡，我们就需要把上述方法予以扩展，以便找出混合策略的纳什均衡。现在，我们就来做这项工作。

首先让我们回头看本章开头部分给出的扑克牌对色游戏的例子。在这个博弈中，如果双方翻出的扑克牌颜色一样，则 P 得益 1，Q 损失 1；如果双方翻出的扑克牌颜色不一样，则 Q 得益 1，P 损失 1。显然，这个博弈不存在纯策略纳什均衡。我们可以通过上一节介绍的最小最大方法说明这一点，见图表 7－6。

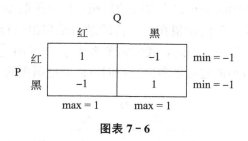

图表 7－6

由于这是一个零和博弈，P 会认为，对于每一个他所能选择的策略，Q 总是会有针对性地采取对他最不利的策略，即尽量避免翻出跟 P 相同颜色的扑克牌。在图表 7－6中，我们列出了 P 的支付矩阵，并在 P 所能采取的每一个行策略的最右端写出了该行的最小值：出红牌时是－1，出黑牌时也是－1。因此，P 的 maximin＝－1。由于两者无差异，所以 P 既可以选择出红牌，也可以选择出黑牌。现在我们再来看 Q 的选择。Q 会认为，对于每一个他所能采取的策略，P 总是尽量采取对自己最有利的策略，即尽量增加翻出与 Q 同样颜色的扑克牌的概率。我们在 Q 所能采取的每一个列策略的最下端写出了该列的最大值：出红牌时是 1，出黑牌时也是 1，因此，Q 的 minimax＝1。

显然，maximin≠minimax，行局中人的 maximin 值与列局中人的 minimax 值一直没有出现在支付矩阵的同一个位置，于是根据前面的分析我们知道，这个博弈不存在纯策略纳什均衡。

我们需要采取新的方法来解决这个问题。直觉告诉我们，在玩这个扑克牌对色游戏时，不应当让对手清楚你的行动选择，否则的话，对手就可以针对你所采取的行动，选择一种对他自己最有利的翻牌策略，把你打败。这是一个零和博弈，对手选择的对他自己最有利的策略，必然是使你遭受最大损失的策略。因此，每个局中人都不希望让对方猜到自己的出牌策略，这可以通过把自己的纯策略选择随机化的方法来实现。具体来说，每个局中人都可以通过恰当地随机化出红或出黑的策略，使自己获得更好的博弈结果：P 可以实现更高的 maximin，而 Q 可以实现更低的 minimax。

我们首先从 P 的角度来考虑这个问题。在图表 7－7 中，我们扩展了 P 的支付矩阵，增加一行来表示 P 的混合策略：以 p 的概率出红牌，以 $1-p$ 的概率出黑牌。我们把 P 的混合策略称为 p-混合策略，简称 p-混合。注意，当 P 只有两个纯策略选择时，随机化这两个策略会形成 0 和 1 之间一个连续的策略选择区间，这一点我们在前面讨论混合策略时，读者已经有所体会。

为了找出 P 的最优概率选择 p，我们必须考虑 p 的所有可能取值所产生的博弈结果。

我们下面介绍的方法，本质上等价于找出 P 的最大最小策略，即在 p 的所有可能取值中找出能最大化 P 可能得到的最小支付的 p 值。区别在于，原来 p 的所有可能取值只是 0 和 1，现在 p 可以取从 0 到 1 的所有值。

现在，我们需要用支付的期望值的方式，表示与 P 的新策略"p-混合"相应的支付。P 采取 p-混合策略时的两个（期望）支付值，分别表示当 Q 出红牌或者黑牌时，P 采取 p-混合策略所能得到的期望支付。这样，现在 P 就有三个策略选择：红、黑以及 p-混合。同样根据我们前面介绍的最小最大方法的思想，P 会预期 Q 总是选择使 P 获得最小支付的策略。与以前一样，我们希望在每一行的最右端列出该行的最小值。但是，混合策略行的最小值取决于变量 p。为此，我们需要考虑 p 在区间 $[0，1]$ 上的每一个可能的取值所对应的该行的最小值究竟是多少。我们可以通过画图的方法来讨论这个问题。

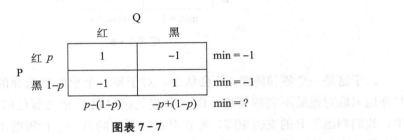

图表 7-7

当 Q 翻出红牌时，P 的 p-混合策略所产生的期望支付是 $p-(1-p)=2p-1$。我们可以如图表 7-8 那样在一个二维平面上画出当 Q 选择出红牌时 P 的期望支付直线 $2p-1$ 的图像，我们称之为直线 Q_R，下标 R 表示红。当 $p=0$ 时，P 所得到的支付为 -1，因此 -1 就是直线 Q_R 在图左端的纵截距；当 $p=1$ 时，P 所得到的支付为 1，因此 1 就是直线 Q_R 在图右端的纵截距。在这两点之间 P 的期望支付直线的取值，就是当 p 位于 0 和 1 之间且 Q 选择出红牌时，P 所得到的期望支付。直线 Q_B 表达的是类似的意思，即当 Q 选择出黑牌时 P 的 p-混合策略所产生的期望支付。当 Q 选择出黑牌时，P 使用 p-混合策略的期望支付是 $1-2p$，因此当 $p=0$ 时，P 得到的支付是 1，当 $p=1$ 时，P 得到的支付是 -1。因此，1 和 -1 分别是直线 Q_B 在图的左端和右端的纵截距。在这两个点之间，我们可以观察到 P 的支付如何随着他选择出红牌的概率 p 的变化而变化。

这两条直线有唯一的交点 p^*，这个 p^* 值对我们寻找混合策略纳什均衡至关重要。事实上，p^* 值完全确定了博弈的混合策略纳什均衡。从

$$2p-1=1-2p$$

我们得到

$$p^*=\frac{1}{2}=0.5$$

直线 Q_R 和 Q_B 相交的 p^* 值是 $\frac{1}{2}$，或者说 0.5 或 50%。对于比 0.5 小的 p 值（即位于交点左端的那些 p 值），直线 Q_B 要高于直线 Q_R；而对于比 0.5 大的 p 值（即位于交点右端的那些 p 值），直线 Q_R 要高于直线 Q_B。另外，在交点处，P 的期望支付是 0（把

$p^*=0.5$ 代入直线 Q_R 或 Q_B 的表达式即可得到)。

在均衡状态下,对于每一个可能的 p-混合的值,P 会预期 Q 总是选择对 Q 自己最有利的行动。由于这是一个零和博弈,对 Q 而言最好的行动意味着对 P 而言最不利的行动,因此,对于任何一个具体的 p 值,P 总是预期 Q 会选择与图中两条直线中处于较低位置的直线所对应的行动。就图表 7-8 而言,当 P 选择出红牌的概率小于 50%(即 $p<0.5$)时,P 预期 Q 会选择出红牌;而当 P 选择出红牌的概率大于 50%(即 $p>0.5$)时,P 预期 Q 会选择出黑牌。如果 P 选择出红牌和黑牌的概率各占 50%,则 Q 选择出红牌和出黑牌所得到的支付是相同的。

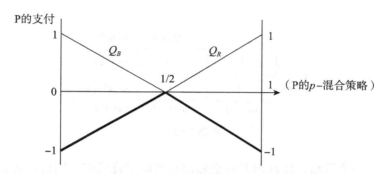

图表 7-8 P 的 p-混合策略的图解

在图表 7-8 中,我们用粗黑线把直线 Q_R 和 Q_B 位于另一条直线下方的部分标示出来,以强调在 P 所能选择的每一个 p-混合策略下,Q 能够做到的使 P 得到的最低支付。这个呈倒 V 形的图像给出了在 P 所能选择的所有混合策略与他所能得到的最小支付之间的关系。整个倒 V 形图像就是图表 7-7 中位于 p-混合行的最右端所应填上的最小值,它不再是一个数,而是一个函数。

事实上,在完成上述步骤后,我们甚至可以省略 P 的前两个纯策略选择,因为这两个纯策略选择已经包含在倒 V 形图像中。在图的最左端,即 $p=0$ 的那一点,所对应的就是 P 的出黑牌的纯策略选择,由此产生的支付为 -1;而位于图的最右端的点 $p=1$ 所对应的,就是 P 的出红牌的纯策略选择,由此产生的支付也是 -1。首先表明,让 Q 摸不透自己的出牌策略是有好处的。例如,当 $p=0.3$ 的时候,如果 Q 坚持纯策略,最好的选择是出红牌的纯策略。而 Q 的这个选择使 P 得到 -1 的支付的概率只有 70%,P 仍有 30% 的可能得到 1 的支付。因此,P 在这种情形下得到的期望支付为 $(-1)\times0.7+1\times0.3=-0.4$,要大于 P 从两个纯策略中选择任意一个所能得到的最大最小支付 maximin = -1。也就是说,对 P 而言,以 30% 的概率选择出红牌、以 70% 的概率选择出黑牌的 p-混合策略选择,要优于单纯地选择出红牌或出黑牌的纯策略。现在的问题是,这个策略是 P 的最优混合策略吗?

从图表 7-8 中我们容易找出 P 的最优混合策略选择:它是粗黑线的倒 V 形图像的最高点。这个最高点表示 P 的所有 p 值选择所产生的最小支付中的最大者,它恰好就是直线 Q_R 和 Q_B 的交点。我们已经计算出,交点处的 p^* 值是 50%。因此,当 P 选择 $p^*=$ 50% 时,无论 Q 选择出红牌还是出黑牌,他所得到的支付都是 0。对于 P 可能选择的其他

p 值，Q 都会通过选择某个纯策略，即一直出红牌或者一直出黑牌，从而使 P 得到的期望支付都小于 0。因此，P 随机地以 50% 的概率选择出红牌、以 50% 的概率选择出黑牌的策略，是唯一不被 Q 利用从而增加 Q 的支付的策略。可见，这就是 P 的最优策略选择。

现在我们再从列局中人 Q 的角度来探讨这个问题。按照类似的推理思路，Q 也可以通过使用混合策略，减少他的最小最大（minimax）支付。假定 Q 选择出红牌的概率为 q，选择出黑牌的概率是 $1-q$，我们称之为 q-混合策略。同样，q 的取值范围也是区间 $[0，1]$。与先前的讨论一样，给定 P 的每个纯策略选择，Q 采取 q-混合策略时 P 所得到的支付也应该表示成期望值的形式（见图表 7-9）。

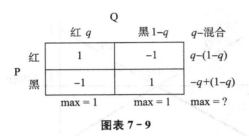

图表 7-9

针对 Q 的每一个策略，Q 预期 P 均会做出自己的最优反应。因此，我们在每一列的最下方列出了 P 的最大支付。显然，Q 的两个列纯策略"出红牌"和"出黑牌"下所列示的最大支付值，与图表 7-7 是相同的。第三列的最底端所对应的，是当 Q 采取 q-混合策略时所对应的最大值，我们同样通过图解的方法表示出来，具体见图表 7-10。图表 7-10 与图表 7-9 的关系类似于图表 7-8 与图表 7-7 的关系。在图表 7-10 中，横轴表示 q 在 0 和 1 之间的取值，纵轴表示 P 的期望支付。图上有两条直线：单调增加的直线表示当 Q 采取 q-混合策略时，P 选择出红牌所得到的支付。q 越大，意味着 Q 越多地选择出红牌；因此，P 选择出红牌所得到的期望支付也会越高。类似地，向下倾斜的直线表示当 Q 采取 q-混合策略时，P 选择出黑牌所得到的支付。

对于任意给定的 q 值，Q 都会预期 P 采取对 P 自己最有利即对 Q 最不利的行动。从图上看也就是说，如果 q 的取值位于两条直线交点的左方，则 P 会选择出黑牌；如果 q 的取值位于两条直线交点的右方，则 P 会选择出红牌。图表 7-10 中粗黑线所标示的 V 形图像就是 P 针对 Q 的 q-混合策略的每个可能取值所能做出的最优反应，也就是对 Q 最不利的选择。这个 V 形图像也就是图表 7-9 中位于 q-混合列的最下端所应填上的最大值，它同样是一个函数。在所有这些最大值当中，Q 应当选择最小的，从而使 P 所能得到的最好支付尽可能小。因此，Q 应当选择两条直线的交点所对应的 q 值。

令这两条直线的表达式相等并进行简单的代数运算，我们容易找出对 Q 而言最优的 q 值。在这里，算得 $q=1/2=0.5$。因此，Q 的最优的 q-混合策略要求他以 50% 的概率选择出红牌，以 50% 的概率选择出黑牌。把这一 q 值代入任意一条直线的表达式，我们就可以知道 Q 采取这个混合策略所能得到的期望支付为：$2×0.5-1=0$。由零和博弈的特性我们知道，支付的数字越大，P 的得益越大而 Q 的得益越小。在这里，0 是 P 的期望支付，因此 Q 的期望支付就等于 $0-0=0$。类似地，在这个博弈中，Q 随机地以 50% 的概率选择出红牌、以 50% 的概率选择出黑牌的策略，是唯一不被 P 利用从而增加 P 的支付的策略。可见，这是 Q 的最优策略选择。

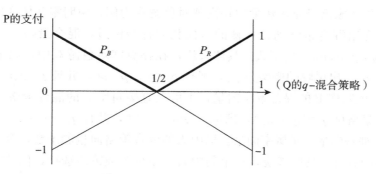

图表 7 - 10　Q 的 q-混合策略的图解

　　找出 P 和 Q 的最优策略选择后，我们接下来要做的事情就是把这两个策略选择放在一起，并证明它们构成这个博弈的纳什均衡。当然，证明的思路仍然体现纳什均衡的精髓：单独偏离没有好处。

　　我们看到，给定 P 选择 $p=0.5$ 的 p-混合策略，此时 Q 无论是选择出红牌还是出黑牌，他所得到的期望支付都是 0，这与他采取 q-混合策略时所得到的支付是相同的，因此，Q 没有激励偏离给定的 q-混合策略的选择。事实上，这也是我们说 $q=0.5$ 构成 Q 的最优选择的整个逻辑基础。

　　反过来，给定 Q 选择 $q=0.5$ 的 q-混合策略，P 选择出红牌或出黑牌的纯策略，或者两者混合的策略所得到的期望支付都是 0。因此，他没有激励偏离给定的 $p=0.5$ 的混合策略选择。这样，P 的 $p=0.5$ 就是针对 Q 的 $q=0.5$ 的最优反应；反之亦然，这在前面已经说过。合起来，这两个混合策略是 P 和 Q 相互间的最优反应，因此也就构成这个博弈的纳什均衡。

　　求解二人零和博弈的这种方法，也可以叫作**扩展的最小最大方法**（generalized mini-max method）。原来的最小最大方法，只是比较各种纯策略组合下的支付，比较有限个离散的数，现在扩展的最小最大方法，则沿着一升一降两条直线，连续地考察和比较相应的（期望）支付。

** 第四节　零和博弈的线性规划解法

　　求解零和博弈，除了可以采用上面介绍的最小最大方法以及早先的反应函数法以外，还可以采用下面介绍的线性规划解法。20 世纪后半叶，世界进入计算机时代。要问计算机所解决的最多的科学计算问题是什么，线性规划问题的求解可算一个。有资料说，当今世界上实际经济效益最大的科学计算方法，就是线性规划问题的单纯形算法。半个多世纪以来，由于巨大经济效益的推动，包括单纯形算法在内的线性规划问题的各种解法，已经非常成熟。我们在这里当然只能就很小规模的零和博弈问题向大家讲解零和博弈的线性规划解法，但是读者掌握了零和博弈的线性规划解法的原理以后，就能够利用求解线性规划问题的成熟的软件，对付大规模的零和博弈问题。

我们还是以大家已经非常熟悉的扑克牌对色游戏为例，说明零和博弈的线性规划解法。在第三章介绍混合策略纳什均衡的时候我们曾经说过，混合策略一般表示成**概率向量**（probability vector）的形式。具体来说，在扑克牌对色游戏中，如果我们记 P 出红牌的概率为 p_1，出黑牌的概率为 p_2，则有 $p_1 \geqslant 0$，$p_2 \geqslant 0$，并且 $p_1 + p_2 = 1$。这时候，$p = (p_1, p_2)$ 就叫作 P 的混合策略向量，也可以直接叫作 P 的混合策略。对于 Q 也一样，他的混合策略是 $q = (q_1, q_2)$，满足 $q_1 \geqslant 0$，$q_2 \geqslant 0$，并且 $q_1 + q_2 = 1$。注意，混合策略 p 和 q 本身都是向量，是概率向量。局中人的混合策略向量的维数，等于可供局中人选择的纯策略的数目。具体来说，一个局中人有多少个纯策略选择，他的混合策略向量就有多少个分量。

这里还需要说明，许多数学课本喜欢用黑体字母或者在字母上面加箭头的方式，来突出地把向量与所谓标量（即一般数值）区分开来。我们不这样做。一个字母究竟是标量还是向量，读者联系上下文应该非常清楚。

冯·诺依曼证明，每个二人零和博弈都有唯一的均衡值：P 可以找到自己的最优混合策略 p，按照 p 这个最优策略行事，平均来说每局 P 的收益至少是 ω'；Q 也可以找到自己的最优混合策略 q，按照 q 这个最优策略行事，可以使得平均来说每局 P 的收益不超过 ω''。最重要的是，冯·诺依曼证明了 $\omega' = \omega''$，于是我们可以把它统一记作 ω，称为这个二人零和博弈的**均衡值**（equilibrium value）。

因此，P 最好依 p 行事，否则平均每局收益可能低于 ω；同样，如果 Q 不依最优策略 q 行事，平均每局 P 的收益就可能高于 ω。

冯·诺依曼所证明的理论，可以叫作二人零和博弈的基本定理。这个证明比较难，我们在这里就不讲了。下面我们主要讲怎样应用这个定理。

为此，我们讨论图表 7-11 的二人零和博弈，博弈故事就不讲了，留给读者自己想象。如常，图表 7-11 给出的是局中人 P 的支付矩阵。

		Q		
		红	黄	黑
P	红	2	1	-1
	黑	-1	-2	3

图表 7-11

这时候很清楚，P 有两个纯策略，Q 有三个纯策略。这就是说，在每局游戏中 P 有两种选择，而 Q 有三种选择。一般地，可以设 P 有 m 个纯策略而 Q 有 n 个纯策略，这样，我们可以把 P 的 m 行 n 列的支付矩阵记作下面的矩阵 B。因为已经清楚是二人零和博弈，所以博弈参与人叫作什么以及可供他们选择的纯策略的名称是什么，已经不重要，所以我们把这些一概省去。

$$B = \begin{bmatrix} b_{11} & b_{12} & \cdots & b_{1n} \\ b_{21} & b_{22} & \cdots & b_{2n} \\ \vdots & \vdots & \ddots & \vdots \\ b_{m1} & b_{m2} & \cdots & b_{mn} \end{bmatrix}$$

这时候，P 和 Q 双方的混合策略可分别表示为 m 维概率向量 $p=(p_1,\cdots,p_m)$ 和 n 维概率向量 $q=(q_1,\cdots,q_n)$，其分量满足 $p_1,\cdots,p_m\geq 0$，$p_1+\cdots+p_m=1$；$q_1,\cdots,q_n\geq 0$，$q_1+\cdots+q_n=1$。

现在的问题是，对已知的支付矩阵 B，如何求出 P 的最优混合策略 p 和 Q 的最优混合策略 q。有趣的是，可以将这个零和博弈问题"转化"为线性规划问题来解，虽然线性规划问题原来是从另一类实际问题中抽象出来的。这也是冯·诺依曼的发现。貌似不同的事物竟然有如此深刻的内在联系，实乃科学的力量和魅力之所在。对这种"转化"解法合理性的论证，已见于多种教科书，有兴趣的读者可以自己找来参阅。在此，我们仅介绍这种解法的具体步骤。

首先，选取一个适当的常数 τ，加到矩阵 B 的每个元素上去，得到一个所有元素都是正数的新矩阵

$$A = \begin{bmatrix} a_{11} & a_{12} & \cdots & a_{1n} \\ a_{21} & a_{22} & \cdots & a_{2n} \\ \vdots & \vdots & \ddots & \vdots \\ a_{m1} & a_{m2} & \cdots & a_{mn} \end{bmatrix} = \begin{bmatrix} b_{11}+\tau & b_{12}+\tau & \cdots & b_{1n}+\tau \\ b_{21}+\tau & b_{22}+\tau & \cdots & b_{2n}+\tau \\ \vdots & \vdots & \ddots & \vdots \\ b_{m1}+\tau & b_{m2}+\tau & \cdots & b_{mn}+\tau \end{bmatrix}$$

然后，将博弈问题转化为矩阵为 A 的**线性规划问题**（linear programming problem）来解，即在约束条件

$$u_1,\cdots,u_m\geq 0$$

和

$$\begin{bmatrix} a_{11} & a_{21} & \cdots & a_{m1} \\ a_{12} & a_{22} & \cdots & a_{m2} \\ \vdots & \vdots & \ddots & \vdots \\ a_{1n} & a_{2n} & \cdots & a_{mn} \end{bmatrix}\begin{bmatrix} u_1 \\ u_2 \\ \vdots \\ u_m \end{bmatrix} \geq \begin{bmatrix} 1 \\ 1 \\ \vdots \\ 1 \end{bmatrix}$$

之下，求出使目标函数

$$\sigma = u_1+\cdots+u_m$$

达到最小的 m 维向量

$$u=(u_1,\cdots,u_m)$$

这时，m 维向量

$$p=(u_1/\sigma,\cdots,u_m/\sigma)$$

就是 P 的最优混合策略，均衡值则是

$$\omega = (1/\sigma) - \tau$$

同样，如果在约束条件

$$v_1, \cdots, v_n \geq 0$$

和

$$\begin{bmatrix} a_{11} & a_{12} & \cdots & a_{1n} \\ a_{21} & a_{22} & \cdots & a_{2n} \\ \vdots & \vdots & \ddots & \vdots \\ a_{m1} & a_{m2} & \cdots & a_{mn} \end{bmatrix} \begin{bmatrix} v_1 \\ v_2 \\ \vdots \\ v_n \end{bmatrix} \leq \begin{bmatrix} 1 \\ 1 \\ \vdots \\ 1 \end{bmatrix}$$

之下，求出使目标函数

$$\sigma = v_1 + \cdots + v_n$$

达到最大的 n 维向量

$$v = (v_1, \cdots, v_n)$$

那么，n 维向量

$$q = (v_1/\sigma, \cdots, v_m/\sigma)$$

就是 Q 的最优混合策略，博弈的均衡值也是

$$\omega = 1/\sigma - \tau$$

在这样做的时候，如果矩阵 B 原来已经是所有元素都是正数的矩阵，那么当然可以直接取 $A = B$，这也就是取常数 τ 为零。

例如，对于上述扑克牌对色游戏，求 P 的最优混合策略的具体过程是这样的：

首先，取 $\tau = 4$，使

$$B = \begin{bmatrix} 1 & -1 \\ -1 & 1 \end{bmatrix}$$

变成

$$A = \begin{bmatrix} 1+4 & -1+4 \\ -1+4 & 1+4 \end{bmatrix} = \begin{bmatrix} 5 & 3 \\ 3 & 5 \end{bmatrix}$$

其次，问题变成下述线性规划问题：在约束条件

$$u_1, u_2 \geq 0$$

和

$$\begin{bmatrix} 5 & 3 \\ 3 & 5 \end{bmatrix} \begin{bmatrix} u_1 \\ u_2 \end{bmatrix} \geq \begin{bmatrix} 1 \\ 1 \end{bmatrix}$$

之下，求出使目标函数

$$\sigma = u_1 + u_2$$

达到最小的二维向量

$$u = (u_1, u_2)$$

我们可以用图解法来解这个非常简单的线性规划问题。注意，

$$\begin{bmatrix} 5 & 3 \\ 3 & 5 \end{bmatrix} \begin{bmatrix} u_1 \\ u_2 \end{bmatrix} \geq \begin{bmatrix} 1 \\ 1 \end{bmatrix}$$

就是

$$\begin{cases} 5u_1 + 3u_2 \geq 1 \\ 3u_1 + 5u_2 \geq 1 \end{cases}$$

在 u_1-u_2 平面上，u_1，$u_2 \geq 0$ 表示非负象限即第一象限，区域 $5u_1 + 3u_2 \geq 1$ 在直线 $5u_1 + 3u_2 = 1$ 的右上方，区域 $3u_1 + 5u_2 \geq 1$ 在直线 $3u_1 + 5u_2 = 1$ 的右上方。现在请你把第一象限中位于这两条直线右上方的区域，涂上阴影。这时，符合约束条件的所谓**可行区域**（feasible area），就是图表 7-12 中你涂出来的阴影区域。符合"$u_1 + u_2 =$ 常数"的所有直线，都具有斜率 -1。所以，既经过阴影区域，又使得直线方程"$u_1 + u_2 =$ 常数"中的"常数"最小的直线，就是通过阴影区域左下角的那条直线。也就是说，阴影区域中使得 $\sigma = u_1 + u_2$ 达到最小的点，就是阴影区域的那个角，坐标为 $u_1 = 1/8$ 和 $u_2 = 1/8$。至此，你得到向量 $u = (u_1, u_2) = (1/8, 1/8)$，据此可以算出目标函数的最小值 $\sigma = u_1 + u_2 = 1/4$。到了这个时候，你知道 P 的最优混合策略是 $p = (u_1/\sigma, u_2/\sigma) = (1/2, 1/2)$，博弈的均衡值是 $\omega = (1/\sigma) - \tau = 4 - 4 = 0$。

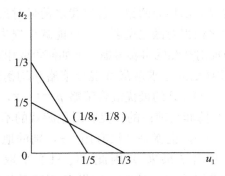

图表 7-12 简单线性规划问题的几何解法

由此可见，在上述扑克牌对色游戏中，P 最好是手持一枚硬币，每一局之前掷一次硬币，正面向上就出红，反面向上就出黑。因为掷硬币时正面向上和反面向上的概率正好都是 1/2，这样就可以保证平均在每局博弈中 P 的收益不少于 ω。通过掷硬币决定的好处是，既实现了 $p = (1/2, 1/2)$ 的最优策略的概率要求，又保证了具体每次出红还是出黑的随机性。明白了这个道理以后，你知道在掷硬币以决定自己在每一局中的具体策略

时，掷得的结果当然千万不要让对方看到。

如果求 Q 的最优混合策略，就在约束条件 v_1，$v_2 \geq 0$ 和 $5v_1 + 3v_2 \leq 1$，$3v_1 + 5v_2 \leq 1$ 之下，求出使得目标函数 $\sigma = v_1 + v_2$ 达到最大的点，即向量 $v = (v_1，v_2)$。注意，这时候直线还是一样，但是阴影区域变成第一象限中两条斜线的左下方围成的区域，请把这个区域涂上阴影，我们要在阴影区域找出使得 $\sigma = v_1 + v_2$ 达到最大的 $v = (v_1，v_2)$。按照这种方法，我们得到 $v = (v_1，v_2) = (1/8，1/8)$，从而 $\sigma = v_1 + v_2 = 1/4$。据此可知，Q 的最优混合策略是 $q = (v_1/\sigma，v_2/\sigma) = (1/2，1/2)$，也是以出红和出黑的概率都是 1/2 那样随机地出牌为最佳，博弈的均衡值也是 0。

上面，我们取 $\tau = 4$ 进行计算。其实，取 $\tau = 2$，3，5，…都一样可以算出正确的结果来。请读者就取 $\tau = 2$ 试试。

下面我们再看三个例子。

例 7.1 考虑如下的二人零和博弈：博弈参与人是 P 和 Q，P 有 a、b 两种纯策略，Q 有 c、d 两种纯策略，P 的支付矩阵为图表 7-13。

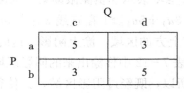

图表 7-13

这是一个 P "总是赢" 的博弈。在一局博弈中，如果 P 取策略 a 而 Q 取策略 c，或 P 取策略 b 而 Q 取策略 d，P 的收益就为 5，比较多；如果 P 取策略 a 但 Q 取策略 d，或 P 取策略 b 但 Q 取策略 c，P 的收益就为 3，比较少。

这样的博弈偏袒 P，欺负 Q，似乎太不公平。但在现实世界中确实存在着这样的博弈局面。比如强敌压境，敌我双方都兵分两路。若以我之稍强对敌之更强，则损失较大；若以我之弱牵制敌之强，以我之稍强对敌之稍弱，就可能减少损失。因此，如果你是 Q，那么最好不要意气用事，还应面对严酷的事实考虑一下如何争取相对好的结局。

按上面所讲的化成线性规划问题求解最优混合策略和均衡值的方法，很容易求出 Q 的最优混合策略 $q = (1/2，1/2)$，P 的最优混合策略 $p = (1/2，1/2)$，以及均衡值 $\omega = 4$。（事实上，从数学上讲，这个博弈与前面的扑克牌对色游戏的不同之处仅仅在于：前面我们用 $\tau = 4$，而现在我们用 $\tau = 0$，也就是 "没有用" τ，别的地方则完全一样。所以我们可以不经实际计算就马上写出结果来。）因此，Q 只要采取最优混合策略 $q = (1/2，1/2)$，就可以使得平均每局顶多输 4。这时，如果 P 不照最优混合策略 $p = (1/2，1/2)$ 行事，则 Q 还可以少输一点。但是，如果一开始时 Q 就认为反正是输而无所作为，就可能输得更惨。

例 7.2 考虑如下的二人零和博弈：博弈参与人仍然是 P 和 Q，但是现在设 P 有 a、b 两种纯策略，Q 有 c、d、e 三种纯策略，P 的支付矩阵是

$$B = \begin{bmatrix} 2 & 1 & -1 \\ -1 & -2 & 3 \end{bmatrix}$$

我们首先取 $\tau=3$，得到矩阵

$$A=\begin{bmatrix} 5 & 4 & 2 \\ 2 & 1 & 6 \end{bmatrix}$$

然后在约束条件

$$u_1,u_2\geqslant 0$$

和

$$\begin{bmatrix} 5 & 2 \\ 4 & 1 \\ 2 & 6 \end{bmatrix}\begin{bmatrix} u_1 \\ u_2 \end{bmatrix}\geqslant\begin{bmatrix} 1 \\ 1 \\ 1 \end{bmatrix}$$

即

$$\begin{cases} 5u_1+2u_2\geqslant 1 \\ 4u_1+u_2\geqslant 1 \\ 2u_1+6u_2\geqslant 1 \end{cases}$$

之下，求出使目标函数

$$\sigma=u_1+u_2$$

达到最小的二维向量

$$u=(u_1,u_2)$$

从图表 7-14 中我们可知，上述线性规划的解为 $u=(u_1,u_2)=(5/22,1/11)$。这时，$\sigma=u_1+u_2=7/22$，所以 P 的最优混合策略 $p=(u_1/\sigma,u_2/\sigma)=(5/7,2/7)$，即应当随机地以 $5/7\approx 71.4\%$ 的概率采用策略 a，以 $2/7\approx 28.6\%$ 的概率采用策略 b。博弈的均衡值则是 $\omega=(1/\sigma)-\tau=22/7-3=1/7$。

如果求 Q 的最优混合策略，就需要先在约束条件

$$v_1,v_2,v_3\geqslant 0$$

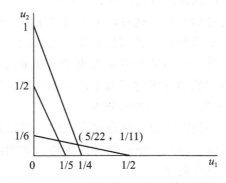

图表 7-14　简单线性规划问题的几何解法

以及

$$\begin{bmatrix} 5 & 4 & 2 \\ 2 & 1 & 6 \end{bmatrix} \begin{bmatrix} v_1 \\ v_2 \\ v_3 \end{bmatrix} \leqslant \begin{bmatrix} 1 \\ 1 \end{bmatrix}$$

之下，求出使得目标函数 $\sigma = v_1 + v_2 + v_3$ 达到最大的点，即向量 $v = (v_1, v_2, v_3)$。

求 Q 的最优混合策略的这个线性规划问题有三个变量：v_1，v_2，v_3。如果你学过一点解析几何，并且空间想象力非常强，能够利用如图表 3-8 和图表 3-10 那样的立体的图来解类似例 3.1 和例 3.2 的问题，那么你可以试试用立体的图解法把它们求出来，得到 $v = (v_1, v_2, v_3) = (0, 2/11, 3/22)$。这时，$\sigma = v_1 + v_2 + v_3 = 7/22$，得 Q 的最优混合策略 $q = (v_1/\sigma, v_2/\sigma, v_3/\sigma) = (0, 4/7, 3/7)$，而博弈的均衡值仍然是 $\omega = (1/\sigma) - \tau = 22/7 - 3 = 1/7$。

从原来的支付矩阵，很难料到 Q 应当永远不用策略 c。这个例子充分说明，只有准确的模型思考，才能引导我们得到正确的策略。

在实际问题中，一方的纯策略往往不会只有两个。如果说某一方只有三个纯策略的情形还可以借助于卓越的空间想象力用图解法来对付，那么当双方的纯策略数目为四个、五个甚至更多时，直接的图解法就行不通了。幸亏线性规划问题已经有了很好的普适解法即单纯形法，因此，只要你学会了使用解线性规划问题的单纯形法等应用软件，凡是二人零和博弈你就都会解了。

例 7.3　慕尼黑谈判

政治关系和外交谈判是博弈论研究的重要课题。第二次世界大战前夕，英、法与德、意签订慕尼黑协定，将捷克斯洛伐克出卖给纳粹德国，纵容了侵略，助长了法西斯的气焰，最终导致了第二次世界大战的爆发。在**慕尼黑谈判**（Munich negotiation）中，纳粹头子希特勒出尔反尔，得寸进尺，一再进行讹诈，而商人出身的英国首相张伯伦却一味退让，始终不想摊牌。从博弈论的角度来看，张伯伦输掉了历史上最要紧的一次外交谈判，其后果是几千万人在随后爆发的第二次世界大战中丧失了宝贵的生命。

现在，我们通过一个扑克牌对色游戏[①]来模拟和分析慕尼黑外交谈判的策略。

设有甲、乙两人用扑克牌玩讹诈游戏，玩法如下：

每次，甲抽一张牌，看过后盖好。这时，甲可以"博"，也可以"认输"。如果甲认输，甲就输给乙 a 根火柴。如果甲博，乙可以认输，也可以要求摊牌。如果乙认输，则不管甲抽到的是黑牌还是红牌，乙都输给甲 a 根火柴。如果乙要求摊牌，则当甲抽到黑牌时乙输给甲 b 根火柴，当甲抽到红牌时甲输给乙 b 根火柴。我们还规定 $b > a$。这里，a 是起点，b 是加码，所以 $b > a$ 是很合理的要求。

若甲抽到黑牌，毫无疑问是要博的，因为这样他至少可以赢得 a 根火柴。问题是若甲抽到红牌怎么办，还博不博？因此，甲有两种纯策略：抽到红牌就认输的"不讹诈策略"和抽到红牌也要博的"讹诈策略"。

① Vajda, S., 1956, *Theory of Games and Linear Programming*, Chichester, UK: Wiley.

乙只有当甲博时才有影响一局对策的机会，所以乙也有两种纯策略：只要甲博就要求摊牌的"摊牌策略"和只要甲博就认输的"不摊牌策略"。

这样，我们就可以把这个扑克牌讹诈游戏的参与人甲的支付矩阵写下来（见图表7-15）。

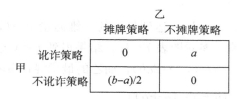

	乙	
	摊牌策略	不摊牌策略
甲　讹诈策略	0	a
不讹诈策略	$(b-a)/2$	0

图表 7-15　扑克牌讹诈游戏参与人甲的支付矩阵

支付矩阵的具体计算如下：

设甲取讹诈策略，乙取摊牌策略。若甲抽到红牌，则甲赢得$-b$；若甲抽到黑牌，则甲赢得b。因为甲抽到黑牌和抽到红牌的概率是一样的，都是$1/2$，所以甲赢得b和甲赢得$-b$的概率都是$1/2$。由此可见，平均来说每局甲的得益是$[b+(-b)]/2=0$，矩阵左上角的0就是这样得到的。

设甲取讹诈策略，乙取不摊牌策略。每局甲不管抽到什么牌都博，乙老是认输，所以每局总是甲赢得a。

设甲取不讹诈策略，乙取摊牌策略。甲以$1/2$的概率抽到黑牌，这时他博，而乙要求摊牌，结果甲赢得b；甲以$1/2$的概率抽到红牌，这时他认输，结果赢得$-a$。所以平均来说每局甲的收益是$[b+(-a)]/2=(b-a)/2$。

设甲取不讹诈策略，乙取不摊牌策略。甲以$1/2$的概率抽到黑牌，这时他博，乙认输，结果甲赢得a；甲以$1/2$的概率抽到红牌，这时他认输，结果赢得$-a$。因此甲的支付矩阵的右下角元素是$[a+(-a)]/2=0$。

课堂教学经验告诉我们，如果把讹诈策略写成"红牌也博"策略，把不讹诈策略写成"红牌不博"策略，对于读者理解支付值的上述计算颇有好处，如图表7-16所示。

	乙	
	摊牌策略	不摊牌策略
甲　红牌也博策略	0	a
红牌不博策略	$(b-a)/2$	0

图表 7-16　扑克牌讹诈游戏参与人甲的支付矩阵

在弄清楚支付矩阵以后，现在我们就解这个博弈问题。为此，取$\tau=a$，将原来的支付矩阵变成正矩阵

$$A=\begin{bmatrix} a & 2a \\ (b+a)/2 & a \end{bmatrix}$$

这次我们先求乙的最优混合策略。首先在约束条件

$$v_1, v_2 \geqslant 0$$

和

$$\begin{bmatrix} a & 2a \\ (b+a)/2 & a \end{bmatrix} \begin{bmatrix} v_1 \\ v_2 \end{bmatrix} \leqslant \begin{bmatrix} 1 \\ 1 \end{bmatrix}$$

之下，求出使得目标函数 $\sigma = v_1 + v_2$ 达到最大的二维向量 $v = (v_1, v_2)$。因为变量只有两个，容易用图解法求出来，参看图表 7-17。结果得到 $v = (v_1, v_2) = (1/b, (b-a)/(2ab))$。于是，$\sigma = v_1 + v_2 = (b+a)/(2ab)$，而乙的最优混合策略为

$$q = (2a/(a+b), (b-a)/(a+b))$$

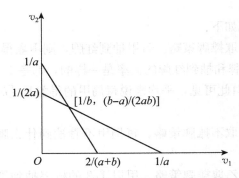

图表 7-17　简单线性规划问题的几何解法

同样可以求得甲的最优混合策略

$$p = [(b-a)/(a+b), 2a/(a+b)]$$

博弈的均衡值则为

$$\omega = (1/\sigma) - \tau = a(b-a)/(a+b)$$

从这个扑克牌对色游戏模拟中我们可以得到什么启示呢？我们开始规定了 $b > a > 0$。注意 b 比 a 大，才值得一搏。把甲的最优混合策略重写为

$$p = ([(b/a)-1]/[(b/a)+1], 2/[(b/a)+1])$$

由此可以看出，p 取决于 b 与 a 的比值 b/a。当 b/a 接近 1 即 b 接近 a 时，p_1 接近 0。所以若 b 与 a 相差无几，甲是不值得冒险讹诈的。b/a 越大，即博的分量 b 比本钱的分量 a 大得越多，就越值得采取讹诈策略。这从图表 7-18 可以清楚看出。

同样，从

$$q = (2/[(b/a)+1], [(b/a)-1]/[(b/a)+1])$$

可以看出，乙的最优混合策略的情况正好相反：b 和 a 越接近，就越应当多采取摊牌策略；b 比 a 大得越多，就越应当多采取不摊牌策略。

虽然实际的外交谈判很难完全用这样简单的一个扑克牌讹诈游戏模型来模拟，但它

仍能给我们以深刻的启示。这是一个甲方总不吃亏的模型。慕尼黑谈判时的形势是怎样的呢？一方面，当时，英法要安抚纳粹德国，这就注定德国是不会吃亏的。但从另一方面说，纳粹德国刚刚从第一次世界大战的惨重失败和战后严厉的军备限制中挣扎出来不久，虽然希特勒野心极大，但实际力量恐怕还不足以与英法抗衡。如果说谈判破裂会给英法带来"损失"，那么这个损失（b）也不会比英法原已准备做出的让步（a）大多少。但是，张伯伦一味退让，不敢考虑摊牌，结果被希特勒窥破英法以绥靖求和平的心态，在谈判中一再加码，要价越来越高，最终导致捷克斯洛伐克被出卖和第二次世界大战的爆发。

从博弈论的角度来看，如果张伯伦懂得一点必要时考虑摊牌的意义，20 世纪的历史，可能就不是这个样子了。

b/a	p_1	p_2
1	0	100%
2	33.3%	66.7%
9	80%	20%
19	90%	10%
99	98%	2%

图表 7－18

**第五节　简约的向量符号

当我们把零和博弈问题转化为线性规划问题的时候，表述这个线性规划问题就要写许多符号，在求解这个线性规划问题的时候，还要进行相应的矩阵运算，写下来的工作量更大。但是如果采用这一节将要介绍的向量和矩阵的单字母表示方法，将十分简洁和十分方便。所谓向量和矩阵的单字母表示方法，就是用一个字母表示一个向量，用一个字母表示一个矩阵。一般用小写字母表示向量，用大写字母表示矩阵。

现在，我们以线性规划问题的上述解法为背景，向有兴趣的读者介绍向量和矩阵的单字母表示方法。在这种表示方法的基础上，矩阵运算的表述也将简洁得多。

需要说明，这是非常数学化的一节。没有时间和精力了解这种表述方式的读者，可以不顾这一节而直接跳到下一节。这一跳越，完全不会影响后续内容的学习。

所谓向量，就是一组有次序的实数。例如我们熟悉的形如 $p=(p_1,\ p_2)$ 这样的混合策略，就是一个向量，其中 p_1 和 p_2 是向量 p 的两个分量，它们都是实数。我们说混合策略 p 和 q 是概率向量，基本的要求是，它们的分量都不是负数，每个向量的分量之和等于1。

一个向量的分量数目，叫作这个向量的维数（dimension）。例如，我们在前面熟悉的概率向量 $p=(p_1, \cdots, p_m)$ 和 $q=(q_1, \cdots, q_n)$，分别是 m 维向量和 n 维向量。

在需要表明 p 是一个 m 维向量的时候，当然我们可以使用诸如 $p_{(m)}$ 这样的符号，但是有这种必要的机会很小，因为一个向量的维数是多少，从上下文应该已经非常清楚。

当两个向量 p 和 q 的维数相同时，如果向量 p 的所有分量都等于向量 q 的相应分量，就说向量 p 和向量 q 相等，记作 $p=q$；如果向量 p 的所有分量都大于向量 q 的相应分量，就说向量 p 大于向量 q，记作 $p>q$；如果向量 p 的所有分量都大于或者等于向量 q 的相应分量，我们写 $p \geqslant q$。

换言之，设 $p=(p_1, \cdots, p_m)$ 和 $q=(q_1, \cdots, q_m)$ 是同维向量，那么

$p=q$，当且仅当 $p_i=q_i$，$i=1, \cdots, m$ 时；

$p>q$，当且仅当 $p_i>q_i$，$i=1, \cdots, m$ 时；

$p \geqslant q$，当且仅当 $p_i \geqslant q_i$，$i=1, \cdots, m$ 时。

这样，对于向量 p，我们写 $p=0$，$p>0$ 和 $p \geqslant 0$ 也就有确定的意义了。

我们已经知道，若干实数按照行列的规矩排列起来，就成为矩阵。行列数目是矩阵最重要的规格。我们已经熟悉的矩阵

$$B=\begin{bmatrix} b_{11} & b_{12} & \cdots & b_{1n} \\ b_{21} & b_{22} & \cdots & b_{2n} \\ \vdots & \vdots & \ddots & \vdots \\ b_{m1} & b_{m2} & \cdots & b_{mn} \end{bmatrix}$$

就是一个 m 行 n 列的矩阵，或者更方便地称为 $m \times n$ 矩阵。这个矩阵，可以方便地记作

$$B=(b_{jk})_{m \times n}$$

在行列数清楚或者不言而喻的情况下，还可以更加简单地记作

$$B=(b_{jk})$$

在高等代数或者线性代数中，大家已经熟悉矩阵的数乘、矩阵的加法和矩阵的乘法。现在回顾一下。首先，我们可以用任何一个实数数乘一个矩阵。例如，实数 λ 数乘上面的矩阵 B，就以 λ 乘矩阵 B 的每一个元素，这样得到的新矩阵，记作 λB。也就是：

$$\lambda B=\begin{bmatrix} \lambda b_{11} & \lambda b_{12} & \cdots & \lambda b_{1n} \\ \lambda b_{21} & \lambda b_{22} & \cdots & \lambda b_{2n} \\ \vdots & \vdots & \ddots & \vdots \\ \lambda b_{m1} & \lambda b_{m2} & \cdots & \lambda b_{mn} \end{bmatrix}$$

或者

$$\lambda B=(\lambda b_{jk})$$

行列数相同的两个矩阵 A 和 B，可以相加。具体做法是 A 和 B 两个矩阵相应的元素相加，得到的新矩阵记作 $A+B$。例如，下面的 A 和 B 是行列数相同的两个矩阵：

$$A = \begin{bmatrix} a_{11} & a_{12} & \cdots & a_{1n} \\ a_{21} & a_{22} & \cdots & a_{2n} \\ \vdots & \vdots & \ddots & \vdots \\ a_{m1} & a_{m2} & \cdots & a_{mn} \end{bmatrix} \text{和 } B = \begin{bmatrix} b_{11} & b_{12} & \cdots & b_{1n} \\ b_{21} & b_{22} & \cdots & b_{2n} \\ \vdots & \vdots & \ddots & \vdots \\ b_{m1} & b_{m2} & \cdots & b_{mn} \end{bmatrix}$$

它们相加，得到

$$A+B = \begin{bmatrix} a_{11}+b_{11} & a_{12}+b_{12} & \cdots & a_{1n}+b_{1n} \\ a_{21}+b_{21} & a_{22}+b_{22} & \cdots & a_{2n}+b_{2n} \\ \vdots & \vdots & \ddots & \vdots \\ a_{m1}+b_{m1} & a_{m2}+b_{m2} & \cdots & a_{mn}+b_{mn} \end{bmatrix}$$

或者

$$A+B = (a_{jk}+b_{jk})$$

如果矩阵 A 的列数等于矩阵 B 的行数，那么矩阵 A 和 B 可以按照左 A 右 B 的格式相乘。具体来说，如果 $A=(a_{ij})_{l\times m}$ 是 l 行 m 列的矩阵而 $B=(b_{jk})_{m\times n}$ 是 m 行 n 列的矩阵，那么 A 前乘 B 得到 l 行 n 列的矩阵 C，记作 AB。具体来说，

$$C = AB = \left(\sum_{j=1}^{m} a_{ij}b_{jk} \right)_{l\times n}$$

$C=AB$ 既可以叫作 A 前乘 B，也可以叫作 B 后乘 A。总之，两个矩阵相乘，左边矩阵的列数必须等于右边矩阵的行数。

写到这里，读者已经可以略略体会用一个字母表示一个矩阵的好处。如果不是这样，$A=(a_{ij})$ 前乘 $B=(b_{jk})$ 哪能写得像 $C=AB=\left(\sum_{j=1}^{m} a_{ij}b_{jk}\right)$ 那么轻巧。

但是我们也不可以冒进，需要经过一些实际算例来消化。从上面的介绍我们知道，矩阵 $A=(a_{ij})_{l\times m}$ 前乘矩阵 $B=(b_{jk})_{m\times n}$，是把矩阵 A 的第 i 行的元素与矩阵 B 的第 k 列的元素"捉对"相乘然后加总，得到 $\sum_{j=1}^{m} a_{ij}b_{jk}$，作为新的矩阵 $C=AB=\left(\sum_{j=1}^{m} a_{ij}b_{jk}\right)_{l\times n}$ 的第 i 行第 k 列的元素。矩阵 A 前乘矩阵 B 的前提，是矩阵 A 的列数等于矩阵 B 的行数，这时候，矩阵 A 的每一行的元素个数正好与矩阵 B 的每一列的元素个数相等，所以矩阵 A 的第 i 行的元素可以与矩阵 B 的第 k 列的元素像上面讲的那样"捉对"相乘然后加总。

下面是两个最简单的例子：

记

$$A = \begin{bmatrix} 1 & 2 & 3 \\ 4 & 5 & 6 \end{bmatrix}, \quad B = \begin{bmatrix} 4 & 5 \\ 6 & 7 \\ 8 & 9 \end{bmatrix}$$

那么

$$AB = \begin{bmatrix} 1 & 2 & 3 \\ 4 & 5 & 6 \end{bmatrix} \begin{bmatrix} 4 & 5 \\ 6 & 7 \\ 8 & 9 \end{bmatrix}$$

$$= \begin{bmatrix} 1\times4+2\times6+3\times8 & 1\times5+2\times7+3\times9 \\ 4\times4+5\times6+6\times8 & 4\times5+5\times7+6\times9 \end{bmatrix} = \begin{bmatrix} 40 & 46 \\ 94 & 109 \end{bmatrix}$$

而

$$BA = \begin{bmatrix} 4 & 5 \\ 6 & 7 \\ 8 & 9 \end{bmatrix} \begin{bmatrix} 1 & 2 & 3 \\ 4 & 5 & 6 \end{bmatrix}$$

$$= \begin{bmatrix} 4\times1+5\times4 & 4\times2+5\times5 & 4\times3+5\times6 \\ 6\times1+7\times4 & 6\times2+7\times5 & 6\times3+7\times6 \\ 8\times1+9\times4 & 8\times2+9\times5 & 8\times3+9\times6 \end{bmatrix} = \begin{bmatrix} 24 & 33 & 42 \\ 34 & 47 & 60 \\ 44 & 61 & 78 \end{bmatrix}$$

从这两个计算我们知道，即使在矩阵 A 既可以前乘矩阵 B 也可以后乘矩阵 B 的情况下，矩阵 A 前乘矩阵 B 得到的新矩阵，与矩阵 A 后乘矩阵 B 得到的新矩阵，并不相等。也就是说，交换律对于矩阵乘法不适用。具体数字算出来不相等还是次要的问题，根本问题是矩阵 A 前乘矩阵 B 得到的新矩阵是 2 行 2 列的所谓 2×2 矩阵，而矩阵 A 后乘矩阵 B 得到的新矩阵是 3 行 3 列的 3×3 矩阵，所以在矩阵 AB 和矩阵 BA 之间，根本就谈不上相等不相等的问题。

虽然交换律不再成立，但是结合律却成立。具体来说，如果矩阵 A 前乘矩阵 B 有意义，矩阵 B 前乘矩阵 C 有意义，那么矩阵 A 前乘矩阵 BC 有意义，矩阵 AB 前乘矩阵 C 有意义，并且 $A(BC)=(AB)C$。这就是矩阵乘法的结合律。

向量可以看作是特殊的矩阵，看作 1 行 n 列的 $1\times n$ 矩阵或者 m 行 1 列的 $m\times1$ 矩阵。比如一个 n 维向量，原则上我们既可以把它写成行向量的形式，即把它看作 1 行 n 列的 $1\times n$ 矩阵，也可以把它写成列向量的形式，即把它看作 n 行 1 列的 $n\times1$ 矩阵。但是这样一来，一个向量究竟是竖的还是横的，就容易引起混淆。所以一般约定，当我们说 u 是一个 n 维向量的时候，指的是 u 是一个列向量，即一个 n 行 1 列的 $n\times1$ 矩阵：

$$u = \begin{bmatrix} u_1 \\ \vdots \\ u_n \end{bmatrix}$$

这就是**列向量约定**（column vector convention）。

在采取列向量约定以后，我们马上发现一个细节问题，就是这样写向量，很占地方。但是我们很快就会知道，占地方的问题容易解决，它可以随着下面这个更加紧迫的问题的解决而解决。更加紧迫的问题是：我们惯常写的向量，都采取

$$u = (u_1, \cdots, u_n)$$

这样横写的形式。当我们约定把向量都理解为列向量的时候，是否一定要把一个向量"竖"起来重写呢？

这却不必。事实上，利用矩阵的转置运算，就可以做到这一点。在高等代数或者线性代数中，大家已经知道，矩阵

$$A = \begin{bmatrix} a_{11} & a_{12} & \cdots & a_{1n} \\ a_{21} & a_{22} & \cdots & a_{2n} \\ \vdots & \vdots & \ddots & \vdots \\ a_{m1} & a_{m2} & \cdots & a_{mn} \end{bmatrix}$$

的转置，记作 A^T，是

$$A^T = \begin{bmatrix} a_{11} & a_{21} & \cdots & a_{n1} \\ a_{12} & a_{22} & \cdots & a_{n2} \\ \vdots & \vdots & \ddots & \vdots \\ a_{1m} & a_{2m} & \cdots & a_{nm} \end{bmatrix}$$

除非你的空间想象力特别强，否则这样的代数关系很难给你清晰的几何图像。对于我们这样不算天才的学人来说，几何关系因为直接"看得见"，总是比代数关系容易把握，因为对于代数关系，人们需要在头脑里把它变换成几何关系，才能够透视。现在我们以几何方法演示矩阵的转置。

设 A 是一个 $m \times n$ 矩阵。设 $m > n$，行数比列数多，那么 A 展开（即详细写下来）以后在几何上具有如图表 7-19 左图所示的形状，看起来是一个高瘦的矩形。大家知道，矩阵的所谓转置，是沿着 a_{11}，a_{22}，a_{33}，$\cdots$，a_{nn} 这个对角线的 180 度翻转。转置得到的矩阵 A^T，列数比行数多，具有如图表 7-19 右图所示的形状，看起来是一个矮胖的矩形。但是如果 A 是一个 $m \times n$ 矩阵并且 $m < n$，那么，A 因为列数比行数多所以矮胖，A 转置得到的矩阵 A^T，则因为行数比列数多而显得高瘦。总之，矮胖的矩阵转置以后高瘦，高瘦的矩阵转置以后矮胖。

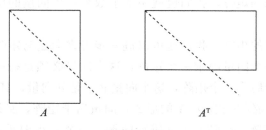

图表 7-19

关于矩阵转置，从定义和上述几何演示我们马上知道，任何矩阵转置两次仍然回到原来的矩阵。这就是说，对于任何矩阵 A，必有 $(A^T)^T = A$。

我们说过，向量是特殊的矩阵。在列向量约定之下，所有以不带转置符号上标 T 的单个字母表示的向量，都是一个"多行一列"的矩阵。具体来说，如果我们写向量 u，那么 u 必须是一个列向量，这时候它的转置 u^T 是一个行向量。但是我们注意，列向量 u 转置一次变成行向量 u^T，行向量 u^T 再转置一次又变成原来的列向量 u。逻辑上，既然向量是（特殊的）矩阵，那么当然对于任何向量 u，都成立 $(u^T)^T = u$（见图表 7-20）。

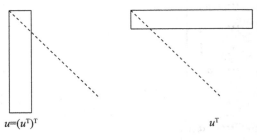

$$u = (u^{\mathrm{T}})^{\mathrm{T}}$$ $$u^{\mathrm{T}}$$

图表 7-20

重要的是行向量转置成为列向量。所以，在需要以分量形式详细写出上面的约定为列向量的 u 的时候，我们可以巧用转置，把 u 写成

$$u = (u_1, u_2, \cdots, u_n)^{\mathrm{T}}$$

这样就节约地方了。

在高等代数或者线性代数中大家知道，两个维数相同的向量 $u = (u_1, u_2, \cdots, u_n)^{\mathrm{T}}$ 和 $v = (v_1, v_2, \cdots, v_n)^{\mathrm{T}}$ 的内积（或者叫作数量积或者点乘），是

$$u \cdot v = u_1 v_1 + u_2 u_2 + \cdots + u_n v_n = \sum_{i=1}^{n} u_i v_i$$

现在采用向量的单字母表示，内积可以简写成 $u^{\mathrm{T}} v$ 或者 $v^{\mathrm{T}} u$。

所有分量都是 1 的向量，被称作单位向量，特别记作 e，即 $e = (1, \cdots, 1)^{\mathrm{T}}$。单位向量的维数，一般从上下文都可得知。特别地，对于线性规划问题重要的目标函数 $\sigma = u_1 + u_2 + \cdots + u_m$，因为引入了单位向量，现在可以简写成 $\sigma = u^{\mathrm{T}} e$ 或者 $\sigma = e^{\mathrm{T}} u$。

把向量看作是特殊的矩阵，我们也就明确了数乘一个向量的操作和两个同维向量相加的操作。

把向量看作是特殊的矩阵，我们还可以进一步考虑向量与矩阵相乘的问题。按照矩阵相乘的规则，如果一个向量前乘一个矩阵，这个向量必须是行向量，其列数等于矩阵的行数；如果一个向量后乘一个矩阵，这个向量必须是列向量，其行数等于矩阵的列数。所以，向量前乘矩阵，必须采取 $u^{\mathrm{T}} A$ 的形式，向量后乘矩阵，必须采取 Au 的形式。一个 n 维向量前乘一个矩阵，得到一个 n 维行向量；一个 n 维向量后乘矩阵，得到一个 n 维列向量。

读到这里，读者可以发现我们的矩阵方括号表示并不那么彻底。例如，向量写成 $u = (u_1, u_2, \cdots, u_n)^{\mathrm{T}}$，就用圆括号，缩写的矩阵 $A = (a_{ij})$ 或者 $B = (b_{jk})_{m \times n}$ 更是这样。这一点不彻底不要紧，许多人反而觉得顺应视觉习惯。习惯不习惯的问题见仁见智，就留给读者评说了。

在花费相当大的精力掌握矩阵和向量的上述单字母表示方法以后，现在应该是一劳永逸地开始享受这种简洁的符号体系带给我们的方便的时候了。具体来说，上一节介绍的二人零和博弈的线性规划解法，就可以写成以下非常紧凑的形式：

二人零和博弈的线性规划问题解法

设二人零和博弈的参与人是甲和乙，甲有 m 个纯策略，乙有 n 个纯策略，甲的支付矩阵是 $B = (b_{ij})_{m \times n}$。

1. 选取适当的常数 τ，使 $A = (b_{ij} + \tau)_{m \times n}$ 成为所有元素都是正数的矩阵。

2. 将博弈问题转化成矩阵为 A 的线性规划问题来解，即在约束条件 $u \geqslant 0$ 和 $u^T A \geqslant e^T$ 之下，求出使目标函数 $\sigma = e^T u$ 达到最小的 m 维向量 u。

3. 这时，m 维向量 $p = u/\sigma$ 给出甲的最优混合策略，博弈的均衡值是 $\omega = (1/\sigma) - \tau$。

2'. 同样，在约束条件 $v \geqslant 0$ 和 $Av \leqslant e$ 之下，求出使目标函数 $\sigma = e^T v$ 达到最大的 n 维向量 v。

3'. 这时，n 维向量 $q = v/\sigma$ 就是乙的最优混合策略，均衡值也是 $\omega = (1/\sigma) - \tau$。

第六节　霍特林模型

这一节我们介绍著名的**霍特林模型**（Hotelling model）。设想在一个一字形排开的旅游地，有两台冷饮售卖机在兜揽生意。假设两台冷饮售卖机卖一样的冷饮，价格也完全一样，但是各自独立，相互竞争。因为商品一样，价格也一样，服务也没有多少差别，所以游客到哪台冷饮售卖机处买冷饮，就看哪台冷饮售卖机离自己比较近了。这样一来，每台冷饮售卖机都希望靠自己比较近的游客多一些，这样生意才会好一些。问题是，它们设在什么地方好呢？

不懂博弈论的人会说，像图表 7-21 那样把这条路从 0 到 1 四等分，冷饮售卖机 A 设在 1/4 的位置，冷饮售卖机 B 设在 3/4 的位置，问题不就解决了吗？的确，这是一种很好的配置。按照这种配置，每台冷饮售卖机的"势力范围"或者"市场份额"都是 1/2。

图表 7-21

问题是，既然冷饮售卖机都以自己盈利为目的，它们是不会安于上面这样的位置的。道理是这样的：在图表 7-22 中，如果 A 向右移动一点儿到达 A′ 的位置，那么 A 的地盘即势力范围，就扩张到 A′ 和 B 的中点（图中较长的竖线的位置），A 的地盘就会比 B 的地盘大。所以，原来位于左边的冷饮售卖机 A，有向右边移动来扩大自己地盘的激励。在冷饮售卖机定位的博弈中，地盘就是市场份额，地盘就是经济利益。同样，原来位于右边的冷饮售卖机 B，也有向左边移动以扩大自己地盘的激励。可见，原来 A 在 1/4 处、

B 在 3/4 处的配置，不是稳定的配置。

图表 7 - 22

那么，哪些位置才是稳定的位置呢？在两台冷饮售卖机定位的市场竞争博弈中，位于左边的要向右靠，位于右边的要向左挤，最后的结局，是两台冷饮售卖机紧挨着位于中点 1/2 的位置。这是纳什均衡的位置。因为在这个位置，谁要是单独移开"一点"，谁就会丧失"半点"市场份额。所以谁都不想偏离中点的位置，虽然这时候，每台冷饮售卖机的"势力范围"，仍然还是原来的 1/2（见图表 7 - 23）。

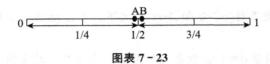

图表 7 - 23

读者们可能会想，在实际生活中情况似乎不是这样。的确可能不是这样，但那一定是有其他因素在起作用。比方说，一种可能是两台冷饮售卖机都尊重一个协调机构，这个协调机构从方便游客的角度考虑，希望两台冷饮售卖机互相礼让，分别设置在 1/4 和 3/4 的位置。还有一种可能，就是两台冷饮售卖机实际上是同一个企业的两个分销点，那么它们当然选在 1/4 和 3/4 的位置。问题是在这两种情况下，冷饮售卖机都已经不是独立的经济人。

有趣的是，如果是三台独立的冷饮售卖机在这里争生意，它们就会转来转去转个不停，不会出现稳定的对局。事实上，如果三台不在一起，一定有一台处于最右边或者最左边，处于最右边的要往左挤，处于最左边的要往右挤，都不稳定；如果三台挤在一起，总有一边的"空间"不小于 1/2，那么任何一台单独往一边移动一点点，就可以获得几乎一半的市场份额，让其他两台平分余下一半多一点点的市场份额，从而它要占很大便宜。所以，三台冷饮售卖机竞争没有稳定的对局，更遑论纳什均衡了。

这个冷饮售卖机定位问题，改编自大半个世纪以前美国经济学家**霍特林**（Harold Hotelling）提出来的杂货铺定位问题。霍特林提出这个模型的时候，纳什均衡的概念还没有出现。我们上面进行的讨论，是博弈论学者在论证方式方面改造的结果。美国经济学家和政治学家，还运用霍特林模型，说明了西方两党政治的若干现象。

西方的一些大国，都有相似的两党政治。在竞选的时候，人们可能会发现，两党互相攻击越来越厉害，在紧要关头，人身攻击都上来了，可是实际政治纲领，却越来越靠近。等到一个政党因为攻击另一个政党得手而取代对手上台以后，选民又发现，新政府比老政府并没有多少实质的改变。

如果我们把选民的政治态度从"左"的 0 到"右"的 1 排列起来，可以假定英国的工党站在左边 A 的位置，保守党站在右边 B 的位置，而在美国，民主党在左边，共和党在右边。一个政党想要取得执政党的位置，原则上就要争取多数选民投自己的票。选民的选票，将投向和自己的政治态度最接近的政党。这样，哪个政党"接近"的选民多，哪个政党就有获胜的机会。既然我们已经把政治态度排列成一条直线，那么接近不接近，就看距离近不近。如果与政党 A 距离比较近的选民多，政党 A 就获胜上台执政。如果两个政党处于同一位置，它们就"平分"共同地盘中的选民。那么，这些政党和它们的政治家怎样争取选民呢？

情况实际上就和冷饮售卖机定位博弈一样。工党一定要打出劳工代言人的旗帜，所以它是站在左边的，左边是它的地盘。但是只有左边一半的选民，还不足以保证胜出。为了在竞选中获胜，它要想办法把中间的在两党之间摇摆的选民争取过来。最好的办法，就是使自己的竞选纲领向"右"的方向靠过去一点，就是在竞选中宣布也要照顾中产阶级的利益，甚至保证也要照顾企业主的利益。移过去一点，地盘就可能大一点。同样，原来立党之本是在"右"边的保守党，在竞选的过程中，也要往左边靠，争取更多的选民。这样斗法的结果是，在漫长的竞选过程中，虽然两党的攻击和谩骂不断升级，但是实际纲领却不断靠近，直到两个政党的纲领接近并在中点紧挨在一起，才是稳定的纳什均衡。

对于上述分析的信服力，大家可以见仁见智。我们的政治教育说，不论帝国主义国家的哪个政党上台，它的帝国主义本性都不会改变。在我看来，上述霍特林模型分析，倒是对我们的政治教育提供了很好的支持。

霍特林模型还被一些政治学者用以说明为什么西方大国的第三个政党难成气候。和三台冷饮售卖机博弈的情况一样，三个政党的纲领位置不在一起不稳定，三个政党的纲领全在中点也不稳定，三个政党的纲领全在别的另外一点则更不稳定，总之一句话，就是三党政治不会稳定。或者换一个角度理解：纲领变化无常的政党不会有较强的生命力。

张五常先生一直批评博弈论没用，说博弈论只是"数学游戏"。他在《博弈理论的争议》（《21 世纪经济报道》，2001－05－28，第 21 页）中，还具体批评了霍特林模型。张五常先生这样描述霍特林模型："一条很长的路，住宅在两旁平均分布……要是开两家（超级市场），为了节省顾客的交通费用，理应一家开在路一方的 1/3 处，另一家开在路另一方的 1/3 处。但是为了抢生意，一家往中移，另一家也往中移，结果是两家都开在长路的中间，增加了顾客的交通费用。"张五常先生接着写道："这个两家开在长路中间的结论有问题姑且不谈，但若是有三家，同样推理，它们会转来转去，转个不停，搬呀搬的，生意不做也罢。这就是博弈游戏。但我们就是没有见过永远不停地搬迁的行为。"

除了 1/3 应该是 1/4 的笔误以外，张五常先生概括的推理，至为精确。张五常先生意欲为博弈论归谬的话，乍一看来似乎也有道理："我们就是没有见过永远不停地搬迁的行为。"

这里的关键可能在于区分动机和实现。讲经济动机，它们要转个不停，看具体实现，没有一直转下去。首先，超级市场不是冷饮售卖机，超级市场一旦建成就难以搬迁，选址的博弈，只发生在规划的阶段。即使在规划阶段，也有规划局管着，超级市场并不能随心所欲地选址。还有文化的约束，锱铢必较若表现得太穷凶极恶，会给企业形象带来损失。这些，都是动机未必能够实现的原因。

二十年以前，广州市肉菜市场的管理还比较差，许多市场每天都准确无误地上演着同样的故事：傍晚市场管理人员一下班，原来有固定位置的水果蔬菜摊贩马上争相向前，把市场进口堵得通行困难，甚至摆出到街上。其实，他们一直有争相向前的动机，但是被市场管着；一旦管理被撤销，动机马上就会变成行动。作为对比，买肉的不会这样挪动位置，但这不等于他们没有抢占位置的动机，而是因为卖肉的不容易挪动。连卖肉的移动动机都难以实现，更何况杂货铺，更何况超级市场？问题在于，动机实现不了因而观察不到，不等于没有动机。

在早上上班的高峰时刻，在中山大学校门口等出租车外出办事，偶尔会非常困难。这时候你可以观察到，焦急地等待出租车的乘客，会争相向"上游"方向走去。甲超过了乙，乙又要超过甲，在叫到出租车以前，他们实实在在会这样你超我超你地"转个不停"。这样不停地超来超去，与社会祥和不大协调，而且造成效率损失，所以机场和大宾馆门外会设置"出租车等候处"的牌子，引导客人排队轮候，勿相竞争。这时候，在设定的出租车轮候处等候出租车的文化制度设置，约束着人们为己之利争先的动机。

足球比赛中在开出角球以前，双方球员在门前的推搡，是制度允许并且代价也不大的时候"博弈参与人"会"转来转去，转个不停"的又一例子。攻守双方的球员都想占据有利位置，比赛规则又允许他们合理冲撞，所以动机得以实施。篮球比赛罚球的时候双方队员也有抢占有利位置的动机，但是因为规则和裁判已经规定了双方队员的站位，他们占据有利位置的动机也就无法实施了。问题在于，动机实现不了因而观察不到，不等于没有动机。

我们详细引述对霍特林模型的具体批评，是想告诉大家著名经济学家也会全面否定博弈论的意义。至于孰是孰非，留给读者自己判断。事实上，当瑞典皇家科学院宣布1994年度的诺贝尔经济学奖被授予哈萨尼、纳什和泽尔滕三位教授的时候，我正好在美国访问。美国一位著名经济学家就亲口对我说："这次他们又把经济学奖给了数学家。"这个"又"字，耐人寻味。

第七节　对抗性排序

零和博弈是对抗性最强的博弈，是"你死我活"的博弈，因为甲的每一点收益都是乙的损失，同样，乙的每一点收益也都是甲的损失，博弈双方，毫无共同利益可言。

囚徒困境博弈就缓和了一点，虽然在每个局部，还是存在利益冲突，博弈双方要陷入困境，但是毕竟已经出现双赢的可能。虽然在理性人假设之下一次博弈的囚徒困境无法实现双赢，但是正如我们在上一章讨论礼尚往来策略的时候所知道的：如果囚徒困境博弈重复多次，双赢就可能变成现实。大家知道，价格大战博弈也是囚徒困境博弈。

对抗性最小的是如情侣博弈那样的博弈，虽然博弈双方难免打自己的小算盘，但是双方在大局上利益一致：对于每一个局中人来说，合作总是比不合作好。对于这一类博弈，基本上只是一个协调问题，一个协调到哪一个纳什均衡的问题。当然，协调本身也是一个很大的问题。例如在情侣博弈中，如果阴差阳错地男孩独自去看芭蕾，女孩独自去看足球，也是个事。

我们在图表 7-24 中按照对抗性从强到弱的次序，排列了 3 个有代表性的博弈。

在图表 7-24 的三个博弈当中，囚徒困境博弈和情侣博弈都有可能协调到双赢的结果。这就引出**协调博弈**（games of coordination）的概念。协调博弈的概念有广义的和狭义的两种用法。广义的协调博弈，包括所有能够协调出双赢对局的博弈，即使是像囚徒困境博弈那样需要附加条件并且重复多次才能够协调出双赢结果的博弈，也算在里面。狭义的协调博弈，只指个体利益与集体利益一致的博弈，只指对于博弈参与人来说合作总是比不合作好的博弈。在本课程中，我们采取狭义的概念，只把如情侣博弈这样个体利益与集体利益一致的博弈，叫作协调博弈。

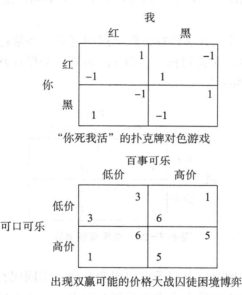

图表 7-24 博弈的对抗性排序

图表 7-25 是广为流传的胖子进门博弈；把我们在第三章论述聚点均衡时说过的交通规则问题表述为一个博弈，就是图表 7-26 的交通规则博弈，它们都是个体利益与集体利益一致的协调博弈。

先说**胖子进门博弈**（fatties enter game）：张三和李四都是胖子，要通过一个不宽的门。如果两人都争先，两人都过不去，各得-1；如果两人都退让，同样都过不去，还是各得-1；如果一个先走一个后走，先过去的得 2，后过去的得 1。

	李四	
	先走	后走
张三 先走	−1 −1	1 2
张三 后走	2 1	−1 −1

图表 7-25 胖子进门博弈

胖子进门博弈与情侣博弈有什么不同呢？其中一个不同，是双方选择不同的纯策略，才是共同利益所在。

再看交通规则博弈：张三和李四在公路上迎面开车，如果都靠右开车或者都靠左开车，那么他们都相安无事，交通顺畅，各得1；如果一个靠右开，对面来的却靠左，麻烦就大了，各得−1（见图表7-26）。

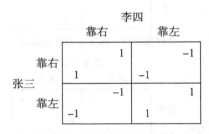

	李四	
	靠右	靠左
张三 靠右	1 1	−1 −1
张三 靠左	−1 −1	1 1

图表 7-26 交通规则博弈

交通规则博弈与情侣博弈以及胖子进门博弈有什么不同呢？最大的不同，在于双赢是"彻底"的双赢，双赢之下没有谁占谁的便宜的事情，真正做到你好我好大家好，对对手好，就是对自己好。

最后让我们看看，胖子进门博弈和交通规则博弈，与我们早已熟悉的情侣博弈相比，还有什么其他不同。我告诉你一个很大的不同：胖子进门博弈和交通规则博弈都是对称博弈，但是情侣博弈不是对称博弈。

不能责怪你没有比我更早发现这一点，因为到现在为止我们还没有讲过什么叫作对称、什么叫作不对称。事实上，这里所说的对称性，非常狭义地专指支付矩阵的对称性。具体来说，如果一个2×2同时博弈的田字格支付矩阵绕着田字格的中心逆时针或者顺时针旋转180度，要是在每个位置"新来"的支付数字和"旧有"的支付数字完全一样，我们就说这个博弈是**对称博弈**（symmetric game）。绕着田字格的中心逆时针或者顺时针旋转180度的操作，也就是绕着田字格从左上角到右下角的对角线翻转的操作，类似于图表7-19和图表7-20那样的"转置"，不过当时是矩形的转置，现在是方块的转置。现在你看，交通规则博弈支付矩阵绕着田字格中心转180度以后，1还是1，−1还是−1；胖子进门博弈支付矩阵绕着田字格中心转180度以后，1还是1，2还是2，−1还是−1。所以，胖子进门博弈和交通规则博弈都是对称博弈。

但是情侣博弈支付矩阵绕着田字格中心转180度以后，虽然1还是1，2还是2，但是 0 却变成了 -1，-1 也变成了 0。所以，本书的情侣博弈不是对称博弈。

这里我要告诉大家，一般博弈论著作中的情侣博弈，叫作性别之战，都表述成图表 7-27 那样的对称博弈。这样表述，明显有不合理的地方：如果情侣分开，男孩看自己喜欢的足球，女孩看自己喜欢的芭蕾，各只得 0，为什么同样是情侣分开，但是男孩看自己不喜欢的芭蕾，女孩看自己不喜欢的足球，还是各得 0？

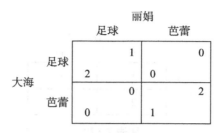

图表 7-27 对称化了的情侣博弈

那么不合理的表述，为什么会出现在许多拔尖的博弈论专家的专著和教材中？原来，包括博弈论学者在内的许多经济学家，都有一种**对称性偏好**（symmetry preference），他们喜欢把自己的经济模型构造成对称的模型。

许多人觉得对称的东西好看。但是经济学家的这种对称性偏好，主要并不是因为觉得对称就好看。对称性偏好的主要原因，是对称的模型往往导致对称的结果。所以，如果模型本身是对称的，而你发现做出来的结果并不对称，那么你马上可以怀疑结果不对，避免在弯路上走得太远，因为那样要支付过高的路径依赖成本。还有一个更大的好处，那就是：如果模型是对称的，在你做出部分结果的时候，往往可以利用对称性"依样画葫芦"地写出其他部分的结果，不必再逐步推导。

对称模型的好处如此之多，难怪经济学家在"无伤大雅"的情况下，都喜欢把本来不应该对称的模型，圆整成对称的模型。至于是不是真的无伤大雅，就见仁见智了。但是的确有一些经济学家，"行大礼不拘小节"，不管伤不伤，对称了再说。这也有道理。如果对称模型好做，就先对称了、做出样子了，再看看是否有必要修改。科学研究讲究先易后难，这么做不但无可厚非，常常还是捷径。

在说了这些故事以后，我们提醒初次接触对称性问题的读者小心，因为你对于对称性未必已经有准确的把握。图表 7-28 是一个对称博弈，支付矩阵非常对称，但是关于这个博弈的纳什均衡，你是否设想应该有对称的结果？如果你真的这样想，那是非常危险的，因为按照大家平素对对称性的理解，这个博弈的纳什均衡非常不对称——至少在几何上看起来是这样。

	0		0
1		0	
	0		1
0		0	

图表 7-28 一个对称博弈

◀ 习　题 ▶

1. 请用最小最大方法找出下面这些矩阵型表示（见图表 7-29 至图表 7-32）的二人零和博弈的纯策略纳什均衡，并用相对优势策略下划线法验证你的结论。

（1）

	B	
	左	右
A 上	1	4
A 下	2	3

图表 7-29

（2）

	B	
	左	右
A 上	1	2
A 下	4	3

图表 7-30

（3）

	B		
	左	中	右
A 上	5	3	1
A 中	6	2	1
A 下	1	0	0

图表 7-31

（4）

	B		
	左	中	右
A 上	5	3	2
A 中	6	4	3
A 下	1	6	0

图表 7-32

2. 请用扩展的最小最大方法找出第 1 题中（1）和（2）的混合策略纳什均衡，并用反应函数法验证你的结论。

3. 扩展的最小最大方法与最小最大方法之间有什么联系？能否说"用最小最大方法能找到的纯策略纳什均衡，用扩展的最小最大方法也一定能找到"？试通过具体的例子来说明你的判断。

4. 在扑克牌对色游戏中，我们说"P 随机地以 50% 的概率选择出红牌、以 50% 的概率选择出黑牌的策略，Q 也随机地以 50% 的概率选择出红牌、以 50% 的概率选择出黑牌的策略"构成博弈的纳什均衡。既说随机地出牌，又说以 50% 这样确定的概率出红牌，这里"随机"与"确定"有矛盾吗？博弈参与人怎样才能做到"随机地以 50% 的概率选择出红牌、以 50% 的概率选择出黑牌"？

5. "当一个博弈存在一个混合策略纳什均衡时，则在这个混合策略均衡下，无论对手采取哪一个纯策略，一个局中人使用这个混合策略所得到的期望支付都是相同的。"这句话正确吗？试通过一个具体的例子说明你的判断。

6. 正文中在应用线性规划方法求解扑克牌对色游戏时，我们取 $\tau=4$ 使原来的支付矩阵变成所有元素都是正数的矩阵。请你取 $\tau=2$ 重新做一次，看看得出的结果是否一样。

7. 请把矩阵方程

$$\begin{bmatrix} 5 & 4 & 2 \\ 2 & 1 & 6 \end{bmatrix} \begin{bmatrix} v_1 \\ v_2 \\ v_3 \end{bmatrix} \leqslant \begin{bmatrix} 1 \\ 1 \end{bmatrix}$$

表达为大家平常熟悉的联立方程组那样的联立不等式组。

8. 试用扩展的最小最大方法求解下述二人零和博弈（见图表 7-33）的混合策略纳什均衡。提示：从只有两个纯策略的那个局中人入手。

		B	
		左	右
	上	5	8
A	中	9	2
	下	7	6

图表 7-33

9. 考虑下面这样一个二人零和博弈（见图表 7-34）。

		B	
		左	右
	上	0	a
A	下	b	c

图表 7-34

表中每一格所列的是行局中人 A 的支付，其中 a、b 和 c 都是大于零的正数。请问：当 a、b 和 c 之间存在什么关系时，会分别出现下列情况？

(1) 至少有一个局中人有一个优势策略。

(2) 两个局中人都没有优势策略，但存在一个纯策略纳什均衡。

(3) 不存在纯策略纳什均衡，但存在一个混合策略纳什均衡。

10. 请用线性规划问题解法求解第 1 题中所列博弈的混合策略纳什均衡。

11. 正文中说，如果矩阵 A 前乘矩阵 B 有意义，矩阵 B 前乘矩阵 C 有意义，那么矩阵 A 前乘矩阵 BC 有意义，矩阵 AB 前乘矩阵 C 有意义。请论证这一断语。

12. 正文中说，如果一个向量前乘一个矩阵，这个向量必须是行向量，其列数等于矩阵的行数；如果一个向量后乘一个矩阵，这个向量必须是列向量，其行数等于矩阵的列数。请论证这一断语。

13. 设 u 是 7 个分量依次为 1、2、3、4、5、6、7 的 7 维向量，v 是 7 个分量依次为 2、0、2、0、2、0、2 的 7 维向量。请计算它们的内积。

14. 设 u 同上题，请具体计算 $\sigma = u^{\mathrm{T}} e$ 和 $\sigma = e^{\mathrm{T}} u$。

15. 在正文中，我们把

$$\begin{bmatrix} a_{11} & a_{21} & \cdots & a_{m1} \\ a_{12} & a_{22} & \cdots & a_{m2} \\ \vdots & \vdots & \ddots & \vdots \\ a_{1n} & a_{2n} & \cdots & a_{mn} \end{bmatrix} \begin{bmatrix} u_1 \\ u_2 \\ \vdots \\ u_m \end{bmatrix} \geqslant \begin{bmatrix} 1 \\ 1 \\ \vdots \\ 1 \end{bmatrix}$$

简写为 $u^{\mathrm{T}} A \geqslant e^{\mathrm{T}}$。原来向量后乘矩阵，简写以后变成向量前乘矩阵；原来不等式右边是列向量，简写以后变成右边是行向量。为什么会这样？

16. 在二人零和博弈线性规划问题解法中，我们写了 "m 维向量 $p = u/\sigma$ 给出甲的最优混合策略，博弈的均衡值为 $\omega = (1/\sigma) - \tau$"。这里一共出现了 6 个字母。请辨认它们之中哪些是向量，哪些是标量，并且具体说明 $p = u/\sigma$ 是什么意思。

17. 如果你做过第 9 题，试运用向量和矩阵的简约表示，重新整理你的解答。

18. 霍特林模型是零和博弈吗？

19. 正文中说，两台冷饮售卖机紧挨着位于中点 1/2 的位置，是纳什均衡的位置。因为在这个位置，谁要是单独移开 "一点"，他就会丧失 "半点" 市场份额。请问：这里说的 "一点" 和 "半点"，是精确的数量关系吗？

20. 在两台冷饮售卖机定位的市场竞争博弈中我们说，两台冷饮售卖机紧挨着位于中点 1/2 的位置，是纳什均衡的位置。请问：

(1) 两台冷饮售卖机紧挨着位于 1/3 的位置，是不是纳什均衡的位置？

(2) 两台冷饮售卖机紧挨着位于其他非 1/2 的位置，是不是纳什均衡的位置？

21. 试讨论多人博弈的霍特林模型。

这是一道很大的题目，你可以从 4 人、5 人、6 人、7 人做起，能够做多少就做多少，可以一直做到总结出一般的规律来。即使只做几个，也很有价值。

在中信出版社出版的普及著作《人人博弈论》中，我比较详细地罗列了我的本科学生的有关作业。

22. 试依据实际生活，构造一个双方选择不同的纯策略才是共同利益所在的协调博弈和一个双方选择相同的纯策略才是共同利益所在的协调博弈。

23. 试依据学校生活，构造双赢之下没有谁更占便宜的协调博弈。

24. 利用反应函数法计算图表 7-27 中对称化了的情侣博弈的纳什均衡。比较这个结果与原来的结果，你对对称化的做法有什么体会？

25. 图表 7-28 的对称博弈有几个纳什均衡？

26. 在两台冷饮售卖机定位的市场竞争博弈中，我们知道两台冷饮售卖机紧挨着位于中点 1/2 的位置，是博弈的纳什均衡位置。你是否意识到这个讨论有许多隐含假设？

其中一个隐含假设，就是每个顾客（游客）都要购买同样数量的冷饮，而不管他们离最近的冷饮售卖机有多远。

请问：如果游客离最近的冷饮售卖机的距离超过 1/4，他就不买冷饮了，而距离不超过 1/4 的游客，还是购买同样数量的冷饮，这时候两台冷饮售卖机博弈的纳什均衡是什么？

27. 同上题，假设游客还是只从距离最近的冷饮售卖机处购买冷饮，但是他购买冷饮的数量，随着距离冷饮售卖机的距离增加而线性地减少，这时候两台冷饮售卖机博弈的纳什均衡怎样？至于如何线性地减少，请你自己设定。

28. 如果我们把原来描述的霍特林模型修改为一个圆环形的旅游地，游客均匀地分布在圆环上，这时候有两台冷饮售卖机在兜揽生意的博弈的纳什均衡怎样？

29. 同第 28 题，地点是圆环形的旅游地，但是有三台冷饮售卖机在兜揽生意。这时候博弈的纳什均衡怎样？

30. 同第 28 题，地点是圆环形的旅游地，但是有 n 台冷饮售卖机在兜揽生意。这时候博弈的纳什均衡怎样？

第八章

讨价还价与联盟博弈

　　我们在前文中提到同质商品市场的两个极端情形，那就是垄断和完全竞争，以此说明最困难和最不确定的竞争，是只有少数对手甚至只有一两个对手的寡头竞争，而博弈论研究的就是少数人之间竞争的对局理论。读者是否意识到，在我们这样叙述的时候，不论是垄断、完全竞争还是寡头竞争，都是市场供给方面的模式概括，而在市场的需求方面，其实没有跳出完全竞争的模式，或者说我们隐含地假定了市场需求是竞争的。

　　如果一种商品的市场需求不是竞争的，情况又会怎样？原则上，这需要展开形式上把供求方面倒过来的讨论，包括一个卖家面对少数买家的模式，少数卖家面对少数买家的模式，许多买家面对一个卖家的模式，等等，其中许多买家面对一个卖家的模式在拍卖当中已经有所讨论。如果一种商品只有一个卖家和一个买家，情况又会怎样呢？那就要买卖双方讨价还价了。

　　说到**讨价还价**（bargaining），你首先想到的是什么呢？作为一个没有商业工作经历的学生，很可能你眼前浮现出这样一幅景象：熙熙攘攘、人来人往的肉菜市场上，一位家庭主妇模样的中年妇女正站在一个摊档面前，对档主说："2块钱一斤？太贵了吧？老板，便宜点啦。"档主可能回答说："好啦，好啦，便宜一些给你，1块9，要不要？""老板，你这菜都不新鲜了，还要这么贵？1块5，怎么样？"……最后，结果很可能是档主和这位家庭主妇各自做出一些让步，比如："好吧，1块7就1块7，给我来2斤。"当然，如果档主是个没什么耐性的人，或者主妇给出的价格确实太低，又或者主妇无法接受档主的要价，那么这样一桩交易可能就没有办法成交。

　　不要以为上面描述的讨价还价现象难登大雅之堂，其实就算是老练的职业经理人之间的讨价还价，本质上也脱不了上面描述的模式。讨价还价的例子在我们身边还有很多很多。在各种市场交易中，小到买一件衣服，大到买一套房子，其中很可能都会涉及买卖双方不断出价和还价的讨价还价过程；从用人单位与应聘者就工资福利问题的具体讨论，到产生争执的合作各方就某些原则性问题进行的磋商，讨价还价都是一个常见的经济活动过程。

在这一章，我们就从讨论两个企业为分割一份生意这样的讨价还价问题开始。

第一节　讨价还价问题

正是由于买卖双方不断出价和还价这类问题在我们日常生活中占有极其重要的地位，博弈论对此的讨论也就从未间断。事实上，博弈论的奠基人之一约翰·纳什就已经将讨价还价问题摆到一个重要的位置。早在 20 世纪 50 年代，他就首先对这一问题做了一个正式的理论描述。[①] 下面，我们就以纳什的描述为基础，对讨价还价问题给出一个比较严谨的刻画。

为了便于理解，我们可以按照一般的博弈三要素来描述讨价还价问题。首先是局中人/参与人。在开始的时候，我们只讨论有两个参与人讨价还价的情况，我们分别把这两个局中人称为局中人 1 和局中人 2。其次，从策略的角度来看，在一个讨价还价过程中，必定有一个可供局中人从中选择的方案的集合 S，我们暂且称其中的每个元素为**结果**（outcome）。谈判破裂当然是一个可能的结果，所以如果我们把谈判破裂记作 d，那么应该有 $d \in S$。最后，从效用的角度来看，我们还要刻画选择某个方案之后局中人能够得到的效用，通常用局中人 i 的效用函数 u_i 来表示。如果局中人讨价还价最后没有达成任何协议，也就是说，讨价还价的谈判失败了，那么约定认为情况不会比谈判以前原来的情况差，所谓原来的情况也就是**维持现状**（status quo）。因此，一个**二人讨价还价问题**（two-person bargaining problem）可以刻画如下。

定义 8.1　一个二人讨价还价问题由如下三个要素构成：首先是（两个）局中人，即局中人 1 和局中人 2；其次是一个结果集 S，由即将详细说明的**可行备选方案**（feasible alternatives）组成，包含谈判破裂 d 这个可行备选方案；最后还要明确每个局中人 i 在结果集 S 上定义的效用函数 $u_i: S \rightarrow \mathbb{R}$，满足：

（1）谈判破裂结果给两个局中人带来的效用都是最低的，即对任意结果 $s \in S$，$u_1(s) \geqslant u_1(d)$，$u_2(s) \geqslant u_2(d)$；

（2）至少有一个结果给两个局中人带来的效用，要大于谈判破裂时的效用，即至少存在一个 $s \in S$，使得 $u_1(s) > u_1(d)$，$u_2(s) > u_2(d)$。

在本书中，我们将上面这样一个二人讨价还价问题记为 $\mathcal{B} = (S, d; u_1, u_2)$，简记作 $\mathcal{B}$，其中 $d \in S$。

在上述定义中，之所以需要明确条件（1），是因为我们假定局中人在讨价还价过程中不会考虑那些比现状更糟糕的结果。在通常情况下，这样的假定是符合实际的。条件（2）则是为了保证我们研究这样一个问题有意义，即"值得"讨价还价，或者非正式地

---

① Nash, J., 1950, "The bargaining problem," *Econometrica*, 18: 155-162.

说，有讨价还价的空间。如果预期最好的可能情况都要比现状差，那么双方还有什么好谈的呢？

本书到现在为止讨论过的博弈，都是每个参与人"各有"不同的策略集的博弈。讨价还价问题则是所有参与人"共有"一个结果集。这是很大的区别。我们在后面还要回到这一点。

现在，对于每个 $s \in S$，我们都有局中人的一对效用值 $(u_1(s), u_2(s))$，这样的一对效用值，叫作讨价还价问题 $\mathcal{B}$ 的一个**效用配置**（utility allocation）。这样，对于每个二人讨价还价问题，我们都可以写出它的**效用配置集**（set of utility allocation）

$$U(\mathcal{B}) = \{(u_1(s), u_2(s)) : s \in S\}$$

它是二维欧氏空间 $\mathbb{R}^2$ 的一个子集。在不会引起混淆的时候，这个讨价还价问题 $\mathcal{B}$ 的**可行结果集**（set of feasible outcomes）S，也可以反过来记作 $S(\mathcal{B})$。

现在，我们通过一个具体的例子来进一步理解讨价还价问题的这些要素。假设某工程需要 1 000 吨黄沙，而资质合格的黄沙供应商只有两个，即企业 A 和企业 B，且企业每供应一吨黄沙可以获利 100 元。还假设无论能否承揽黄沙业务，企业 A 在黄沙以外的业务的盈利均是固定的 5 万元，企业 B 在黄沙业务以外的盈利均是固定的 3 万元。在上述条件下，假设两个企业都是风险中性的，它们为分割供应 1 000 吨黄沙的生意而讨价还价。

在风险中性的情况下，因为金钱带来的效用与金钱数额成正比，所以我们可以直接把利润数额看作是企业的效用。我们在前面说过，许多经济学论文开宗明义地假设当事人是"风险中性的"，就是为了能够以直接讨论利润的最大化代替理应讨论的效用最大化，因为如果不假设风险中性，金钱最大化和效用最大化将不是一回事。

回到两个企业为分割黄沙生意的讨价还价问题。记两个企业可能分得的黄沙供应量为 s_1 和 s_2，那么首先我们有 $s_1 + s_2 \leqslant 1\,000$，$s_1 \geqslant 0$，$s_2 \geqslant 0$，而两个企业的效用函数分别为 $u_1(s_1, s_2) = 100s_1 + 50\,000$ 和 $u_2(s_1, s_2) = 100s_2 + 30\,000$。因此，这个讨价还价问题的可行结果集可以表述为 $S = \{s = (s_1, s_2) : s_1 + s_2 \leqslant 1\,000, s_1 \geqslant 0, s_2 \geqslant 0\}$，如图表 8-1 所示。

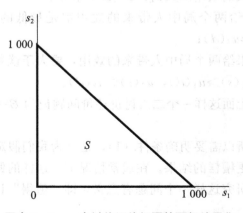

图表 8-1 一个讨价还价问题的可行结果集

两个企业的效用函数分别为 $u_1(s_1, s_2)=100s_1+50\,000$ 和 $u_2(s_1, s_2)=100s_2+30\,000$，所以这个讨价还价问题的效用配置集如图表 8-2 所示，是

$$U(\mathcal{B})=\{(u_1(s), u_2(s)): s\in S\}$$
$$=\{(30\,000+100x, 50\,000+100y): x, y\geqslant 0, x+y\leqslant 1\,000\}$$

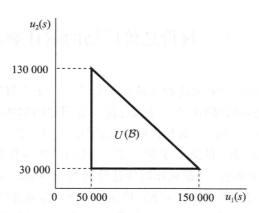

图表 8-2 一个讨价还价问题的效用配置集

但是为了表述简单，我们可以将坐标平移，把谈判破裂点（50 000，30 000）作为坐标原点，在 $u_1(s)$-$u_2(s)$ 平面上利用效用配置集来讨论讨价还价问题。具体来说，我们约定对所讨论的讨价还价问题的效用配置集做规范化处理，以 $u_1(s)-u_1(d)$ 作为新的 $u_1(s)$，以 $u_2(s)-u_2(d)$ 作为新的 $u_2(s)$，讨论讨价还价问题。这样，图表 8-2 就转化成了图表 8-3。

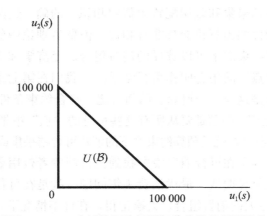

图表 8-3 一个讨价还价问题规范化的效用配置集

以图表 8-1 和图表 8-2 或者图表 8-3 的对比为代表，前面我们提出了以几何方式表达讨价还价问题的两种方式：一种方式是可行结果集的表达；另一种方式则基于结果集上的效用的表达，是效用配置集的表达。在上述黄沙供应配额的讨价还价问题中，"结果"是黄沙供应配额的分割，效用则是分割得到的黄沙供应配额给当事人带来的效用或者效用增加。原则上，经济人问题是关于效用的最优化问题，所以一般而言我们采取如图

表8-2或者图表8-3这样的效用配置集的表达。但是在面对实质上是金钱分割的讨价还价问题的时候，如果假设参与人是风险中性的，那么因为金钱的增加与效用的增加成正比，我们也可以采取如图表8-1所示的可行结果集的表达方式，只是在这么做的时候不要忘记风险中性的前提条件。

第二节　讨价还价问题的纳什解法

我们之所以要对讨价还价问题进行正式的理论描述，主要目的就是要在一个统一的框架之下，探讨解决这类问题的途径，寻求讨价还价问题的解法。准确地说，所谓讨价还价问题的一个**解法**（solution），就是按照一定的规律，给每一个具体的讨价还价问题 $\mathcal{B}$ 指定它的可行结果集 $S(\mathcal{B})$ 的某个子集 $\sigma(\mathcal{B})$。这类子集叫作这个讨价还价问题的解集。解集 $\sigma(\mathcal{B})$ 中的每个元素 s，都叫作讨价还价问题 $\mathcal{B}$ 的解。可见，解法 $\sigma(\cdot)$ 是一种规则，是一个对应，而解则是解集 $\sigma(\mathcal{B})$ 里面的元素，是具体的结果。

说到解法，就有一个解法是否合理的问题，这就难免"仁者见仁，智者见智"了。首先，不同的人对怎样才算合理有不同的理解，其次，在不同情况下人们的观点也可能有所变化，因此，"合理"的解法并非"只此一家，别无分店"。事实上，在过去50多年的历史中，博弈论学者们提出过不少解法。这里，我们只介绍少数被人们普遍接受的讨价还价解法，那就是**纳什讨价还价解法**（Nash bargaining solution）和 K - S 讨价还价解法。

首次接触黄沙供应配额分割讨价还价问题的图表8-1和图表8-3的时候，我们感觉讨价还价问题的可行结果集和效用配置集似曾相识。的确，这两个图表与微观经济学消费者理论中非常基础性的市场机会集非常相像。消费者理论中的市场机会集，表明消费者在一定的收入水平约束之下可以选择的消费组合。经济学和应用数学都把最优化问题中符合约束条件的"点"的集合叫作可行结果集，我们在第七章讲线性规划问题的时候讲过的可行区域，就是这样一个概念。简而言之，符合约束条件的"点"，都是可行的"点"，即可供选择的"点"，问题是要从所有这些可行的"点"中把最优的"点"选出来。消费者理论中的市场机会集，就是预算约束之下的消费可行结果集或者可行消费集。

在消费者理论中，为了在可行消费集中找到使得消费者效用最大化的消费组合，我们要借助于消费者的无差异曲线。最优消费决策问题，就是在可行消费集中选取效用最大的"点"，选取效用最大的消费组合。大家记得，在许多情况下，最优消费组合是某条无差异曲线与可行消费集的外边界即预算线的切点。回顾消费者理论，我们准备尝试按照同样的思路来得到讨价还价问题的某种解。

现在我们假定除这两个局中人之外，有一个我们暂且称为裁判的第三者（the third party），他的效用函数取决于局中人1和局中人2讨价还价的所得，在目前的例子里是他们分得的黄沙供应配额给他们各自带来的效用增加。这个第三者的效用，应该符合下面的一些要求：在局中人1分到的配额不变的情况下，局中人2分到的配额带来的效用越高，作为裁判的第三者的效用越高；同样，在局中人2分到的配额不变的情况下，局中人 1 分到的配额带来的效用越高，作为裁判的第三者的效用也越高。如果建立了一个这样的不仅大公无私而且看起来挺公正的第三者的效用函数，那么我们可以尝试利用作为裁判的第三者的"无差异曲线"，来解决两个局中人的讨价还价问题。

这条路似乎走得通。为叙述方便，我们把这个第三者叫作讨价还价问题的**"主持人"**（anchor）。随之而来的一个自然而然的要求就是：这个"主持人"必须是公平、公正的，即他的无差异曲线不能偏袒任何一个局中人。举例来说，如果两个局中人完全相同，那么他们对"主持人"的效用的影响也应该相同。当然，如果两个局中人并不完全相同（比如他们的初始禀赋不同或者讨价还价能力不同），那么这也应该在"主持人"的无差异曲线中体现出来。

为简单起见，我们暂且只讨论两个局中人的初始禀赋和讨价还价能力都相同的情形。在图表 8-4 中，讨价还价问题的规范化的效用配置集的外边界是对称地凹向原点的一段圆弧。在这个图中，我们给出了满足上述条件的这样一族作为第三者的"主持人"的无差异曲线，其方程为 $u(s)=u_1(s)u_2(s)=c$，其中 c 是一个实数。"主持人"的效用函数是 $u(s)=u_1(s)u_2(s)$，只取决于讨价还价的双方之所得带来的效用增加，可见他是大公无私的。这个"主持人"的大公无私的效用，对两个讨价还价参与人的所得带来的效用增加值的权重完全相同，可见这个"主持人"对两者的满意程度都同样看重，不偏不倚，完全公平。在图表 8-4 中我们看到，有一条无差异曲线与效用配置集的外边界相切于点 N，这个点所代表的效用组合就是这个讨价还价问题的解，称为讨价还价问题的纳什解。如果效用配置集不做规范化处理，相应地，第三者的效用函数就是 $u(s)=[u_1(s)-u_1(d)][u_2(s)-u_2(d)]$。

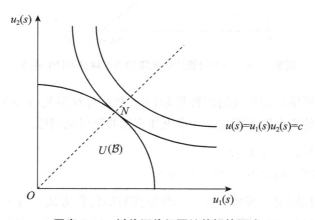

图表 8-4　讨价还价问题纳什解的思路

上面所说的，就是讨价还价问题纳什解法的主要思想。可见，纳什解关心的是参与人在讨价还价问题中效用的增加，而不是他们各自的具体所得。

定义 8.2 为任何二人讨价还价问题 $\mathcal{B}=(S,d;u_1,u_2)$ 确定它的解集

$$\sigma^N(\mathcal{B})=\{s\in\arg\max_{s\in S}[u_1(s)-u_1(d)][u_2(s)-u_2(d)]\}$$

的对应，叫作**讨价还价问题的纳什解法**（Nash bargaining solution），记作 $\sigma^N(\cdot)$。

你看，$u_1(s)-u_1(d)$ 是局中人 1 讨价还价所得带来的效用增加，$u_2(s)-u_2(d)$ 是局中人 2 讨价还价所得带来的效用增加，纳什只关心二人讨价还价所得带来的效用增加值的乘积最大，不是既大公无私又很公平公正吗？

注意，讨价还价问题的解法，是把问题 $\mathcal{B}$ 带到它的解集的一个对应。解法是一个对应。从定义 8.2 我们看得很清楚，一个讨价还价问题可以有不止一个符合要求的解。事实上，如果 $s, s' \in \arg\max_{s \in S}[u_1(s)-u_1(d)][u_2(s)-u_2(d)]$，则 s 和 s' 都是讨价还价问题的纳什解。

具体到上面黄沙供应配额分割讨价还价问题的例子，博弈的纳什解法要做的是求解

$$\max_{(u_1,u_2)\in U(\mathcal{B})} u_1 u_2$$

图表 8-5 说明了这个讨价还价问题的纳什解法，点 N 对应的可行备选方案，就是这个讨价还价问题的纳什解。

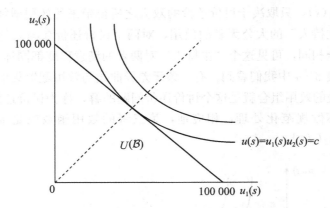

图表 8-5　一个讨价还价问题的纳什解的 $U(\mathcal{B})$ 图示

在这个具体问题里，因为效用配置集 $U(\mathcal{B})$ 和可行结果集 $S(\mathcal{B})$ 的关系特别简单，上述最优化问题等价于求解下面这样一个更加直接的最优化问题：

$$\max_{s_1, s_2} (100 s_1)(100 s_2)$$
$$\text{s. t.} \quad s_1 \geqslant 0,\ s_2 \geqslant 0,\ s_1 + s_2 \leqslant 1\ 000$$

求解这个最优化问题有两种方法：一种是代数的计算方法，另一种是几何的图解方法。代数解法和几何解法的结果都是 $s=(s_1, s_2)=(500, 500)$。在几何上很清楚，约束条件给出的就是可行结果集，而按照目标函数我们得到方程为 $s_1 s_2 = c$ 的一族无差异曲线。从几何上看，这时候求讨价还价问题的纳什解，实质上要做的就是找出无差异曲线与可行结果集外边界的切点。这就是图表 8-6 的演示，$\sigma^N(\mathcal{B}) = \{(500, 500)\}$，就是图中 M 这个点。

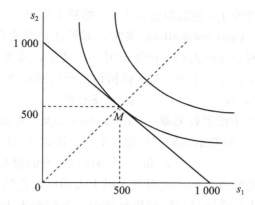

图表 8-6　一个讨价还价问题的纳什解的 $S(\mathcal{B})$ 图示

第三节　讨价还价问题解法的要求

纳什讨价还价解法背后隐藏着很多道理，我们在这里一一说明。

首先，从 $\sigma^N(\mathcal{B}) = \{s \in \arg\max_{s \in S}[u_1(s) - u_1(d)][u_2(s) - u_2(d)]\}$ 我们知道，"主持人"的效用函数，实际上是定义在讨价还价问题的效用配置集上的一个连续函数。如果效用配置集 $U(\mathcal{B})$ 是 $\mathbb{R}^2$ 的一个**非空紧致子集**（nonempty compact subset），那么"主持人"的效用函数在讨价还价问题中的效用配置集一定可以取到最大值，从而 $\sigma^N(\mathcal{B})$ 非空，或者更一般地说，$\sigma(\mathcal{B})$ 非空，也就是相应的解法确实为我们找到了讨价还价问题的解。欧氏空间的**紧致子集**（compact subset），就是欧氏空间的有界闭集。从数学分析我们知道，欧氏空间非空紧致子集上的任何连续函数，一定能够在这个子集上取到最大值和最小值。讨价还价问题关心的是取到"主持人"的效用函数的最大值。从讨价还价问题的构造我们知道，效用配置集 $U(\mathcal{B})$ 是可行结果集 $S(\mathcal{B})$ 的效用像，$S(\mathcal{B})$ 的效用像把 $U(\mathcal{B})$ 盖满。所以，只要我们能够在效用配置集 $U(\mathcal{B})$ 上找到"主持人"的效用最大的点，就容易还原到可行结果集 $S(\mathcal{B})$ 上"主持人"效用的最大点。

为此，从现在开始，我们都将一直假设，所论二人讨价还价问题的效用配置集，都是 $\mathbb{R}^2$ 的非空紧致子集。

这里要注意函数的**最大值**（maximum value）和**最大点**（maximum point）的关系。我们知道，如果 $V \subset \mathbb{R}$ 是实数集的一个子集，那么它的上确界记作 $\sup V$。设 $f: X \to \mathbb{R}$ 是定义在集合 X 上的一个实数值函数，如果点 $x^* \in X$ 使得 $f(x^*) = \sup\{f(x): x \in X\}$，那么 $f(x^*) = \sup\{f(x): x \in X\}$ 叫作函数 $f: X \to \mathbb{R}$ 的最大值，$x^* \in X$ 叫作函数 $f: X \to \mathbb{R}$ 的一个最大点。在这种情况下，还说函数 $f: X \to \mathbb{R}$ 在 $x^* \in X$ 处取得最大值，还说函数 $f: X \to \mathbb{R}$ 在 X 处取得最大值。

关于最小值和最小点、极大值和极大点、极小值和极小点，意义相仿。最大最小与极大极小的区别，在于前者是全局的，后者是局部的，前者需要在整个定义域上最大或者最小，后者只需要在一个小邻域内最大或者最小即可，这个小邻域必须是开集。

现在，我们叙述对讨价还价问题解法 σ（·）的基本要求。

（1）**帕累托最优（Pareto optimality）要求**。如果在讨价还价问题中存在某两个结果，其中一个结果对于两个局中人都严格优于另一个结果，那么处于严格劣势的结果一定不是讨价还价解的结果。具体来说，对于任何讨价还价问题 $\mathcal{B}=(S, d; u_1, u_2)$，如果 $s, t \in S$ 并且 $u_i(s) > u_i(t)$，$i = 1, 2$，那么 $t \notin \sigma(\mathcal{B})$。

帕累托最优要求也叫作**帕累托效率**（Pareto efficiency）要求。这个要求应该是最自然的，任何讨价还价解法一定要给出帕累托最优的解。图表 8-5 中可以分解 $s = (s_1, s_2)$ 并且 $u_1(s_1, s_2)$ 和 $u_2(s_1, s_2)$ 都随 s_1 和 s_2 严格单调上升的情况，就是要求讨价还价解一定要落在可行结果集的外边界上，从而两个局中人的境况已经不可能继续同时得到改善。事实上，如果局中人的境况可以同时得到改善而我们却不去做，其中必然存在资源浪费的问题，不符合经济的要求。

当然，按照我们对讨价还价问题的定义，帕累托效率要求实际上也隐含着这样一个结论：局中人永远不会选择谈判破裂点。

（2）**独立于无关选择（independence of irrelevant alternatives）要求**。如果两个讨价还价问题的谈判破裂点相同，其中一个的可行结果集包含在另一个的可行结果集中，并且可行结果集大的讨价还价问题的解都位于那个小的可行结果集中，那么这两个讨价还价问题的解集相同。即：如果 $\mathcal{B}=(S, d; u_1, u_2)$ 和 $\mathcal{B}_T=(T, d; u_1, u_2)$ 为两个讨价还价问题，$T \subset S$，并且 $\sigma(\mathcal{B}) \subset T$，$f(S, d) \in T$，那么 $\sigma(\mathcal{B}_T) = \sigma(\mathcal{B})$。

如何理解这一要求呢？首先我们要清楚，讨价还价问题的任何解法，都必须符合帕累托最优的要求，都是寻求帕累托效率的效用配置的解法。如图表 8-7 所示，因为可行结果集大的讨价还价问题的解集都已经整个位于小的可行结果集中，所以最优化问题已经跟位于可行结果集 S 中但是不位于可行结果集 T 中的可行结果无关。既然大的可行结果集上的讨价还价问题的解在小的可行结果集上达到，那么这个解也一定是小的可行结果集上的讨价还价问题的解。

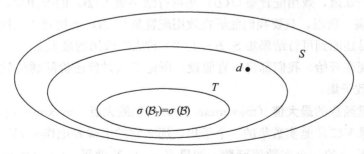

图表 8-7　独立于无关选择要求

（3）**线性变换无关（independence of linear transformations）要求**。如果讨价还价问题 $\mathcal{B}'=(S, d; v_1, v_2)$ 是由讨价还价问题 $\mathcal{B}=(S, d; u_1, u_2)$ 通过 $v_i = a_i u_i + b_i$ 这样的变换得来的，其中 $a_i > 0$，$i = 1, 2$，那么讨价还价问题 $\mathcal{B}'$ 的解和讨价还价问题 $\mathcal{B}$ 的解一样，即 $\sigma(\mathcal{B}') = \sigma(\mathcal{B})$。

上面这样的变换，准确地说应该叫作正的仿射变换，我们在前文已经接触过。不过，许多作者都把这个变换比较马虎地说成线性变换，我们也就迁就，因为语言的问题有时候不讲道理。如果我们清楚所谓"线性变换无关要求"实际上指的是"正的仿射变换无关要求"，也算迁就得起。从微观经济学我们知道，效用函数的作用在正的仿射变换下不变。也就是说，如果对一个效用函数做正的仿射变换得到一个新的效用函数，那么我们无论讨论旧的效用函数还是讨论新的效用函数，结果都应该一样。

线性变换无关要求是说，讨价还价问题的解与相差一个"线性变换"即正的仿射变换的效用函数的具体选择无关。这样，为了讨论方便，我们可以做必要的正的仿射变换，把效用函数变得比较简单。实际上在讨论讨价还价问题的时候，我们更关注的，是局中人在不同的结果中更喜欢哪一个，也就是不同结果的效用的比较问题。如果一个效用函数是由另一个效用函数通过上述变换得到的，那么它们的作用是等价的，从而我们在讨论中可以根据需要选择任何一个效用函数，而不会影响最终的结果。这就好比温度，如果我们只关心冷热比较，那么无论我们是用摄氏温标、华氏温标还是开氏温标，冷热比较的结果都会一样。但是，如果我们关心冰点和沸点，摄氏温标比较方便；如果我们从事基础理论的研究，开氏温标常常体现出优越性。

从讨价还价问题的纳什解法中我们知道，解法做的，实际上是效用配置集上"主持人"的效用最大化问题。在效用配置集上把"主持人"的效用最大化问题做完了，再"还原"到可行结果集中去。可见，效用配置集是任何讨价还价问题解法关注的对象。

定义 8.3　对于讨价还价问题 $\mathcal{B}=(S,d;u_1,u_2)$，如果它的效用配置集不仅是 $\mathcal{B}^2$ 的非空紧致子集，而且是凸子集，即 $U(\mathcal{B})$ 中任何两点的连线整个都在 $U(\mathcal{B})$ 中，我们就称这个讨价还价问题是**凸的**（convex）讨价还价问题；如果它的效用配置集不仅是 $\mathcal{B}^2$ 的非空紧致子集，而且是一个对称子集，即 $(u_1(s),u_2(s))\in U(\mathcal{B})$ 当且仅当 $(u_2(s),u_1(s))\in U(\mathcal{B})$ 时，我们就称这个讨价还价问题是**对称的讨价还价问题**（symmetric bargaining problem）。

接下来我们叙述对讨价还价问题解法的对称性要求。注意，刚才的定义说到的是讨价还价问题的对称性，而下面说的是对讨价还价问题解法的对称性要求。

（4）**对称性（symmetry）要求**。设 $\sigma(\cdot)$ 是讨价还价问题的一种解法。如果对于任何对称的讨价还价问题 $\mathcal{B}=(S,d;u_1,u_2)$ 和它的任何一个解 $s\in\sigma(\mathcal{B})$，我们都有 $u_1(s)=u_2(s)$，就说解法 $\sigma(\cdot)$ 符合对称性要求。

对称性要求的意思也很浅显。所谓对称的讨价还价问题，可以笼统地说成是两个局中人情况对称的讨价还价问题，他们的实力完全相同。既然如此，任何讨价还价解法就都应该赋予每个局中人同样的效用，即让他们讨价还价之所得相同。否则的话，这当中就存在某种不公平的因素。

上面四个要求有很好的信服力。事实上纳什证明了，同时满足上述帕累托最优要求、独立于无关选择要求、线性变换无关要求和对称性要求的讨价还价解法只有一个，那就是我们前面介绍的讨价还价问题纳什解法。换句话说，如果上述四个要求符合你对讨价还价问题解法公平性的理解，那么纳什解法就是你的唯一选择。

有兴趣的读者不妨验证一下，纳什解法应用于我们上面提到的黄沙供应配额的讨价还价问题，确实满足上述四个要求。更富挑战性的问题，是证明纳什解法总是符合上述四个要求，并不限于应用于什么具体问题。

关于凸性和对称性放在一起的作用，我们不加证明地介绍下述也是由纳什完成的定理。

定理 8.1 设 $\mathcal{B}=(S, d; u_1, u_2)$ 是一个凸的讨价还价问题，那么有且只有一个效用配置 (u_1^*, u_2^*) 使得 $\sigma^N(\mathcal{B})=\{s \in S: u_1(s)=u_1^*, u_2(s)=u_2^*\}$。如果讨价还价问题 $\mathcal{B}$ 进一步还是对称的，那么我们还有 $u_1^*=u_2^*$。

这个定理的前半可以简略地记忆为：凸的讨价还价问题的纳什解的效用配置唯一；或者更加简略地记忆为：凸的讨价还价问题纳什解的效用配置唯一。要知道，定理的前半对应于下述几何事实：u_1-u_2 平面第一象限任何非空凸集与凸向原点的无差异曲线族 $u=u_1u_2=c$ 都有且只有一个切点。至于定理的后半，我们注意，所谓对称的效用配置集关于 u_1-u_2 平面第一象限 45°线对称，而这条线也正是无差异曲线族 $u=u_1u_2=c$ 的对称轴。

第四节　讨价还价问题的 K-S 解法

上一节的讨论，换一个角度也可以说是在论证纳什讨价还价解法的合理性。尤其是在效用配置集对称的条件下，很少人会反对讨价还价问题的纳什解法，因为在这种情况下，纳什解法的公平性很明显。但是在另外一些情况下，纳什解法的公平性却难以得到认同。

让我们看一个具体的例子，这个例子取自查拉兰布斯·阿里普兰迪斯（Charalambos D. Aliprantis）和苏博·查克巴帝（Subir K. Chakrabarti）在 2000 年出版的著作《博弈与决策》（*Games and Decision Making*）。

例 8.1 破产博弈

在市场经济条件下，破产是重要的企业现象。企业之所以会破产，简单地说，就是因为资不抵债。企业一旦破产，它的剩余财产如何分配，就成为有关各方关注的焦点，剩余财产如何分配的理论探讨，也成为学者研究的课题。我们这里的讨论同样不考虑法律规定等其他因素，仅简单假设每个债权人的权利都一样。

设某破产企业的剩余资产为 K，该企业共有 n 个债权人，债权人 i 的债权为 D_i，并且 $\sum_{i=1}^{n} D_i > K$，债权人 i 最终分到的财产为 c_i。我们把这样的问题称为**破产问题**（bankruptcy problem）。

现在考虑一家银行破产的问题。为简单起见，我们这里将讨论的范围限定在只有两个债权人的银行破产问题。具体来说，这个破产问题有两个债权人，1 和 2，他们的债权之和大于银行的剩余资产，即 $D_1+D_2>K$。这个讨价还价博弈的可行结果集为 $S\equiv\{(c_1, c_2): c_1+c_2 \leqslant K\}$。

进一步假设局中人都是风险中性的，他们的效用函数为 $u_i(c_1, c_2)=c_i$，$i=1, 2$。也就是说，债权人的效用等于他们所分得的金钱数额。在这种情形下，谈判破裂点是 $(-D_1, -D_2)$，此时债权人分不到钱并且对企业的贷款全部收不回来。由于纳什讨价还价解法满足独立于无关选择的要求，因而我们可以把谈判破裂点移到点 $(0, 0)$。问题于是简化为两个风险中性的局中人在满足债权人 1 不能获得多于 D_1 且债权人 2 不能获得多于 D_2 的约束下，如何在他们之间分配剩余资产 K 的讨价还价博弈。这个讨价还价问题具体可以用图表 8-8 来表示。

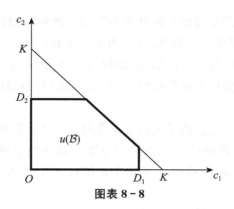

图表 8-8

不失一般性，我们假定 $D_1 > D_2$，并区分以下两种情形予以讨论。

情形 1：$D_2 > K/2$

在这种情形下，易知纳什讨价还价解是每个局中人得到 $K/2$ 元。

情形 2：$D_2 \leq K/2$

由于 $D_1 + D_2 > K$，容易看出，我们所面临的讨价还价问题的效用配置集可以用图表 8-9 来表示。易知，这时候纳什讨价还价解是债权人 2 的贷款全部得到偿还，而债权人 1 则得到 $K - D_2$。

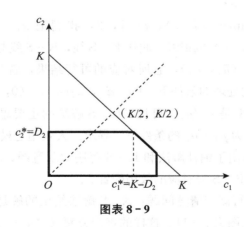

图表 8-9

读者难免觉得，由讨价还价问题的纳什解法所得出的这个破产分配方案并非那么合理，因为虽然局中人 1 所拥有的债权比局中人 2 大得多，但是纳什讨价还价解法却把两个债权人看成同等重要。一个自然的想法是，既然 $D_1 > D_2$，那么在债权人之间分割企业所拥有的资产数额 K 的时候，应当按照债权人的债权比例进行分割。也就是说，分配方案应当满足：

$$\frac{D_1}{D_2} = \frac{c_1^*}{c_2^*}, \quad c_1^* + c_2^* = K$$

解这个方程组，得：

$$c_1^* = \frac{D_1}{D_1 + D_2} K, \quad c_2^* = \frac{D_2}{D_1 + D_2} K$$

换句话说，应当按照两个债权人各自所拥有的对企业的债权比例来分割银行的剩余资产 K。例如，如果 K 等于 100 万元，D_1 为 100 万元，D_2 为 50 万元，则按照上述分配规则，债权人 1 将得到接近 67 万元，而债权人 2 将得到 33 万多元。但是如果根据纳什讨价还价解法，则每个债权人都将获得 50 万元。纳什讨价还价解法的分割结果显然很不合理。

从上述银行破产资产分割的例子我们可以看出，当讨价还价问题本身具有非对称性时，纳什讨价还价解法可能会给出不合理的方案，而导致这种情况发生的根源，在于纳什讨价还价解法所具有的对称性。事实上，纳什"主持人"的效用函数是 $u(s) = u_1(s) u_2(s)$。

那么，如何解决非对称条件下的讨价还价问题呢？两位博弈论学者卡莱（E. Kalai）和斯莫罗丁斯基（M. Smorodinsky）在 20 世纪 70 年代提出了一种替代解法。[1] 他们的思想其实很朴素：首先找到两个局中人在讨价还价问题 $\mathcal{B} = (S, d; u_1, u_2)$ 中各自所能获得的最大效用，然后将"最大效用组合点"与谈判破裂效用组合点以直线相连，考虑这条线段与效用配置集的交集，把最接近"最大效用组合点"的那个效用配置所对应的可行结果，作为这个讨价还价问题的解。现在，人们把联结"最大效用组合点"与谈判破裂效用组合点的直线叫作 K-S 线，把这种解法称为讨价还价问题的 **K-S 解法**（K-S solution），记作 $\sigma^{KS}(\cdot)$。

具体来说，记 $\mu_i = \max_{s \in S} u_i(s)$，$i = 1, 2$，我们把 u_1-u_2 平面上从 $(u_1(d), u_2(d))$ 出发的经过 (μ_1, μ_2) 的射线，叫作 K-S 线，K-S 线与效用配置集的交集的右上方端点的效用配置记作 $(\overline{u}_1, \overline{u}_2)$，它所对应的可行结果，就是讨价还价问题的 K-S 解。我们记得，在规范化处理的条件下，$(u_1(d), u_2(d)) = (0, 0)$。

易知，K-S 线的斜率是 μ_2 / μ_1。可见，K-S 解法的主要思想，就是在保证二人效用的比例 $u_1(s) : u_2(s)$ 为 $\mu_1 : \mu_2$ 的条件下，寻求二人效用之最大。

图表 8-10 对比地给出了纳什解法和 K-S 解法的示意图，其中，点 N 是纳什解对应的效用配置，点 M 是 K-S 解对应的效用配置。

回到 $D_2 < K/2$ 的银行破产清算问题，K-S 解法给出的解是 K-S 线与效用配置集外边界的交点的效用，见图表 8-11。这样的资产分割 (c_1^*, c_2^*)，比纳什解法给出的解 $(K - D_2, D_2)$ 要显得合理一些。

前面谈了纳什解法的对称性本质及其局限。历史上，K-S 解法出自用另外的要求去替代对称性要求的努力。其中很自然的一个替换要求，是下面的单调性要求。

单调性（monotonicity）要求　设 $\sigma(\cdot)$ 是讨价还价问题的一种解法。如果对于任何讨价还价问题 $\mathcal{B} = (S, d; u_1, u_2)$ 和 S 的任何子集 T，解集 $\sigma(\mathcal{B})$ 都优于解集 $\sigma(\mathcal{B}_T)$，

---

① Kalai, E. and M. Smorodinsky, 1975, "Other solutions to Nash's problem," *Econometrica*, 43: 513-518.

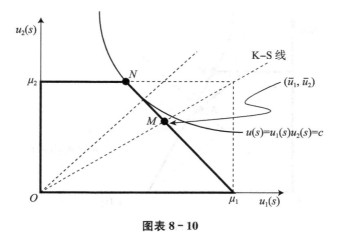

图表 8 - 10

图表 8 - 11

我们就说解法 $\sigma(\cdot)$ 符合单调性要求。这里如前，我们记 $\mathcal{B}_T=(T,\ d;\ u_1,\ u_2)$。

我们说解集 $\sigma(\mathcal{B})$ 优于解集 $\sigma(\mathcal{B}_T)$，指的是两个局中人在解集 $\sigma(\mathcal{B})$ 中实现的效用都不低于在解集 $\sigma(\mathcal{B}_T)$ 中实现的效用。用通俗的话说，不能因为效用配置集大了，反而使得某个局中人的满意程度降低。讨价还价问题解法的单调性要求，指的就是这个性质。

图表 8 - 12 的具体例子还说明，讨价还价问题的纳什解法，不符合单调性的要求。事实上，设讨价还价问题 $\mathcal{B}=(S,\ d;\ u_1,\ u_2)$ 的效用配置集是图中的梯形，而讨价还价问题 $\mathcal{B}_T=(T,\ d;\ u_1,\ u_2)$ 的效用配置集是这个梯形砍去右上方的一个角得到的五边形。在这种情况下，讨价还价问题 $\mathcal{B}=(S,\ d;\ u_1,\ u_2)$ 和 $\mathcal{B}_T=(T,\ d;\ u_1,\ u_2)$ 的承继关系加上效用配置集的大小包含关系说明，两者的可行结果集之间一定有 $T\subset S$ 的关系。可是我们看到，$\sigma^N(\mathcal{B})$ 给出的效用配置在 M，$\sigma^N(\mathcal{B}_T)$ 给出的效用配置在 N，$\sigma^N(\mathcal{B})$ 给局中人 1 带来的效用配置，反而小于 $\sigma^N(\mathcal{B}_T)$ 给他带来的效用配置。

但是，K - S 解法是否符合单调性要求呢？答案也是否定的。图表 8 - 13 的例子说明，即使在效用配置集是凸集的情况下，K - S 解法也未必符合单调性要求。在图表 8 - 13 中，设大的梯形是效用配置集 $U(\mathcal{B})=\{(u_1(s),\ u_2(s))\colon s\in S\}$，大的梯形砍去上面小的梯形以后得到的梯形是效用配置集 $U(\mathcal{B}_T)=\{(u_1(s),\ u_2(s))\colon s\in T\}$，这里 $T\subset S$。我们看到，K - S 解法给出 $U(\mathcal{B})$ 的 K - S 解在 M，它给出 $U(\mathcal{B}_T)$ 的 K - S 解在 N。这时候

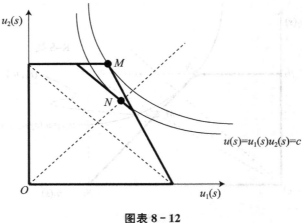

图表 8－12

很清楚，对于局中人 1 来说，他在大的效用配置集上的讨价还价问题的 K－S 解得到的效用，不如他在小的效用配置集上的讨价还价问题的 K－S 解得到的效用。可见，K－S 解法并不符合单调性要求。

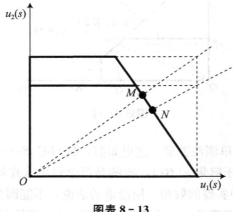

图表 8－13

事实上，一些著作在"证明"K－S 解法符合单调性要求的时候，毫无说明地就添加了 K－S 线斜率不变的条件。当 K－S 线斜率不变的时候，对于任何一个局中人来说，在大的效用配置集上得到的 K－S 解，当然比在小的效用配置集上得到的 K－S 解好。但是，这样乱加条件的"定理"，已经没有什么意义。

写到这里，我们可以指出，如果某个讨价还价问题本身是对称的，那么这个讨价还价问题的纳什解和 K－S 解相同。

为加深读者对 K－S 解法的理解，我们再举一个出自查拉兰布斯·阿里普兰迪斯和苏博·查克巴帝 2000 年的《博弈与决策》第 211～212 页的例子，但是我们做了很大改编。

例 8.2　劳资博弈

在西方发达国家，工会与企业的管理层经常需要就工资问题进行磋商谈判。我们可以用简单的形式来刻画这个讨价还价博弈。考虑一个生产单一产品的企业。令 W_m 表示如果谈判破裂工人可以（在别的地方）得到的工资。令 L 表示参加工会的工人数目。设企业的产品在市场上所面临的价格为一固定价格 p。也就是说，企业是在一个完全竞争的市场上出售其产品。假定企业的产出是所雇用的工人数量的函数，我们用 $f(\cdot)$ 来表示，并且现在考虑的企业的可变成本只是雇用工人的工资支出。因此，如果企业雇用了 L 个工人，则企业的产出为 $f(L)$，销售收入为 $R=pf(L)$。如果企业给每个工人的工资为 W，则企业的利润为：

$$R-LW=pf(L)-LW$$

工会与企业的管理层会就工资 W 进行多轮谈判。如果谈判破裂，则企业的利润将为零，而工人则得到工资 W_m。否则，工会得到 LW，企业得到 $R-LW$。我们约定，用局中人 1 表示企业，用局中人 2 表示工会。于是，这个讨价还价博弈可表示为：

$$u_1(d)=0, \quad u_2(d)=LW_m$$

以及

$$u_1(W, D)=R-LW, \quad u_2(W)=LW$$

这里很自然要求 $W_m \leqslant W \leqslant R/L$。

图表 8－14 给出了这个讨价还价问题的可行结果集和效用配置集。需要注意的是，这是一个非对称的讨价还价问题。

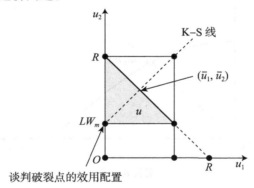

谈判破裂点的效用配置

图表 8－14

K－S 线的斜率为：

$$k=\frac{R-LW_m}{R-LW_m}=1$$

因此，K－S 线可具体表示为：

$$u_2=u_1+LW_m$$

令 $u_2=R-u_1$，我们得到 $R-u_1=u_1+LW_m$，由此解得：

$$\bar{u}_1=\frac{R-LW_m}{2}, \quad \bar{u}_2=\frac{R+LW_m}{2}$$

由于 $\bar{u}_2 = LW^*$，我们知道作为 K‐S 解的 W^* 是

$$W^* = \frac{R + LW_m}{2L}$$

下面，让我们通过设定一个具体的生产函数来进一步加深对上述模型的理解。

假定生产函数是 $f(L) = 10\sqrt{L}$，而 $L = 25$，$p = 10$，$W_m = 10$。在这种情况下，容易算出 $R = 100\sqrt{25} = 500$。由此得到 $W^* = 15$。作为这个讨价还价问题的 K‐S 解，W^* 的值高于保留工资 10，但低于最高工资 $\frac{R}{L} = 20$。

除了纳什解法和 K‐S 解法之外，学者们还提出了许多其他的解法。这其中较有影响力的有平均主义解法、效用主义解法，以及所谓的 "M‐P 解法"。限于篇幅，这里只做非常简略的介绍。

平均主义解法（equalitarian solution）的学术思想，基本上与 K‐S 解法一致，所不同的是将"问题依赖"的 K‐S 线换成固定的 45°线，见图表 8‐15。问题的解的效用配置，位于 45°线与效用配置集外边界的交点。在平均主义解法的伦理道德方面，则是无论初始条件怎样，作为结果，都给出两人完全相等的效用配置。

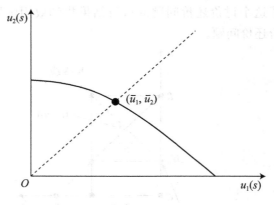

图表 8‐15

效用主义解法（utilitarian solution）则设想讨价还价中的双方可以形成一个总效用 $u_1(s) + u_2(s)$，追求这个总效用最大。这时，总效用的无差异曲线 $u_1(s) + u_2(s) = c$，是反 45°线。效用主义解法给出的解的效用配置，就是在效用配置集外边界上总效用最大的点。

从技术方面说，效用主义解法只是把纳什解法的双曲线无差异曲线 $u_1(s)u_2(s) = c$ 换成直线无差异曲线 $u_1(s) + u_2(s) = c$（见图表 8‐16）。和平均主义解法相比，效用主义解法在伦理道德方面走了另一个极端，只关心讨价还价两人的"总效用" $u_1(s) + u_2(s)$ 最大。但是经济学家普遍认为，人们的效用是不可加的，从而效用主义解法比平均主义解法更加难以让人信服。其实，老百姓也难以认同效用主义解法，因为效用主义宁肯舍弃大富翁得 9 900 穷人得 90 的效用配置，也要追求大富翁得 10 000 穷人得 0 的效用配置。

所谓的 M‐P 解法（M‐P solution）也很有意思，它的思想是这样的：首先给效用配置集的外边界以合理的参数描述，然后在这个外边界中寻找与外边界的两个端点距离

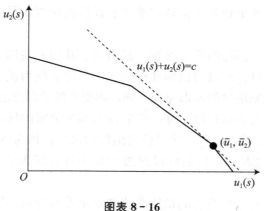

图表 8 - 16

相等的那个效用组合，作为这个讨价还价问题的 M－P 解（见图表 8－17）。注意这里所说的当然是曲线距离，而不是直线距离。事实上，我们可以将效用配置集的外边界想象为一条公路，然后假设在两个端点各有一辆车，以相同的速度同时相向而行，它们最后相遇的地点所代表的效用配置对应的可行结果，就是我们要找的 M－P 讨价还价解。

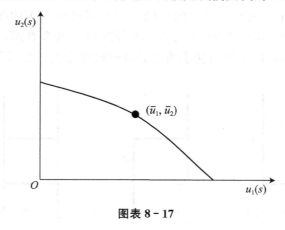

图表 8 - 17

本章到现在为止从解法的角度讨论的二人讨价还价问题，似乎并没有什么博弈的意思。情况的确是这样：采用什么解法，就等于两个局中人把问题交给一个什么样的"主持人"，然后由这个"主持人"按照他作为第三者的效用标准来解决二人的问题。下面以夏普利值的引入为代表的多人讨价还价问题的讨论，才真正体现我们所面对的问题是博弈问题。

第五节　联盟博弈的核

前面的讨论都局限于两个局中人的情形，但是有关的想法都可以扩展到有多个局中人的情形。只要本质上是像前面那样把问题交给一个作为"第三者"的主持人来解决，那么从二人讨价还价到多人讨价还价，思想仍然是类似的，只是技术难度增加得很快。

所谓技术难度，可以笼统地理解为描述的难度和计算的难度。限于本书的宗旨，我们就不往这个方向展开了。

但是多人博弈与二人博弈的重大区别，是出现了其中一些局中人合作、共谋、建立有约束力的联盟的可能性。这就与前面那样的二人实际上颇为被动地把问题交给一个作为"第三者"的主持人来解决的情形完全不同，需要新的处理方法。

考虑两人为交易一套公寓讨价还价，买主 B 对购买公寓的保留价格为 $p_B=50$ 万元，即价格高于 50 万元他就不买，卖主 S 对公寓出售的保留价格为 $p_S=30$ 万元，即价格低于 30 万元他就不卖。这时候，他们可以通过交易实现总额为 $50-30=20$ 万元的交易利益。

按照我们在微观经济学里熟悉的供给曲线和需求曲线分析，因为现在只是两人交易一套公寓，卖主的供给曲线是一条阶梯形曲线，如图表 8 - 18（a）所示，买主的需求曲线也是一条阶梯形曲线，如图表 8 - 18（b）所示。把它们合在一起，得到图表 8 - 18（c）。从微观经济学我们知道，供给曲线和需求曲线的重合部分，给出市场均衡的交易价格和交易数量。在学习微观经济学的时候，一般来说，供给曲线和需求曲线重合的部分只是一个点，两条曲线的交点的纵坐标给出市场均衡的交易价格，两条曲线的交点的横坐标给出市场均衡的交易数量。现在，卖主的供给曲线和买主的需求曲线重合的部分，是交易数量为 1、价格从 30 万元到 50 万元的一个竖线段。这么看来，双方的交易数量是 1，从而上述公寓转手，但是公寓转手的交易价格可以是大于 30 万元小于 50 万元的任何价格。

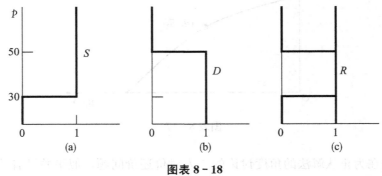

图表 8 - 18

需要说明的是，在商品数量只能是正整数这样的离散情况下，上述阶梯形供给曲线和阶梯形需求曲线的水平部分，应该是虚线。只是为了画图方便，我们做了现在这样变通的处理。请读者记住这一点。

从图表 8 - 18（c）中我们看得很清楚，按照任何高于 30 万元低于 50 万元的价格成交，对于双方都将是有利的交易，虽然两人必然会为如何分割总共 20 万元的交易利益而讨价还价。

那么，究竟按照怎样的价格成交呢？或者说如何分割总共 20 万元的交易利益呢？这就要看双方的**讨价还价能力**（bargaining power）怎样了。我们不展开关于讨价还价能力的理论，但是读者可以体会讨价还价能力并不是非常抽象的东西。例如，两个人在为买卖一件商品讨价还价的时候，一直没有第三者参与进来，那么耐心好的一方，讨价还价能力就比较强。想象你在一个旅游点看中了一件小玩意儿，必要时你愿意出 50 元把它买下。如果你还有时间和卖主磨下去，说不定你能得到一个 30 多元的好价钱，但是如果导游不停地招呼你上车，你马上就要离开这个旅游点了，那么你多半要出接近 50 元的价钱，才能把那个小玩意儿买下来。这是耐心作为讨价还价能力的重要因素的生动例子。

我们在第一章特别讲到交易利益。人们并不因为交易利益存在就一定愿意交易，他们必然还要考虑交易利益如何分割的问题。如果你和别人商议潜在交易利益为 100 元的一桩交易，假定按照对方提出来的交易方案交易，他能够实现的交易利益是其中的 98 元，而你能够得到的交易利益只是区区 2 元，那么你多半是不肯的。你一定会和他讨价还价，除非你不是经济学上所说的理性人。

图表 8-18（c）中供给曲线和需求曲线重合的部分 R，叫作**谈判范围**（range of negotiation）。

现在考虑增加一个卖主的情况，假定这个卖主也有性能上完全一样的一套公寓希望出售，他出售这套公寓的保留价格是 35 万元，即低于 35 万元就不卖。这时，两个潜在的卖主和一个潜在的买主为交易一套公寓讨价还价，买主仍然记作 B，他购买公寓的保留价格为 $p_B=50$ 万元，两个卖主分别记作 S_1 和 S_2，他们出售公寓的保留价格分别为 $p_{S_1}=30$ 万元和 $p_{S_2}=35$ 万元。

这时候画出的图，买方的需求曲线依旧，卖方的供给曲线变成从纵轴开始有上升的两级台阶的阶梯形曲线，供给曲线和需求曲线的重合部分即谈判范围 R，是交易数量为 1、交易价格在 30 万元和 35 万元之间的短得多的竖线段。从图表 8-19 中我们看得很清楚，保留价格为 35 万元的卖主 S_2 已经被排除在交易之外，买主 B 和卖主 S_1 将以高于 30 万元低于 35 万元的价格成交一套公寓。具体成交价究竟是多少，要看他们两人讨价还价谈判的结果。

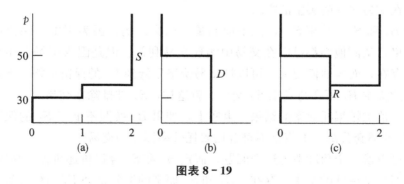

图表 8-19

现在我们马上可以把这种做法推广到买卖两个方面都是多人的情形。为了讨论方便，假设每个潜在的卖主都希望出售一套公寓，每个潜在的买主都希望购买一套公寓，而且所说的公寓性能都一样。图表 8-20 的阶梯形需求曲线，表示 3 个潜在的买主各希望以自己的保留价格购买这样一套公寓，3 个保留价格如图表 8-20 所示，均不相同；图中的阶梯形供给曲线，表示 4 个潜在的卖主各希望以自己的保留价格出售这样一套公寓，4 个保留价格如图表 8-20 所示，也都不相同。

如果我们把潜在的卖主按照保留价格上升的次序排列为 S_1、S_2、S_3、S_4，它们的保

留价格依次记为 p_{S_1}、p_{S_2}、p_{S_3} 和 p_{S_4}；把潜在的买主按照保留价格从高到低的次序排列为 B_1、B_2、B_3，它们的保留价格依次记为 p_{B_1}、p_{B_2}、p_{B_3}。图表 8-20 告诉我们，在图示保留价格的情况下，两套公寓得以交易转手，交易价格在 p_{B_3} 和 p_{S_3} 之间，这里我们有 $p_{B_3} < p_{S_3}$，而潜在的卖主 S_3 和 S_4 以及潜在的买主 B_3 被排除在公寓交易之外。

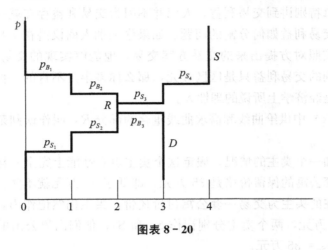

图表 8-20

从图表 8-20 中我们不难想象，当潜在的买主和潜在的卖主的数目都不断增加并且他们的保留价格之间的阶梯差异越来越小的时候，阶梯形需求曲线逐渐变成平滑下降的需求曲线，阶梯形供给曲线逐渐变成平滑上升的供给曲线，两条曲线都变得向右无限伸延，而且两条曲线的重合部分逐渐变成一个交点，这个交点就给出市场均衡：交点的纵坐标给出市场的交易价格，交点的横坐标给出市场的交易数量。供给曲线在这个交点右上方的部分，表示被排除在交易之外的卖主的供给；需求曲线在这个交点右下方的部分，代表被排除在交易之外的买主的需求。

单独看 B_1 和 S_3（甚至 S_4），似乎他们是可以交易的，因为买主的保留价格高于卖主的保留价格，从而他们都可以在交易中实现交易利益。但是因为市场上还有保留价格更低的卖主存在，而与他们交易，可以把交易价格压低到 S_3 的保留价格以下，所以作为理性经济人的买主 B_1 不会与卖主 S_3 交易。就这样，S_3 被排除在交易之外。这也是市场机制的本性：追求帕累托效率的结果。事实上，如果 B_1 按照不低于 S_3 的保留价格的价格购买了 S_3 的那套公寓，那将是不符合帕累托效率标准的交易。

我们也可以换一个角度考虑这个问题。假定 B_1 和 S_3 经讨价还价差不多准备交易了，由于别的保留价格更低的卖主的存在，B_1 和 S_3 原来的谈判是经不起 B_1 和别的卖主的再谈判的。无论 B_1 和 S_1 谈判还是和 S_2 谈判，都让买主 B_1 看到了更好的前景。

更加有趣的是卖主们的保留价格都一样的情况。实际上，只要我们把图表 8-19 中一个买主和两个卖主情形的两个卖主出售公寓的保留价格改成一样，就可以看出其中的变化。图表 8-21 就是这样的改版，因为两个卖主的保留价格一样，供给曲线变成只有一级台阶的阶梯形曲线，但是那一级阶梯的宽度变成了 2。这里同样要注意，阶梯形需求曲线的水平部分，应该是虚线，而阶梯形供给曲线的水平部分，只在整数的三个位置是实心的点，其余部分也应该是虚线。只是为了画图方便，我们做了现在这样变通的处理。

　　这时候，供给曲线和需求曲线的重合部分只是它们的一个交点，可见买主将按照两个卖主相同的保留价格购买其中一个卖主的一套公寓，买主获得全部交易利益。在实际生活中，因为一点交易利益都不留给对方可能导致交易不发生，我们可以想象买主将按照非常接近两位卖主相同的保留价格的价格购买其中一个卖主的一套公寓，买主获得几乎全部交易利益。

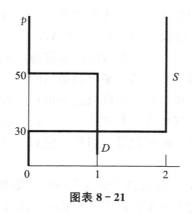

图表 8-21

　　反过来，如果是一个卖主、两个买主并且两个买主购买公寓的保留价格一样，那么结果将是卖主按照非常接近两个买主同样的保留价格的价格把公寓卖给其中一个买主，卖主获得几乎全部交易利益。

　　读到这里，我们已经明白，在买卖双方各有许多买主和许多卖主的情况下，所谓市场竞争，既可以是卖主之间的竞争，也可以是买主之间的竞争，而讨价还价则是买方与卖方的讨价还价。如果我们把买卖双方看作两个阵营，那么市场竞争是"阵营内"的竞争。从最初一个买主和一个卖主的模型出发，买主增加一个，交易利益马上向卖主倾斜；同样，卖主增加一个，交易利益马上向买主倾斜。市场竞争就是这么无情。

　　读者应该有机会通过"做实验"来验证这种情况。设想你在集市或者类似的地方看到有买卖双方两个人在为一件商品或者小玩意儿紧张地讨价还价，这时候如果你不知好歹走上去说你也想看看，正在讨价还价的买方多半会对你表示不欢迎，因为你的出现，让他感到竞争的威胁。从原理上说，相反的实验也可以做，那就是对买主说你也有同样的东西可以出售，这样你多半会招致卖主的白眼，只是通常你不会正好有这样的"道具"在手，难以逼真地完成这个相反方向的实验。

　　有情无情，已经是人格化的语言了。同样采用人格化的语言，我们还要指出，市场只关心效率，关心交易利益的实现，对于公平却无能为力。前面说了，买主增加一个，交易利益马上向卖主倾斜，"多余"的买主被挤出市场，完全实现不了任何交易利益。这时候，假如对于公寓转手征收交易税，就有可能把一部分交易利益转移给被排除在交易之外的经济人让他们分享，虽然这多半只能是一个很小很小的部分。

　　事实上，讨价还价的参与人数目的增加，会迅速改变讨价还价的格局和性质，促使买卖双方很快达成交易，容不得什么人无休止地讨价还价下去。这是市场效率在交易利益以外的又一种体现。

　　从二人讨价还价问题到多人讨价还价问题，新的最重要的因素，是出现了部分参与人联盟的可能性。事实上，随着参与人数目的增加，参与人联盟及再联盟以图在最有利于自己的条件下完成交易的努力，使问题迅速从讨价还价模式向市场模式转化。在这个意义上，市场极大地简化了多人讨价还价的复杂过程。这里，参与人联盟及再联盟以图在最有利于自己的条件下成就交易的努力，表现出相互制约和相互抵消的趋势。

设我们把 n 个参与人的多人讨价还价问题记作 $\mathcal{B}(N)$，这里 $N=\{1,\cdots,n\}$ 是参与人的集合。现在，我们将其中某几个参与人组成的一个集体，即集合 $N=\{1,\cdots,n\}$ 的一个非空子集 C，称为一个**联盟**（coalition）。比如，$C=\{1,3\}$ 就表示局中人 1 和局中人 3 组成的联盟。联盟的意义在于，联盟的成员将通过某种形式的合作采取议定的行动，以谋取联盟各成员在博弈中的利益。举个简单的例子，假设讨价还价博弈的三个局中人议定以投票的方式按照简单多数的原则决定采取什么方案，那么如果局中人 1 和局中人 3 结成了联盟，则意味着局中人 1 和局中人 3 可以一起捆绑投票，要么一起投赞成票，要么一起投反对票，要么一起弃权等，当然，他们也可以商定别的对他们更加有利的投票策略。

特别地，我们把所有局中人组成的"联盟"称为**大联盟**（grand coalition）。这和集合论为了逻辑上的方便把集合也看作它自己的子集是一致的。同样，为了逻辑上的方便，集合论还把空集看作是任何集合的子集，但是我们在博弈论中一般不做这样的安排。

在上文，我们再一次用阿拉伯数字表示讨价还价问题的参与人，比如 3 就代表参与人 3，但是在其他情况下，也可以采用类似卖主 S 和买主 B 这样的符号来表示讨价还价问题的参与人。

大家知道，对于元素数目是 n 的集合，它的包括自己和空集在内的子集的数目是 2^n，因此，$N=\{1,\cdots,n\}$ 的非空子集的数目是 2^n-1。由此可知，n 人讨价还价问题 $\mathcal{B}(N)$ 所有可能的联盟的总数是 2^n-1。

联盟的宗旨是在讨价还价问题中协调联盟成员的行动以便为联盟成员争取最大的利益。设 C 是 n 人讨价还价问题 $\mathcal{B}(N)$ 的一个联盟。如果不管联盟外的参与人如何行动，联盟成员都可以通过自己的合作行动保证联盟成员能够实现一定的总效用或者总支付，我们就把这个总效用或者总支付记作 $v(C)$，称为联盟的**保证水平**（security level），口语也可以说是保证效用或者保证支付。我们说"不管联盟外的参与人如何行动"，特别包括联盟外的参与人采取对联盟成员最不利的行动。

例如，在图表 8-19 的一个潜在买主 B 和两个潜在卖主 S_1 及 S_2 为一套公寓的交易讨价还价的博弈 $\mathcal{B}(\{B,S_1,S_2\})$ 中，联盟的数目是 $2^3-1=7$，它们是 $\{B\}$，$\{S_1\}$，$\{S_2\}$，$\{B,S_1\}$，$\{B,S_2\}$，$\{S_1,S_2\}$ 和 $\{B,S_1,S_2\}$。因为买主购买公寓的保留价格为 $p_B=50$ 万元，两个卖主出售公寓的保留价格分别为 $p_{S1}=30$ 万元和 $p_{S2}=35$ 万元，所以我们马上知道 $v(\{B\})=v(\{S_1\})=v(\{S_2\})=0$，$v(\{S_1,S_2\})=0$，$v(\{B,S_2\})=15$，$v(\{B,S_1\})=20$ 和 $v(\{B,S_1,S_2\})=20$，单位是万元。

其他讨价还价博弈联盟的保证水平的情况可能比较复杂。例如甲、乙、丙 3 个人考虑是否合作做一些事情。首先，甲、乙、丙单独的"联盟"也可以有自己正的保证水平，而不像在公寓交易的例子中自己没法跟自己交易实现交易利益。其次，甲和乙联盟的保证水平、乙和丙联盟的保证水平以及甲和丙联盟的保证水平之间的数量关系，可能远不像公寓交易那么简单。但是从公寓交易这样简单的讨价还价问题开始讨论，可以使我们集中关注理论的思想方面，而不至于被技术细节淹没。

复杂也好，简单也罢，如果我们对一个多人讨价还价问题 $\mathcal{B}(N)$ 的每一个联盟 C 都知道了或者定义了它的保证水平 $\nu(C)$，我们就得到从 N 的所有非空子集族到实数集的一个对应 $\nu: P(N) \to \mathbb{R}$，称作定义在讨价还价问题 $\mathcal{B}(N)$ 上的一个**特征函数**（characteristic function）。这里 $P(N)$ 表示参与人集合 N 的所有非空子集的集合，即所有联盟的集合。定义了特征函数 $\nu: P(N) \to \mathbb{R}$ 的多人讨价还价问题 $\mathcal{B}(N)$，将特别记作 $\mathcal{B}(N; \nu)$，称作**联盟博弈**（coalitional games）或者**特征型博弈**（games in characteristic form）。

在下面关于联盟博弈的讨论中，我们将假设联盟博弈的特征函数是博弈参与人的**公共知识**（common knowledge），也就是说，联盟博弈的每个参与人都清楚每个联盟的保证水平。

任何联盟博弈 $\mathcal{B}(N; \nu)$ 都首先是一个讨价还价问题，从而我们可以考虑它的可行结果 $s \in S$ 和相应的效用配置 $(u_1(s), \cdots, u_n(s))$，后者也可以简单地记作 $(u_1, \cdots, u_n)$。为叙述方便，可行结果对应的效用配置将被叫作可行的效用配置。

设 $(u_1, \cdots, u_n)$ 是联盟博弈 $\mathcal{B}(N; \nu)$ 的一个可行的效用配置。如果联盟 C 使得 $\nu(C) > \sum_{i \in C} u_i$，也就是说，联盟 C 的保证水平高于这个效用配置带给联盟 C 的成员的效用的总和，就说联盟 C **瓦解**（block）了效用配置 $(u_1, \cdots, u_n)$。

这种说法相当自然。设想有人提出的一个方案（即可行结果）可以实现效用配置 $(\bar{u}_1, \cdots, \bar{u}_n)$，但是联盟 C 的成员知道他们联合起来可以为联盟成员实现的总效用 $\nu(C)$ 比这个方案将给他们带来的总效用 $\sum_{i \in C} \bar{u}_i$ 高，那么他们一定不肯接受原来那样的效用配置。事实上在这种情况下，他们要结成联盟以瓦解所说的效用配置的**威胁**（threat）是可信的，绝非空口说大话。要知道，只要不等式 $\nu(C) > \sum_{i \in C} \bar{u}_i$ 成立，联盟 C 的成员就一定可以找到办法来分割总效用 $\nu(C)$，使得每个成员 $i \in C$ 获得的效用都高于原来那个方案将给他带来的效用 $\bar{u}_i$。这样，由于利益驱动，效用配置 $(\bar{u}_1, \cdots, \bar{u}_n)$ 就实现不了。

例如，对于图表 8-19 的公寓交易的讨价还价博弈 $\mathcal{B}(\{B, S_1, S_2\}; \nu)$，我们已经知道特征函数的全部非零值是 $\nu(\{B, S_2\}) = 15$，$\nu(\{B, S_1\}) = 20$ 和 $\nu(\{B, S_1, S_2\}) = 20$，单位是万元。因为一套公寓的交易只能是一个买主和一个卖主的交易，首先我们知道在任何可行的效用配置 (u_B, u_{S_1}, u_{S_2}) 中，顶多只有两个分量非零。这里，只是为了集合闭性的逻辑要求，我们约定不损害当事人的交易都可以进行，也就是约定交易的一方得到零交易利益的交易是可以发生的交易。根据特征函数容易明白，诸如 $(u_B, u_{S_1}, u_{S_2}) = (20, 0, 0)$，$(u_B, u_{S_1}, u_{S_2}) = (16, 4, 0)$，$(u_B, u_{S_1}, u_{S_2}) = (18, 2, 0)$ 和 $(u_B, u_{S_1}, u_{S_2}) = (19.99, 0.01, 0)$ 这样的效用配置，不会被任何联盟瓦解，但是如 $(u_B, u_{S_1}, u_{S_2}) = (14, 0, 1)$ 这样的可行的效用配置，却会被联盟 $C = \{B, S_1\}$ 瓦解。

最有趣的是，如 $(u_B, u_{S_1}, u_{S_2}) = (14, 6, 0)$ 这样的可行效用配置，会被联盟 $C = \{B, S_2\}$ 瓦解，道理是这个配置给予联盟 C 的效用总额是 14，而联盟 C 可以给成员带来的效用总额是 15。这样，我们就用"瓦解"的概念说明了以下事实：S_2 的存在，使

得 B 和 S_1 不能在 35 万元以上的价格处成交。

在以上例子的基础上，现在可以叙述对联盟博弈非常重要的核的定义。

定义 8.4 设 $\mathcal{B}(N；\nu)$ 是一个联盟博弈。在 $\mathcal{B}(N；\nu)$ 的可行结果集中，所有相应的效用配置都不会被任何联盟瓦解的可行结果的集合，叫作这个联盟博弈的**核**（core），记作 $\text{Core}\mathcal{B}$。

从定义我们马上知道，图表 8-18 中联盟博弈的核是竖直的和比较长的一个线段，图表 8-19 中联盟博弈的核是竖直的短一点的一个线段，图表 8-20 中联盟博弈的核是竖直的和更加短的一个线段，而图表 8-21 中联盟博弈的核是阶梯形供给曲线和阶梯形需求曲线的一个交点。

值得提醒的是，定义说的是如果可行结果 $s \in S$ 产生的效用配置 $(u_1(s)，\cdots，u_n(s))$ 不能被任何联盟瓦解，可行结果 $s \in S$ 就属于博弈的核，而不是说效用配置 $(u_1(s)，\cdots，u_n(s))$ 本身属于博弈的核。因为本书关于讨价还价问题的讨论主要在效用配置的层次进行，效用配置 $(u_1(s)，\cdots，u_n(s))$ 一般也都简单地记作 $(u_1，\cdots，u_n)$，所以我们尤其要注意这个概念和符号方面的提醒。

在微观经济学中我们已经熟悉埃奇沃思盒分析，它是关于两个经济人就交易利益讨价还价的著名的经济学模型。对于如图表 8-22 那样的埃奇沃思盒，讨价还价博弈的核是契约曲线在互利区域的部分。

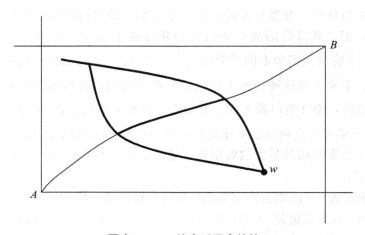

图表 8-22　埃奇沃思盒的核

例 8.3 对于图表 8-21 的公寓交易的讨价还价博弈 $\mathcal{B}(\{B，S_1，S_2\}；\nu)$，我们已经知道买主购买公寓的保留价格为 $p_B=50$ 万元，两个卖主出售公寓的保留价格则一样，是 $p_{S_1}=30$ 万元和 $p_{S_2}=30$ 万元。这时候，因为 $\nu(\{B，S_1\})=20$，$\nu(\{B，S_2\})=20$ 和 $\nu(\{B，S_1，S_2\})=20$，核里面任何可行的效用配置 $(u_B，u_{S_1}，u_{S_2})$ 都必须首先满足 $u_B \geqslant 0$，$u_{S_1} \geqslant 0$，$u_{S_2} \geqslant 0$，还要满足 $u_B+u_{S_1} \geqslant 20$，$u_B+u_{S_2} \geqslant 20$ 和 $u_B+u_{S_1}+u_{S_2} \geqslant 20$。但是在 $\nu(\{B，S_1，S_2\})=20$ 的条件之下，必须有 $u_B+u_{S_1}+u_{S_2} \leqslant 20$。这些方程合在一起，得到唯一解 $u_{S_1}=0$，$u_{S_2}=0$，$u_B=20$。可见，这个讨价还价问题的结果是：两个卖主之一把自己的一套公寓卖给买主，成交价是 $p=30$ 万元，也就是两位卖主相同的保留

价格，买主获得全部交易利益！

从这个例子，一方面我们看到竞争的无情，另一方面我们看到竞争的效率。如果不是那个最后被排除在交易外的卖主的存在和参与，买主和后来卖出公寓的那个卖主的讨价还价，很可能将旷日持久。

例 8.4　对于图表 8-19 的公寓交易的讨价还价博弈 $\mathcal{B}(\{B, S_1, S_2\}; \nu)$，我们已经知道买主购买公寓的保留价格为 $p_B = 50$ 万元，两个卖主出售公寓的保留价格分别为 $p_{S_1} = 30$ 万元和 $p_{S_2} = 35$ 万元。这时候，因为 $\nu(\{B, S_1\}) = 20$，$\nu(\{B, S_2\}) = 15$ 和 $\nu(\{B, S_1, S_2\}) = 20$，核里面任何可行的效用配置 (u_B, u_{S_1}, u_{S_2}) 都必须满足 $u_B \geqslant 0$，$u_{S_1} \geqslant 0$，$u_{S_2} \geqslant 0$，$u_B + u_{S_1} \geqslant 20$，$u_B + u_{S_2} \geqslant 15$ 和 $u_B + u_{S_1} + u_{S_2} \leqslant 20$。由此马上得到 $u_{S_2} = 0$，保留价格高的卖主 S_2 被排除在交易之外，还可得到 $u_B \geqslant 15$，从而公寓交易一定在价格范围 $30 \leqslant p \leqslant 35$ 内进行，买主获得不少于 15 万元的交易利益。

在这个例子中，虽然保留价格高的卖主 S_2 最后被排除在交易之外，但是他的存在对交易结果的影响却非同小可。前面说过，$(u_B, u_{S_1}, u_{S_2}) = (14, 6, 0)$ 这样的可行效用配置，会被联盟 $C = \{B, S_2\}$ 瓦解。由于这一瓦解的威胁，在买主和卖主的交易中，任何高于 35 万元的价格都被排除在最后成交价之外。所以，虽然最终 S_2 被排除在交易之外，但是他的存在，迫使 S_1 接受不高于 35 万元的成交价。

从两个例子引申开来，我们可以得到如下简单的结论：当有两个或者两个以上卖主的时候，成交价不高于第二低的卖主保留价格；对称地，当有两个或者两个以上买主的时候，成交价不低于第二高的买主保留价格。

两个例子固然帮助我们熟悉了与核有关的运算，却也让我们回想起供给曲线和需求曲线交叉或者重合的图解方法的优越性，哪怕是在阶梯形曲线的情形中。

关于核的性质，我们只提出它符合帕累托效率的要求。事实上，如果可行结果 $s \in S$ 是核的元素，那么它产生效用配置 $(u_1(s), \cdots, u_n(s))$ 符合 $u_1(s) + \cdots + u_n(s) \geqslant \nu(N)$，从而不存在另外的可行结果 $s' \in S$ 使得 $u_i(s') > u_i(s)$ 对所有 i 都成立。当然，核的概念的核心在于效率，它并不牵涉公平。我们在前面已经表达过这样的意思。

关于核的存在性，我们要指出，联盟博弈的核可能是空集。这就是说，联盟博弈可能不存在不被任何联盟瓦解的可行结果。这种情况主要发生在存在**负的外部性**（negative externality）从而可以结成"害人联盟"的时候。下面出自迪克西特和斯克丝的《策略博弈》一书的**垃圾大战**（garbage game）的例子，就很好地说明了这个问题。

垃圾大战　设想一个没有公共秩序的居民点有 n 户居民，他们每户有一袋垃圾要处理。再假设院子里滞留一袋垃圾给当事人带来的心理和环境损失是 1，请人清理一袋垃圾的代价也是 1。为了讨论方便，我们还假设垃圾和垃圾的代价都是可分的，即可以按照比例讨论多少分之一袋垃圾和它的成本。在这个例子中，我们还在符号方面约定，m 人联盟就用 m 表示，m 人联盟的保证水平特别地记作 $\nu(m)$，这里 $1 \leqslant m \leqslant n$。

因为没有公共秩序，人们可以"以邻为壑"，从而会出现垃圾大战：你把垃圾扔给他，他把垃圾扔给我，等等。这样，m 个人联盟起来，保证水平将是 $-(n-m)$，即 $\nu(m) = -(n-m)$，理由是联盟可以把 m 袋垃圾扔给联盟外的人，而联盟外的人可以把 $n-m$ 袋垃圾扔给联盟中的人。当然，我们还知道，$\nu(n) = -n$。

　　这时候我们断言，任何可行的效用配置都将被适当的联盟瓦解。例如，我们知道所有联盟之中达到最高保证水平的是 $n-1$ 个人的害人联盟，$\nu(n-1)=-1$，因为这 $n-1$ 个人可以联合起来把垃圾都扔给那可怜的最后一个人，这时候最后的那个人只能无奈地把自己那一袋垃圾扔给联盟中的某个人。

　　但是，如果被这个害人联盟排除在外的那个人精明一些，他可以给害人联盟中的 $n-2$ 个人一些甜头，瓦解原来的害人联盟：他请那 $n-2$ 个人把垃圾都扔给害人联盟中没有收到他的邀请的那个可怜虫，而同意自己接收那个可怜虫扔给任何人的那一袋垃圾。我们不妨想象这 $n-2$ 个人在原来的害人联盟中得到的支付是非常公平的 $-1/(n-1)$，但是按照刚才游说的"方略"，因为游说者保证承担任何扔给他们的垃圾，他们每个人在新的联盟中得到的支付将是 0！游说者之所以愿意这样做，是因为他自己的效用可以从原来的 $-(n-1)$ 上升到 -1。就这样，新的联盟把原来的害人联盟瓦解了，当然，新的联盟也是一个害人联盟。

　　问题的根源在于权利没有明确的界分。事实上，只要不许"以邻为壑"，垃圾"博弈"的核就非空。每个人都清理自己的垃圾，从而每个人都负担数额为 1 的清理费用，这个方案就是核里面的一个元素。

　　最后，我们指出，本书特征函数定义的背景，是效用的**可加性**（additivity），即如果把你的效用为 10 的满意程度分出 3 来给我，那么我的满意程度将从原来的水平例如 5 正好上升 3，变成 8。效用的最接近可加性的度量是以货币单位给出的度量，你转移给我 5 元的效用，我的确增加了 5 元的效用。但是即使是货币，也需要风险中性的条件，才完全符合可加性的要求，因为 5 元钱给富人带来的效用增加，和同样 5 元钱给穷人带来的效用增加，很不一样。

　　经济学家一般认为，效用和支付都不符合或者不很符合可加性的要求。让我的满意程度减少 3，并不能让你的满意程度等值地增加 3，不然的话，世间也就没有什么不能抚平的哀伤了。

　　在不假设效用可加性的情况下，特征函数将被定义为一个向量函数 $\nu: P(N) \rightarrow \mathbb{R}^n$，特征函数值将形如 $\nu(C)=(\nu_1(C), \cdots, \nu_n(C))$，不是一个总的效用值，而是每次都把效用或者支付具体配置给每个参与人。

第六节　夏普利值

　　现在，我们就在假设可加性的简化情况下介绍处理多人博弈的一个非常重要的概念和工具，那就是**夏普利值**（Shapley value）。

　　夏普利值这一概念，首先由夏普利（L. S. Shapley）在 1953 年[1]提出，它为如何决定一个 n 人讨价还价博弈中每个参与人的所得的分配比例提供了一种很好的方法。作为

　　① Shapley, L. S., 1953, "A value for n-person games," in: Kuhn, H. W. and A. W. Tucker, eds., *Contributions to the Theory of Games* Ⅱ (*Annals of Mathematical Studies*, Vol. 28), Princeton: Princeton University Press.

一种分配规则，夏普利值在现实中有着广泛的应用，如水资源的管理、税负的分担、公用事业的定价、长途电话在大集团内部的定价、机场降落费的设定等。如果说纳什均衡是非合作博弈中的核心概念，那么我们可以说，夏普利值是合作博弈（联盟博弈）中最重要的概念。

联盟博弈的关注点在于多个局中人最终形成怎样的联盟，并且如何分配因为联盟而获得的总效用。因为联盟可以获得的最大效用已经由特征函数给出，于是问题的焦点就集中到总效用的分配上。如果成员认为方案对于胜利果实分配不公，他们就难以达成有约束力的联盟。但是，公平是一个公说公有理、婆说婆有理的话题。相对来说比较容易被人接受的标准，是按照参与人对联盟的贡献来分配联盟得到的总效用。这就是夏普利值的主要思想。

在一个联盟博弈 $\nu(N; \nu)$ 中，设 i 是联盟 C 的一个成员，我们称 $\nu(C) - \nu(C/\{i\})$ 为参与人 i 对联盟 C 的**贡献**（contribution），这里 $C/\{i\}$ 表示集合 C 对单点集合 $\{i\}$ 的差集，现在就是从参与人集合 C 撤走参与人 i 得到的新的参与人集合，比原来的集合少了一个人。

这个定义对于 i 不是联盟 C 的成员的情况也适用，但是注意在 i 不是联盟 C 的成员的时候，因为 $\nu(C) = \nu(C/\{i\})$，从而一定有 $\nu(C) - \nu(C/\{i\}) = 0$。

需要说明的是，按照"属于 A 而不属于 B 的元素的集合"定义的集合 A 对集合 B 的"差集"，有时候被不喜欢集合论符号的作者表示为 $A - B$。但是我们需要按照向量加法在欧氏空间中引入集合的"和"的概念及运算，而当按照向量加法在欧氏空间中引入集合的"和"

$$A + B = \{x + y \in R^n : x \in A \subset R^n, y \in B \subset R^n\} \subset R^n$$

的概念时，自然出现相应的集合的"差"

$$A - B = \{x - y \in R^n : x \in A \subset R^n, y \in B \subset R^n\} \subset R^n$$

的概念和运算。为了与这种集合的差的概念和运算相区别，我们强调使用 $A \backslash B$ 表示按照属于 A 而不属于 B 的元素的集合定义的集合 A 对集合 B 的差集，而不是 $A - B$。

如果对于某个局中人 $i \in C$，有 $\nu(C) - \nu(C \backslash \{i\}) = 0$，则我们称局中人 i 是联盟 C 的一个**无为局中人**（dummy player），同时也可以说局中人 i 是联盟 $C' = C \backslash \{i\}$ 的一个无为局中人。也就是说，如果局中人 i 的加入不能增加该联盟的总效用，或者更通俗地说，未能为该联盟做出贡献，则我们称局中人 i 为该联盟的无为局中人。设想在一个控股公司中，甲和乙是大股东，二人的控股比例分别为 36％ 和 28％，并且二人结成联盟，在关于公司的任何决策问题上都保持一致。由于二人的加总控股比例超过了 51％，因此，公司事务的最终决定权掌握在这二人手中。而公司的剩余股份则分散在其他小股东手中。现在，比如说有一个小股东丙，他手中握着公司 5％ 的股票，现在他想加入甲和乙二人所组建的联盟。显然，丙的加入并不能增加甲和乙二人在公司中的实际话语权，因而我们就可以把丙看作甲、乙和丙所形成联盟的一个无为局中人。进一步地，如果局中人 i 加入任何一个联盟都未能增加该联盟的总效用，即 $\nu(C) - \nu(C \backslash \{i\}) = 0$ 对于任意一个联盟 C 都成立，则我们称局中人 i 是这个联盟博弈的一个无为局中人。

为了下面叙述的方便，我们把联盟 C 的人数记作 k，即 $k=\#(C)$，称作联盟 C 的**规模**（size）。以 $\#(C)$ 表示集合 C 的元素个数，也是标准的做法。为了下面叙述的方便，我们还特别约定，当 k 和 C 一起出现的时候，k 总是表示联盟 C 的人数。这样约定以后，我们可以定义联盟博弈中重要的夏普利值。

定义 8.5 设 $\mathcal{B}(N;\nu)$ 是一个联盟博弈。称 $(\varphi_1,\cdots,\varphi_n)$ 为联盟博弈 $\mathcal{B}(N;\nu)$ 的夏普利值，其中

$$\varphi_i=\sum_{C\subset N}\frac{(n-k)!\,(k-1)!}{n!}[\nu(C)-\nu(C\backslash\{i\})]$$

一些读者可能觉得上述式子后面应该加上 $i\in C$ 的条件，其实不必，因为如果不符合 $i\in C$ 这个条件，式子中方括号的取值就为 0。

也有读者可能不习惯夏普利值定义中的求和形式，因为它是对各种联盟求和，而联盟的规模可以不同。读者习惯的是按照联盟规模的大小求和。为此，我们可以把定义中的式子改为等价的

$$\varphi_i=\sum_{k=1}^n\sum_{JHJ(C)=k}\frac{(n-k)!\,(k-1)!}{n!}[\nu(C)-\nu(C\backslash\{i\})]$$

其中，第一个求和符号是对联盟的规模求和，从只有一个人自己的"联盟"到所有 n 个参与人都包括进来的"大联盟"；第二个求和符号，是对所有规模为 k 的联盟求和。

夏普利值的思想，是按照联盟博弈的参与人对所有可能的联盟的边际贡献的加权平均，给出对这个参与人在这个联盟博弈中的作用的一种适当的评价。前面按照进出之间的联盟效用差定义的参与人对某个联盟的贡献，已经是他对这个联盟的边际贡献。为了使局中人 i 参与结成规模为 k 的联盟，其余 $(k-1)$ 个参与人将从除 i 以外剩下的 $(n-1)$ 个参与人中选取，所有这样可能的组合的数目是

$$\frac{(n-1)!}{((n-1)-(k-1))!\,(k-1)!}=\frac{(n-1)!}{(n-k)!\,(k-1)!}$$

由于构成上述可能组合的每个联盟出现的可能性都相同，因此参与人 i 对规模为 k 的某个具体联盟 C 的"重要程度"，可以用上述组合数目的倒数乘以 $[\nu(C)-\nu(C\backslash\{i\})]$ 来衡量。接下来，因为对于每个参与人 i 而言，还有另外 $n-1$ 个参与人在贡献的机会上跟他处于平等的地位，所以他对形成规模为 k 的联盟 C 的重要程度，应该因为这另外的 $n-1$ 个参与人的存在而乘以 $1/n$。这就说明了定义中求和的权重为什么是

$$\frac{1}{n}\cdot\frac{(n-k)!\,(k-1)!}{(n-1)!}=\frac{(n-k)!\,(k-1)!}{n!}$$

在上面的说明中，注意"重要程度"是"机会"乘"贡献"，贡献由 $[\nu(C)-\nu(C\backslash\{i\})]$ 给出，权重则体现"机会"。我们的说明是关于权重的说明，是关于机会的说明。

这样，我们对夏普利值的定义，就有了比较直观的把握。

至此我们已清楚，夏普利值按照加权平均的方式，给出各参与人对所有联盟的贡献之和的恰当的比例。按照经济学中关于分配的边际生产力理论，市场是按照参与人的边

际生产力奖励参与人的一种制度。在联盟博弈中，我们要按照夏普利值分配联盟之所得。可见，夏普利值是联盟博弈条件下对市场机制的很好的模拟。

夏普利值在现实生活中有着广泛的应用，其中一个最直接的应用就是投票选举理论中的**权力指数**（power index），它是班扎夫等在 1965 年根据夏普利值的概念提出的，这个权力指数有时被学术界称为班扎夫权力指数。

权力指数的意思是，投票者的权力体现在他能通过自己加入一个即将失败的联盟而挽救这个联盟，使得它获胜，这同时也意味着他能背弃一个本来即将胜利的联盟而使得它失败。换句话说，他是这两个联盟的**关键加入者**（pivoting player），而他的权力指数，就是能够以他作为关键加入者而获胜的联盟的数目。

明白了这个道理，就可以把特征函数确定为

$$\nu(C)-\nu(C\backslash\{i\})=\begin{cases}1, & \text{如果 } C \text{ 胜出而 } C\backslash\{i\} \text{ 落败}\\0, & \text{其他情况}\end{cases}$$

那么夏普利值的各个分量，就变成相应参与人的权力指数。这里要注意，其他情况既包括 $C\backslash\{i\}$ 已经胜出的情况，也包括 C 也落败的情况。在两种情况下，局中人 i 都无能为力。

考虑这样一个例子。有 A、B、C 三个"议员"，A 有 2 票，B、C 各有 1 票，这三个人组成一个"议会"，对某项议题进行投票。假定此时获胜的规则是"多数"规则即"少数服从多数"规则，即在总共 4 票当中获得 3 票就能通过。那么，他们各自的"权力"有多大呢？

对各自的权力指数进行分析时，起作用的是获胜联盟的"关键加入者"。就上述例子而言，获胜的联盟有：AB、AC 和 ABC。而对于这三个可能获胜的联盟来说，A 在 AB、AC 和 ABC 中均是关键加入者，所以他的权力指数是 3。而对于 B 来说，他是并且只是联盟 AB 的关键加入者，所以他的权力指数是 1。而对于 C 来说，他是并且只是一个联盟 AC 的关键加入者，所以他的权力指数也是 1。因此，A、B、C 的权力指数之比是 3：1：1。

再看一个例子。假定某议会一共有 100 个议席，议员分属 4 个党派：红党 43 席，蓝党 33 席，绿党 16 席，白党 8 席。假定对于一般议题的任何提案，议会实行一人一票多数通过的投票决定规则。假设由于党派的纪律的约束，议员对于任何议题都要按照党派的意志投票。

这时候很清楚，任何多数联盟的特征函数值都是 1，任何少数联盟甚至议员数目正好半数的联盟的特征函数值皆为 0。

面对同党派议员捆绑投票的情况，我们可以很自然地仿照关键加入者的概念建立**关键党团**（pivoting party）的概念：如果一个党派联盟在一个议会党团加入以前是落败的联盟而在这个议会党团加入以后就成为胜出的联盟，这个议会党团就叫作这个党派联盟的关键党团。

这时候容易算出，红党党团在这个议会中的权力指数是 6，而其他三个党派的议会党团在议会中的权力指数都是 2。你看，票数之比是 43：33：16：8，而权力指数之比却

是 $6:2:2:2$。

由上述例子可以看出，权力指数和议会议席不是一回事，票数要通过权力指数才能发挥作用。在这个意义上有人说，票数本身只是一个有点虚假的指标。对于这句话，我们认为虽然票数和权力指数密切相关，却远不是线性的或者正比的关系。在设计具体的投票制度时，票数的分配要考虑由此实现的权力指数。一般认为，合理的选举制度应当保证票数的安排使得权力指数与人数成一个大致相同的比例。只有做到这一点，才能使选举具有真正意义上的民主性。

在上述例子中，议会采用多数即通过的"简单多数"规则，联盟的特征函数值依联盟成员人数是否超过总人数之半而取 1 或者 0。有些议会规定，对于例如宪法修改这样的重大问题的提案，一定要在赞成票数达到甚至超过总票数 2/3 时才能通过。这时候特征函数的取值要做相应的改动。

除了权力指数以外，夏普利值还有许多其他应用。下面的例子据查拉兰布斯·阿里普兰迪斯和苏博·查克巴帝 2000 年的《博弈与决策》一书第 228~231 页改编。

**例 8.5　机场降落费的设定

建造和运作一个机场的费用由两部分构成：建造机场的固定成本以及取决于使用机场的飞机类型的可变成本。每一次着陆的营运成本或者可变成本，均可直接由着陆行为本身决定。而建造机场的资金成本，却需要在机场的使用者之间按照某种规则分摊。通常，建造机场的资金成本主要取决于降落时需要使用最长跑道的飞机的"类型"。为简单起见，在下面的讨论中，我们将不考虑飞机着陆的频度问题以及着陆时需要使用多条跑道的问题，而是集中分析为 T 种要求跑道长度不同的飞机类型修建同一条跑道的问题。

令 K_t 表示修建一条可供一架类型 t 的飞机着陆用的跑道的成本，其中 $t=1, 2, \cdots, T$。我们假定，

$$0 < K_1 < K_2 < \cdots < K_T$$

也就是说，飞机的类型越多，建造可供其降落使用的跑道的成本越高。现在，我们首先用博弈论的语言把问题描述为一个联盟博弈，考虑在不同的使用者之间分摊跑道的成本。

我们用 $i \in N = \{1, 2, \cdots, n\}$ 表示在飞机跑道寿命期间第 i 次使用跑道这一事件，这样，i 也表示跑道到该事件发生为止被累计使用的次数，所以 n 恰好就是跑道寿命期间预计的着陆总次数。任何联盟 C[①] 都是集合 $N = \{1, 2, \cdots, n\}$ 的一个子集。令 N_t 表示预计的类型为 t 的飞机的着陆所构成的集合。由于使用该跑道的飞机类型总共只有 T 种，所以显然有 $N = \bigcup_{t=1}^{T} N_t$，并且对于 $t \neq s$，由于跑道一次最多只能供降落一架飞机，故有 $N_t \bigcap N_s = \phi$，从而 $N = \bigcup_{t=1}^{T} N_t$ 是不重复的分割。对于每个联盟 C，令

$$t(C) = \max\{t \in \{1, 2, \cdots, T\}: C \bigcap N_t \neq \phi\}$$

也就是说，$t(C)$ 表示联盟 C 中需要着陆的最多的飞机类型。

现在，我们可以把这个博弈的特征函数 $\nu: P(N) \rightarrow \mathbb{R}$ 定义为：

[①]　这里所说的联盟，是指降落事件的集合。后面所计算的夏普利值，是降落事件的夏普利值。而要计算各个类型飞机的夏普利值，只需将该类型飞机对应的所有降落事件的夏普利值加总即可。

$$\nu(C) = -K_{t(C)}$$

也就是说,联盟的价值等于为联盟中最多的飞机类型修建跑道所需付出的资金成本。应当注意的是,$\nu(N) = -K_T$,因而修建机场的全部成本等于从整个着陆集合中收取的费用。我们用 $K_0 = 0$ 表示 $\nu(\phi)$ 的价值。换句话说,$\nu(\phi) = -K_0$。

在这个讨价还价博弈中,如果 $i \in N_1$,则

$$\nu(C \cup \{i\}) - \nu(C) = \begin{cases} K_0 - K_1, & \text{如果 } C = \phi \\ 0, & \text{其他情况} \end{cases}$$

类似地,如果 $i \in N_2$,则

$$\nu(C \cup \{i\}) - \nu(C) = \begin{cases} K_0 - K_2, & \text{如果 } C = \phi \\ K_1 - K_2, & \text{如果 } C \subseteq N_1 \\ 0, & \text{其他情况} \end{cases}$$

一般来说,如果 $i \in N_t$,则

$$\nu(C \cup \{i\}) - \nu(C) = \begin{cases} K_{t(S)} - K_t, & \text{如果 } t(C) < t \\ 0, & \text{如果 } t(C) \geq t \end{cases}$$

因此,如果 $i \in N_t$,则夏普利值为:

$$\varphi_i = \sum_{C \subset N_1 \cup N_2 \cup \cdots \cup N_t \setminus \{i\}} \frac{JHJ(C)! \, (n - JHJ(C) - 1)!}{n!} [\nu(C \cup \{i\}) - \nu(C)]$$

例 8.6 破产清算

在前面讨论 K-S 解的时候,我们曾经详细地讨论过破产清算问题。对于这个问题,我们可以应用前面介绍过的纳什讨价还价解法、K-S 讨价还价解法、效用主义解法等方法。当然,由于每种解法的长处不同,你应该能够在不同的情况下选择采用不同的解法。举例来说,如果两个债权人的情况非常类似,即他们的债权差不多,本身的财务状况也相去不远,那么纳什讨价还价解法就是一个不错的选择。但是,如果两个债权人所拥有的债权比例相差很大,那么 K-S 解法可能更加合适一些。

除此之外,我们还可以从另外一个视角来讨论破产问题。我们不去管企业的剩余价值是多少,而是直接讨论债权人能够获得的财产与其债权之间的比例关系。这样说,可能有点抽象,我们通过下面几个图表来进行简单说明。

如图表 8-23 所示,我们舍去剩余价值 K,直接标出债权人的债权 c_1 和 c_2,从而将破产问题转化为在不同的剩余价值下债权的比例关系,即找到连接原点与点 (c_1, c_2) 的某条曲线,来确定不同情况下的分配。

首先我们确定点 (c_1, c_2),然后按照连接原点与点 (c_1, c_2) 的适当的曲线来分配剩余资产。具体来说,可行效用配置集与曲线的交集的右上方端点,就给出了剩余资产的具体分配。这时候,"等比例分配原则"本身已经清楚。至于按照"等收益原则"的分配和按照"等损失原则"的分配,只要注意实际上是折线的这条曲线的斜线部分是 45°斜线,就不难领会。事实上,等比例原则是要求:无论剩余价值为多少,债权人获得的财

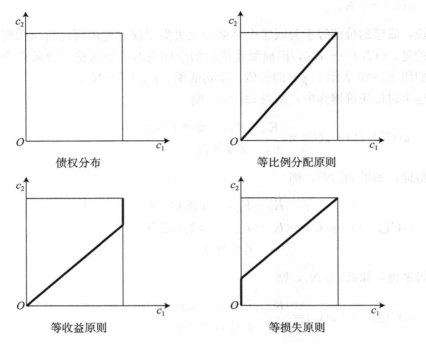

图表 8 - 23　破产清算方法

产与债权的比例都一样。等收益原则是要求：无论剩余价值为多少，债权人获得同等的财产，直到其中一个债权人获得完全补偿；如果还有剩余价值未分配完，则归另一个债权人所有。等损失原则是要求：无论剩余价值为多少，债权人的损失均必须相等，直到其中一个债权人已经无可损失；如果还有剩余价值未分配完，归另一个还可以损失的债权人所有。

例 8.7　成本分配问题

成本分配问题也是我们在日常生活中经常碰到的问题，小到朋友间吃饭的费用分摊，大到机场建设费用的回收，都牵涉到一个"公共产品"的成本分摊问题。这里，我们暂且不讨论那些大的公用项目，只将我们的视线集中在日常生活的小事上。必须强调的是，我们的讨论只是提供一种思考问题的方法，不代表我们的处理就是最好的、最合理的。毕竟，我们这里的讨论忽略了许多其他相关因素。

设想小赵、小钱和小孙在同一个公司上班，关系也比较好。虽然三个人不住在同一个地方，但是都在公司的同一个方向，坐车也很顺路。因而很自然地，如果大家一起加班，通常他们就一起叫出租车回家。那么问题就出来了：他们该如何分摊打车的费用呢？

一般的做法是这样的：假设小赵家离公司最近，小孙家离公司最远。当车到小赵家时，小赵就按计价器上显示数字的三分之一将钱交给小孙；等车到了小钱家，他就按计价器上显示数字的二分之一将钱交给小孙；最后由小孙交付全程的车资。且不论这样的分配是否合理，比起原来各自打车，这样做肯定对他们三个人都有利，每个人要付的车资都比单独打车要少得多。

然而，如果你坐下来仔细地想想，就会发现这种分配方法有着不合理之处。首先，如果从节省的比例来讲，三个人一般是不同的。小赵和小钱节省的比例是固定的：小赵省三分之二，小钱省一半；而小孙节省的比例则取决于他家与公司的距离远近。举例来说，如果出租车计价器三次的读数分别是 9、10、12，三人各分摊 3 元、5 元和 4 元，那么小孙就节省了三分之二；如果计价器三次的读数分别是 9、10、20，小孙就节省了五分之二。其次，在极端的情况下，费用分摊会相当不公平。比如，我们假设出租车计价器每跳一次为 0.2 元，三个人住得很近，计价器三次的数字分别为 12、12.2、12.4，那么按照上述分配方法，三个人各需负担 4 元、6.1 元和 2.3 元。这样的结果对小钱来说，明显是不公平的。他家与两个朋友家路程实际上相差无几，但是他负担的车资与另外两个朋友相去甚远。尤其是小孙，他坐车的距离最长，但是付钱却最少。另外一个极端是，小赵和小钱住得离公司很近，小孙家却住得较远，但是如果小孙与他们一起走的话，就要绕一些弯路。假设出租车计价器三次数字为 3、4、20，三人分摊的费用就分别是 1 元、2 元和 17 元，而在这种情况下很可能小孙如果自己单独坐车，因为不需要绕路，只需 16 元。

问题出在哪里呢？原因在于这种分配方法将三段路程割裂开来对待，而没有从全局的角度考虑问题。在这种成本分配的问题上，我们应该坚持一个原则：消费了多少的产品或服务，就必须承担相应比例的成本。

在上面打车的例子中，假设出租车计价器三次的数字分别是 9、10、12，并且不考虑 3 千米内或者 2 千米内固定收费等因素，还假设可以将出租车计价简化为 1 元/千米。这样的话，这辆出租车提供的有效"人次千米"里程数就应该是 9+10+12=31，或者你也可以理解为 $9\times3+1\times2+2\times1=31$，于是单位人次千米的平均费用应该是 $\frac{12}{31}$ 元。因此，小赵、小钱和小孙各应分摊的费用分别为：$9\times\frac{12}{31}\approx3.5$ 元，$10\times\frac{12}{31}\approx3.9$ 元，$12\times\frac{12}{31}\approx4.6$ 元。按照这种方法分摊费用，即使在极端的情况下，也不会出现太不合理的结果。你是否觉得这样的分配方法更公平些呢？

经济学是一种思考方法，讲究心得的喜悦和发现的乐趣。认识到一种分摊方案的合理性，并不等于一定要这么做，更不等于一定要说服别人这么做，因为你不是一个在日常生活中斤斤计较的人，那些事情实在也不值得你过分较真。但如果你承担了一个大的项目，重任在肩，动辄是百万元的出入，你就不可以不以理论武装自己。

现在的出租车计价器不会每次只跳 0.2 元，而且起点价就是 5 元、7 元，甚至 10 元。但是这些情节的不同，并不妨碍我们通过上述数值模拟展开有关的经济学思想。

再举一个常见的例子。有这么三家人，周家、武家、郑家，依次住在一条小路边，这条小路是通向某条大路的要道。由于年久失修，这条小路非常难走，于是三家人决定共同出资修好这条路。然而，三家人离大路的距离是不同的，该如何分配修路的费用呢？

假设周家、武家、郑家到大路的距离分别为 x,y,z，工程总造价为 m 元。同样，按照上面我们提出的方法，三家应分摊的费用分别为：$\frac{xm}{x+y+z}$，$\frac{ym}{x+y+z}$，$\frac{zm}{x+y+z}$。

其实，我们完全可以按照前述联盟博弈的框架来讨论这个问题。具体如何转化，就留给读者作为作业了。我们的提示是：以成本的节省作为局中人得到的效用或支付。

◀ **习　题** ▶

1. 我们在正文中黄沙供应配额分割的例子中假设，企业 A 和企业 B 每供应一吨黄沙都同样获利 100 元。如果改为企业 A 每供应一吨黄沙获利 100 元，企业 B 每供应一吨黄沙获利 50 元，请画出这个讨价还价问题的新的可行结果集和新的效用配置集。

2. 如果改为企业 A 每供应一吨黄沙获利 80 元，企业 B 每供应一吨黄沙获利 50 元，你对这两个企业的技术有何设想？

3. 我们在正文中提出："按照我们对讨价还价问题的定义，帕累托效率要求实际上也隐含着这样一个结论：局中人永远不会选择谈判破裂点。"请问，这里需要讨价还价问题定义中的哪一条？

4. 考虑讨价还价问题 $\mathcal{B}=(S, d; u_1, u_2)$，其中 $S=[0, 1)$，而两个参与人的效用函数分别为 $u_1(s)=1-s$ 和 $u_2(s)=-\ln(1-s)$。

试画出这个讨价还价问题的效用配置集，并且说明它是闭的，但不是有界、凸和对称的。

5. 找出上题中讨价还价问题的纳什解。

6. 画出函数 $g(s)=-(1-s)\ln(1-s)$，$s\in[0, 1)$ 的图像，并思考它与上述两道题目的关系。

7. 两人为总值为 1 的一份财产讨价还价，因此这个讨价还价问题的可行结果集是 $S=\{(s_1,s_2): s_1, s_2\geqslant 0, s_1+s_2\leqslant 1\}$。假设两人的效用函数分别是 $u_1(s_1, s_2)=s_1+s_2$ 和 $u_1(s_1, s_2)=s_1+(s_2)^{1/2}$，试求出这个讨价还价问题的纳什解。

8. 试找出上题讨价还价问题的 K-S 解。

9. 在破产问题的例子中我们说：在 $D_2>K/2$ 情形下，纳什讨价还价解是每个局中人得到 $K/2$ 元。请画图求出这个结果。

10. 我们在介绍讨价还价问题的纳什解法的时候说过，"主持人"的效用函数是 $u(s)=u_1(s)u_2(s)$。现在，请读者试考虑表达 K-S 解法的"主持人"的效用函数。

这是一个较难的问题，特别是读者可以发现，任何一个这样的效用函数，一定是"问题依赖"的。也就是说，不存在一个统一表达的"主持人"的效用函数，使得面对任何讨价还价问题，K-S 解法都可以表达为"主持人"的效用函数在效用配置集上的最大化问题。

但是至少在效用配置集是凸集的情况下，你应该能够尝试为 K-S 解法构造出具有解释力的"主持人"的效用函数，虽然它仍然摆脱不了"问题依赖"的性质。

11. 试提供例子说明 K-S 解法不符合独立于无关选择要求。

12. 证明：如果某个讨价还价问题本身是对称的，那么这个讨价还价问题的纳什解和 K-S 解相同。

13. 试在效用配置集是凸集的条件下，考虑表达二人讨价还价问题平均主义解法的"主持人"的效用函数。

14. 我们在图表 8-20 的公寓交易中说，如果 B_1 按照不低于 S_3 的保留价格的价格

买了 S_3 的那套公寓，那将是不符合帕累托效率标准的交易。请在卖主保留价格依次严格上升但是仍然低于买主 B_1 的保留价格的情况下，具体证明上述说法。

15. 设 $N=\{a, b, c\}$。请以穷举法写出 $P(N)$。注意，$P(N)$ 是集合的集合。

16. 设 $N=\{1, 2, 3, 4\}$。请以穷举法写出 $P(N)$。

17. 我们在正文中说，只要不等式 $\nu(C)>\sum_{i\in C}\bar{u}_i$ 成立，联盟 C 的成员就一定可以找到办法来分割总效用 $\nu(C)$，使得每个成员 $i\in C$ 获得的效用都高于效用配置 $(\bar{u}_1, \cdots, \bar{u}_n)$ 给他带来的效用 $\bar{u}_i$。请以不等式演算严格证明这一点。

18. 两个 IT 白领已经同居。假定政府为了鼓励生育，规定对未婚白领的收入征收 30% 的个人所得税，对已婚白领的总收入征收 20% 的个人所得税。请设计收入的原始数据并且计算这两个白领在不同情况下可以得到的总的可支配收入。

经济学家有"鼓励婚姻的税收政策"和"惩罚婚姻的税收政策"这样的说法。该习题的情况是哪一种？

19. 假设成年猴子可分为四等："英雄"居首，"英雌"居次，"平雌"第三，"平雄"押后。现在它们学习人类社会引进"家庭"结构、"住宅"设施和"贝壳"货币。在新的猴子社会中，带厨房和卫生间的住宅只分配给有夫有妻的家庭，以"英雄"为首的家庭得到 A 型套间，以"英雌"为首的家庭得到 B 型套间，以"平雌"或者"平雄"为首的家庭得到 C 型套间，而任何单身猴子只能得到筒子楼的单间。如果"上市"交易，A 型套间值 70 贝壳，B 型套间值 60 贝壳，C 型套间值 30 贝壳，而单间只值 10 贝壳。

考虑由一只"英雄"、一只"英雌"、一只"平雌"和一只"平雄"组成的四猴集合，它的每一个非空子集都可以获得相应的住房分配。试计算这个集团的所有非空子集的以贝壳货币为单位的"保证水平"。

20. 一群猴子，分为三等：成年雄性居首，成年雌性居次，最后是幼猴。假定猴子社会的住宅政策改变为：任何有血缘关系的家庭，不管是"双亲"家庭还是"单亲"家庭，都可以得到套间。以"成雄"为首的家庭得到 A 型套间，以"成雌"为首的家庭得到 B 型套间；单身成猴只能得到筒子楼单间，单身幼猴只能得到收养所的一个床位。如果"上市"交易，A 型套间值 70 贝壳，B 型套间值 60 贝壳，单间值 20 贝壳，一个床位值 5 贝壳。

考虑由一对成年猴子和它们的两只宝宝组成的四猴集合，试计算这个集合的所有非空子集的以贝壳货币为单位的"保证水平"。

如果这个猴子家庭追求以贝壳货币衡量的总效用最大，会发生什么事情？

与"鼓励婚姻的税收政策"和"惩罚婚姻的税收政策"这样的说法相仿，对于计划经济也可以有鼓励家庭的住房政策和瓦解家庭的住房政策这样的说法。好在人类社会维系家庭的主要因素，是排除市场实现的爱情和亲情。

21. 我们在开始的时候把图表 8-19 的公寓交易的讨价还价博弈记作 $\mathcal{B}(\{B, S_1, S_2\})$，后来又记作 $\mathcal{B}(\{B, S_1, S_2\}; \nu)$。这里有什么不同？

22. 对于图表 8-19 的公寓交易的讨价还价博弈 $\mathcal{B}(\{B, S_1, S_2\}; \nu)$，$(u_B, u_{S_1}, u_{S_2})=(10, 6, 4)$ 是否为可行的效用配置？$(u_B, u_{S_1}, u_{S_2})=(15, 0, 0)$ 是否为可行的效用配置？在你做出这些判断的时候，是否需要我们的某个约定？

23. 正文中说，对于图表 8-19 的公寓交易的讨价还价博弈 $\mathcal{B}(\{B,S_1,S_2\};\nu)$，$(u_B,u_{S_1},u_{S_2})=(14,0,1)$ 是可行的效用配置。请具体提出一种可行的交易方案，以实现这样的效用配置。

24. 正文中说，对于图表 8-19 的公寓交易的讨价还价博弈 $\mathcal{B}(\{B,S_1,S_2\};\nu)$，$(u_B,u_{S_1},u_{S_2})=(14,0,1)$ 这样的可行的效用配置，将被联盟 $C=\{B,S_1\}$ 瓦解。请具体提出联盟 C 的一个可行的行动方案，说明这个联盟真的可以瓦解 $(u_B,u_{S_1},u_{S_2})=(14,0,1)$ 这个效用配置。

25. 我们在例 8.3 中说，因为 $v(\{B,S_1\})=20$，$v(\{B,S_2\})=20$ 和 $v(\{B,S_1,S_2\})=20$，核里面任何可行的效用配置 (u_B,u_{S_1},u_{S_2})，均必须满足 $u_B+u_{S_1}\geqslant20$，$u_B+u_{S_2}\geqslant20$ 和 $u_B+u_{S_1}+u_{S_2}\geqslant20$，同时在 $v(\{B,S_1,S_2\})=20$ 的条件之下，必须有 $u_B+u_{S_1}+u_{S_2}\leqslant20$。请逐一说明这 4 个不等式。

26. 在定义核以前的公寓交易例子中我们说，$(u_B,u_{S_1},u_{S_2})=(14,6,0)$ 这样的可行效用配置，会被联盟 $C=\{B,S_2\}$ 瓦解。请具体设计联盟行动方案，瓦解上述效用配置。

27. 联盟博弈中的"联盟"，与我们在介绍抗共谋纳什均衡这个概念时所说的"共谋"有什么不同？

28. 举例说明联盟的无为局中人与联盟博弈的无为局中人的不同。

29. 设某个 1，2，3 三人的讨价还价博弈的特征函数定义为 $v(\{1\})=v(\{2\})=1$，$v(\{3\})=2$，$v(\{1,2\})=1$，$v(\{1,3\})=v(\{2,3\})=2$ 和 $v(\{1,2,3\})=2$，试计算三人的夏普利值。

30. 比较破产清算的 K-S 解法与"按照两个债权人各自所拥有的对企业的债权比例来分配企业的剩余资产"的原则所得到的结果，你能得出什么结论？

31. 某个联盟博弈的特征函数为：$v(\{1\})=0$，$v(\{2\})=\dfrac{1}{2}$，$v(\{3\})=1$，$v(\{1,2\})=v(\{2,3\})=v(\{1,3\})=2$，$v(\{1,2,3\})=3$，请计算每个局中人的夏普利值。

32. 请将例 8.6 的成本分配问题用特征函数型联盟博弈来表示，并计算其夏普利值和核。与例子提出的分配方法比较，你觉得哪个更合理？

33. 在图表 8-23 中，假设 $c_1=100$，$c_2=150$，并且剩余资产 $K=150$，请分别计算这个讨价还价问题的纳什解、K-S 解、M-P 解、效用主义解、平均主义解。你觉得哪个结果比较合理？如果 $K=220$ 呢？

34. 假设联盟博弈的特征函数为：$v(\{i\})=2$，$v(\{1,2\})=v(\{2,3\})=v(\{1,3\})=4$，$v(\{1,2,3\})=10$，其中 $i=1,2,3$。请确定这个联盟博弈的核。

35. 考虑下面这样一个 n 人联盟投票博弈，投票按照简单多数原则进行。假定参与这个联盟博弈的局中人的数目 n 是奇数，并且这个联盟博弈的特征函数为：

$$\nu(C)=\begin{cases}1,&\text{如果}\dfrac{\#(C)}{n}\geqslant\dfrac{1}{2}\\0,&\text{其他情况}\end{cases}$$

其中，$\#(C)$ 表示联盟 C 的人数。这个特征函数意味着：如果联盟由大多数局中人构成，则它的价值是 1；如果联盟仅由少数局中人构成，则它的价值是 0。请计算这个博弈的夏普利值。

36. 设想一个联邦制"国家"有 A、B、C、D、E、F 一共 6 个州，所有立法决策都由这些州在国家"议会"的议员按照简单多数原则投票表决。由于这些州的人口数量不同，议会给它们按人口分配了不同比例的议会议席，分别为：12、9、7、3、1、1。总票数为 33 张。

（1）请分别计算这 6 个州的权力指数。

（2）根据计算出来的权力指数的结果，你认为该国的政治体制存在什么问题？

（3）按照你对民主制度的理解，你设想如何改进这种投票的政治体制？

37. 如果把上题的议席数据改为 10、9、7、4、2、1 又如何？改为 10、9、7、3、3、1 又如何？改为 10、9、7、3、2、2 又如何？

| 第二部分 |

不完全信息博弈

第九章

不完全信息同时博弈

从本章开始，我们讲解不完全信息博弈。在完全信息博弈里，局中人的支付是共同知识，每个局中人不仅了解自己的支付，而且了解其他局中人的支付。与之相反，在不完全信息博弈里，局中人的支付是私有信息，每个局中人都只了解自己的支付，但不完全了解其他局中人的支付。按照局中人是否同时决策，不完全信息博弈可分为**不完全信息同时博弈**（simultaneous games of incomplete information）和不完全信息序贯博弈。这一章要讨论的是不完全信息同时博弈。首先，我们介绍不完全信息同时博弈的表示。其次，我们讲解不完全信息同时博弈的均衡，包括纯策略均衡、优势策略均衡和纯策略贝叶斯纳什均衡。最后，我们运用不完全信息同时博弈来讲解信息经济学的一个精彩专题：拍卖。拍卖这个专题包含以下内容：拍卖和招标的异同、四种主要的拍卖方式、完全信息拍卖和不完全信息拍卖的均衡、卖主期望支付等价原理，以及拍卖理论若干进一步的研究成果。

第一节　不完全信息同时博弈的表示

请大家回顾前文讲述的情侣博弈（见图表 9-1）。这是一个完全信息同时博弈，大海和丽娟都知道自己的支付，也知道对方的支付。

现在我们假设，尽管大海和丽娟已经恋爱了一段时间，但是他们仍然不能够完全了解对方。具体来说，丽娟知道大海喜欢观看足球比赛，但不知道他有多喜欢；类似地，大海也知道丽娟喜欢欣赏芭蕾表演，但同样不知道她有多喜欢。与此相对应，我们将情侣博弈的支付矩阵修改成图表 9-2，主要的改动有：大海在行动组合（足球，足球）和

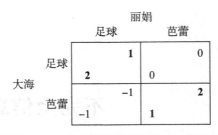

图表 9 - 1　完全信息情侣博弈的支付矩阵

（足球，芭蕾）下的支付分别改为 $2+t_{大海}$ 和 $t_{大海}$，丽娟在行动组合（芭蕾，芭蕾）和（足球，芭蕾）下的支付分别改为 $2+t_{丽娟}$ 和 $t_{丽娟}$。$t_{大海}$ 有两个可能的取值 0 和 1，分别反映大海对足球比赛的喜爱程度低和喜爱程度高。$t_{丽娟}$ 也有两个可能的取值 0 和 1，分别反映丽娟对芭蕾表演的喜爱程度低和喜爱程度高。修改后的情侣博弈，我们称为不完全信息情侣博弈。

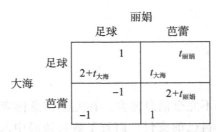

图表 9 - 2　不完全信息情侣博弈的支付矩阵（$t_{大海}$ 和 $t_{丽娟}$ 取值 0 或 1）

　　由图表 9 - 2 可知，在不完全信息情侣博弈中，大海和丽娟的支付不仅取决于他们的行动组合，而且取决于他们对足球比赛或芭蕾表演的喜爱程度。按照博弈论的规范表述，我们说大海有两种可能的**类型**（type）：对足球比赛喜爱程度低的低喜爱型（$t_{大海}=0$）和对足球比赛喜爱程度高的高喜爱型（$t_{大海}=1$）。同样，丽娟也有两种可能的类型：对芭蕾表演喜爱程度低的低喜爱型（$t_{丽娟}=0$）和对芭蕾表演喜爱程度高的高喜爱型（$t_{丽娟}=1$）。这时候我们可以规范地说，大海和丽娟的支付取决于博弈的行动组合和他们自己的类型。例如，低喜爱型大海在行动组合（足球，足球）下的支付是 2，用支付函数表示就是 $u_{大海}$（足球，足球；0）=2，分号后面的"0"表示大海的类型，即 $t_{大海}=0$。又例如，高喜爱型丽娟在行动组合（足球，芭蕾）下的支付是 1，用支付函数表示就是 $u_{丽娟}$（足球，芭蕾；1）=1，分号后面的"1"表示丽娟的类型，即 $t_{丽娟}=1$。可见，大海和丽娟的类型不同，情侣博弈的支付矩阵就会不同。大海有两种类型，丽娟也有两种类型，所以不完全信息情侣博弈一般有四种可能的支付矩阵，对应四种可能的对弈情况：一是低喜爱型大海对弈低喜爱型丽娟（$t_{大海}=0$，$t_{丽娟}=0$）；二是低喜爱型大海对弈高喜爱型丽娟（$t_{大海}=0$，$t_{丽娟}=1$）；三是高喜爱型大海对弈低喜爱型丽娟（$t_{大海}=1$，$t_{丽娟}=0$）；四是高喜爱型大海对弈高喜爱型丽娟（$t_{大海}=1$，$t_{丽娟}=1$）。按照这个思路，图表 9 - 2 的支付矩阵就展开成图表 9 - 3 的四个 2×2 支付矩阵：左上方的 2×2 支付矩阵对应第一种对弈情况，右上方的 2×2 支付矩阵对应第二种对弈情况，左下方的 2×2 支付矩阵对应第三种对弈情况，右下方的 2×2 支付矩阵对应第四种对弈情况。

我们在前面假设，丽娟不知道大海有多喜欢观看足球比赛，大海也不知道丽娟有多喜欢欣赏芭蕾表演。现在我们明确地假设 $t_{大海}$ 是大海的私有信息，即大海知道 $t_{大海}$ 的具体取值，但丽娟不知道。不过，丽娟对大海的类型 $t_{大海}$ 并非一无所知，我们假设她能够正确地推断出 $t_{大海}$ 的概率分布。我们可以具体地想象，大海是众多喜爱足球比赛的男生之一，这些男生有 60% 的人是低喜爱型的，剩下 40% 的人是高喜爱型的，即 $P(t_{大海}=0)=0.6$，$P(t_{大海}=1)=0.4$。对于丽娟来说，不管她是低喜爱型的还是高喜爱型的，大海都相当于是从这些男生中随机抽取的一个个体，因此 $t_{大海}$ 是个随机变量，$t_{大海}$ 取值为 0 和 1 的概率分别为 0.6 和 0.4。据此，低喜爱型丽娟和高喜爱型丽娟都能正确地推断出低喜爱型大海的概率为 0.6，即 $p_{丽娟}(t_{大海}=0 \mid t_{丽娟}=0)=p_{丽娟}(t_{大海}=0 \mid t_{丽娟}=1)=0.6$，同时也能正确推断出高喜爱型大海的概率为 0.4，即 $p_{丽娟}(t_{大海}=1 \mid t_{丽娟}=0)=p_{丽娟}(t_{大海}=1 \mid t_{丽娟}=1)=0.4$。上面，我们用大写字母"$P$"来表示一个事件出现的概率，如 $P(t_{大海})$ 表示 $t_{大海}$ 型大海出现的概率；用小写字母"p"来表示局中人对某个事件出现概率的推断，如 $p_{丽娟}(t_{大海} \mid t_{丽娟})$ 表示 $t_{丽娟}$ 型丽娟对 $t_{大海}$ 型大海出现概率的推断。类似地，$t_{丽娟}$ 是丽娟的私有信息，丽娟知道 $t_{丽娟}$ 的具体取值，大海只知道 $t_{丽娟}$ 的概率分布。我们假设对于大海来说，不管他是低喜爱型的还是高喜爱型的，丽娟都相当于是从众多喜爱芭蕾表演的女生中随机抽取的一个个体。这些女生有 30% 的人是低喜爱型的，另外 70% 的人是高喜爱型的。因此，$t_{丽娟}$ 取值为 0 和 1 的概率分别为 0.3 和 0.7，即 $P(t_{丽娟}=0)=0.3$，$P(t_{丽娟}=1)=0.3$。据此，低喜爱型大海和高喜爱型大海对丽娟的类型就能形成如下正确推断：$p_{大海}(t_{丽娟}=0 \mid t_{大海}=0)=p_{大海}(t_{丽娟}=0 \mid t_{大海}=1)=0.3$，$p_{大海}(t_{丽娟}=1 \mid t_{大海}=0)=p_{大海}(t_{丽娟}=1 \mid t_{大海}=1)=0.7$。

大海和丽娟的上述推断在博弈论里则称为局中人的**信念**（belief）。大海和丽娟的信念反映他们对博弈对手的信息的掌握情况，是他们进行博弈决策时要考虑的重要变量。因此，我们把大海和丽娟的信念添加到图表 9-3 中，具体是以向量的形式放在局中人类型的后面。例如，"$t_{大海}=0$（0.3，0.7）"中的向量（0.3，0.7）表示低喜爱型大海的如下信念：他推断低喜爱型丽娟的概率是 0.3，高喜爱型丽娟的概率是 0.7。又例如，"$t_{丽娟}=1$（0.6，0.4）"中的向量（0.6，0.4）表示高喜爱型丽娟的如下信念：她推断低喜爱型大海的概率是 0.6，高喜爱型大海的概率是 0.4。

		丽娟			
		$t_{丽娟}=0$（0.6，0.4）		$t_{丽娟}=1$（0.6，0.4）	
		足球	芭蕾	足球	芭蕾
$t_{大海}=0$（0.3，0.7）	足球	1 / 2	0 / 0	1 / 2	1 / 0
	芭蕾	-1 / -1	2 / 1	-1 / -1	3 / 1
$t_{大海}=1$（0.3，0.7）	足球	1 / 3	0 / 1	1 / 3	1 / 1
	芭蕾	-1 / -1	2 / 1	-1 / -1	3 / 1

大海

图表 9-3　不完全信息情侣博弈的正规型表示

至此，我们已经对不完全信息情侣博弈进行了充分的阐述，而且用图表 9－3 把它完整地表达出来，主要是表达了下述五个基本要素：

(1) 局中人：大海，丽娟。

(2) 局中人的行动集合：$A_{大海}=\{足球，芭蕾\}$，$A_{丽娟}=\{足球，芭蕾\}$。

(3) 局中人的类型集合：$T_{大海}=\{0，1\}$，$T_{丽娟}=\{0，1\}$。

(4) 局中人的信念：$p_{大海}(t_{丽娟}\mid t_{大海})$，$p_{丽娟}(t_{大海}\mid t_{丽娟})$，$t_{大海}\in T_{大海}$，$t_{丽娟}\in T_{丽娟}$。

(5) 局中人的支付函数：$u_{大海}(a_{大海}，a_{丽娟}；t_{大海})$，$u_{丽娟}(a_{大海}，a_{丽娟}；t_{丽娟})$，$a_{大海}\in A_{大海}$，$a_{丽娟}\in A_{丽娟}$，$t_{大海}\in T_{大海}$，$t_{丽娟}\in T_{丽娟}$。

将上述五个基本要素综合起来，我们可以用 $\{A_{大海}，A_{丽娟}；T_{大海}，T_{丽娟}；p_{大海}，p_{丽娟}；u_{大海}，u_{丽娟}\}$ 简约地表达不完全信息情侣博弈，称之为不完全信息情侣博弈的正规型表示。

不完全信息情侣博弈这个例子虽然简单，但已经能够帮助我们总结出不完全信息同时博弈的通用表达。下面，我们给出不完全信息同时博弈的正规型表示的定义。

定义 9.1 考虑一个 n 人不完全信息同时博弈，局中人记为 $i=1，2，\cdots，n$。局中人 i 的行动集合和类型集合分别为 A_i 和 T_i，$i=1，2，\cdots，n$。每个局中人都知道自己的具体类型，但只知道其他局中人类型的概率分布，不知道他们的具体类型。局中人 i 对其他局中人类型的知识概括为信念 $p_i(t_{-i}\mid t_i)$，表示 t_i 型局中人 i 对其他局中人类型 t_{-i} 的概率分布的贝叶斯推断，$t_i\in T_i$，$t_{-i}\in T_{-i}=T_1\times\cdots\times T_{i-1}\times T_{i+1}\times\cdots\times T_n$，$i=1，2，\cdots，n$。局中人 i 的支付函数为 $u_i(a；t_i)$，表示 t_i 型局中人 i 在行动组合 a 下的支付，$a\in A=A_1\times A_2\times\cdots\times A_n$，$t_i\in T_i$，$i=1，2，\cdots，n$。我们将这个不完全信息同时博弈记为 $G=\{A_1，\cdots，A_n；T_1，\cdots，T_n；p_1，\cdots，p_n；u_1，\cdots，u_n\}$。这种表示方法被称为不完全信息同时博弈的正规型表示。

从定义 9.1 我们可以知道，要表达一个不完全信息同时博弈，需要表达清楚五个基本要素：局中人、局中人的行动集合、局中人的类型集合、局中人的信念、局中人的支付函数。与完全信息同时博弈相比，不完全信息同时博弈多了两个基本要素：局中人的类型集合、局中人的信念。这两个基本要素主要体现了博弈的不完全信息。

这里，我们很有必要集中谈谈不完全信息同时博弈的信息结构。我们在第一章和本章的开始部分，都将不完全信息同时博弈中的"不完全信息"具体界定为局中人支付的不完全信息，即每个局中人都清楚自己的支付，但不完全清楚其他局中人的支付。在定义 9.1 中，我们把局中人支付的不完全信息等价转换成局中人类型的不完全信息。这个转换逻辑很简单：在给定的行动组合下，局中人的支付只取决于他自己的类型，所以，只要了解这个局中人的类型，就能了解他的支付。局中人类型的不完全信息具体是指：每个局中人都清楚自己的具体类型，但只知道其他局中人类型的概率分布，不知道他们的具体类型。其中，一个局中人对其他局中人类型概率分布的推断，称为这个局中人的信念。所以，我们可以用局中人的信念来简单表示不完全信息同时博弈的信息结构。换言之，局中人的信念是不完全信息同时博弈的一个重要组成部分。在其他条件相同的情况下，只要局中人的信念改变了，相关的不完全信息同时博弈就会跟着改变。

在图表 9－3 的不完全信息情侣博弈中，丽娟类型的概率分布与大海的类型没有关系，大海类型的概率分布与丽娟的类型也没有关系。所以，不同类型的大海对丽娟的类型具有相同的推断，不同类型的丽娟对大海的类型也具有相同的推断。在概率论里，这种情况实际上是说大海类型的概率分布和丽娟类型的概率分布是相互独立的。通俗的说法是，大海和丽娟属于哪个类型对他们是否成为情侣没有影响。如果大海和丽娟属于哪个类型对他们是否成为情侣有影响，那么大海类型的概率分布和丽娟类型的概率分布就不独立了。我们不妨假设低喜爱型大海和高喜爱型丽娟更容易成为情侣，高喜爱型大海和低喜爱型丽娟也更容易成为情侣。具体来说，低喜爱型大海和高喜爱型丽娟成为情侣的概率为 0.4，高喜爱型大海和低喜爱型丽娟成为情侣的概率也是 0.4，都比较高；相反，低喜爱型大海和低喜爱型丽娟成为情侣的概率为 0.1，高喜爱型大海和高喜爱型丽娟成为情侣的概率也为 0.1，都比较低。由此可知，大海类型和丽娟类型的联合概率分布为：$P(t_{大海}=0, t_{丽娟}=0)=0.1$，$P(t_{大海}=0, t_{丽娟}=1)=0.4$，$P(t_{大海}=1, t_{丽娟}=0)=0.4$，$P(t_{大海}=1, t_{丽娟}=1)=0.1$。

根据上述联合概率分布，运用**贝叶斯推断**（Bayesian inference）法则，低喜爱型大海会形成下面的信念：$p_{大海}(t_{丽娟}=0|t_{大海}=0)=P(t_{大海}=0, t_{丽娟}=0)/P(t_{大海}=0)=0.2$，$p_{大海}(t_{丽娟}=1|t_{大海}=0)=P(t_{大海}=0, t_{丽娟}=1)/P(t_{大海}=0)=0.8$，这里 $P(t_{大海}=0)=P(t_{大海}=0, t_{丽娟}=0)+P(t_{大海}=0, t_{丽娟}=1)=0.5$；高喜爱型大海形成的信念是：$p_{大海}(t_{丽娟}=0|t_{大海}=1)=P(t_{大海}=1, t_{丽娟}=0)/P(t_{大海}=1)=0.8$，$p_{大海}(t_{丽娟}=1|t_{大海}=1)=P(t_{大海}=1, t_{丽娟}=1)/P(t_{大海}=1)=0.2$，这里 $P(t_{大海}=1)=P(t_{大海}=1, t_{丽娟}=0)+P(t_{大海}=1, t_{丽娟}=1)=0.5$。类似地，低喜爱型丽娟形成的信念是：$p_{丽娟}(t_{大海}=0|t_{丽娟}=0)=P(t_{大海}=0, t_{丽娟}=0)/P(t_{丽娟}=0)=0.2$，$p_{丽娟}(t_{大海}=1|t_{丽娟}=0)=P(t_{大海}=1, t_{丽娟}=0)/P(t_{丽娟}=0)=0.8$；高喜爱型丽娟形成的信念是：$p_{丽娟}(t_{大海}=0|t_{丽娟}=1)=P(t_{大海}=0, t_{丽娟}=1)/P(t_{丽娟}=1)=0.8$，$p_{丽娟}(t_{大海}=1|t_{丽娟}=1)=P(t_{大海}=1, t_{丽娟}=1)/P(t_{丽娟}=1)=0.2$。

这样，我们就得到了图表 9-4 的不完全信息情侣博弈。这是一个不同于图表 9-3 的不完全信息情侣博弈，尽管它们之间只有局中人信念的差异。在下一节的博弈均衡分析中，我们能进一步了解这两个博弈之间的区别。

从对图表 9-4 的不完全信息情侣博弈的讨论中我们知道，局中人的信念可以运用贝

		丽娟			
		$t_{丽娟}=0$（0.2, 0.8）		$t_{丽娟}=1$（0.8, 0.2）	
		足球	芭蕾	足球	芭蕾
$t_{大海}=0$（0.2, 0.8）	足球	1 / 2	0 / 0	1 / 2	1 / 0
	芭蕾	-1 / -1	2 / 1	-1 / -1	3 / 1
$t_{大海}=1$（0.8, 0.2）	足球	1 / 3	0 / 1	1 / 3	1 / 1
	芭蕾	-1 / -1	2 / 1	-1 / -1	3 / 1

图表 9-4　不完全信息情侣博弈的另一个版本

叶斯法则从局中人类型的联合概率分布推断出来。事实上，局中人的信念都可以理解为局中人的贝叶斯推断。所以，表达不完全信息同时博弈的第四个基本要素"局中人的信念"，可以等价替换成"局中人类型的联合概率分布"。这时候，不完全信息同时博弈的五个基本要素就是：（1）局中人；（2）局中人的行动集合；（3）局中人的类型集合；（4）局中人类型的联合概率分布；（5）局中人的支付函数。

第二节　不完全信息同时博弈的均衡

这一节讨论不完全信息同时博弈里局中人的策略互动。在不完全信息同时博弈里，每个局中人都包含多种可能的类型。在其他条件不变的情况下，一个局中人的类型改变了，他所面临的博弈形势就可能会跟着发生改变，因此他的行动选择也可能会随之做出调整。所以，一个局中人的策略应该包含他在各种可能类型下的行动选择。简单来说，一个局中人的策略就是关于他在各种类型下行动选择的完整计划。局中人的策略可以分为纯策略和混合策略。如果一个局中人在每种可能的类型下都明确选择一个行动，那么相应的策略就被称为纯策略。如果一个局中人在某些类型下会从多个行动中进行随机选择，那么相应的策略就被称为混合策略。在这本教材中，我们只讨论纯策略。下面给出纯策略的准确定义。

定义 9.2　在不完全信息同时博弈 $G = \{A_1, \cdots, A_n; T_1, \cdots, T_n; p_1, \cdots, p_n; u_1, \cdots, u_n\}$ 中，局中人 i 的一个纯策略是集合 T_i 到 A_i 的一个函数 s_i，它给出了局中人 i 在每种类型 $t_i \in T_i$ 下的行动选择 $s_i(t_i) \in A_i$，$i = 1, 2, \cdots, n$。更加具体地，局中人 i 的纯策略 s_i 可以用集合 $\{s_i(t_i); t_i \in T_i\}$ 表示。用 S_i 表示局中人 i 的策略集合，$i = 1, 2, \cdots, n$。用 $s = (s_1, \cdots, s_n) \in S = S_1 \times \cdots \times S_n$ 表示局中人的策略组合。

在不完全信息情侣博弈中，大海有两种类型和两种行动。因此，根据定义 9.2，大海有四个纯策略：（1）低喜爱型时选择"足球"、高喜爱型时也选择"足球"的纯策略，用 $\{s_{大海}(0) = 足球, s_{大海}(1) = 足球\}$ 或 $\{足球, 足球\}$ 表示；（2）低喜爱型时选择"足球"、高喜爱型时选择"芭蕾"的纯策略，用 $\{s_{大海}(0) = 足球, s_{大海}(1) = 芭蕾\}$ 或 $\{足球, 芭蕾\}$ 表示；（3）低喜爱型时选择"芭蕾"、高喜爱型时选择"足球"的纯策略，用 $\{s_{大海}(0) = 芭蕾, s_{大海}(1) = 足球\}$ 或 $\{芭蕾, 足球\}$ 表示；（4）低喜爱型时选择"芭蕾"、高喜爱型时选择"芭蕾"的纯策略，用 $\{s_{大海}(0) = 芭蕾, s_{大海}(1) = 芭蕾\}$ 或 $\{芭蕾, 芭蕾\}$ 表示。简单来说，大海的策略集合为 $S_{大海} = \{\{足球, 足球\}, \{足球, 芭蕾\}, \{芭蕾, 足球\}, \{芭蕾, 芭蕾\}\}$。同样的道理，丽娟也有四个纯策略，她的策略集合为 $S_{丽娟} = \{\{足球, 足球\}, \{足球, 芭蕾\}, \{芭蕾, 足球\}, \{芭蕾, 芭蕾\}\}$。

在不完全信息同时博弈里，每个局中人都知道自己的类型，并能根据自己的类型推断其他局中人类型的概率分布，但不知道其他局中人的具体类型。因此，在给定其他局中人的策略选择的情况下，每个局中人都只了解其他局中人行动组合的概率分布，但不了解其他局中人具体的行动组合。这是因为，其他局中人具体的行动组合会随着他们的类型改变而改变。由此可见，在给定其他局中人的策略选择的情况下，虽然每个局中人都不能确定自己的支付是多少，但能够知道自己的支付的概率分布，从而能够计算自己的期望支付。我们知道，一个局中人关于其他局中人类型概率分布的推断，在概率论里被称为贝叶斯推断。因此，一个局中人根据其他局中人的类型概率分布计算出的自己的期望支付，我们也相应地称之为贝叶斯期望支付。下面给出贝叶斯期望支付的准确定义。

定义 9.3　在不完全信息同时博弈 $G = \{A_1, \cdots, A_n; T_1, \cdots, T_n; p_1, \cdots, p_n; u_1, \cdots, u_n\}$ 中，给定其他局中人的策略组合 $s_{-i} = (s_1, \cdots, s_{i-1}, s_{i+1}, \cdots, s_n) \in S_{-i} = S_1 \times \cdots \times S_{i-1} \times S_{i+1} \times \cdots \times S_n$，$t_i$ 型局中人 i 选择行动 a_i 的贝叶斯期望支付为 $Eu_i(a_i, s_{-i}; t) = \sum_{t_{-i} \in T_{-i}} u_i(a_i, s_{-i}(t_{-i}); t_i) p_i(t_{-i} \mid t_i)$，$a_i \in A_i$，$t_i \in T_i$，$i = 1, 2, \cdots, n$。

根据第二章的讨论，完全信息同时博弈的纳什均衡，是指每一个局中人单独改变策略都不会有好处的策略组合。上述纳什均衡概念，可以推广到不完全信息同时博弈。在不完全信息同时博弈里，一个局中人改变策略具体是指该局中人身为某种类型时的行动选择发生变化。因此，"一个局中人单独改变策略都不会有好处"就可以具体地表达为：在其他局中人策略不变的情况下，一个局中人不管身为哪种类型，改变行动选择都不会带来贝叶斯期望支付的增加。不难看出，纳什均衡在不完全信息同时博弈中的具体定义，有别于完全信息同时博弈。其中一个重要的区别是，完全信息同时博弈里的局中人关注的是确定性的支付，不完全信息同时博弈里的局中人关注的是贝叶斯期望支付。因此，我们把不完全信息同时博弈的纳什均衡称为贝叶斯纳什均衡（Bayesian Nash equilibrium）。下面，我们给出了不完全信息同时博弈的纯策略贝叶斯纳什均衡的定义。

定义 9.4　在不完全信息同时博弈 $G = \{A_1, \cdots, A_n; T_1, \cdots, T_n; p_1, \cdots, p_n; u_1, \cdots, u_n\}$ 中，我们称策略组合 $(s_1^*, s_2^*, \cdots, s_n^*)$ 是一个纯策略贝叶斯纳什均衡，如果对任意的 $i = 1, 2, \cdots, n$，$a_i \in A_i$ 和 $t_i \in T_i$，都有 $Eu_i(s_i^*(t_i), s_{-i}^*; t_i) \geqslant Eu_i(a_i, s_{-i}^*; t_i)$。

在图表 9-3 的不完全信息情侣博弈里，大海和丽娟各有 4 个策略，因此博弈共有 16 个策略组合。根据定义 9.4，这 16 个策略组合有 4 个纯策略贝叶斯纳什均衡：（{足球，足球}，{足球，足球}）、（{足球，足球}，{足球，芭蕾}）、（{芭蕾，足球}，{芭蕾，芭蕾}）、（{芭蕾，芭蕾}，{芭蕾，芭蕾}）。

从定义 9.2 到定义 9.3 再到定义 9.4，纯策略贝叶斯纳什均衡看起来是一个很复杂的数学概念。但是，我们仍然可以用图表方法对纯策略贝叶斯纳什均衡进行检验。反过来，当我们掌握了纯策略贝叶斯纳什均衡的图表检验方法时，我们就能更好地理解纯策略贝叶斯纳什均衡的直观含义。作为例子，下面我们来检验（{足球，足球}，{足球，芭蕾}）是否真的是纯策略贝叶斯纳什均衡。如图表 9-5 所示，我们用加粗和下划线的方法标记大海的策略 {足球，足球} 和丽娟的策略 {足球，芭蕾}。此时不难发现，在策略组合（{足球，足球}，{足球，芭蕾}）下博弈会出现 4 个可能的结果，我们用加粗和下划线的方法标记这 4 个可能结果下两个局中人的支付。接下来，我们在博弈矩阵的最右方增加一列用来记录大海的贝叶斯期望支付，在博弈矩阵的最下方增加一行用来记录丽娟的贝叶斯期望支付。在给定丽娟的策略 {足球，芭蕾} 的情况下，低喜爱型大海（$t_{大海} = 0$）

如果按照既定策略选择行动"足球"将会得到贝叶斯期望支付 $2\times0.3+0\times0.7=0.6$，但如果将行动改为"芭蕾"就只能得到贝叶斯期望支付 $(-1)\times0.3+1\times0.7=0.4$；高喜爱型大海（$t_{大海}=1$）如果按照既定策略选择行动"足球"将会得到贝叶斯期望支付 $3\times0.3+1\times0.7=1.6$，但如果将行动改为"芭蕾"就只能得到贝叶斯期望支付 $(-1)\times0.3+1\times0.7=0.4$。可见，大海单独改变策略不能增加贝叶斯期望支付，因此他没有动机改变策略。类似地，在给定大海的策略 $\{$足球，足球$\}$ 的情况下，低喜爱型丽娟（$t_{丽娟}=0$）如果按照既定策略选择行动"足球"将会得到贝叶斯期望支付 $1\times0.6+1\times0.4=1$，但如果将行动改为"芭蕾"就只能得到贝叶斯期望支付 $0\times0.6+0\times0.4=0$；高喜爱型丽娟（$t_{丽娟}=1$）如果按照既定策略选择行动"芭蕾"将会得到贝叶斯期望支付 $1\times0.6+1\times0.4=1$，但如果将行动改为"足球"也只能得到贝叶斯期望支付 $1\times0.6+1\times0.4=1$。可见，丽娟单独改变策略不能增加贝叶斯期望支付，因此她没有动机改变策略。综上所述，大海和丽娟单独改变策略都不能增加贝叶斯期望支付，因此（$\{$足球，足球$\}$，$\{$足球，芭蕾$\}$）是符合定义 9.4 的纯策略贝叶斯纳什均衡。

读者经过认真观察和思考也许还能发现，图表 9-5 的分析还表明：策略组合（$\{$足球，足球$\}$，$\{$芭蕾，足球$\}$）和（$\{$足球，足球$\}$，$\{$芭蕾，芭蕾$\}$）不是纯策略贝叶斯纳什均衡，策略组合（$\{$足球，芭蕾$\}$，$\{$足球，足球$\}$）、（$\{$芭蕾，足球$\}$，$\{$足球，芭蕾$\}$）和（$\{$芭蕾，芭蕾$\}$，$\{$足球，芭蕾$\}$）也不是纯策略贝叶斯纳什均衡。

		丽娟				
		$t_{丽娟}=0$ (0.6, 0.4)		$t_{丽娟}=1$ (0.6, 0.4)		$Eu_{大海}$
		足球	芭蕾	足球	芭蕾	
大海	$t_{大海}=0$ (0.3, 0.7) 足球	**1** / **2**	0 / 0	1 / 2	**1** / **0**	0.6
	芭蕾	-1 / -1	2 / 1	-1 / -1	3 / 1	0.4
	$t_{大海}=1$ (0.3, 0.7) 足球	**1** / **3**	0 / 1	1 / 3	**1** / **1**	1.6
	芭蕾	-1 / -1	2 / 1	-1 / -1	3 / 1	0.4
	$Eu_{丽娟}$	1	1	1	1	

图表 9-5　不完全信息情侣博弈的贝叶斯纳什均衡分析

前面说过，尽管其他要素相同，但是由于信息结构不同，图表 9-3 和图表 9-4 的不完全信息情侣博弈是两个不同的不完全信息同时博弈。根据定义 9.4，图表 9-4 的不完全信息情侣博弈共有 3 个贝叶斯纯策略纳什均衡：（$\{$足球，足球$\}$，$\{$足球，足球$\}$）、（$\{$芭蕾，足球$\}$，$\{$足球，芭蕾$\}$）和（$\{$芭蕾，芭蕾$\}$，$\{$芭蕾，芭蕾$\}$）。图表 9-6 对（$\{$芭蕾，足球$\}$，$\{$足球，芭蕾$\}$）这个贝叶斯纯策略纳什均衡进行检验。给定丽娟的策略选择 $\{$足球，芭蕾$\}$，低喜爱型大海选择行动"芭蕾"会得到期望支付 0.6，大于他选择行动"足球"的期望支付 0.4；高喜爱型大海选择行动"足球"会得到期望支付 2.6，大于他选择行动"芭蕾"的期望支付 -0.6。因此，大海没有单独改变策略的激励。类似地，丽娟也没有单独改变策略的激励。这是因为给定大海的策略选择 $\{$芭蕾，足球$\}$，低喜爱型丽娟选择行动"足球"的期望支付（0.6）大于选择行动"芭蕾"的期望支付（0.4），高喜爱型丽娟选择行动"芭蕾"的期望支付（2.6）大于选择行动"足球"的期望支付（-0.6）。

		丽娟			
		$t_{丽娟}=0$（0.2, 0.8）		$t_{丽娟}=1$（0.8, 0.2）	
		足球 / 芭蕾		足球 / 芭蕾	$Eu_{大海}$
大海 $t_{大海}=0$（0.2, 0.8）	足球	1 / 2	0 / 0	1 / 2	1 / <u>0</u> ... 0.4
	芭蕾	<u>-1</u> / -1	2 / 1	<u>-1</u> / -1	<u>3</u> / <u>1</u> ... 0.6
大海 $t_{大海}=1$（0.8, 0.2）	足球	<u>1</u> / <u>3</u>	0 / 1	1 / 3	<u>1</u> / <u>1</u> ... 2.6
	芭蕾	1 / -1	2 / 1	1 / -1	1 / 1 ... -0.6
	$Eu_{丽娟}$	<u>0.6</u>	0.4	-0.6	2.6

图表9-6 不完全信息情侣博弈的贝叶斯纳什均衡分析

在第二章讲解完全信息同时博弈的时候，我们介绍过一组非常有用的概念：优势策略和优势策略均衡。这组概念可以拓展到不完全信息同时博弈。通俗来说，在不完全信息同时博弈里，如果不管其他局中人选择什么行动组合，一个局中人的某个策略总是他的最优策略，即这个策略给出了该局中人属于每一种类型时的最优行动选择，我们就称这个策略是优势策略。毫无疑问，当一个局中人拥有优势策略时，他一定愿意采取这个优势策略。因此，在不完全信息同时博弈里，如果每一个局中人都具有优势策略，那么由这些优势策略组成的策略组合就一定是每个局中人都不愿意单独偏离的稳定策略组合，我们称之为优势策略均衡。下面给出了不完全信息同时博弈中优势策略和优势策略均衡的准确定义。

定义 9.5 在不完全信息同时博弈 $G = \{A_1, \cdots, A_n; T_1, \cdots, T_n; p_1, \cdots, p_n; u_1, \cdots, u_n\}$ 中，我们称局中人 i 的一个策略 s_i 是他的优势策略，如果对任意的 $t_i \in T_i$、$a_i \in A_i$ 和 $a_{-i} \in A_{-i} = A_1 \times \cdots \times A_{i-1} \times A_{i+1} \times \cdots \times A_n$，都有 $u_i(s_i(t_i), a_{-i}; t_i) \geqslant u_i(a_i, a_{-i}; t_i)$，$i=1, 2, \cdots, n$。

定义 9.6 在不完全信息同时博弈 $G = \{A_1, \cdots, A_n; T_1, \cdots, T_n; p_1, \cdots, p_n; u_1, \cdots, u_n\}$ 中，我们称策略组合 $(s_1^*, s_2^*, \cdots, s_n^*)$ 是一个优势策略均衡，如果 s_i^* 是局中人 i 的优势策略，$i=1, 2, \cdots, n$。

现在，我们通过一个简单的博弈例子，来加深对优势策略和优势策略均衡的理解，巩固对这两个概念的掌握。如图表9-7所示，我们给出了一个简单的不完全信息同时博弈。在这个博弈里，局中人甲有两种可能的类型 $t_甲=0$ 和 $t_甲=2$，局中人乙也有两种可能的类型 $t_乙=0$ 和 $t_乙=2$。图表9-8还进一步给出了这个博弈的正规型表示（注意：该图表没有给出博弈的信息结构）。从图表9-8中的下划线法分析不难发现，当 $t_甲=0$ 时，不管局中人乙选择什么行动，行动 B 总是局中人甲的最优选择；而当 $t_甲=2$ 时，不管局中人乙选择什么行动，行动 T 总是局中人甲的最优选择。因此，策略 {B, T} 是局中人甲的优势策略。类似地，当 $t_乙=0$ 时，不管局中人甲选择什么行动，行动 L 总是局中人乙的最优选择；而当 $t_Z=2$ 时，不管局中人甲选择什么行动，行动 R 总是局中人乙的最优选择。所以，策略 {L，R} 是局中人乙的优势策略。由此可见，策略组合（{B，T}，{L，R}）是博弈的优势策略均衡。

从定义 9.5、定义 9.6 和上述分析可知，在不完全信息同时博弈里，一个局中人的某个策略是否为优势策略与博弈的信息结构无关，某个策略组合是否为优势策略均衡也与博弈的信息结构无关。换句话来说，如果一个局中人的某个策略是优势策略，那么不管博弈的信息结构如何变化，这个策略仍然是该局中人的优势策略；如果某个策略组合是博弈的优势策略均衡，那么也不管博弈的信息结构如何变化，该策略组合仍然是博弈的优势策略均衡。优势策略和优势策略均衡的上述性质意味着，如果一个局中人具有优势策略，那么他的最优决策将会变得很简单：无须理会其他局中人的行动选择，也不用分析博弈的信息结构，只需要机械地选择他的优势策略。

我们知道，在完全信息同时博弈里，优势策略均衡一定是纳什均衡，反之未然。现在请读者尝试验证这一结论在不完全信息同时博弈里是否也成立。

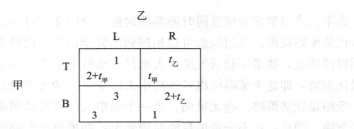

乙

	L	R
T	1 $2+t_{甲}$	t_Z $t_{甲}$
B	3 3	$2+t_Z$ 1

甲

图表 9-7　不完全信息同时博弈举例（$t_{甲}$ 和 t_Z 取值 0 或 2）

乙

		$t_Z=0$		$t_Z=2$	
		L	R	L	**R**
$t_{甲}=0$	T	**1** 2	0 0	1 2	**2** 0
	B	**3** **3**	2 **1**	3 **3**	**4** **1**
$t_{甲}=2$	**T**	1 **4**	0 **2**	1 **4**	**2** **2**
	B	**3** 3	2 1	3 3	**4** 1

甲

图表 9-8　不完全信息同时博弈举例的优势策略分析

第三节　拍卖与招标

拍卖是信息经济学中非常精彩的一个专题。下面，我们运用不完全信息同时博弈对拍卖这个专题展开深入分析。

拍卖和招标是流行的组织和完成交易的方式。这是一种很古老的交易机制，它的历史可以追溯到古罗马时期甚至更早。现在拍卖常用于销售诸如古董、精美的艺术品、二手家具、马匹、家畜、土地、政府公债、破产资产等等。为了修筑一条公路、修建一个码头、要求提供一项服务等，则经常采用招标的做法。拍卖和招标在英语中都是同一个词 auction，但是我们中国人习惯把销售商品的 auction 叫作**拍卖**，把发包完成一项工程或提供一项服务的 auction 叫作**招标**。大体上说，拍卖是以商品兑钱，招标是花钱购买服务。在拍卖和招标中，金钱的流动方向是不同的，所以拍卖和招标容易区分。区分拍卖和招标，显示了汉语的智慧。

两相比较，在商品拍卖中，人们对"已经存在的"拍卖品的信息的知晓是比较完全的，而在工程或服务招标中，人们对"未来完成的"工程和"未来提供的"的服务的信息的知晓，就不那么完全，这是因为后者牵涉"未来"的不确定性。拍卖和招标的本质区别，就在这里。所以，商品拍卖总是"价高者得"，但是工程和服务招标，除了比较价格以外，还要考虑企业兑现诺言的能力和企业信誉等其他因素，而不能只是强调"价低者得"。

在注意上述这一本质区别的前提下，我们却可以发现，拍卖和招标不仅在形式和操作上有许多共同的地方，而且在经济学意义上有许多共同的规律。讨论清楚拍卖，招标也就比较清楚了，反之，了解了招标的规律，也就了解了拍卖的规律。在权衡主要讲拍卖还是主要讲招标的时候，有一个因素值得注意，那就是公众对拍卖和招标的熟悉程度很不一样。所以，在下面的讨论中，为确定起见，我们将首先主要讨论学生们和老百姓都比较熟悉的商品拍卖问题，而不是专业人员和企业家熟悉的招标。

尽管从表面上看，拍卖和招标的方式种类繁多，但它们之间却拥有一些共同的重要特点。第一，通常交易的标的物潜在的价值都很大。第二，通常交易的每件标的物都是独特的，各自有一个单独的价格。家畜是各不相同的，所以付给每一头家畜的价格也应该有所不同，而古董和艺术品更是这样，更何况工程和服务。拍卖和招标这种交易机制很适合于在这样的条件下组织交易。

我们说"通常"交易的标的物潜在的价值都很大，"通常"交易的每件标的物都是独特的，这是因为显然有许多不符合上述特点的情况。比如在发达国家也相当普遍的乡间邻里旧货拍卖，标的物潜在的价值就可能很小。另外，也可能一次拍卖一批完全相同的东西，例如一大批茶杯，一定数量的同型号电脑，或者一定数量的营业执照。但是读者将很快看到，这些情况并不影响后面的讨论。

我们将按照"参与人—规则—策略"的次序，讨论拍卖。首先，我们明确把参与拍卖竞相出价以图赢得拍卖标的物的主体人，叫作拍卖的参与人，或者叫作拍卖的**潜在的买主**（potential buyer），也可以简称拍卖的买主；同时明确把主持拍卖的人叫作**拍卖人**（auctioneer）或者拍卖师。注意，虽然大家都知道拍卖人是拍卖活动的非常重要的参与人，甚至是拍卖活动的组织者，但是为了后面讨论中语言的方便，我们不把拍卖人叫作拍卖的参与人。

拍卖有不同的类型，例如，其中一个类型是潜在的买主向拍卖人递交密封的出价单，提出最高出价的买主获得拍卖品。而另外一种则是公开喊价的英国式拍卖，所有的拍卖参与人集中在一个房间里，从低到高逐渐喊出更高的价钱。随着出价的上升，不断把报价低的潜在的买主淘汰出去，直到最后只有一个买主留下来，这个买主通过付出他出的最高价格来获得这件拍卖品。还有一种也是公开喊价的荷兰式拍卖，从高到低逐渐喊出更低的价钱，直到有参与人应价为止。

随着拍卖行和拍卖人的职业化，现代社会的公开喊价拍卖多由拍卖师主持，拍卖师从高到低或者从低到高喊价，拍卖参与人（决策是否）跟着应价。所以，拍卖参与人的"出价"，表现为应拍卖人的喊价的形式。在密封出价的情况下，我们当然说拍卖参与人"出价"。为了叙述的方便，我们约定在密封出价的情况下和在公开喊价的情况下，都说拍卖参与人**出价**（bid）。也就是说，即使在拍卖人喊价、拍卖参与人决策是否跟着应价的情况下，也说是拍卖参与人出价，而不说拍卖师出价。

同一件拍卖标的物，对于不同的拍卖参与人会有不同的保留价格，或者说会有不同的**私人价值/私人评价**（private valuation）。付出比保留价格即私人评价高的价钱赢得一件拍卖品，其实做的是亏本生意。理性的拍卖参与人不会这么做。我们一般说私人评价，但是也采用私人价值的说法，以便与以后讲到的公共价值对照。

上面提及的拍卖形式的不同之处，在于不同的拍卖方式把潜在的买主放在不同的策略环境中，从而影响了买主的决策。另外，人们可以从拍卖中观察到最后的结果。我们可以从两个角度划分拍卖种类：一个是拍卖规则，另外一个是买主们所拥有的关于其他买主对拍卖物品的价值评价方面的信息。按照第一种划分角度，拍卖具体可划分为英国式（公开喊价）拍卖、荷兰式（公开喊价）拍卖、第一价格密封拍卖（FPSB）以及第二价格密封拍卖（SPSB），见后文。按照第二种划分角度，拍卖又可分为完全信息拍卖和不完全信息拍卖。关于按照拍卖规则划分的四种拍卖形式，我们在本章的第二节将予以详细介绍，现在暂时不谈。下面我们首先谈谈完全信息拍卖和不完全信息拍卖。

所谓**完全信息拍卖**（auction with complete information），是指每个参与拍卖交易的买主对拍卖品的评价是公共知识。也就是每个买主都知道自己以及其他买主对拍卖品的具体评价的情况。当然，这个假设是非常强的，在现实生活中往往难以满足，因而我们接触更多的情形是不完全信息拍卖。所谓**不完全信息拍卖**（auction with incomplete information），简单来讲就是参与拍卖的买主可能不清楚拍卖品对自己或者别人到底值多少钱，特别是不清楚拍卖品对别人到底值多少钱。这里需要注意区分两种极端情形：独立私有价值拍卖和公共价值拍卖。

在**独立私有价值拍卖**（individual private value auction）中，每个参与拍卖的买主都知道这件物品对自己到底值多少钱，但不知道别人的私人评价情况，而且各人的估计是相互独立的，每个买主的评价和其他买主的评价之间不存在相关性。例如，一个自己对拍卖品评价很高的买主，并不能由自己的评价推断出别的买主对拍卖品的评价也一定很高。说得准确一点，就是买主的评价只有他自己可以观察到，但是我们在分析的时候可以把它看作是从某个已知的分布中随机地抽取的样本。各买主所面临的环境，实际上被隐含地设计成对称的，因为所有的买主都面临相同的策略决策，他们只知道自己的评价而不了解其他买主的评价情况。同时，在独立私有价值拍卖中，我们还假设每个买主独立地采取行动，他们之间没有勾结行为。因此，我们在这里将讨论的独立私有价值拍卖，是像拍卖一件艺术品那样的交易。不同买主对这件艺术品的评价是不相同的，因此他们对拍卖品准备出的价钱也不同。

与此相反，在**公共价值拍卖**（common value auction）中，对所有潜在买主而言，拍卖品的价值都是一样的，但这个价值仍然是不确定的。比如，一群买主为获取一块近海油田的开采权进行出价，油田的价值，就是以将来钻探开采和销售石油可以获得的利润来衡量的价值，在拍卖出价的时候还没有任何人可以确切获知。但不论这块油田的价值最后被证实是多少，对所有买主而言，这个价值应该都是一样的。这就是说，一方面不确定，另一方面应该对大家都一样，这与独立私有价值拍卖形成了鲜明的对照。

现实世界中的拍卖，经常是同时包括公共价值和私有价值两方面的因素。一方面，买主对自己的私有评价也不是很确切地知道；另一方面，虽然不同买主的评价各不相同，但这些评价之间往往相关并相互影响，而不完全是独立的。我们把具有上述特点的拍卖称为相关价值拍卖。相关价值拍卖的讨论需要运用相对复杂的数学工具，本书作为一本博弈论的入门教材，讨论的重点主要放在独立私有价值拍卖上，基本上不涉及公共价值拍卖和相关价值拍卖的内容。

为了展开拍卖的经济学讨论，有必要复习一下在微观经济学中大家学过的**风险厌恶**（risk aversion）、**风险喜好**（risk loving）和**风险中性**（risk neutral）。

设想你是一个穷学生或者下岗职工，好不容易找到一份在周末卖力气的工作。老板别出心裁地安排了两种工资支取方式：第一种是每天下班时领取人民币 100 元；第二种是每天下班后掷一枚硬币，如果正面向上你可以领取 200 元，如果正面向下你这一天就没有工资。两种支取方式由你选择，你愿意选哪一种？

大家知道，掷硬币的结果，即正面向上和正面向下的概率，应该是一半对一半。（0×1/2）+（200×1/2）=100。所以，从实际领取到多少工资的数额来说，两种方式得到的工资的期望值应该是一样的。如果你对此有疑虑，可以换一个角度，站在老板的立场上想一想：老板要是请了 500 个像你一样的零工，都允许他们选择第二种工资支取方式，老板不能期望得到什么便宜。老板不能得到便宜，也就是你们并不吃亏。

所以说，着眼于"大数"，即着眼于多次实践，从两种方式双方都一样不吃亏来说，依任何一种方式领取工资，无论对于工人还是老板来说，所得和所付应该都是一样的。

但是面对得失理应一样的两种制度，我猜你多半会选择第一种工资支取方式，因为你和绝大多数人一样，是经济学所说的风险厌恶者，是不喜欢无端去冒什么风险的人。

从理论上说，风险厌恶是经济学中所说的**边际效用递减规律**（law of diminishing marginal utility）的自然要求。同样一件东西，当你很需要它的时候，消费它给你带来的满意程度很大；当你不那么需要它的时候，消费它给你带来的满意程度比较小。经济学把满意程度称为"效用水平"，或者简称"效用"。当你很渴的时候，第一杯水给你带来的效用最大，第二杯就差一点儿，第三杯、第四杯将继续递减下去，第五杯、第六杯给你带来的效用可能就是负的了，因为你已经撑得难受，越来越难受。这就是所谓"边际效用递减规律"，因为经济学把刚消费的最后那杯水给你带来的效用叫作边际效用。

不仅一般消费品是这样，金钱对于人们也是这样。100 元钱，在你很穷的时候带给你的边际效用很高，就像很渴的人得到的第一杯水，那是救命钱。同样的 100 元钱，当你已经很有钱的时候，带给你的边际效用并不很高，有点像已经差不多喝饱水的时候再得到一杯水一样。当然，钱带来的边际效用和水带来的边际效用也有一个不同的地方，那就是钱带来的边际效用虽然下降，却并不会降低到 0，更不会降低到负值。

设想第一个 100 元带给你的边际效用是 100，第二个 100 元带来边际效用 94，第三个 100 元带来边际效用 90……第 30 个 100 元带来边际效用 41，第 31 个 100 元带来边际效用 40，第 32 个 100 元带来边际效用 39，等等。这时候你看，作为一个穷人，今天保证你得到 100 元工资，给你带来的边际效用将是 100。如果换了第二种工资支取方式，得不到工资和得到加倍工资即 200 元的机会是一半对一半，那么虽然你今天的工资的期望值仍然是（0×1/2）+（200×1/2）=100 元，但是因为第一个 100 元带给你的边际效用是 100、第二个 100 元带给你的边际效用降为 94，得 200 元所获得的总效用是 100+94=194，从而你的效用的期望值将是（0×1/2）+（194×1/2）=97，比第一种方式保证的 100 小。这就是你选择第一种工资支取方式的原因。

边际效用递减规律还可以说明有钱人比较经得起风险。接着上面的例子，如果你是一个大老板，每天已经有 3 000 元的收入，现在又可以增加 100 元，这将是第 31 个 100 元。现在，究竟保证每天增加 100 元带来 40 的边际效用好，还是掷硬币看运气，运气好得 200 元带来 40+39=79 的边际效用、运气不好就拉倒，你就比较无所谓了，因为第二种方式带来的边际效用的期望值是（0×1/2）+（79×1/2）=39.5，这和第一种方式带来的 40 相差无几。

在图表 9-9 中，我们以粗实线局部地画出金钱的边际效用递减 [（a）图]、金钱的边际效用递增 [（b）图] 和金钱的边际效用不变 [（c）图] 三种情况。图表 9-9 说明，风险厌恶对应于边际效用递减，风险喜好对应于边际效用递增，风险中性对应于边际效用不变。只要在每个图中比较中央竖线与效用函数曲线的交点和中央竖线与两个端点的连线的交点的高度，就能够明白其中的道理。

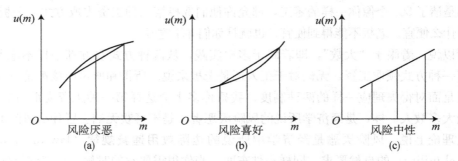

图表 9-9　效用函数与风险厌恶、风险喜好、风险中性

在风险中性的情况下，因为金钱带来的效用与金钱数额成正比，所以我们可以直接把利润数额看作是企业的效用。许多经济学论文开宗明义地假设当事人是"风险中性的"，就是为了能够以直接讨论利润最大化代替理应讨论的效用最大化，因为如果不假设风险中性，利润最大化和效用最大化将不是一回事。

第四节 四种主要的拍卖方式

当今世界上比较流行的拍卖方式有四种。

一是**英国式**（公开喊价）**拍卖**（English auction）。这是我们在上一节提到过的人们都比较熟悉的拍卖方式，是一种"升价拍卖"，因为在这样的制度下，竞争的买主不断地抬高价格，直到没有人愿意出更高的价钱为止。

二是**荷兰式**（公开喊价）**拍卖**（Dutch auction）。在这里，拍卖师先提出一个很高的价格，然后开始逐渐地降低价格，直到有人表示愿意以报出的价格买下拍卖品为止。这种拍卖也因此被叫作"降价拍卖"。

三是**第一价格密封拍卖**（first price sealed bid auction，FPSB）。这种拍卖制度在前面也谈到过，参与其中的潜在买主向拍卖师递交密封的出价，出价最高的买主将赢得交易，付出他所出的价格。在本书中，第一价格密封拍卖也可简称为**"第一价格拍卖"**（first-price auction）。

四是**第二价格密封拍卖**（second price sealed bid auction，SPSB）。这是一种普通读者不大熟悉的拍卖制度，但对帮助我们理解拍卖和招标理论却很有帮助。它是由维克里（William Vickrey，1996 年度诺贝尔经济学奖得主）在 1961 年提出的，因而又叫作维克里拍卖（Vickrey auction）。在这种拍卖中，买主递交密封出价，出价最高的买主赢得交易，但他只需要付出等于第二高出价的价格。在本书中，第二价格密封拍卖也可简称为**"第二价格拍卖"**（second price auction）。

我们首先讨论英国式拍卖和第二价格拍卖。

前面我们把公开喊价的英国式拍卖描述为：所有拍卖参与人集中在一起，拍卖师从低到高逐渐喊出更高的价钱，不断把出价低的潜在买主淘汰出去，直到最后只有一个买主留下来，这个买主获得这件拍卖品，付出他自己最后应价即出价的金额。

想象一下处于英国式拍卖制度下的买主。当出价不断地被抬高的时候，他必须做出决策，决定是出比他的竞争对手更高的价，还是退出这场出价竞争。如果对手的出价仍然低于我们研究的买主自己的私人评价，那么对这个买主而言，继续提出比对手更高的出价将是有利可图的。如果对手的出价已经等于或者高于买主的私人评价，对于我们研究的买主来说最好的做法就是退出竞争。我们可以想象这样的买主，在他的头脑中有一个最高限度的出价（虽然实际上表现为应价），这个价格水平等于他对拍卖品的私人评价。无论他的竞争对手怎么做，他的优势策略都将是：必要时一直出价（即应价），直到等于他对拍卖品的私人评价为止。如果他在喊价达到他的私人评价以前退出拍卖，他会面临输掉这场可能获得交易利益的拍卖的风险，但如果他在喊价高于自己的私人评价时还应价，就要面临不得不以一个高于他的保留价格的价格购买拍卖品的风险。

现在考虑第二价格拍卖中的买主。他必须把他的出价写下来，密封在信封里交给拍卖师。因为赢得交易的人只用付出拍卖的所有参与人的第二高出价，所以在信封里写下他愿意付出的最大价格即保留价格将是符合买主利益的决策行动，这个保留价格就是他对拍卖品的私人评价。如果他赢得了拍卖，因为第二高的出价比他对拍卖品的评价低，买主就会获得等于这个差额的交易利益或者说交易剩余。如果他写下的出价低于他的私人评价，他就面临输掉这场可能获得交易利益的拍卖的风险，但如果出价高于他的评价，他就要面临必须以一个高于他的保留价格的价格购买拍卖品的风险。因此，在这样的拍卖制度下，按自己的评价出价依然是一个优势策略。

因为许多读者不熟悉第二价格拍卖，我们在这里提供一个数值化的模拟例子来帮助大家熟悉一下。假设你参与一个第二价格密封拍卖，和其他买主竞相出价购买一件对你而言价值等于 1 000 元的物品。如果你出价 800 元，而不是等于你的评价 1 000 元，这时候一旦有另外一个人出价 900 元，那么尽管你甚至很乐意用 950 元来购买，但你还是失去了以 950 元获得这件拍卖品的机会。为叙述方便起见，我们只把那个人叫作你的对手，并且默认他是除了你以外出价最高的拍卖参与人。如果你的对手只出价 500 元，那么你在出价 800 元和出价等于你的评价 1 000 元的情况下，都会以 500 元获得这件拍卖品，你的交易利益并不因为出价低而增加。该是你的就是你的，该你获得多少交易利益就是多少交易利益，你并不因为出价低了就能够占便宜。另外，如果你出价 1 200 元，而对手的出价是 800 元，那么你很"幸运"地将以 800 元获得这件拍卖品，但如果有人出价 1 100 元，那你就必须以高于你的私人评价 1 000 元的价格 1 100 元来购买这件拍卖品了。问题是，如果对手的出价是 800 元，你并没有因为出价高就更加幸运，事实上你出价 1 000 元同样将以 800 元获得这件拍卖品，出价 1 200 元只是徒增风险而已。还是那句话：该是你的就是你的，该你获得多少交易利益就是多少交易利益，并不因为出价高而占便宜。可见，你应该按照你的评价密封出价。

以上分析说明，尽管英国式拍卖和第二价格拍卖在规则上和实施形式上都很不相同，但从它们如何引导拍卖参与人的理性决策来说，效果是一样的。因此，我们说这两种拍卖在策略上是等价的，有些经济学家甚至借用数学语言说它们的出价策略是"同构"的。在这两个例子中，参与人受到要"显示私人真实评价"的激励。这在第二价格拍卖中是最明显的，因为每个买主都直接把他们对拍卖品的私人评价写在密封的信封里。在英国式拍卖中，买主通过逐渐抬高出价（应价）慢慢接近自己的保留价格，这样来显示私人真实评价。

用博弈论和信息经济学的语言来说，在这两种拍卖中，**讲真话**（truth-telling）是每个参与人的优势策略。这里要注意，为了叙述方便，我们在前面已经约定把拍卖品的主人和他的拍卖代理人排除在拍卖"参与人"的说法以外。之所以可以这样约定，是因为我们已经把"拍卖人"这个专用名称给了拍卖方。

对于这两种拍卖，由于"讲真话"是每个参与人的优势策略，所以拍卖博弈的结果具有下述性质：

第一，赢得交易的最高出价，来自对拍卖品评价最高的参与人。因此，这样实现的交易配置是帕累托最优的。获得拍卖品的人，是可以从拍卖中获得最多满足的人。而如果拍卖品到了私人评价较低的买主手中，那么就有进一步发生这个人和对拍卖品评价最高的人之间的互惠交易的可能性。事实上，只要拍卖品不是由评价最高的参与人获得，交易结果就不是帕累托最优的。之所以说不是帕累托最优，是因为仍然有帕累托改进的余地。

第二，拍卖成交时买主实际付出的价格，等于第二高的出价。对于其中的英国式拍卖，我们说成交价在极限的意义上（见下文）等于第二高的私人评价。

对于第二价格拍卖，这两个性质是比较清楚的，因为每个参与人都实施优势策略，把他们的评价直接写在密封的信封里，对拍卖品评价最高的人将赢得交易，他付出第二高的出价。为了理解英国式拍卖也具有这两个性质，特别是第二个性质，需要发挥你的想象力展开一点逻辑思维。对于英国式拍卖，之所以有第一个性质，是因为最后留下的未被淘汰的买主，是对拍卖品私人评价最高的买主。至于第二个性质，则是因为评价第二高的买主是最后一个从出价竞争中被淘汰出局的参与人。因为所有参与人都讲真话，第二高的出价，我们把它记作 P，实际上是参与人中对拍卖品的第二高的私人评价。正是这个对拍卖品的评价第二高的参与人的竞争，把出价提高到他对拍卖品的评价的高度上来。这时候，对拍卖品评价最高的参与人，只要比 P 提高一点点出价（应价），就可以获得这件拍卖品了。这个"一点点"，是制度允许的最小的"一点点"。设想如果可以"连续"地出价，你比 P 多出 1 分钱，你也就赢了。1 分钱算什么呢？如果真是彻底允许"连续"地出价，你还可以只比 P 多出 1/10 分钱，只多出 1/100 分钱，等等，你就能赢得这次拍卖。因此，至少在极限的意义上，英国式拍卖的成交价，等于第二高的出价。

但是绝大多数英国式拍卖，特别是由拍卖行主持的英国式拍卖，常常设定每次出价的最小升幅。比方说规定最小升幅为 100 元，如果这次叫价是 1 400 元，下一次将是 1 500元，或者更高。这个最小升幅决定了拍卖的"拍子"。因为出价是不连续的数值，因此这类拍卖可以被叫作离散式出价的拍卖。在这种情况下，如果第二高的私人评价是 1 400 元甚至 1 490 元，那么最后成交价将是 1 500 元。总之，一场英国式拍卖将以按照拍卖的"拍子"来说刚刚比第二高评价高的那个出价成交。所以，最后成交价总是由第二高的评价来决定，或者说得更准确一点，由第二高的评价按照拍卖实施细则来决定。这里，所谓"按照拍卖实施细则来决定"，指的是符合"最小升幅要求"的刚刚比第二高出价高的叫价。

基于这样的分析和理解，我们知道，英国式拍卖和第二价格拍卖的最后成交价格，是参与人中第二高的出价。

关于讲真话是每个参与人的优势策略，我们将在接下来的第三、四节中给出严格的数学推导。

现在再看荷兰式拍卖和第一价格拍卖。

考虑在荷兰式拍卖中的一个参与人。这个参与人会在拍卖开始之前确定他自己对拍卖品的出价。如果拍卖师喊出的拍卖价格果真下降到这个水平，他就以这样的出价应叫，赢得交易。如果有其他参与人在他之前已经应叫，这意味着那个人的出价比他高，那么他就不能赢得拍卖品。现在要问，他是如何决定自己的出价的呢？这将是一个困难的抉择。因为出价越低，赢得交易的机会越微，但一旦赢得交易，他可以获得的交易利益或者说剩余将越多；相反，出价越高，赢得交易的机会越大，但赢得交易以后他可以获得的交易利益或者说剩余将越少，甚至带来损失。参与人处于这种权衡取舍的两难困境。

现在我们对荷兰式拍卖的情况和第一价格密封拍卖的情况做一个比较。在第一价格拍卖中，参与人必须做出一个和在荷兰式拍卖中的参与人一样的决策：选择一个出价，并把它写在密封的信封里，交给拍卖主持人。有关选择合适的出价的策略问题也是相同的：他给出的价格越低，赢得交易的可能性就越小，但一旦获胜，可以获得的交易利益或剩余就越多；他给出的价格越高，赢得交易的可能性就越大，但一旦赢得交易，可以获得的交易利益或剩余却很少，甚至可能亏损。同样，参与人处于权衡取舍的两难困境。

所以，至少我们可以从理论上说，荷兰式拍卖和第一价格拍卖在策略处境上是类似的，都有出价高一些好还是低一些好的两难问题。这两种拍卖制度虽然从外形上看很不相同，但是我们将知道，两种拍卖制度在理论上实质一样。它们看起来非常明显的外在区别，其实是很表面化的区别。我们会在后面详细讨论这两种拍卖。

至此，我们已经把四种主要的拍卖制度分成两类：一类是荷兰式拍卖和第一价格拍卖，另一类是英国式拍卖和第二价格拍卖。在接下来讨论参与人的均衡出价策略时，我们可以集中讨论第一价格拍卖与第二价格拍卖。至于人们在荷兰式拍卖和在第一价格拍卖中的行为实际上有什么区别，在英国式拍卖和在第二价格拍卖中的行为实际上有什么区别，是否完全采用一样的策略，是否完全采取同样的行动，则放在本章的最后部分讨论。

第五节　独立私有价值拍卖

在这一节，我们将讨论具有不完全信息的第一价格拍卖与第二价格拍卖，其中最典型的一类不完全信息的拍卖形式就是**独立私有价值拍卖**（individual private value auction）。独立私有价值拍卖是指这样一种拍卖情形：每个买主都只知道他自己对拍卖品的评价，但对其他买主的评价却并不清楚。例如，当你参加一件稀世艺术品的拍卖时，你只知道自己愿意为购买这件艺术品出多少钱，但对于其他投标人对这件艺术品的评价，你却不可能很清楚。

我们将首先详细讨论只有两个买主的独立私有价值第一价格拍卖。用 v_1 和 v_2 分别表示买主 1 和买主 2 对拍卖品的评价；用 b_1 和 b_2 分别表示买主 1 和买主 2 的出价。在独立私有价值第一价格拍卖中，出价最高的买主将按照他的出价赢得拍卖品。如果两个买主的出价相同，则通过公平抽签的办法最终确定由谁赢得拍卖品，即每个买主赢得拍卖品的概率都是 1/2。因此，两个买主的支付函数分别为：

$$u_1(b_1,\ b_2;\ v_1) = \begin{cases} v_1 - b_1, & \text{如果} b_1 > b_2 \\ \dfrac{v_1 - b_1}{2}, & \text{如果} b_1 = b_2 \\ 0, & \text{如果} b_1 < b_2 \end{cases}$$

和

$$u_2(b_1, b_2; v_2) = \begin{cases} v_2 - b_2, & \text{如果} b_2 > b_1 \\ \dfrac{v_2 - b_2}{2}, & \text{如果} b_2 = b_1 \\ 0, & \text{如果} b_2 < b_1 \end{cases}$$

尽管每个买主并不清楚另外一个买主对拍卖品的真实评价，但是我们假设每个买主对另一个买主的真实评价还是具有一个信念。具体来说，买主 i 把买主 j 对拍卖品的真实评价 v_j 看作一个随机变量，从而我们可以把买主 i 对买主 j 的真实评价 v_j 的信念表达为一个分布函数 $F_i(v)$，反映买主 i 对买主 j 的真实评价 v_j 的贝叶斯推断。这样一来，买主 i 相信，事件 $v_j \leqslant v$ 发生的概率为 $P_i(v_j \leqslant v) = F_i(v)$。

上述独立私有价值第一价格拍卖，是一个不完全信息同时博弈，其五个基本要素如下：

(1) 局中人：买主 1，买主 2。

(2) 局中人的行动集合：买主 1 的出价集合 B_1，买主 2 的出价集合 B_2。一般来说，非负出价都是可行的，因此 $B_1 = B_2 = [0, +\infty)$。

(3) 局中人的类型集合：买主 1 的评价集合 V_1，买主 2 的评价集合 V_2。不失一般性，假设 $V_1 = [\underline{v}_1, \overline{v}_1]$，$V_2 = [\underline{v}_2, \overline{v}_2]$，$\overline{v}_1 > \underline{v}_1 \geqslant 0$，$\overline{v}_2 > \underline{v}_2 \geqslant 0$。

(4) 局中人的信念：买主 1 对 v_2 的贝叶斯推断 $F_1(v)$，买主 2 对 v_1 的贝叶斯推断 $F_2(v)$。

(5) 局中人的支付函数：买主 1 的支付函数 $u_1(b_1, b_2; v_1)$，买主 2 的支付函数 $u_2(b_1, b_2; v_2)$，$b_1 \in B_1$，$b_2 \in B_2$，$v_1 \in V_1$，$v_2 \in V_2$。

根据定义 9.2，买主们的策略是评价集合 V_i 到出价集合 B_i 的一个函数，可记为 $b_1 = s_1(v_1)$，$b_2 = s_2(v_2)$。也就是说，买主们的出价 b_1 和 b_2 是他们各自对拍卖品的评价 v_1 和 v_2 的函数。

给定买主的策略组合 $(s_1(v_1), s_2(v_2))$，根据定义 9.3，两个买主的期望支付分别是：

$$\begin{aligned} Eu_1(s_1(v_1), s_2(v_2); v_1) &= P_1(s_1(v_1) > s_2(v_2)) \times u_1(s_1(v_1), s_2(v_2); v_1) \\ &\quad + P_1(s_1(v_1) = s_2(v_2)) \times u_1(s_1(v_1), s_2(v_2); v_1) \\ &\quad + P_1(s_1(v_1) < s_2(v_2)) \times u_1(s_1(v_1), s_2(v_2); v_1) \\ &= P_1(s_1(v_1) > s_2(v_2)) \times (v_1 - s_1(v_1)) \\ &\quad + P_1(s_1(v_1) = s_2(v_2)) \times \frac{1}{2}(v_1 - s_1(v_1)) \end{aligned}$$

$$\begin{aligned} Eu_2(s_1(v_1), s_2(v_2); v_2) &= P_2(s_2(v_2) > s_1(v_1)) \times (v_2 - s_2(v_2)) \\ &\quad + P_2(s_2(v_2) = s_1(v_1)) \times \frac{1}{2}(v_2 - b_2) \end{aligned}$$

下面我们讨论上述不完全信息同时博弈的贝叶斯纳什均衡。根据定义 9.4，我们说策略组合 $(s_1^*(v_1), s_2^*(v_2))$ 构成独立私有价值第一价格拍卖的贝叶斯纳什均衡，如果对于买主 1 的任意一个出价 $b_1 \in B_1$，我们都有：

$$Eu_1(b_1, s_2^*(v_2); v_1) \leqslant Eu_1(s_1^*(v_1), s_2^*(v_2); v_1)$$

对于买主 2 的任意一个出价 $b_2 \in B_2$，我们都有：

$$Eu_2(s_1^*(v_1), b_2; v_2) \leqslant Eu_2(s_1^*(v_1), s_2^*(v_2); v_2)$$

下面我们通过一个特殊的例子来说明如何求解独立私有价值第一价格拍卖的贝叶斯纳什均衡。假定两个买主都知道对方对拍卖品的评价位于区间 $[\underline{v}, \overline{v}]$ 内，其中 $\overline{v} > \underline{v} \geqslant 0$。我们进一步假定每一个买主都知道另一个买主的私人评价服从区间 $[\underline{v}, \overline{v}]$ 上的**均匀分布**（uniform distribution）。也就是说，买主 i 只知道买主 j 对拍卖品的真实评价 v_j 是一个随机变量，它的密度函数 $f_i(v)$ 为：

$$f_i(v) = \begin{cases} \dfrac{1}{\overline{v} - \underline{v}}, & \text{如果 } \underline{v} < v < \overline{v} \\ 0, & \text{其他情形} \end{cases}$$

换句话说，买主 i 认为 $v_j \leqslant v$ 的概率为：

$$P_i(v_j \leqslant v) = \int_{\underline{v}}^{v} f_i(t)\mathrm{d}t = \begin{cases} 0, & \text{如果 } v < \underline{v} \\ \dfrac{v - \underline{v}}{\overline{v} - \underline{v}}, & \text{如果 } \underline{v} \leqslant v \leqslant \overline{v} \\ 1, & \text{如果 } v > \overline{v} \end{cases}$$

由于每个买主所拥有的关于对方对拍卖品的私人评价方面的信息是对称的，所以每个买主在选择最优策略过程中所进行的推理在本质上都应该是相同的。由此我们可得到如下结论。

结论 9.1 假定在一个两买主的独立私有价值拍卖中，每个买主对拍卖品的评价都是一个随机变量，并且都服从区间 $[\underline{v}, \overline{v}]$ 上的均匀分布，则两个买主的线性出价策略：

$$s_1^*(v_1) = \frac{1}{2}\underline{v} + \frac{1}{2}v_1 \text{ 和 } s_2^*(v_2) = \frac{1}{2}\underline{v} + \frac{1}{2}v_2$$

构成一个对称的贝叶斯纳什均衡。

我们在图表 9-10 中画出了上述线性出价策略。接下来我们要证明，这个线性出价策略组合 $(s_1^*(v_1), s_2^*(v_2))$ 构成这个独立私有价值第一价格拍卖的对称的纳什均衡。按照博弈论的语言，如果每个参与人在均衡时使用相同的策略，我们就称这个均衡为**对称的纳什均衡**（symmetric Nash equilibrium）。由于对称性，我们只要分析买主 1 的情形就足够了。我们首先计算买主 1 赢得拍卖品的概率。

对于买主 1 来说，v_2 是一个服从区间 $[\underline{v}, \overline{v}]$ 上的均匀分布的随机变量。因此

$$\begin{aligned} P_1(b_1 > b_2^*) &= P_1\left(b_1 > \frac{1}{2}\underline{v} + \frac{1}{2}v_2\right) \\ &= P_1(\{v_2 < 2b_1 - \underline{v}\}) \\ &= P_1(\{v_2 \leqslant 2b_1 - \underline{v}\}) \end{aligned}$$

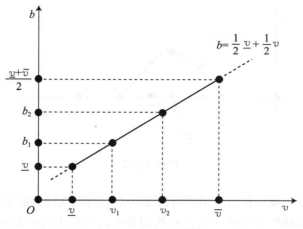

图表 9 - 10　线性出价策略

$$= \begin{cases} 0, & \text{如果} b_1 < \underline{v} \\ \dfrac{2(b_1 - \underline{v})}{\overline{v} - \underline{v}}, & \text{如果} \underline{v} \leqslant b_1 \leqslant \dfrac{1}{2}(\underline{v} + \overline{v}) \\ 1, & \text{如果} b_1 > \dfrac{1}{2}(\underline{v} + \overline{v}) \end{cases}$$

我们在图表 9 - 11 中给出了该概率分布的图像。

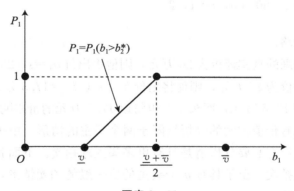

图表 9 - 11

从图表 9 - 12 容易看出，期望支付函数 $Eu_1(b_1, s_2^*(v_2); v_1)$ 的最大值在闭区间 $\left[\underline{v}, \dfrac{1}{2}(\underline{v} + \overline{v}) \right]$ 内取得。于是按照一阶条件，最大值点要满足方程

$$\frac{2}{\overline{v} - \underline{v}} (v_1 - 2b_1 + \underline{v}) = 0$$

由此得到 $b_1 = \dfrac{1}{2}\underline{v} + \dfrac{1}{2}v_1$。这表明，线性出价策略组合 $(s_1^*(v_1), s_2^*(v_2))$ 是独立私有价值第一价格拍卖的贝叶斯纳什均衡。

有一点需要提请读者注意：尽管我们找到了线性出价策略的一个贝叶斯纳什均衡的

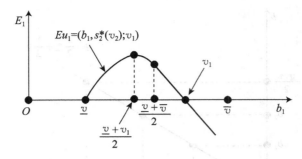

图表 9 - 12

显式解，但是不要忘记我们推出结果的前提是买主们的私人评价服从区间上的均匀分布。因此，如果买主们的评价不服从区间上的均匀分布，我们上面得出的线性出价策略就有可能不是均衡的出价策略。

现在我们通过一个简单的例子来说明线性出价策略的具体应用。

例 9.1 假定有两个买主参与一幅油画的拍卖。两个买主都知道，油画的价值介于 10 万元到 50 万元之间，并且每个买主对油画价值的评价都服从区间 $[100\,000, 500\,000]$ 上的均匀分布，而且他们都将采取线性的出价策略。在这种情形下，我们有 $\underline{v} = 100\,000$，$\overline{v} = 500\,000$，并且知道

$$s_i(v_i) = \frac{1}{2} v_i + 50\,000, \quad i = 1, 2$$

是均衡的线性出价策略。

如果买主 1 对油画的真实评价为 20 万元，则他将出价 $b_1 = s_1(20) = 15$ 万元；如果买主 2 对油画的真实评价为 25 万元，则他将出价 $b_2 = s_2(25) = 17.5$ 万元。拍卖人从这次拍卖中所得到的支付为 17.5 万元，而买主 2 也将以 17.5 万元的价格购得拍卖品。

上面关于独立私有价值拍卖的分析只限于两个买主的情形。由于参与拍卖的买主往往多于两个，因此我们有必要分析清楚具有更多买主的拍卖。下面我们将分析具有三个买主的独立私有价值拍卖，至于具有 n 个买主的更一般的拍卖情形，读者可按照类似的分析方法自己进行讨论。

如同前面的分析一样，每个买主 i 都把其他买主对拍卖品的评价看作随机变量，并且假设这些随机变量都服从区间 $[\underline{v}, \overline{v}]$ 上的均匀分布。当然，每个买主都会清楚自己对拍卖品的真实评价。由于这是一个第一价格拍卖，在给定出价向量 $b = (b_1, b_2, b_3)$ 的条件下，买主 i 的支付函数为：

$$u_i(b_1, b_2, b_3; v_i) = \begin{cases} v_i - b_i, & \text{如果对于所有的 } j \neq i, b_i > b_j \text{ 都成立} \\ \dfrac{1}{r}(v_i - b_i), & \text{如果 } i \text{ 是出价最高的 } r \text{ 个买主之一} \\ 0, & \text{其他情形} \end{cases}$$

给定三个买主的出价策略组合 $(s_1(v_1), s_2(v_2), s_3(v_3))$，买主 i 的期望支付为

$$Eu_i(s_1(v_1), \ s_2\ (v_2), \ s_3\ (v_3); \ v_i)$$
$$=P_i(s_i(v_i)>s_j(v_j)：对于所有的\ j\neq i)\ u_i(s_1(v_1), \ s_2\ (v_2), \ s_3(v_3))$$

由于随机变量 $v_j(j\neq i)$ 服从区间上的均匀分布，因此，任意两个买主出价相等的概率为 0，从而期望支付不会因为买主们的出价相等而受到影响。根据对称性我们可以设想，买主们会使用相同的最优出价策略。与两个买主的独立私有价值拍卖的情形类似，我们也有如下类似结论。

结论 9.2 假定在一个三买主的独立私有价值拍卖中，买主们对拍卖品的评价是相互独立的随机变量，并且服从区间 $\left[\underline{v},\overline{v}\right]$ 上的均匀分布，则线性出价策略

$$s_i^*(v_i)=\frac{1}{3}\underline{v}+\frac{2}{3}v_i, \quad i=1, \ 2, \ 3$$

构成一个对称的贝叶斯纳什均衡。

为了证明线性出价策略 $s_i^*(v_i)=\frac{1}{3}\underline{v}+\frac{2}{3}v_i$，$i=1$，2，3 是一个贝叶斯纳什均衡，我们沿用两买主情形的证明思路。根据对称性，我们只需要证明买主 1 的出价策略是贝叶斯纳什均衡的策略就可以了。现在每个买主的出价是相互独立的。对于采取密封投标形式的拍卖而言，这是一个合理的假设。在概率论中，这个假设相当于随机变量之间是相互独立的，即

$$P_1(b_1>b_2, \ b_1>b_3)=P_1(b_1>b_2)P_1(b_1>b_3)$$

因此我们有：

$$P_1(b_1>s_2^*, \ b_1>s_3^*)=P_1(b_1>s_2^*)P_1(b_1>s_3^*)$$
$$=P_1(b_1>\frac{1}{3}\underline{v}+\frac{2}{3}v_2)P_1(b_1>\frac{1}{3}\underline{v}+\frac{2}{3}v_3)$$
$$=\begin{cases} 0, & 如果 b_1<\underline{v} \\[2mm] \dfrac{9(b_1-\underline{v})^2}{4(\overline{v}-\underline{v})^2}, & 如果 \underline{v}\leqslant b_1\leqslant\dfrac{1}{3}\underline{v}+\dfrac{2}{3}\overline{v} \\[2mm] 1, & 如果 b_1>\dfrac{1}{3}\underline{v}+\dfrac{2}{3}\overline{v} \end{cases}$$

从而，给定买主 2 和买主 3 采取出价策略 s_2^* 和 s_3^*，买主 1 的期望支付为

$$Eu_1(b_1, \ s_2^*(v_2), \ s_3^*(v_3); \ v_1)=P_1(b_1>s_2^*, \ b_1>s_3^*)(v_1-b_1)$$
$$=\begin{cases} 0, & 如果 b_1<\underline{v} \\[2mm] \dfrac{9(b_1-\underline{v})^2(v_1-b_1)}{4(\overline{v}-\underline{v})^2}, & 如果 \underline{v}\leqslant b_1\leqslant\dfrac{1}{3}\underline{v}+\dfrac{2}{3}\overline{v} \\[2mm] v_1-b_1, & 如果 b_1>\dfrac{1}{3}\underline{v}+\dfrac{2}{3}\overline{v} \end{cases}$$

图表 9-13 给出了当 $\underline{v}<v_1<\dfrac{1}{3}\underline{v}+\dfrac{2}{3}\overline{v}$ 时 Eu_1 的图像。

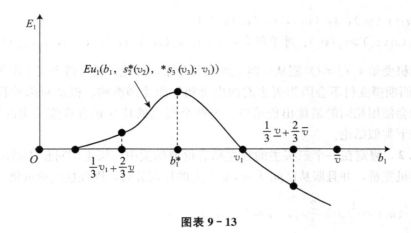

图表 9 - 13

这个期望支付函数在闭区间 $\left[\overline{v}, \dfrac{1}{3}\underline{v} + \dfrac{2}{3}\overline{v}\right]$ 内取得最大值。对这个期望支付函数分别求一阶导数和二阶导数，我们得到

$$\frac{9(b_1 - \underline{v})(-3 b_1 + \underline{v} + 2 v_1)}{4(\overline{v} - \underline{v})^2}$$

和

$$\frac{9(-3 b_1 + 2\underline{v} + v_1)}{2(\overline{v} - \underline{v})^2}$$

由一阶条件可得 $b_1^* = \dfrac{1}{3}\underline{v} + \dfrac{2}{3}v_1$，这时候二阶导数

$$\frac{9(\underline{v} - v_1)}{2(\overline{v} - \underline{v})^2} < 0$$

由此可知 $Eu_1(b_1, s_2^*(v_2), s_3^*(v_3); v_1)$ 在点 $b_1 = s_1^*(v_1)$ 处取得最大值。这就证明了线性出价策略组合

$$s_i^*(v_i) = \frac{1}{3}\underline{v} + \frac{2}{3}v_i, \quad i = 1, 2, 3$$

是一个贝叶斯纳什均衡。

以上关于线性出价策略的讨论可以推广到一般的有 n 个买主的情形，这里的 n 是一个正整数。按照与上面类似的推论过程，我们就可以得到：当有 n 个买主参与时，第 i 个买主的最优出价策略是

$$b_i(v_i) = \frac{1}{n}\underline{v} + \frac{n-1}{n}v_i$$

为了使下面的分析更加简明，我们不妨设 $[\underline{v}, \overline{v}] = [0, 1]$，则上式就变成

$$b_i(v_i) = \frac{n-1}{n}v_i \tag{9.1}$$

式（9.1）表明，当只有两个买主参与时，买主的出价等于他们对拍卖品的评价的一半，这就是结论 9.1。如果 $N=3$，买主的出价等于他们对拍卖品的私人评价的 $\frac{2}{3}$，这也就是结论 9.2。如果 $n=4$，出价为评价的 $\frac{3}{4}$。随着 N 的增加，每一个买主的出价占他们对拍卖品的评价的比例越来越大。作为极限情况，当 N 接近无穷大时，买主只好使自己的出价等于自己的评价。

归纳起来，上述分析的主要结论有两点：

第一，最高的出价总是在评价最高的参与人那里出现。这一点可以从式（9.1）看出来，因为其他因子一样，v_i 越高，b_i 就越大。所以第一价格拍卖的纳什均衡结果产生的配置，是帕累托最优的。根据荷兰式拍卖与第一价格拍卖的等价性，这一结论同样适用于荷兰式拍卖。以后我们还会知道，纳什均衡配置结果的帕累托最优性还适用于英国式拍卖和第二价格拍卖。

第二，最后成交的价格是最高的出价，即 $\frac{n-1}{n}v_H$。这里的 n 表示参与拍卖的买主的个数，而 v_H 则表示他们之中的最高评价。

为了准确理解上述结论，我们必须注意下面几点：

首先，这样的结果是实施相互的"最优反应"的结果，而不是实施各自的优势策略而产生的结果，是由相对优势策略组成的纳什均衡，而不是由绝对优势策略组成的纳什均衡。事实上前面已经说明，现在没有优势策略均衡。

其次，严格的"最优反应"，原则上需要精明的计算，但人是会犯错误的。事实上你的竞争对手有可能对你的策略选择估计错误，而同时"计算"他自己的最优反应也可能出现差错。所以我们有理由推测，上述理论结果与英国式拍卖和第二价格拍卖的理论结果相比，可能更加脆弱。例如，如果有人不小心出价过高，交易就有可能在一个更高的价格水平上进行了，从而对拍卖品评价最高的买主反而可能无法获得拍卖品。

再次，这样的结果是建立在一些简化假设的基础上的。特别是，所有参与人都被假设成是风险中性的。我们在后面将知道，如果评价最高的参与人和他的竞争对手相比不那么风险厌恶，买主们的最优出价策略很可能导致评价最高的参与人的一个对手最终获得拍卖品。这是因为，如果赢得拍卖的买主是个风险厌恶的人，那么他将偏向于保证在有利可图的范围内尽早赢得这次交易。所以，他的出价必然高于他是风险中性的时的出价。这样一来，就很难说最终谁将获得拍卖品。简而言之，如果参与人对待风险的态度不同，将可能导致荷兰式拍卖和第一价格拍卖出现帕累托低效率的结果。

最后值得指出的一点是，只要 n 是一个有限的数，式（9.1）告诉我们，买主是会低报他们对拍卖品的实际评价的：在他们的出价都无一例外地比自己实际对拍卖品的评价小的意义上来说，他们的均衡出价实际上都是"谎言"。事实上，在这种类型的拍卖制度下，"讲真话"是不可能构成一个纳什均衡的。为了理解这一点，考虑以下在 1 和 2 两个买主互相竞争的例子中，如果参与人 2 讲真话，报出一个等于自己对拍卖品的评价的出价，会发生什么情况。这时候，参与人 1 的期望支付为：

$$(v_1-b_1)P_1(b_1{\geqslant}v_2)=(v_1-b_1)b_1$$

它在 $b_1=v_1/2$ 的时候达到最大。可见，即使参与人 2 讲真话，参与人 1 也不会讲真话，从而参与人对待别人不小心"讲了真话"的最优反应，还是"说谎"，所以讲真话不可能构成一个纳什均衡。这一点在将来考虑"最优拍卖"时将变得十分重要。

下面再让我们看看独立私有价值第二价格拍卖。由于此时赢得拍卖品的出价最高的买主只需支付等于次高出价的价格，买主 i 在第二价格拍卖中的支付函数为：

$$u_i(b_1,\cdots,b_n;v_i)=\begin{cases}0，如果b_i<m_{-i}\\\dfrac{1}{r}(v_i-m_{-i})，如果b_i=m_{-i}并且有r个出价最高的买主\\v_i-m_{-i}，如果b_i>m_{-i}\end{cases}$$

其中，$b=(b_1,\cdots,b_n)$ 表示任意一个出价向量，$m_{-i}=\max\{b_j:j{\neq}i\}$ 如前。

对于第二价格拍卖而言，在独立私有价值情形下，买主们的出价都等于各自对拍卖品的真实评价。这就是接下来的结论 9.3 所刻画的内容，它是制定拍卖规则的一个重要依据。

结论 9.3 在独立私有价值第二价格拍卖中，买主 i 的出价策略 $b_i(v_i)=v_i$ 是优势策略。

证明 为了简化证明的书写，令 b_{-i} 表示从出价向量 $b=(b_1,\cdots,b_n)$ 中除去买主 i 的出价 b_i 后剩下的 $n-1$ 维的出价向量。引入这些记号后，我们约定可以用 $u_i(b_i,b_{-i};v_i)$ 表示买主 i 的效用函数 $u_i(b_1,\cdots,b_n;v_i)$。

下面我们将证明，不管其他买主如何出价，$b_i=v_i$ 总是能够给买主 i 带来最高的支付。

首先，我们证明 $b_i{\leqslant}v_i$。

如果 $b_i>v_i$，则

$$u_i(b_i,b_{-i};v_i)=\begin{cases}0，如果b_i<m_{-i}\\v_i-m_{-i}<0，如果v_i<m_{-i}<b_i\\\dfrac{1}{r}(v_i-m_{-i})<0，如果b_i=m_{-i}并且有r个出价最高的买主\\v_i-m_{-i}，如果v_i>m_{-i}\end{cases}$$

其中，$m_{-i}=\max\{b_j:j{\neq}i\}$ 亦如前，在式子中我们只把支付为负的情况用小于零表示出来。

然而，如果买主 i 出价 $b_i=v_i$，则

$$u_i(b_i,b_{-i};v_i)=\begin{cases}0，如果b_i<m_{-i}\\\dfrac{1}{r}(v_i-m_{-i})，如果b_i=m_{-i}并且有r个出价最高的买主\\v_i-m_{-i}，如果v_i>m_{-i}\end{cases}$$

两相比较，我们知道，如果买主 i 采取 $b_i>v_i$ 的出价策略，除了徒然增加 $v_i<m_{-i}<$

b_i 时支付为 $u_i(b_i, b_{-i})=v_i-m_{-i}<0$ 的风险以外，不会带来任何好处。由此我们得到 $b_i\leqslant v_i$。

其次，我们证明 $b_i=v_i$。

假定 $b_i<v_i$，那么

$$u_i(b_i, b_{-i}; v_i)=\begin{cases}0，\text{如果}b_i<m_{-i}\\0，\text{如果}v_i>m_{-i}>b_i\\\dfrac{1}{r}(v_i-m_{-i})，\text{如果}b_i=m_{-i}\text{并且有}r\text{个出价最高的买主}\\v_i-m_{-i}，\text{如果}v_i>m_{-i}\end{cases}$$

而我们已经知道，如果买主 i 出价 v_i，则有

$$u_i(b_i, b_{-i}; v_i)=\begin{cases}0，\text{如果}b_i<m_{-i}\\\dfrac{1}{r}(v_i-m_{-i})，\text{如果}b_i=m_{-i}\text{并且有}r\text{个出价最高的买主}\\v_i-m_{-i}，\text{如果}v_i>m_{-i}\end{cases}$$

同样两相比较，我们知道，如果买主 i 采取 $b_i<v_i$ 的出价策略，除了徒然增加 $v_i>m_{-i}>b_i$ 时失去赢得支付为 $v_i-m_{-i}>0$ 的风险以外，不会带来任何好处。

综上所述，不管其他买主如何出价，$b_i=v_i$ 都是买主 i 的最优出价。也就是说，无论对手如何行动，买主按照自己对拍卖品的真实评价出价，总是自己的最优选择。事实上，根据定义 9.5，$b_i(v_i)=v_i$ 是买主 i 的优势策略。因此，买主的出价策略组合

$$b_i(v_i)=v_i, i=1, 2, \cdots, n$$

构成独立私有价值第二价格拍卖的优势策略均衡，同时也是贝叶斯纳什均衡。

在第二价格拍卖中，尽管买主的出价策略与第一价格拍卖不一样，但是最高的出价总是来自对拍卖品评价最高的参与人，所以，第二价格拍卖在配置效率方面同样满足帕累托最优性。

通过比较第一价格拍卖和第二价格拍卖，我们知道，就独立私有价值拍卖的情形而言，两种不同的拍卖方式所产生的拍卖结果是不一样的。在独立私有价值拍卖中，第二价格拍卖所产生的收益，既可能大于第一价格拍卖的收益，也可能小于第一价格拍卖的收益。下面的例 9.2 将说明这一点。

例 9.2　让我们先回到例 9.1。在这个例子中，如果拍卖人对油画采取第二价格拍卖方式，则买主 1 将出价 20 万元，买主 2 将出价 25 万元。因此，油画最终将以 20 万元的价格成交。而如果采取第一价格拍卖方式，则油画最终只能以 17.5 万元的价格成交。显然，在这个例子中，采取第二价格拍卖方式能给拍卖人带来更大的收益。

然而，如果其他因素不变，但是买主 2 对拍卖品的私人评价是 35 万元，那么要是采取第一价格拍卖方式，最高的出价将达到 22.5 万元，拍卖人将获得 22.5 万元的拍卖收益。而如果采取第二价格拍卖方式，拍卖人只能得到 20 万元的拍卖收益。

例 9.2 表明，在独立私有价值拍卖的情形下，我们很难判断哪一种拍卖方式能给拍

卖人带来更大的收益。但是尽管如此，维克里（1961）[①] 却证明了，从拍卖人的期望支付的角度考虑，第一价格密封拍卖与第二价格密封拍卖是等价的，这就是著名的期望支付等价原理。对此，我们将在下一节予以详细讨论。

第六节　卖主角度：期望支付等价原理

前面的讨论主要从潜在买主的立场出发，着眼于买主的得益最大化，对于拍卖人本身的利益得失，只是略略提了一下。现在我们回过头来从卖主的角度考虑这些拍卖制度。卖主自然会偏好于可以使他自己获得较高卖价的拍卖制度。我们知道英国式拍卖和第二价格拍卖会导致实现一个等于买主中的**第二高评价**（second-highest valuation，SHV）的实际价格，而荷兰式拍卖和第一价格拍卖导致实现的价格是买主中的最高评价 v_H 乘以 $\frac{n-1}{n}$，这里 n 表示参与拍卖的买主人数。卖主通常不可能在事前知道上述评价的高低，因此他必须比较从这两类不同的拍卖制度中可以获得的期望价格的大小。我们能否断定平均来说 SHV 总是大于 $\frac{n-1}{n}v_H$，或者正好相反，平均来说 SHV 总是小于 $\frac{n-1}{n}v_H$？

对于这个问题的解答，属于拍卖理论最重要的成果。事实上，维克里证明了 SHV 和 $\frac{n-1}{n}v_H$ 这两个值在下述意义下是相等的：对于卖主来说，两类拍卖都将为他带来相等的预期收益。

我们将在每个买主对拍卖品的评价是独立的随机变量并且服从 $[0，1]$ 区间上的均匀分布的假设之下，说明上述结果。首先考虑只有两个买主的情况，分别记这两个买主的评价为 v_1 和 v_2。根据假设，v_1 和 v_2 都是服从 $[0，1]$ 区间上的均匀分布并且相互独立的随机变量，分别记 v_1、v_2 的分布函数为 $F_1(\cdot)$ 和 $F_2(\cdot)$，密度函数为 $f_1(\cdot)$ 和 $f_2(\cdot)$。令 $M=\max\{v_1，v_2\}$，$N=\min\{v_1，v_2\}$，显然，M、N 都是 $[0，1]$ 区间上的连续型随机变量，下面求这两个随机变量的分布函数 $F_M(\cdot)$ 和 $F_N(\cdot)$ 以及相应的密度函数 $f_M(\cdot)$ 和 $f_N(\cdot)$。具体来说，

$$
\begin{aligned}
F_M(x) &= \text{Prob}\{M \leqslant x\} \\
&= \text{Prob}\{v_1 \leqslant x\}\text{Prob}\{v_2 \leqslant x\} \\
&= F_1(x)F_2(x) \\
&= x^2
\end{aligned}
$$

于是

$$f_M(x) = F'_M(x) = 2x$$

而且

---

① Vickrey，William，1961，"Counterspeculation，auctions and competitive sealed tenders," *Journal of Finance*，16：8-37.

$$F_N(x)=\text{Prob}\{N\leqslant x\}$$
$$=1-\text{Prob}\{N>x\}$$
$$=1-\text{Prob}\{v_1>x\}\text{Prob}\{v_2>x\}$$
$$=1-(1-F_1(x))(1-F_2(x))$$
$$=1-(1-x)^2$$

从而

$$f_N(x)=F'_N(x)=-2(1-x)\times(-1)=2(1-x)$$

可知随机变量 M 的期望值为：

$$E(M)=\int_0^1 xfM(x)\mathrm{d}x=\int_0^1 2x^2\mathrm{d}x=\frac{2}{3}$$

随机变量 N 的期望值为：

$$E(N)=\int_0^1 xfN(x)\mathrm{d}x=\int_0^1 2(1-x)\mathrm{d}x=\frac{1}{3}$$

在英国式拍卖和第二价格拍卖中，我们已经知道期望价格等于第二高评价的期望值，由此可得 $E(SHV)=E(N)=1/3$，这是因为现在只有两个人参与，第二高的评价就是 N。而在荷兰式拍卖和第一价格拍卖中，期望价格 $E(p)$ 等于最高评价的期望值 $E(v_H)$ 乘以 $(n-1)/n$，而现在只有两个买主，并且 $E(v_H)=E(M)$，所以 $E(p)=E(v_H)\times 1/2=1/3$。可见，$E(p)=E(SHV)$，两类拍卖的期望支付相等。

上述结论很容易推广到 n 个买主的情形。为讨论方便，设各买主的评价各不相同，并令 $M=\max\{v_1,\cdots,v_n\}$ 为最高的评价，$N=\max\{\{v_1,\cdots,v_n\}\{\max\{v_1,\cdots,v_n\}\}\}$为次高的评价，这里 $\{\{v_1,\cdots,v_n\}\{\max\{v_1,\cdots,v_n\}\}\}$表示集合 $\{v_1,\cdots,v_n\}$ 对最高的那个元素所在的单点集 $\{\max\{v_1,\cdots,v_n\}\}$ 的差集，也就是表示从集合 $\{v_1,\cdots,v_n\}$ 中把最高的那个元素 $\max\{v_1,\cdots,v_n\}$ 挖走。于是我们有：

$$F_M(x)=\text{Prob}\{M\leqslant x\}$$
$$=\Pi_{i=1}^{n}\text{Prob}\{v_i\leqslant x\}$$
$$=\Pi_{i=1}^{n}F_i(x)$$
$$=x^n$$

从而

$$f_M(x)=F'_M(x)=nx^{n-1}$$

所以，

$$E(M)=\int_0^1 xfM(x)\mathrm{d}x=\int_0^1 nx^n\mathrm{d}x=\frac{n}{n+1}$$

而且

$$FN(x)=\text{Prob}\{N\leqslant x\}$$

$$= \text{Prob}\{v_1 \leqslant x, \cdots, v_n \leqslant x\}$$
$$+ \sum_{i=1}^{n} \text{Prob}\{v_1 \leqslant x, \cdots, v_i - 1 \leqslant x, v_i > x, v_i + 1 \leqslant x, \cdots, v_n \leqslant x\}$$
$$= FM(x) + n\, x^{n-1}(1-x)$$
$$= x^n + n\, x^{n-1} - n\, x^n$$
$$= (1-n)\, x^n + n\, x^{n-1}$$

从而

$$f_N(x) = F'_N(x) = n(1-n)x^{n-1} + n(n-1)x^{n-2}$$

所以，

$$E(N) = \int^{10} x\, fN(x)\mathrm{d}x$$
$$= \int^{10} n(1-n)\, x^n \mathrm{d}x + \int^{10} n(n-1)\, x^{n-1}\mathrm{d}x$$
$$= \frac{n(1-n)}{n+1} + (n-1)$$
$$= \frac{n-1}{n+1}$$

此时，

$$E(p) = E(v_H) \times \frac{n-1}{n} = E(M) \times \frac{n-1}{n} = \frac{n-1}{n+1}$$

$$E(SHV) = E(N) = \frac{n-1}{n+1}$$

这就证明了

$$E(p) = E(SHV)$$

可见，在买主人数为 n 的更一般的例子中，两种不同类型的拍卖制度为卖主带来的期望支付仍然是一样的。随着参与拍卖的买主人数的增加，期望价格会不断上升，在 n 趋向于无穷大的时候，两种拍卖制度的期望价格都趋近于评价分布中可能的最大值，具体在我们上面的讨论中，就是趋向于 1。

以上讨论的一个很自然的推论是，参与人越多，预期的拍卖成交价格越高。这是和人们对拍卖的直观感觉相符的理论结果。

必须注意，我们关于期望价格相等的推导，是建立在一系列假设的基础上的，尤其重要的一个假设，是买主对拍卖品的评价服从均匀分布并且相互独立。但是要指出，即使在买主对拍卖品的评价的分布不符合均匀分布的更一般情况下，两类拍卖收益等价的结果也依然成立，只是这种情形的证明要困难得多。

那么，就拍卖结果而言，两类拍卖的主要区别在哪里呢？我们知道，英国式拍卖和第二价格拍卖的理论预测结果，是建立在优势策略均衡的基础上的，稳定性比较好，而荷兰式拍卖和第一价格拍卖的理论预测结果，并不是优势策略均衡的结果，稳定性比较差。所以我们可以推论认为，英国式拍卖和第二价格拍卖的上述对预期收益的预测，比荷兰式拍卖和第一价格拍卖的上述预测结果要强。

前面，我们已经从结果对买主的效率和期望价格等方面比较了两大类拍卖制度。那么除了这两大类拍卖制度以外，是不是还有其他拍卖制度呢？比较清楚的是，既然两大类拍卖制度都已经被证明是帕累托最优的，那么我们将无法通过寻找和建立其他拍卖制度来从交易中获得更多的收益。至少在理论上是这样。

但是，我们并不排除现实中或许还存在能够获得更高的期望价格的其他形式的拍卖制度。要知道在拍卖中，风险中性的卖主实际上是具有垄断地位的，他拥有决定采取什么样的拍卖制度的权力。因此，他力图通过选择最合适的拍卖制度来实现最大的期望价格。所以，寻找新的拍卖制度的努力，看起来并非没有意义。为此，下面我们将进一步从卖主的角度对各种拍卖制度进行帕累托效率排序，以便寻找或确认站在卖主立场上的最优拍卖制度。

运用本书并不牵涉的经济学的"显示原理"可以证明，在很一般的条件下，迄今我们讨论过的拍卖制度，实际上从卖主的角度来看也是最优的。但有关这个问题的推导和证明比较繁难，超出了本书的范围，有兴趣的读者可以参看马斯-克莱尔等人的讨论。[1]我们在这里将只通过有限的几种拍卖，说明迄今讨论过的拍卖制度从卖主的角度来看也是最优的。在此之后，我们将简要讨论一下在什么情况下前面讨论过的拍卖制度不再是最优的问题。

我们还是和上一节一样，限于讨论两个对拍卖品的评价服从区间均匀分布的买主的情形。现在我们把注意力集中在这样一种拍卖制度上：出价最高的买主将赢得交易，而交易价格 p 只占他对拍卖品的出价 b 的一定比例 β，即：

$$p = \beta b \tag{9.2}$$

其中，$0 \leqslant \beta \leqslant 1$。在这里要提醒读者注意的是，如果 $\beta = 1$，那么赢得交易的买主要支付的价格将等于他对拍卖品的出价，而这正是荷兰式拍卖和第一价格拍卖的情况。

由此可见，现在这种类型的拍卖把第一价格拍卖变成了它的一个特例。但它并不能概括我们讨论过的所有拍卖形式。比如说，在这样的拍卖制度中，并不允许我们把成交价格和其他买主的出价联系起来。记得在我们讨论过的第二价格拍卖中，成交价格是由第二高的评价决定的，成交价格就这样和"其他买主的出价"联系起来了。不过，若把所有讨论过的拍卖都概括进来，那样的讨论对本书读者而言就太困难了。

因此，我们只把注意力集中在关系式（9.2）概括的拍卖制度上，于是问题就变成是否存在一种 $p = \beta b$ 形式的拍卖制度，它的 β 值可能为卖主带来比在 $\beta = 1$ 的荷兰式拍卖和第一价格拍卖制度中可以获得的更高的期望支付。

我们首先寻找使讲真话成为均衡结果的拍卖制度，这样就需要引入激励相容约束和参与约束。这里的**参与约束**（participation constraints）是要求两个风险中性的买主，都不预期会因为参与拍卖而给自己带来损失。如果他们说真话，那么参与约束就是他们都不预期会因为参与拍卖而给自己带来损失。这就意味着：

$$(v_i - \beta v_i) q(v_i > v_j) \geqslant 0 \tag{9.3}$$

---

① Mas-Collel，A.，M. Whinston，and J. Green，1995，*Microeconomic Theory*，Oxford：Oxford University Press.

其中，q 表示参与人 i 赢得交易的概率。为了与价格 p 相区别，我们这里用 q 而不是 p 表示概率分布函数。因为说真话要求 $b_i = v_i$，而当 $v_i > v_j$ 的时候，参与人 i 就赢得交易，但他实际支付的价格是 $p_i = \beta b_i = \beta v_i$。很清楚，只要 $\beta \leqslant 1$，上式就成立。

激励相容约束（incentive-compatibility constraints）是要求每个买主的期望支付，都在他们按照评价出价（即说真话）的时候达到最大。按照一阶条件，这就要求当 $b_i = v_i$ 的时候，$\mathrm{d}E(R)_i / \mathrm{d}b_i = 0$，这里 $E(R)_i$ 是参与人 i 参与拍卖的期望支付。只有在这样的情况下，买主才愿意讲真话。为了满足这一点，我们首先假设参与人 2 将会讲真话，他的出价是 $b_2 = v_2$。在这样的假设下，我们来解出参与人 1 在这时的最优反应是什么。

现在，$b_2 = v_2$，于是我们有：

$$E(R)_1 = (v_1 - \beta b_1) q(b_1 \geqslant v_2)$$

使用和前面在荷兰式拍卖及第一价格拍卖的分析中同样的论证，把 b_1 固定在区间 $[0, 1]$ 上，v_2 小于 b_1 的概率是由区间在点 b_1 的左边的长度给出的，它正好等于 b_1，所以就得到 $q(b_1 \geqslant v_2) = b_1$。由此可见，$E(R)_1 = (v_1 - \beta b_1) b_1$。为使这个值达到最大，其一阶条件是：

$$\frac{\mathrm{d}E(R)_1}{\mathrm{d}b_1} = v_1 - 2\beta b_1 = 0$$

由此得到

$$b_1 = \left(\frac{1}{2\beta}\right) v_1 \tag{9.4}$$

我们要找到一个 β，使参与人 1 讲真话，也就是要使 $b_1 = v_1$。通过式（9.4）我们可以知道这样的值是：$\beta = 1/2$。因此，我们可以得出这样的结论：当赢得拍卖的买主只用付出他的开价的一半的价钱就可以获得拍卖品时，参与人 1 在参与人 2 讲真话时的最优反应是也讲真话。同样的分析可以对称地用在参与人 2 的分析中，他在买主 1 讲真话时的最优选择也是讲真话。因此，当 $\beta = 1/2$ 时，讲真话是互惠的最优反应，因此构成一个纳什均衡。

从式（9.4）中我们还可以知道，当参与人 2 讲真话时，如果 $\beta > 1/2$，参与人 1 将低报他的评价，即 $b_1 < v_1$。这实际上就是像第一价格拍卖制度那样的参与人低报他们的评价的拍卖的均衡结果。而如果 $\beta < 1/2$，参与人 1 将高报他的评价，即 $b_1 > v_1$。

在 $\beta = 1/2$ 时的均衡是符合帕累托最优的，因为在这样的均衡中，对拍卖品评价最高的买主获得拍卖品，因为他出价最高。实际交易价格只是最高报价的 $1/2$。因此，期望价格是最高评价的期望值的 $1/2$，也就是：

$$E(p) = \left(\frac{1}{2}\right) E(v_H) = (2/3) \times (1/2) = 1/3$$

这与荷兰式拍卖和第一价格拍卖以及英国式拍卖和第二价格拍卖在两个买主参与的情况下的期望价格一样。

我们进行这样的推导的目的，是找到从卖主利益角度而言的"最优拍卖制度"，也就是可以使卖主获得最大的期望价格的拍卖制度。在实际交易的价格只占赢得交易的买主的出价的一定比例（$p=\beta b$）这种类型的拍卖制度中，我们已经发现唯一能产生讲真话的均衡结果的制度设计是使 $\beta=1/2$ 的制度。所以我们可以得出结论：按照期望价格标准，这个制度所产生的均衡结果，是能产生说真话的结果的制度中最好的均衡结果。

本书并不深入探讨"显示原理"，但是用通俗的语言说，显示原理讲的是在"不讲真话机制"下达到的结果，都可以在适当的"讲真话机制"下达到。因此，在讨论具体的制度设计问题时，我们只需讨论使讲真话成为均衡结果的制度设计便可以了。这时候，显示原理告诉我们，这个最好的讲真话的均衡，至少和同属于这种类型（$p=\beta b$，$\beta\neq1/2$）的其他拍卖制度所产生的均衡一样好。我们已经知道，荷兰式拍卖和第一价格拍卖属于这样的制度（$\beta=1$），我们也看到它产生的均衡期望价格等于"最好"的均衡期望价格，因此我们可以得出这样的结论：我们无法通过使用价格只占出价的一定比例这种拍卖制度中的其他拍卖，来进一步改善我们可以从荷兰式拍卖和第一价格拍卖中得到的均衡。

总结上文，我们已经清楚：

其一，从策略的角度看，英国式拍卖实际上和第二价格拍卖是等价的，而荷兰式拍卖和第一价格拍卖等价。

其二，在英国式拍卖和第二价格拍卖中，其中的买主将实行优势策略，他们的出价等于他们对拍卖品的评价。使用这样的策略产生了一个讲真话的均衡，而且在此均衡中的拍卖品的最后配置是符合帕累托效率标准的，成交价格则等于潜在买主中的第二高的私人评价。

其三，在荷兰式拍卖和第一价格拍卖中，没有优势策略均衡存在，买主必须在较高的出价将带来的较大成交机会的好处和较低的交易收益的不利之间进行权衡。我们也为这种拍卖制度找到了一个均衡，在这个均衡中，风险中性的买主把他们的出价定为他们对拍卖品的评价乘以 $(N-1)/N$。均衡结果是拍卖以最高评价的 $(N-1)/N$ 倍的价格成交，最终形成有效率的拍卖品配置。必须说明，这样的预测结果建立在一些假设条件上。在现实经济活动中，买主之间对风险的态度一定存在很大的差异，那么均衡配置就可能是没有效率的。所以，这里建立在相互最优反应基础上的结果，就比英国式拍卖和第二价格拍卖的优势策略均衡的结果要脆弱一些。

其四，我们说明了所有这些拍卖制度都产生相同的拍卖品均衡期望价格。因此，从卖主的角度而言，在荷兰式拍卖和第一价格拍卖与英国式拍卖和第二价格拍卖之间，就均衡期望价格水平高低而言，没有什么好选择的。这里同样要注意，荷兰式拍卖和第一价格拍卖的预测建立在买主风险中性等假设的基础上。

其五，我们使用显示原理去寻找"最优"拍卖机制。我们专门研究了一种赢得交易的买主只用付出他的出价的一个比例的拍卖模式，来分析在这种模式中是否可能存在一种拍卖可以产生比荷兰式拍卖与第一价格拍卖以及英国式拍卖与第二价格拍卖更好的均衡，结果发现，只有一种拍卖设计（$\beta=1/2$）可以产生讲真话的均衡结果，而在这个均衡中产生了和前面的两种均衡一样的期望价格水平。因此我们得出这样的结论：在我们分析过的这种 $p=\beta b$ 型拍卖制度中，没有任何一种拍卖设计可以改善英国式、荷兰式或者密封式拍卖制度的均衡结果。

第七节　对拍卖的进一步讨论

改变模型的假设条件，经济学家对拍卖进行了一系列进一步的讨论。这一节列举若干重要的结果，以便让读者认识一个初步的轮廓。由于这些扩展主要集中于不完全信息方面，所以，后文提到的荷兰式拍卖、第一价格拍卖、英国式拍卖以及第二价格拍卖等拍卖形式，都是不完全信息的拍卖。

一、买主的风险厌恶程度不同

如果其他条件相同，那么买主的风险厌恶程度越高，即越是志在必得，他就越倾向于为同样的拍卖品出更高的价钱。这个结论可以用下面这个由科克斯等人建立的简单的模型来说明。[①]

假设买主 i 的效用函数为

$$u_i(y_i) = y_i^{1-r_i}$$

这里 $y_i = v_i - b_i$，其中 v_i 和 b_i 的含义如前所述，即 v_i 表示买主 i 对拍卖品价值的估计，b_i 表示买主 i 的出价，并且每个买主对拍卖品价值的估计都服从 0 和 1 之间的均匀分布，而 $y_i^{1-r_i}$ 如常表示 y_i 的 $(1-r_i)$ 次方，或者说 y_i 的 $(1-r_i)$ 次幂，r_i 是表示买主 i 的风险厌恶程度的系数，$0 \leqslant r_i < 1$。沿用和前面一样的分析方法，可以推导出均衡出价具有下面的形式：

$$s_i = \frac{(n-1)v_i}{n-r_i} \tag{9.5}$$

我们把推导这个结果的工作留给有兴趣的读者，作为一个富有挑战性的习题。

关于风险厌恶系数，我们不妨多说两句。从图形上看，如果我们用横轴表示金钱的数量，用纵轴表示效用，则对于上述指数形式的效用函数，一个显然的事实是，$(1-r_i)$ 越小，则效用函数的图像越接近横轴，也就是说，要给买主 i 提供更多的钱，才能使他获得与原来相同的效用。因此，$(1-r_i)$ 的值越小，买主 i 越是风险厌恶。换句话说，r_i 越靠近 1，则买主 i 的风险厌恶程度就越高。相反，r_i 越靠近 0，则买主 i 的风险厌恶程度就越低，他就越愿意冒风险。因此，一个买主的风险厌恶程度越高，就是说 r 越靠近 1，他的出价就越高。风险厌恶型买主的存在，导致原本在英国式拍卖和第二价格拍卖与荷兰式拍卖和第一价格拍卖之间的期望支付等价的情况被打破，因为在荷兰式拍卖和第一价格拍卖的均衡中很有可能产生更高的出价，随之期望支付也会上升。而英国式拍卖和第二价格拍卖的出价是不受 r 的影响的，因为优势策略仍然是买主使自己的出价符

---

① Cox，J.，B. Roberson，and V. Smith，1982，"Theory and behavior of single object auctions," in V. Smith (ed.)，*Research in Experimental Economics*，Greenwich：JAI Press.

合 $b_i = v_i$。

进一步说,如果人们的风险厌恶程度各有不同,那么荷兰式拍卖和第一价格拍卖可能无法在均衡中产生帕累托最优的结果。为了说明这一点,假设有两个买主,他们的风险厌恶系数分别是 $r_1 = 0$ 和 $r_2 = 0.9$,同时 $v_1 = 0.8$,$v_2 = 0.7$。参与人 1 是风险中性的,而同时他对拍卖品的评价是最高的,但参与人 2 却可能因为自己是风险厌恶的,从而开出一个比参与人 1 更高的出价。事实上,如果按上面的出价公式计算,的确可以得出 $b_1 = 0.4$,$b_2 = 0.636$。这样产生的均衡的结果,因为拍卖品被对它评价较低的买主获得,所以按照帕累托效率标准,拍卖的均衡结果是低效率的。

二、 内生数量

前面讨论过的具体拍卖,都是潜在买主为购买商品而竞价的"拍卖"。现在看一种反过来的情形,即潜在卖主为出售商品而竞价的"拍买"。这种交易方式更好的称呼应该是"招标购买"。现在人们开始关注政府为了公务需要在市场上的采购,认为应该采取集中的和公开招标的形式向市场采购,这样才能节省政府开支和遏制腐败现象。这种"政府采购",就是一种"招标采购"。除了一个是买、一个是卖有所不同以外,以政府采购为例的招标采购的另一个特点,是标的物不是只有一件,而是一批或者一个相当大的数目。

汉森 1988 年的论文[①]就特别研究了当拍卖品的数量不止单独一件时的情况,这种情况可能在一个买主(比如政府或政府部门)与某个行业的若干供应商竞争签订采购合同时出现,生产买主需要的这种商品的企业之间,为获得采购合同而展开竞争。在汉森研究的这种被称为"行业合同采购"的招标采购制度中,采购合同一经签订,商品价格就固定下来,合同买方有权按照这个合同价格,购买他想购买的任何数量的这种商品。这和我们熟悉的一些政府采购略有不同,因为我们熟悉的政府采购常常是公开招标采购100 辆汽车,或者 200 台台式计算机,等等,预期的成交数量是预先确定的。但是也有一些政府采购,比方说政府机关集中向市场公开招标采购未来一年的午餐快餐服务,在招标结束成立合同以后,政府部门可以在未来一年内按合同的价格向中标的企业购买符合规格及质量要求的快餐服务。这时候,购买数量就是不确定的。

买主的需求决策可以用一个需求函数 $Q(p)$ 来表示,和往常一样,价格 p 越高,需求量 $Q = Q(p)$ 越小。这样,招标成交的交易数量,还要取决于招标的进程。这就是"内生变量"的意思,并不只是一件标的物买不买、卖不卖的问题。另外,假设每个卖主都有一个只有他自己知道的单位生产成本 c_i,在这里就是边际成本。

如果 $Q(p)$ 即购买数量固定在一个外在决定的数字上,那么这种购买数量固定的招标采购,在本质上就和我们先前所讨论的拍卖模型差不多,只是先前是竞买,现在是竞卖,现在是由卖主出价竞卖。如果其他情况都一样,那么他们自身的单位生产成本越高,同样的合同对他们而言的价值越小。而买主将选择报价最低的卖主作为招标采购最后的赢家。

---

① Hansen,R.,1988,"Auctions with endogenous quantity,"*Rand Journal of Economics*,19:44 – 58.

汉森研究了需求数量随价格的上升而下降的行业合同采购，即 $Q'(p)<0$ 的情况，分析它对招标结果的影响。在英国式招标和第二价格招标中，每一个潜在的卖主同样都有一个优势策略，就是使出价等于他的边际生产成本 c_i，如果他赢得了合同，也就说明他的边际生产成本是最低的，而这时候他将获得的均衡交易价格，等于第二低的边际生产成本，即 $p=SLC$。注意，虽然同样是说英国式和第二价格，但前面说的是拍卖，现在说的是招标采购。这里的 SLC 是指第二低的边际生产成本。因此，均衡的需求量为 $p=SLC$ 时的 $Q(p)$。可见，参与招标的企业的出价策略，不受引进需求函数 $Q(p)$ 的影响。但因为这时候交易成功所支付的价格并不等于生产成本最低的卖主的不变的边际成本，而是等于第二低的边际生产成本，所以成交价格高于最低的边际生产成本，最终导致 $Q(SLC)<Q(LC)$，这里的 LC 表示最低的边际成本。

而在荷兰式招标和第一价格招标中，引入需求函数 $Q(p)$ 却导致了出价策略的改变。在出价者为风险中性的而且需求数量一定的时候，荷兰式招标和第一价格招标与英国式招标和第二价格招标所产生的均衡是相同的。但在 $Q'(p)<0$ 的情况下，就是在需求量随价格的上升而下降的情况下，较低的出价对出价者（在这里是卖主）的期望支付产生了额外的影响。事实上，在只存在两个出价者的情况下：

$$E(R)_i=(b_i-c_i)Q(b_i)q(b_i<b_j)$$

一个更低的价格减少了从每一单位销售量中获得的边际收益 $(b-c)$，但是同时提高了中标的机会 q。这正是和原来分析的荷兰式拍卖和第一价格拍卖一样的策略考虑，但是现在一个更低的出价将使需求量 Q 也增加，从而使可以获得的总边际利润 $(b-c)Q$ 也相应增加，所以在荷兰式招标和第一价格招标中，出价者更有动机去降低他们的出价。

我们知道，如果没有这个额外的激励，荷兰式招标和第一价格招标产生的期望价格，与英国式招标和第二价格招标是相等的。但是由于存在额外的激励，荷兰式招标和第一价格招标的期望价格，将下降到英国式招标和第二价格招标的期望价格水平以下，因而产生一个更大的需求。中标的出价者的出价仍然高于他的边际生产成本 c_i，这样才能从中获得额外利润，所以这样的结果依然不是帕累托最有效率的，但因为现在中标者的出价相对英国式招标和第二价格招标来说比较低，更靠近单位成本，所以得到的均衡结果相对来说更接近帕累托最优。

上述论证或许可以用来解释，在行业采购合同的招标授予方面，荷兰式招标和第一价格招标使用得更普遍的原因。

三、 保留价格的影响

在艺术品和其他商品的拍卖中，有时候标的物的当前持有人会给拍卖品设定一个保留价格。莱雷和萨缪尔森 1981 年的论文①讨论了这样的拍卖制度：卖主可以为拍卖品设定一个保留价格，如果出价一直或全部低于这个保留价格，拍卖品将仍然为卖主保留。

① Riley，J. and W. Samuelson，1981，"Optimal auctions，*American Economic Review*，" 71：381-392.

保留价格的设立，对拍卖的均衡结果带来了影响。为简化讨论起见，我们仍然只就仅有两个买主参与拍卖的情形做出说明。

情形 1：如果两个出价者对拍卖品的评价都低于保留价格，拍卖品将不会被卖出。这样保留价格的设立对卖主而言就可能是有代价的，因为这将导致卖主遭受原本对卖主而言有利可图的交易告吹而带来的损失。在这里我们要注意，保留价格之所以是保留价格，在经济学分析的意义上说，一定是高于卖主对拍卖品的真实评价的，不然他为什么要把东西拿出来拍卖呢？比方说，保留价格比真实价格高出 100 元，如果因为设置保留价格而造成不能成交，他就失去了也许可以成交获利 90 元或者 50 元、30 元甚至 20 元的机会。

在这里我们强调卖主对自己的拍卖品的"真实"评价。真实不真实，口说无凭，要靠行动显示；真实不真实，要从市场上看，而不是单凭个人的心理感觉。在日常经济生活中，买的人常常抱怨买得太贵，卖的人常常抱怨卖得太便宜。在经济学家看来，这种抱怨都是自相矛盾的。如果嫌贵，你可以不买；如果嫌贱，你可以不卖。因为在经济学讨论中，人们不是用言词，而是用交易行动表示出他们对商品的评价。如果某人自愿地花 10 元钱买了一小把菜，那么尽管他老是唠叨说东西太贵了，但是他肯付钱买这把菜的市场行动表明，对于这个唠唠叨叨的人来说，这笔交易即使不是完美无缺的，做这笔交易至少也比不做这笔交易要好。10 元钱买这把菜还是值得的。这才是他对那把菜的真实评价的反映。

情形 2：如果一个买主对拍卖品的出价高于保留价格，而另一个买主对拍卖品的出价低于保留价格，那么因为设立了保留价格，它比第二高出价高，拍卖品将会以高于第二高评价的保留价格出售。这时候，保留价格对卖主而言是有利可图的，因为它提高了拍卖品的最终售价。

那么这两种相反的趋势合起来对拍卖的期望价格造成的"净"影响是什么样的呢？两位学者证明，情形 2 的作用大于情形 1 的作用，所以期望价格会在某个比拍卖人的真实评价高的保留价格上得以最大化，从而对于卖主来说设置保留价格有好处。

四、 公共价值和相关价值

公共价值拍卖和迄今讨论的独立私有价值拍卖在学术研究上是很不相同的两个话题。有关这个方面的内容，现在做一个很简要的介绍。米尔格龙和韦伯 1982 年的论文[①]，考虑了一种同时包含公共价值和私有价值两个因素的拍卖环境。他们的想法是，在很多拍卖中，买主实际上不太了解拍卖品对自己的价值到底是多少，因此他们必须对它进行估价。通常，这样的估价实际上既包含买主之间的公共成分，也包含个别买主的独立成分。举例来说，所有的买主都可以看见一件古董的某些特征，而这样的共同观察，结果将导致他们的评价和其他人的评价有一定的相关性。这个估计的价值可能具体到不同的人有不同的值，这是因为拍卖品对不同的买主而言能产生的效用是不同的，而且每个买主在

---

① Milgrom，P. and R. Weber，1982，"A theory of auctions and competitive bidding，" *Econometrica*，50：1485 - 1527.

他们的估计中会出现不同的独立的估计误差，从而导致最后买主们的出价各有不同。同样的分析也适用于买主对特许权、工程项目和合同等的出价。

米尔格龙和韦伯抓住了在评价中的非独立性，他们把它称为"联系"（affiliation）。这就意味着一个买主对拍卖品的评价比较高，部分是因为在他看来，很可能其他买主的评价也会比较高。

这样的假设产生的结果和影响是很深远的，我们可以把它概括如下。荷兰式拍卖和第一价格拍卖，将仍然是策略等价的，所以它们也仍将产生相同的期望价格。英国式拍卖和第二价格拍卖在这样的情况下将不再保持策略等价。直观地说，这是因为在英国式拍卖中，每个买主都可以观察到整个拍卖的过程，因为买主对拍卖品的价值的估计是相互联系的，所以观察别的买主如何出价将会获得一些启示，而自己的出价也就这样受到了影响。在第二价格拍卖中，因为买主们都把价格写在密封的信封里，所以他们不能得到其他买主的出价信息。这一差异的影响很大。米尔格龙和韦伯证明，在这两种拍卖制度中，只要参与拍卖的买主不止两个人，那么由于"公共价值效应"（见后文）的作用，英国式拍卖中节节上升的出价，将导致在最后的均衡中出现一个比第二价格拍卖结果更高的期望价格。

英国式拍卖中潜在的买主因为看到别人出价热烈或者冷淡而怀疑自己原来对拍卖标的物的私人评价从而在拍卖现场临时修改自己的私人评价的现象，叫作"公共价值效应"。一般来说，修改的方向是提高自己的私人评价。在公共价值效应强烈的时候，甚至会让潜在的买主"发疯"，以远远高于自己原来的私人评价的价位出价，造成赢得拍卖但是输掉交易即带来负的交易利益的结果。博弈论中"赢者的诅咒"（winner's curse）的说法，说的就是这种情况。

注意荷兰式拍卖和第一价格拍卖都没有公共价值效应发生作用的条件，上述分析实际上还说明了，对卖主而言，英国式拍卖可能更具有吸引力，因为它能产生更高的均衡期望价格。在商品拍卖中，拍卖方式一般来说是由卖方决定的，从而上述研究也很好地说明了，为什么英国式拍卖是出现最多的拍卖方式。说到底，拍卖行中的热浪，对卖主是很大的诱惑，他们希望拍卖越热越好。同时，上面的讨论也可以解释实证分析中对有关英国式拍卖的分析总是居多的原因。

米尔格龙和韦伯还考虑了在具有联系价值的拍卖条件下，一个拥有关于拍卖品的一些可证实的私有信息的卖主，会不会有通过采取一种政策来披露这些私有信息以便从中获利的动机。他们证明，总是披露信息的政策对卖主而言总是最好的，因为它能帮助卖主实现最大化的期望价格。直观地说，赢得拍卖的买主总是试图比他的对手了解更多的有关拍卖品的信息以便从拍卖中获得更大的交易利益，而卖主为了阻止赢得交易的买主以低廉的价格获得拍卖，则会把他所拥有的有关拍卖品的全部信息都公开，使所有买主都可以了解，来防止某些人获得太大的额外利益。为什么披露信息总是能够提高人们对标的物的评价？直观上讲，当信息未被披露时，不知情者对不了解的信息总是做最坏的假设，这就难怪信息被披露或被部分披露以后，对标的物的评价通常总是会提高了。

五、 共谋及再拍卖

格雷厄姆和马歇尔在 1987 年发表的论文①，从不同的拍卖对共谋的"接受程度"出发，讨论拍卖制度的设计。到目前为止，我们一直都假设在参与拍卖的买主之间不存在发生共谋的可能性，但是在实际拍卖中，共谋的情况不少。小团体共谋再拍卖是指一组买主在他们的出价上进行串通，在他们共谋成功以低价获得拍卖品之后，再在他们中间重新进行拍卖的情况。通过小团体在主拍卖中共谋出价，他们可以以一个同不进行共谋的情况相比更低的价格获得拍卖品。具体来说，在英国式拍卖和第二价格拍卖中，一个小团体的代表可以按团体中的所有成员对拍卖品的最高评价来出价——如果他们成功了，他们只用付出在小团体外的买主的第二高出价。这样一外一内，小团体的成员就可以以较低的价格获得拍卖品，而后在他们中间对获得的交易利益进行瓜分。

那么，究竟哪种拍卖机制最容易引起小团体共谋出价呢？这个问题可以从利用小团体进行欺骗的动机和可以获得的收益的大小角度来考虑。在英国式拍卖中，小团体的成员无法通过请自己的一位朋友代表自己在小团体的外面出价，和小团体的代表竞争，来成功地进行欺骗，这是因为小团体的代表将一直出价，直到达到团体中的最高评价为止。因此，小团体在这种拍卖机制中是不太可能被小团体内成员的欺骗行为拆散的。但在荷兰式拍卖和第一价格拍卖中，小团体内的成员是可以通过欺骗来获得收益的：你可以请你的朋友把一个稍微高于小团体出价的出价写在信封里，从而以一个很大的可能性赢得拍卖，而你所付出的价格和不存在小团体的情况下相比则低得多。因此，小团体在这样的拍卖机制中很容易被来自小团体内的欺骗行为拆散。

正是由于这个原因，我们可以推测：当卖主怀疑在买主中可能存在小团体共谋时，采用荷兰式拍卖和第一价格拍卖可能更合适，更安全。

六、 其他比较

英国式拍卖的缺点，是拍卖参与人必须出现在拍卖现场，至少他们的代理人必须出席。这一方面使一些人失去了参加拍卖的机会，另一方面使拍卖偏离了原来可以实现的价值。至于第二价格拍卖，如果在缺乏有效公证的情况下开标，就遗下了拍卖方作弊的机会。特别是在参与人出价不合拍卖人理想的情况下，拍卖人可以通过一个代理人自己把标的物买下来。历史上，还有过许多对参与人密封的出价栽赃的故事。

英国式拍卖和第二价格拍卖可以在准备出价方面为参与人节省不少的成本。在荷兰式拍卖和第一价格拍卖中，每个买主的最佳策略部分地取决于其他买主的出价，所以人们可能会愿意花费一些资源来搜集有关其他买主的策略的信息。相反，在英国式拍卖和第二价格拍卖中，买主遵循的是一个只取决于自己的评价的优势策略。因此在这种拍卖

① Graham，D. and R. Marshall，1987，"Collusive bidder behavior at single object second price and English auctions," *Journal of Political Economy*，101：119-137.

中，他们在出价准备成本方面可以少花一些钱。

前面已经论述过，本章所讨论的拍卖制度对卖主而言都是等价的，而且它们相对于其他可能的拍卖制度来说是最优的。但是，参与人对风险的不同态度，还有共谋、保留价格等，所有这些都可能影响拍卖的进行和结果。有人还考虑了其他一些可能的制度设计，比如引进入场费或参与费，或者反过来给予参与人补贴。

需要说明的是，寻找"最优"拍卖的努力，在一些情况下可能会导致非常复杂和古怪的设计的出现，它们常常相当勉强，缺乏说服力和适用性，在一些情况下可能运作得不错，但一旦条件稍有变化，就可能变得一团糟。在这个意义上，本章着重讨论的四种拍卖制度的吸引力，还在于它们有很强的**稳健性**（robustness），就是说有很强的适应能力。它们可能并不总是最优的，但它们运作的结果很少或几乎从来不会让你很失望。也有一些学者愿意把 robustness 翻译为"鲁棒性"，很有近百年前一些学者把 humor 翻译为"幽默"的遗风：半音半意，半是音译，半是意译。在中文里面，"鲁"和"棒"都颇有"稳健"的味道。

七、 广州等地的拍卖实例

二十多年前，"粤港营运"车辆指标拍卖在广州进行了两次。头一次，设定了每个营运指标人民币 12 万元的最高限价，结果僧多粥少，愿意按这个最高限价购买营运指标的单位太多，最后要"刹车"，靠抽签来分配解决。后来进行的第二次拍卖，则没有设置最高限价，结果成交价扶摇直上，达到人民币 24.3 万元，翻了一番多。

这一案例很值得思考和分析。按照市场经济的"物以稀为贵"的原则，一般来说是不应该设置最高限价的。当初之所以设置最高限价，是因为主管部门担心如果营运指标拍卖成交价太高，营运单位未必吃得消。可见，最高限价的设置，体现了主管部门的一种"父爱主义"精神，可惜的是，它不完全符合市场经济的"物竞天择"的原意，这里"天"就是市场。值得讨论的倒是，如果当初 12 万元的最高限价是有道理的，那么后来相距不久的 24 万元，可能真正是营运单位吃不消的价位。这样一来，我们就面临一个两难的境地：若贯彻市场精神，就难以保证企业正常盈利；若预期企业正常盈利，就不能任由拍卖价飙升。

当时我就在广州的报刊上撰文指出（参见 1994 年 5 月 25 日《羊城晚报》第 6 版）：

> "父爱主义"好不好，自当别论。但是如果要想兼顾"父爱主义"与竞争精神的话，下一次类似的拍卖，可否采用书面第二价格密封拍卖试试？现代技术那么发达，开封前的保密和开封时的公证，该不是什么问题。我们设想，这样的拍卖，既体现竞争精神，又兼顾冷静理性；这样拍卖的结果，既能做到出价高者胜出，又可能不至高到比当初的最高保护限价还高一倍。

我当时这样写，就是想说明由于公共价值效应的作用，英国式拍卖中节节上升的出价，会导致在最后的均衡中出现一个比第二价格拍卖结果更高的期望价格。如果一定要体现"父爱主义"，希望最后成交价低一些，与其设置最高限价，莫若改取密封投标，先把拍卖行的"热浪"这个公共价值因素排除出去。不过，这样的建议没有被采纳。

进入 1997 年和 1998 年，我们的经济呈现轻微的通货紧缩态势，广州市的客运出租汽车行业，"市道"也比较淡。在这样的背景之下，广州《新快报》在 1998 年 9 月 19 日报道：1998 年 9 月 18 日，广州市客运管理处采用英国式拍卖方式公开拍卖 380 个出租汽车营运指标。这次拍卖，首次叫价是人民币 8 万元，每次以 1 万元递增，一直叫到 13 万元，才开始有人退出。后来又"轻易"突破 20 万元"大关"。在叫到 22 万元仍然僧多粥少、争持不下的情况下，广州市客运管理处的一位处长出来宣布："按广州市政府密令规定，本次竞投已达到最高限价。我宣布，本次竞投以 22 万元成交！"

拍卖结束以后，该处长接受记者采访时说，政府密令设置上限，是为了保证出租车经营市场能良性发展，不致因恶炒而失控。这是广州市政府的"父爱主义"的明白体现。拍卖是结束了，但是当时仍然僧多粥少，营运指标供不应求，于是不得不按比例进行分配，每个尚未退出竞投的应价牌相应获得 1.2 个营运指标。

为什么不采用密封投标试试呢？我们设想，如果一定要施行"父爱主义"，采用密封投标方式，拍卖结果应该更加理性。

广州市的案例有相当大的代表性。进入 21 世纪，杭州就重演了类似的故事。《中国经济时报》2001 年 9 月 20 日报道：9 月 5 日，杭州拍卖出租车经营权。拍卖在杭州郊外九溪的屏风山疗养院举行，拍卖的出租车分 5 组，每一组 100 辆，经营权使用期限为 15 年。经过资质认定的出租汽车公司竞投者共 95 位。在现场，当拍卖师叫到每一辆车的经营权的价格为 26 万元时，还有 84 位似乎志在必得的竞投者举牌。这时候，拍卖师却宣布 26 万元为此次拍卖的最高限价，随后在 84 位竞投者当中抽签决定中标者。其中，杭州四季青旅游服务公司独得 2 组，共 200 辆，一跃成为杭州最大的出租车企业。报道说，对于拍卖设置上限以及最后靠抽签确定中标者，业界的争议很大。

业界的争议是有道理的。至少，靠抽签确定中标者的拍卖结果，不符合帕累托效率标准。但是在政府部门和业界的经济学素养仍然比较低下的情况下，人们很难接受经济学家"人为"设计的第二价格拍卖。在四种主要的拍卖方式当中，只有第二价格拍卖是经济学家的理论创造，其余三种都是各国历史上自然形成的拍卖制度。

八、 政府采购不可"价低者得"

在本章开始时我们说过，商品拍卖和工程招标不仅在形式和操作上有许多共同的地方，而且在经济学意义上有许多共同的规律。在结束本章的时候我们却要强调，商品拍卖和工程招标，是信息结构迥异的两种不同的经济活动，千万不要混淆。

拍卖是一种纯粹的商品交易方式，在拍卖之前，商品已经完全确定，剩下的唯一的信号，就是价格。拍卖的进行和结果，完全由叫价的情况决定，或者说由价格变量这一参数完全决定。工程投标则是一种承揽业务的交易方式，投标人根据招标人公布的工程要求和交易规定，经过仔细的计算，提出承揽交易的价格，进行投标。招标人对所有投标者的标底进行比较，在符合工程目标和经费概算的投标中，选择其中预期最好、要价也较低的投标者为得标人，然后由招标人和得标人签订详尽明确的合同，进行工程交易。

在工程招标中，招标人不但要考虑价格信号，而且对投标人的信誉、实力都要做深入的了解。归根结底，一个是拍卖现存的商品，一个是招标将做的工程，后者面临前者所没有的不确定性。设想你有一个重要函件必须在两小时之内将原件投递到城市的另一头，你的秘书和正巧到办公室来看你的小外甥都乐意承担这项"工程"。谁将"中标"？大概不会是那个孩子，哪怕他比秘书表现出更大的热情，或者换一个说法，他的"标价"更低。

按照市场经济的一般原则，通常不对竞争商品提出最高限价。但是进行工程建设，不能没有基本概算，否则工程可能成为填不满的无底洞。现代经济学早已对政府开支和工程项目中"无底洞"这种所谓"软约束"现象提出过明确的告诫。

另外要注意，包括政府采购在内，在潜在的卖主为出售商品而竞价的"拍买"即"招标采购"中，不能简单地奉"价低者得"为唯一标准。

大家知道"竞买"的商品拍卖是"价高者得"，于是许多人想当然地认为"竞卖"的政府采购应当奉行"价低者得"的信条。真是这样的话，一定会带来很大的弊病。

仔细琢磨商品拍卖、工程招标和政府采购可以发现，行业合同采购或政府采购，是介于商品拍卖和工程招标之间的一种市场操作。其区分，还是看价格是否成为竞争标的物的唯一信号。行业合同采购和政府采购，比如前面说过的公开招标采购 100 辆汽车，或者 200 台台式计算机，或者未来一年的午餐快餐服务，等等，都有售后服务（如汽车、计算机）如何和兑现质量（如未来一年的午餐快餐服务）如何的问题，也就是说，标的物不是已经完全凝结不变、质量清楚的商品，而是仍然包含相当大程度的不确定性。大家知道，看起来型号、规格完全相同的计算机，信誉好的企业供应的，和信誉差的企业供应的，机器质量和售后服务硬是很不一样。信誉差的企业，往往愿意出低价来抢生意。如果只是强调"价低者得"，就很可能进圈套。在这种情况下，市场上胸脯拍得最凶、"跳楼价"喊得最响的人，往往是信用记录最不好的人。

所以，行业合同采购或政府采购不能一味强调"价低者得"，招标人一定要对投标人的信誉、实力和历史记录进行全面考量。

◀ 习　　题 ▶

1. 对于图表 9－3 的不完全信息情侣博弈，请计算大海类型和丽娟类型的联合概率分布。

2. 假设当大海是高喜爱型的时，$t_{大海}=2$，其他条件保持不变，请重新表达图表 9－3 的不完全信息情侣博弈，并尝试求解它的贝叶斯纳什均衡。

3. 对于图表 9－3 的不完全信息情侣博弈，请验证策略组合（{芭蕾，足球}，{芭蕾，芭蕾}）是一个贝叶斯纳什均衡。

4. 对于图表 9－4 的不完全信息情侣博弈，请验证策略组合（{芭蕾，芭蕾}，{芭蕾，芭蕾}）是一个贝叶斯纳什均衡。

5. 请尝试证明：在不完全信息同时博弈里，优势策略均衡一定是贝叶斯纳什均衡。

6. 我们在正文中说，只要拍卖品不是由评价最高的参与人获得，交易结果就不是帕累托最优的。试构造一个数值例子来说明这一点。

7. 某市要修建新机场，为此进行工程招标，有 4 个承包商愿意投标竞争这项工程。假设出价最低的承包商将赢得这个工程合同，请写出这个博弈的策略型表示。如果这 4 个承包商各自建造新机场的成本是公共知识，则它们各自将如何出价？

8. 在一场公开叫价的拍卖中，假定潜在买主对标的物的评价是他们的私有信息，出价最高的拍卖参与人按照他自己的出价获得拍卖品。如果拍卖规定他们按照抽签确定的顺序依次出价，你认为他们的出价会达到他们各自对拍卖品的真实评价吗？

请分别讨论一次循环和无限循环这两种情况。一次循环就是按照抽签确定的次序，每人出价一次；无限循环则是按照抽签确定的次序循环出价，每个人的下一次出价均必须高于他自己原来的出价，但是允许拍卖参与人退出拍卖。

9. 一个探险家在南美发现了一块距今 3 亿多年的化石，他决定拍卖这块化石。据他自己得到的信息，有两家博物馆认为这块化石值 300 万美元，另外还有一个潜在的出价人认为它值 250 万美元。这位探险家应该采取第一价格拍卖方式还是应该采用第二价格拍卖方式？请说明理由。你估计最终的拍卖价是多少？

10. 在例 9.1 中，假设增加一个买主，他对拍卖品的评价为 $v_3 = 12.5$ 万元。请问，均衡的出价策略会改变吗？与原来的出价相比，拍卖人会不会更喜欢现在的出价？

11. 在一个只有两个买主的独立私有价值拍卖中，每一个出价人都知道另一个出价人的评价是一个服从区间 $[\underline{v}, \overline{v}]$ 上的均匀分布的随机变量。出价人 1 还知道出价人 2 的出价函数为

$$b_2(v_2) = (v_2 - \underline{v})^2 + \overline{v}$$

但出价人 2 不清楚出价人 1 的出价函数。请找出出价人 1 的最优反应出价函数 $b_1(v_1)$。

12. 在一个只有两个出价人的独立私有价值拍卖中，出价人 1 知道出价人 2 的评价是一个服从区间 $[\underline{v}, \overline{v}]$ 上的均匀分布的随机变量，出价人 2 知道出价人 1 的评价是一个服从区间 $[v_*, v^*]$ 上的均匀分布的随机变量。假定 $v_* < \underline{v} < v^* < \overline{v}$。请找出纳什均衡的出价人的线性出价策略对。

13. 假定在一个有 n 个买主参与的独立私有价值拍卖中，每个出价人都知道其他出价人的评价是服从区间 $[\underline{v}, \overline{v}]$ 上的均匀分布的独立随机变量。请证明：出价向量

$$\left(\frac{1}{n}\underline{v} + \frac{n-1}{n}v_1, \ \frac{1}{n}\underline{v} + \frac{n-1}{n}v_2, \ \cdots, \ \frac{1}{n}\underline{v} + \frac{n-1}{n}v_n \right)$$

是这个拍卖的一个对称的纳什均衡。每个出价人在这个纳什均衡下的期望支付是多少？当 $n \to \infty$ 时，这个纳什均衡以及出价人的期望支付会怎样变化？

14. 如果对公开叫价的英国式拍卖的成交规则做一点修改，使得叫价最高的人有权按照次高的叫价购得拍卖品，结局会怎样？想想为什么这样的拍卖，不能成为市场经济生活中站得住的"第五种"拍卖方式。

15. 假设你是一个拍卖人，你知道在参与拍卖的潜在买主当中，有一个参与人对拍卖品价值的私人评价很高，并且你知道别的参加拍卖的出价人都不知道这个信息。这时候，你会采用何种拍卖方式？如果你知道有两个潜在买主对拍卖品价值的私人评价都很

高，并且你知道参加拍卖的其他出价人都不知道这个信息，你又会采用何种拍卖方式？试说明理由。

16. 与英国式拍卖的最终成交价相比，荷兰式拍卖的最终成交价有没有差异？试说明理由。

17. 试在适当的条件下推导正文中式（9.5）的结果。

18. 在正文中杭州拍卖出租车经营权的案例中，我们说设置拍卖的最高限价、最后靠抽签确定中标者的做法不符合帕累托效率标准。

靠抽签确定中标者的做法不符合帕累托效率标准的关键问题在哪里？

19. 在正文中杭州拍卖出租车经营权的案例中，请考虑改变拍卖实施细则，使得对拍卖品私人评价最高的买主赢得拍卖品，但是他们付出的交易价不超过政府预先秘密设置的最高保护价。

20. 考虑这样一种拍卖制度，它是公开叫价的荷兰式拍卖和英国式拍卖的结合。具体做法如下：先采取荷兰式拍卖的方式进行，直到有人应价，然后马上从这个价位开始改用英国式拍卖的方式进行，直到剩下唯一的买主。

试讨论这种拍卖制度对买主有利还是对卖主有利。

比较风险厌恶的拍卖参与人和风险喜好的拍卖参与人，他们谁更加偏好这样的拍卖制度？

21. 具体实行上题的拍卖制度，可以有两种方法：一种是开始时只说这场拍卖是荷兰式拍卖，等到有人应价才宣布现在转而从这个价位开始按照英国式拍卖的方式进行，直到剩下唯一的买主；另一种则是一开始时就讲清楚先采取荷兰式拍卖的方式进行，当有人应价时马上从这个价位开始改用英国式拍卖的方式进行，直到剩下唯一的买主。

试讨论两种实施方法哪种对卖主有利。

22. 试从市场制度的角度比较上题给出的第20题的拍卖制度的两种实施方法，包括比较风险厌恶的拍卖参与人和风险喜好的拍卖参与人，指出他们谁更加偏好哪一种实施方法。

第十章

不完全信息序贯博弈

在上一章，我们讲解了不完全信息同时博弈及其拍卖理论的精彩应用。在这一章，我们来学习不完全信息序贯博弈。相对于不完全信息同时博弈，不完全信息序贯博弈更加复杂，特别是不完全信息序贯博弈的许多概念很难给出通用的符号表达。因此，我们主要通过一些简单的例子来学习不完全信息序贯博弈的相关知识。首先，我们将完全信息序贯情侣博弈改造成不完全信息序贯情侣博弈，并以此为基础来介绍不完全信息序贯博弈的表示。其次，我们以不完全信息序贯情侣博弈为基础，讲解贝叶斯子博弈精炼纳什均衡的概念。最后，我们详细讲解信号示意博弈和机制设计。在信号示意博弈中，信息优势方主动发布信号，向信息劣势方传递关键的私有信息；机制设计刚好相反，信息劣势方通过设计一个有效的机制，从信息优势方获取关键的私有信息。信号示意博弈和机制设计在社会经济领域有着广泛的应用，是非常有价值的不完全信息序贯博弈。

第一节　不完全信息序贯博弈的表示

请大家回顾前文讲述的完全信息序贯情侣博弈（见图表 10-1）。现在，我们将它改造成不完全信息序贯情侣博弈。假设大海有两种可能的类型：低喜爱型和高喜爱型；丽娟也有两种可能的类型：低喜爱型和高喜爱型。大海和丽娟的支付不仅取决于他们的行动组合，而且取决于他们的类型。因此，我们对序贯情侣博弈进行如下修改：大海在行动组合（足球，足球）和（足球，芭蕾）下的支付分别改为 $2+t_{大海}$ 和 $t_{大海}$，丽娟在行动组合（芭蕾，芭蕾）和（足球，芭蕾）下的支付分别改为 $2+t_{丽娟}$ 和 $t_{丽娟}$。$t_{大海}$ 可能取值 0，也可能取值 2，分别表示大海是低喜爱型和高喜爱型。类似地，$t_{丽娟}$ 可能取值 0，也可能取值 2，分别表示丽娟是低喜爱型和高喜爱型。大海和丽娟都清楚自己的类型，即大海知道 $t_{大海}$ 的具体取值，丽娟知道 $t_{丽娟}$ 的具体取值。但是，大海和丽娟都不清楚对方的类型，只知道对方类型的概率分布。也就是说，大海不知道 $t_{丽娟}$ 的具体取值，只知道 $t_{丽娟}$ 的概率分布；丽娟不知道 $t_{大海}$ 的具体取值，只知道 $t_{大海}$ 的概率分布。于是，我们得到了不完全信息序贯情侣博弈（见图表 10-2）。

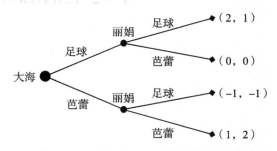

图表 10-1 完全信息序贯情侣博弈的博弈树

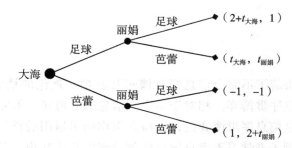

图表 10-2 不完全信息序贯情侣博弈的博弈树（$t_{大海}$ 和 $t_{丽娟}$ 取值 0 或 2）

从上一章我们知道，表达一个不完全信息同时博弈，主要是表达五个基本要素：（1）局中人；（2）局中人的行动集合；（3）局中人的类型集合；（4）局中人的信念，或局中人类型的联合概率分布；（5）局中人的支付函数。

对于不完全信息序贯博弈来说，我们还要增加一个基本要素：局中人的决策时序。也就是说，表达一个不完全信息序贯博弈，需要表达六个基本要素：（1）局中人；（2）局中人的决策时序；（3）局中人的行动集合；（4）局中人的类型集合；（5）局中人的信念，或局中人类型的联合概率分布；（6）局中人的支付函数。在不完全信息序贯博弈里，局中人的信念表达起来很费劲，所以对于第五个基本要素，我们常常使用"局中人类型的联合概率分布"。以后，我们再对局中人的信念展开讨论。

除了局中人类型的联合概率分布外，图表 10-2 表达了不完全信息序贯情侣博弈的其余五个要素。现在我们补充关于局中人类型的联合概率分布的假设：低喜爱型大海和低喜爱型丽娟成为情侣的概率为 0.2，高喜爱型大海和高喜爱型丽娟成为情侣的概率也为 0.2，低喜爱型大海和高喜爱型丽娟成为情侣的概率为 0.3，高喜爱型大海和低喜爱型丽娟成为情侣的概率也为 0.3，即 $P(t_{大海}=0, t_{丽娟}=0)=P(t_{大海}=2, t_{丽娟}=2)=0.2$，$P(t_{大海}=0, t_{丽娟}=2)=P(t_{大海}=2, t_{丽娟}=0)=0.3$。

至此，我们已经清楚不完全信息序贯情侣博弈的六个基本要素：

（1）局中人：大海，丽娟。

（2）局中人的决策时序：大海先采取行动，丽娟后采取行动。

（3）局中人的行动集合：$A_{大海}=\{足球，芭蕾\}$，$A_{丽娟}=\{\{足球，芭蕾\}，\{足球，芭蕾\}\}$。

（4）局中人的类型集合：$T_{大海}=\{0，2\}$，$T_{丽娟}=\{0，2\}$。

（5）局中人类型的联合概率分布：$P(t_{大海}=0，t_{丽娟}=0)=P(t_{大海}=2，t_{丽娟}=2)=0.2$，$P(t_{大海}=0，t_{丽娟}=2)=P(t_{大海}=2，t_{丽娟}=0)=0.3$。

（6）局中人的支付函数：$u_{大海}(a_{大海}，a_{丽娟}；t_{大海})$，$u_{丽娟}(a_{大海}，a_{丽娟}；t_{丽娟})$，行动组合$(a_{大海}，a_{丽娟})$由博弈路径给出，$t_{大海}\in T_{大海}$，$t_{丽娟}\in T_{丽娟}$。

在上述基本要素中，有两个地方需要特别说明。首先是丽娟的行动集合。从图表10-2可知，丽娟有两个决策节点，所以她的行动集合包含两个子集。第一个子集是上方决策节点的行动子集，第二个子集是下方决策节点的行动子集。事实上，如果一个局中人有n个决策节点，那么该局中人的行动集合就包含n个子集，分别是这n个决策节点的行动子集。其次是局中人的行动组合。对于序贯博弈来说，局中人的行动组合很难写出通用的表达式。不过，可以肯定的是，行动组合与博弈路径一一对应。所以从图表10-2可知，不完全信息序贯情侣博弈一共有四个行动组合。

为了更充分地展示不完全信息序贯情侣博弈，下面我们通过加入虚拟局中人的方式，进一步展开表述不完全信息序贯情侣博弈。如上所述，大海的类型和丽娟的类型都是外生给定的，服从一个预先确定的联合概率分布。现在，我们增加一个名为"自然"的虚拟局中人，这个虚拟局中人在博弈开始时选择大海的类型和丽娟的类型，接着大海和丽娟在类型确定的情况下进行博弈。大海和丽娟都有两种可能的类型，一共有四种可能的类型组合。所以，虚拟局中人"自然"有四个行动可以选择，对应四种类型组合：低喜爱型大海、低喜爱型丽娟（$t_{大海}=0$，$t_{丽娟}=0$），高喜爱型大海、高喜爱型丽娟（$t_{大海}=2$，$t_{丽娟}=2$），低喜爱型大海、高喜爱型丽娟（$t_{大海}=0$，$t_{丽娟}=2$），高喜爱型大海、低喜爱型丽娟（$t_{大海}=2$，$t_{丽娟}=0$）。在虚拟局中人"自然"做出选择之后，就轮到大海决策。因为虚拟局中人"自然"有四个行动可以选择，所以大海就有四个决策节点，每个决策节点都有两个行动可以选择：足球，芭蕾。最后轮到丽娟决策。因为大海在四个决策节点上共有八个行动可以选择，所以丽娟有八个决策节点，每个决策节点都有两个行动可以选择：足球，芭蕾。于是，我们就得到了不完全信息序贯情侣博弈的博弈树展开型表示（见图表10-3）。

关于图表10-3的不完全信息序贯情侣博弈，有两个地方我们需要做进一步的解释。第一，局中人"自然"是虚拟的，在博弈中没有支付，所以支付向量只有大海和丽娟的支付。由于没有支付，虚拟局中人"自然"不进行理性决策，只是随机选择行动，其选择服从预先确定的概率分布。因此，在虚拟局中人"自然"的四个行动中，我们都标记了其发生的概率。例如，"$t_{大海}=0$，$t_{丽娟}=0(0.2)$"表示虚拟局中人"自然"以0.2的概率选择低喜爱型大海和低喜爱型丽娟这个类型组合。

第二，尽管大海有四个决策节点，但是由于大海不能判断丽娟具体属于哪个类型，所以这四个决策节点分成了两组，大海不能区分同一组内的两个决策节点。在图表10-3

中，我们用虚线把同一组决策节点圈起来。大海在决策时，需要对同一组内的两个决策节点进行合并处理。这里的一组决策节点，实际上是前文所说的一个信息集。可见，信息集是多个决策节点因无法区分而合并处理的一种决策节点。或者说，局中人只知道他处在哪个信息集里，却不清楚他处在信息集里的哪个决策节点上。类似地，我们把丽娟的八个决策节点分成四个信息集，用虚线圈起来，丽娟不能区分同一个信息集里的两个决策节点。这是因为，虽然丽娟能观察到大海采取什么行动，但没有办法识别大海属于哪种类型。总而言之，不管是大海还是丽娟，局中人都无法区分信息集里的决策节点，根本原因是他们没有办法识别其他局中人的类型。

很明显，图表 10 - 3 展示了不完全信息序贯情侣博弈的六个基本要素。

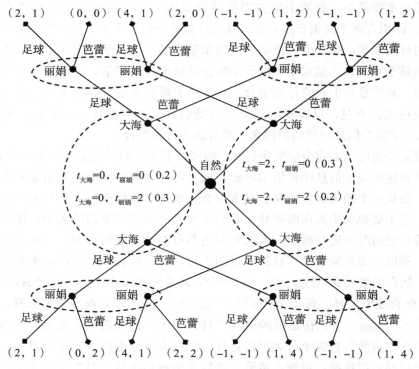

图表 10 - 3　不完全信息序贯情侣博弈的博弈树展开型表示

第二节　不完全信息序贯博弈的均衡

在这一节，我们来分析不完全信息序贯情侣博弈的均衡。我们已经学过三类主要的博弈：完全信息同时博弈、完全信息序贯博弈、不完全信息同时博弈。在完全信息同时博弈中，我们主要使用纳什均衡；在完全信息序贯博弈中，我们主要使用子博弈精炼纳什均衡；在不完全信息同时博弈中，我们主要使用贝叶斯纳什均衡。对于不完全信息序贯情侣博弈，我们将集中讲解贝叶斯子博弈精炼纳什均衡。

首先，我们要定义大海和丽娟的策略。在前面学习完全信息序贯博弈的时候我们说过，策略是局中人关于如何采取行动的完整计划。所以，策略要明确给出局中人在其各个决策节点的行动选择。在不完全信息序贯博弈中，局中人可能包含多种类型。若局中人的类型改变，其面临的博弈形势就可能会跟着发生改变。因此，在不完全信息序贯博弈中，策略要明确给出局中人在各种类型下各个决策节点的行动选择。

如图表 10-2 所示，在不完全信息序贯情侣博弈中，大海有两种类型，一个决策节点，该决策节点有两种行动。因此，大海的策略可以表达为"低喜爱型大海选择什么行动，高喜爱型大海选择什么行动"，或者用符号表达为 $s_{大海} = \{s_{大海}(0), s_{大海}(2)\}$。通过排列组合可得，大海有四个策略：$\{s_{大海}(0)=足球, s_{大海}(2)=足球\}$、$\{s_{大海}(0)=足球, s_{大海}(2)=芭蕾\}$、$\{s_{大海}(0)=芭蕾, s_{大海}(2)=足球\}$、$\{s_{大海}(0)=芭蕾, s_{大海}(2)=芭蕾\}$。这四个策略又可以简单表示为 $\{足球, 足球\}$、$\{足球, 芭蕾\}$、$\{芭蕾, 足球\}$、$\{芭蕾, 芭蕾\}$。

类似地，丽娟有两种类型，两个决策节点，每个决策节点均有两种行动。所以，丽娟的策略可以表达为"低喜爱型丽娟在大海选择足球时选择什么行动，低喜爱型丽娟在大海选择芭蕾时选择什么行动，高喜爱型丽娟在大海选择足球时选择什么行动，高喜爱型丽娟在大海选择芭蕾时选择什么行动"，或者用符号表达为 $s_{丽娟} = \{s_{丽娟}(0, 足球), s_{丽娟}(0, 芭蕾), s_{丽娟}(2, 足球), s_{丽娟}(2, 芭蕾)\}$。通过排列组合可得，丽娟有十六个策略：$\{足球, 足球, 足球, 足球\}$、$\{足球, 足球, 足球, 芭蕾\}$、$\{足球, 足球, 芭蕾, 足球\}$、$\{足球, 足球, 芭蕾, 芭蕾\}$、$\{足球, 芭蕾, 足球, 足球\}$、$\{足球, 芭蕾, 足球, 芭蕾\}$、$\{足球, 芭蕾, 芭蕾, 足球\}$、$\{足球, 芭蕾, 芭蕾, 芭蕾\}$、$\{芭蕾, 足球, 足球, 足球\}$、$\{芭蕾, 足球, 足球, 芭蕾\}$、$\{芭蕾, 足球, 芭蕾, 芭蕾\}$、$\{芭蕾, 芭蕾, 足球, 足球\}$、$\{芭蕾, 芭蕾, 足球, 芭蕾\}$、$\{芭蕾, 芭蕾, 芭蕾, 足球\}$、$\{芭蕾, 芭蕾, 芭蕾, 芭蕾\}$。

上述关于大海和丽娟的策略表示，可以推广到一般情形。设想一个局中人有 m 种类型和 n 个决策节点，分别记为 $i=1, 2, \cdots, m$ 和 $j=1, 2, \cdots, n$，那么该局中人的策略就可以记为 $s=\{s(i, j); i=1, 2, \cdots, m, j=1, 2, \cdots, n\}$。也就是上面所说的，策略要明确给出局中人在各种类型下的各个决策节点上的行动选择。

对于大海和丽娟的策略，我们可以利用图表 10-3 的博弈树展开型表示来加深理解。我们在上面讲过，局中人不能区分同一个信息集里决策节点，所以在决策时要将这些决策节点合并处理。合并处理的一个重要表现是：局中人在同一个信息集里的不同决策节点上总是选择相同的行动。也就是说，信息集才是具有可操作性的"决策节点"。所以，策略就可以表达为"局中人在各个信息集的行动选择"。

如图表 10-4 所示，大海有两个信息集，每个信息集有两种行动，所以大海的策略就可以表达为"在左方信息集选择什么行动，在右方信息集选择什么行动"，或者用符号表达为 $s_{大海} = \{s_{大海}(左), s_{大海}(右)\}$。通过排列组合可得，大海有四个策略：$\{足球, 足球\}$、$\{足球, 芭蕾\}$、$\{芭蕾, 足球\}$、$\{芭蕾, 芭蕾\}$。不难验证，大海在左方信息集的行动选择 $s_{大海}(左)$ 与 $s_{大海}(0)$ 相对应，在右方信息集的行动选择 $s_{大海}(右)$ 与 $s_{大海}(2)$ 相对应。可见，$\{s_{大海}(左), s_{大海}(右)\}$ 和 $\{s_{大海}(0), s_{大海}(2)\}$ 这两种策略表达是完全等价的。

再来看丽娟的情况。丽娟有四个信息集，每个信息集有两种行动，所以丽娟的策略就可以表达为"在左上方信息集选择什么行动，在右上方信息集选择什么行动，在左下方信息集选择什么行动，在右下方信息集选择什么行动"，或者用符号表达为 $s_{丽娟}=$ $\{s_{丽娟}（左上），s_{丽娟}（右上），s_{丽娟}（左下），s_{丽娟}（右下）\}$。可以验证，$s_{丽娟}$（左上）、$s_{丽娟}$（右上）、$s_{丽娟}$（左下）、$s_{丽娟}$（右下）分别与 $s_{丽娟}$（0，足球）、$s_{丽娟}$（0，芭蕾）、$s_{丽娟}$（2，足球）、$s_{丽娟}$（2，芭蕾）一一对应。所以，$\{s_{丽娟}$（左上），$s_{丽娟}$（右上），$s_{丽娟}$（左下），$s_{丽娟}$（右下）$\}$ 和 $\{s_{丽娟}$（0，足球），$s_{丽娟}$（0，芭蕾），$s_{丽娟}$（2，足球），$s_{丽娟}$（2，芭蕾）$\}$ 这两种策略表达也是完全等价的。

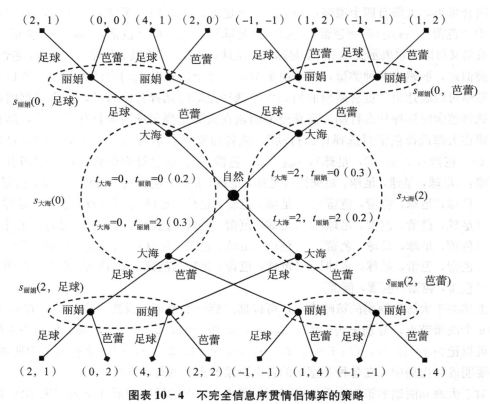

图表 10-4　不完全信息序贯情侣博弈的策略

图表 10-3 的博弈树展开型表示，不仅有利于我们理解局中人的策略，而且方便我们表示局中人的策略组合，并找出可能出现的博弈结果。假想大海采取策略 {足球，足球}，丽娟采取策略 {足球，足球，芭蕾，芭蕾}，即局中人的策略组合为（{足球，足球}，{足球，足球，芭蕾，芭蕾}）。在图表 10-5 中，我们通过加粗局中人行动选择的方式，将策略组合（{足球，足球}，{足球，足球，芭蕾，芭蕾}）标记出来。因为虚拟局中人"自然"随机选择四种行动，所以我们也加粗这四种行动。不难看出，在策略组合（{足球，足球}，{足球，足球，芭蕾，芭蕾}）下，以虚拟局中人"自然"为起点，一共有四条博弈路径，有四种博弈结果可能出现：上方的第一个结果和第三个结果，出现的概率分别为 0.2 和 0.3；下方的第二个结果和第四个结果，出现的概率分别为 0.3 和 0.2。博弈结果出现的概率，由虚拟局中人"自然"选择四种行动的概率决定。

我们已经知道，在不完全信息序贯博弈中，信息集才是具有可操作性的"决策节

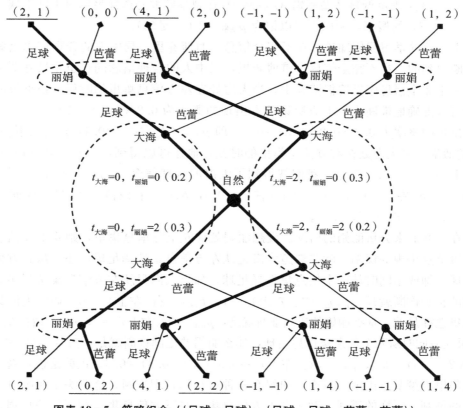

图表 10-5 策略组合（{足球，足球}，{足球，足球，芭蕾，芭蕾}）

点"。但是，局中人要在信息集上进行决策，就必须知道信息集上每个决策节点出现的概率。所以，局中人要对各个信息集里决策节点出现的概率进行推断，这些推断组成了局中人的信念。在不完全信息序贯情侣博弈中，大海的左方信息集有上下两个决策节点，大海关于这个信息集的推断可以记为：$p_{大海}$（上|左），$p_{大海}$（下|左）。同理，大海关于右方信息集的推断可以记为：$p_{大海}$（上|右），$p_{大海}$（下|右）。因此，大海的信念就可以记为 $p_{大海}=\{p_{大海}$（上|左），$p_{大海}$（下|左）；$p_{大海}$（上|右），$p_{大海}$（下|右）\}。丽娟的左上方信息集有左右两个决策节点，丽娟关于这个信息集的推断可以记为：$p_{丽娟}$（左|左上），$p_{丽娟}$（右|左上）。同理，丽娟关于右上方信息集的推断可以记为：$p_{丽娟}$（左|右上），$p_{丽娟}$（右|右上）；丽娟关于左下方信息集的推断可以记为：$p_{丽娟}$（左|左下），$p_{丽娟}$（右|左下）；丽娟关于右下方信息集的推断可以记为：$p_{丽娟}$（左|右下），$p_{丽娟}$（右|右下）。所以，丽娟的信念就可以记为 $p_{丽娟}=\{p_{丽娟}$（左|左上），$p_{丽娟}$（右|左上）；$p_{丽娟}$（左|右上），$p_{丽娟}$（右|右上）；$p_{丽娟}$（左|左下），$p_{丽娟}$（右|左下）；$p_{丽娟}$（左|右下），$p_{丽娟}$（右|右下）\}。

我们在前面已经阐明，局中人无法区分信息集里的决策节点，根本原因是他们没有办法识别其他局中人的类型。因此，局中人对信息集里决策节点出现概率的推断，就是对其他局中人各种类型出现概率的推断。例如，$p_{大海}$（下|左）表示低喜爱型大海（$t_{大海}=0$）推断高喜爱型丽娟（$t_{丽娟}=2$）出现的概率，因此也可记为 $p_{大海}$（2|0）。又如，

$p_{丽娟}$（右|左上）表示低喜爱型丽娟（$t_{丽娟}=0$）在观察到大海选择足球时推断他属于高喜爱型（$t_{大海}=2$）的概率，所以也可以记为 $p_{丽娟}$（2|0，足球）。

从上一章的学习我们知道，在不完全信息同时博弈里，局中人的合理信念是利用贝叶斯推断得到的。在不完全信息序贯博弈里，局中人的合理信念同样也是贝叶斯推断的结果。在不完全信息序贯情侣博弈中，当大海处在左方信息集里的时候，根据贝叶斯法则，他可以准确地推断出：上方决策节点出现的概率为 0.2/(0.2+0.3)=0.4，下方决策节点出现的概率为 0.3/(0.2+0.3)=0.6，即 $p_{大海}$（上|左）=0.4，$p_{大海}$（下|左）=0.6。类似地，当大海处在右方信息集里的时候，他还可以得到：$p_{大海}$（上|右）=0.6，$p_{大海}$（下|右）=0.4。于是，我们就得到了大海的合理信念 $p_{大海}=$ \{ $p_{大海}$（上|左）=0.4，$p_{大海}$（下|左）=0.6，$p_{大海}$（上|右）=0.6，$p_{大海}$（下|右）=0.4\}，或简单记为 $p_{大海}=$ \{0.4，0.6；0.6，0.4\}。

现在，我们来分析丽娟的信念。设想丽娟处在左上方信息集里，她要推断信息集里两个决策节点出现的概率，就要知道大海是从左方信息集选择足球，还是从右方信息集选择足球，抑或是同时从两个信息集选择足球。如果大海只从左方信息集选择足球，那么丽娟的正确推断就是：$p_{丽娟}$（左|左上）=1，$p_{丽娟}$（右|左上）=0；如果大海只从右方信息集选择足球，那么丽娟的正确推断就是：$p_{丽娟}$（左|左上）=0，$p_{丽娟}$（右|左上）=1；如果大海同时从两个信息集选择足球，那么丽娟的正确推断就是：$p_{丽娟}$（左|左上）=0.2/(0.2+0.3)=0.4，$p_{丽娟}$（右|左上）=0.3/(0.2+0.3)=0.6。也就是说，对于左上方信息集里决策节点出现的概率，丽娟有三种可行的合理推断，这取决于丽娟对大海行动选择的预判。同样的道理，对于右上方信息集、左下方信息集、右下方信息集，丽娟各有三种可行的合理推断。通过排列组合可知，丽娟存在 81 种可行的合理信念。比如说，$p_{丽娟}=$ \{$p_{丽娟}$（左|左上），$p_{丽娟}$（右|左上）；$p_{丽娟}$（左|右上），$p_{丽娟}$（右|右上）；$p_{丽娟}$（左|左下），$p_{丽娟}$（右|左下）；$p_{丽娟}$（左|右下），$p_{丽娟}$（右|右下）\}= \{0，1；0.4，0.6；1，0；0.6，0.4\}，就是其中一种可行的合理信念。

在图表 10-6 中，我们将大海的信念 $p_{大海}=$ \{0.4，0.6；0.6，0.4\} 和丽娟的信念 $p_{丽娟}=$ \{0，1；0.4，0.6；1，0；0.6，0.4\} 标记在博弈树的展开型表示里。例如，在大海的左方信息集里的上方决策节点旁边，我们标记"大海（0.4）"，意思是说：如果大海处在左方信息集里，他推断信息集里上方决策节点出现的概率为 0.4。又例如，在丽娟的右上方信息集里的右方决策节点旁边，我们标记"丽娟（0.6）"，意思是说：如果丽娟处在右上方信息集里，她推断信息集里右方决策节点出现的概率为 0.6。

前面指出，在不完全信息序贯博弈中，局中人要在信息集上进行决策，就必须知道信息集上每个决策节点出现的概率。换言之，局中人需要具有合理的信念，才能进行有效决策。而上面的分析表明，局中人可能存在多种合理的信念。因此，在不完全信息序贯博弈中，局中人的合理信念就成了博弈均衡的一个组成部分。就是说，博弈均衡有两个组成部分：一是局中人的策略组合，二是局中人的合理信念。具体到不完全信息序贯情侣博弈，均衡可以表达为（$s_{大海}$，$s_{丽娟}$；$p_{大海}$，$p_{丽娟}$）。下面，我们以不完全信息序贯情侣博弈为例，给出贝叶斯子博弈精炼纳什均衡的要求。

我们称策略及信念组合（$s_{大海}$，$s_{丽娟}$；$p_{大海}$，$p_{丽娟}$）是不完全信息序贯情侣博弈的一

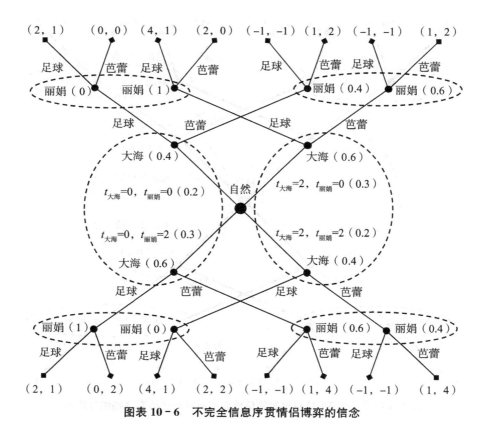

图表 10-6　不完全信息序贯情侣博弈的信念

个贝叶斯子博弈精炼纳什均衡，如果它满足以下两个要求：

要求 1　在给定信念组合（$p_{大海}$，$p_{丽娟}$）的情况下，策略组合（$s_{大海}$，$s_{丽娟}$）满足序贯理性，即策略组合（$s_{大海}$，$s_{丽娟}$）由倒推法得到。

要求 2　$p_{大海}$ 和 $p_{丽娟}$ 都是可行的信念，而且对于处在博弈路径上的信息集，相关推断由策略组合（$s_{大海}$，$s_{丽娟}$）和贝叶斯法则给出。

要求 1 实际上是子博弈精炼的要求，这在前文有详细的讨论，此处不再赘述。要求 2 则说明局中人的信念是可靠的，局中人的信念与博弈结果相吻合。如果局中人的信念与博弈结果不吻合，局中人就会调整自己的信念。随着信念的改变，局中人又可能会进一步调整策略，这违反了均衡的基本要求。

按照上述两个要求，我们可以验证，策略及信念组合（$s_{大海}$，$s_{丽娟}$；$p_{大海}$，$p_{丽娟}$）=（{芭蕾，足球}，{足球，芭蕾，芭蕾，芭蕾}；{0.4，0.6；0.6，0.4}，{0，1；1，0；0，1；1，0}）是不完全信息序贯情侣博弈的唯一的贝叶斯子博弈精炼纳什均衡（见图表 10-7）。首先，策略组合（$s_{大海}$，$s_{丽娟}$）满足序贯理性：丽娟在她的四个信息集中进行了最优决策，在此基础上大海在他的两个信息集中也进行了最优决策。比如，丽娟在她的右上方信息集中选择足球的期望支付是（-1）×1+（-1）×0=-1，选择芭蕾的期望支付是 2×1+2×0=2，所以选择芭蕾是她的最优决策。又比如，大海在他的左方信息集中选择足球的期望支付为 2×0.4+0×0.6=0.8，选择芭蕾的期望支付为 1×0.4+1×0.6=1，因此，选择芭蕾是他的最优决策。其次，很容易验证，丽娟的信念是由大海的

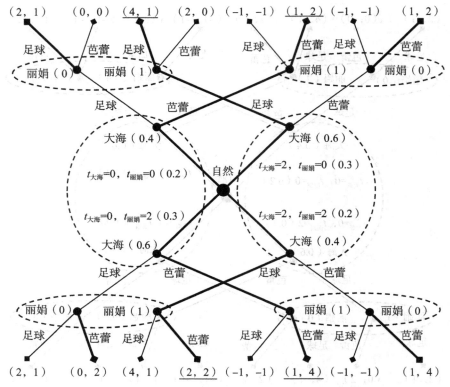

图表 10 - 7　不完全信息序贯情侣博弈的贝叶斯子博弈精炼纳什均衡

策略和贝叶斯推断得到的。

从图表 10 - 7 中我们可以知道，在均衡（{芭蕾，足球}，{足球，芭蕾，芭蕾，芭蕾}；{0.4，0.6；0.6，0.4}，{0，1；1，0；0，1；1，0}）下，可能会出现四个博弈结果：上方的第三个结果和第六个结果，下方的第四个结果和第六个结果，它们发生的概率分别是 0.3、0.2、0.2、0.3。据此，我们还可以进一步计算不同类型的大海和丽娟的期望支付。其中，低喜爱型大海的期望支付为 $Eu_{大海}(0)=1\times0.2/(0.2+0.3)+1\times0.3/(0.2+0.3)=1$，高喜爱型大海的期望支付为 $Eu_{大海}(2)=4\times0.3/(0.2+0.3)+2\times0.2/(0.2+0.3)=3.2$；低喜爱型丽娟的期望支付为 $Eu_{丽娟}(0)=1\times0.3/(0.2+0.3)+2\times0.2/(0.2+0.3)=1.4$，高喜爱型丽娟的期望支付为 $Eu_{丽娟}(2)=2\times0.2/(0.2+0.3)+4\times0.3/(0.2+0.3)=3.2$。

上面以不完全信息序贯情侣博弈为例给出的贝叶斯子博弈精炼纳什均衡概念，可以推广到一般情形。在一个不完全信息序贯博弈里，如果局中人的策略组合和信念组合满足下述两个要求，我们就称它们构成了博弈的**贝叶斯子博弈精炼纳什均衡**（Bayesian subgame perfect Nash equilibrium）：

要求 1　在给定局中人的信念的情况下，局中人的策略组合满足序贯理性，即策略组合由倒推法得到。

要求 2　局中人的信念都是可行的，而且对于处在博弈路径上的信息集，相关信念由策略组合和贝叶斯推断给出。

第三节　信号示意博弈

在这一节，我们集中讲解在经济学中具有广泛应用的信号示意博弈。我们先介绍信号示意博弈的一般模型，接着重点讲解信号示意博弈中的教育信号模型。

信号示意博弈（signalling game）是两个局中人之间的不完全信息序贯博弈。其中一个局中人拥有私有信息，称为信号发送者（sender），以后简记为"S"；另一个局中人不拥有私有信息，称为信号接收者（receiver），以后简记为"R"。我们说"信号发送者拥有私有信息，而信号接收者不拥有私有信息"，主要是说：信号发送者有多种类型，而信号接收者只有一种类型；信号发送者知道自己属于哪个类型，而信号接收者不能判断信号发送者的具体类型，只知道信号发送者类型的概率分布。信号示意博弈的决策时序如下：

第一阶段，虚拟局中人根据给定的概率分布 $P(t_i)$，选择信号发送者的类型 $t_i \in T$。这里，T 表示信号发送者的类型集合。

第二阶段，信号发送者在清楚自己的类型 t_i 的情况下，选择发送信号 $m_j \in M$。这里，M 表示信号发送者的信号集合。需要说明的是，信号集合事实上就是信号发送者的行动集合。因为信号发送者的行动具有明确的经济含义，我们就采取这种更容易理解的直观称谓。

第三阶段，信号接收者在不清楚信号发送者的类型 t_i 但能观察到信号发送者的信号 m_j 的情况下，选择自己的行动。$a_k \in A$。这里，A 表示信号接收者的类型集合。

在博弈结束后，信号发送者和信号接收者的支付，由信号发送者的类型 t_i、信号发送者的信号 m_j 和信号接收者的行动 a_k 决定，分别记为 $u_S(m_j, a_k; t_i)$ 和 $u_R(m_j, a_k; t_i)$。

图表 10-8 给出了一个简单的信号示意博弈。在这个博弈里，$T = \{t_1, t_2\}$，$M = \{m_1, m_2\}$，$A = \{a_1, a_2\}$。也就是说，信号发送者只有两种类型，只有两种信号可以发送；信号接收者只有两种行动可以选择。在博弈的开始，虚拟局中人"自然"从 $\{t_1, t_2\}$ 中选择信号发送者的类型，接着信号发送者从 $\{m_1, m_2\}$ 中选择一个信号，最后信号接收者从 $\{a_1, a_2\}$ 中选择一个行动。如图表 10-8 所示，信号发送者有两个决策节点，但没有信息集，因为他清楚自己的类型；信号接收者有四个决策节点，划分为两个信息集，因为他不能区分信号发送者的类型。信号发送者的两个决策节点，也可以理解为只包含一个决策节点的退化的信息集。

信号发送者有两个决策节点，每个决策节点都有两个行动可以选择，所以他有四个策略：在两个决策节点都选择 m_1，记为 $\{m_1, m_1\}$；在上方决策节点选择 m_1，在下方决策节点选择 m_2，记为 $\{m_1, m_2\}$；在上方决策节点选择 m_2，在下方决策节点选择 m_1，记为 $\{m_2, m_1\}$；在两个决策节点都选择 m_2，记为 $\{m_2, m_2\}$。信号接收者有两个信息集，每个信息集有两个行动可以选择，所以他也有四个策略：在两个决策节点都选择 a_1，记为 $\{a_1, a_1\}$；在左方决策节点选择 a_1，在右方决策节点选择 a_2，记为 $\{a_1, a_2\}$；在左方决策节点选择 a_2，在右方决策节点选择 a_1，记为 $\{a_2, a_1\}$；在两个决策节

点都选择 a_2，记为 $\{a_2, a_2\}$。信号接收者对两个信息集中的不同决策节点出现的概率进行推断，形成信念 $p_R = \{p_R$（上｜左），p_R（下｜左）；p_R（上｜右），p_R（下｜右）$\}$，其中，"左"和"右"分别表示"左方信息集"和"右方信息集"，"上"和"下"分别表示信息集里的"上方决策节点"和"下方决策节点"。信号发送者没有真正的信息集，因此也就没有信念。综上所述，信号示意博弈的贝叶斯子博弈精炼纳什均衡可以表达为（s_S，s_R；p_R）。

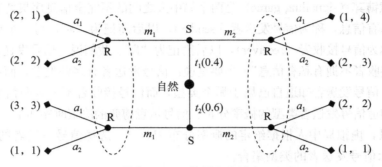

图表 10-8   信号示意博弈

图表 10-9 给出了信号示意博弈的一个贝叶斯子博弈精炼纳什均衡（s_S，s_R；p_R）=（$\{m_1, m_2\}$，$\{a_2, a_1\}$；$\{1, 0; 0, 1\}$）。首先可以验证，策略组合（$\{m_1, m_2\}$，$\{a_2, a_1\}$）满足序贯理性：信号接收者在他的两个信息集对进行了最优决策，在此基础上信号发送者在他的两个决策节点上也进行了最优决策。比如，信号接收者在左方信息集上选择 a_1 的期望支付是 $1 \times 1 + 3 \times 0 = 1$，选择 a_2 的期望支付是 $2 \times 1 + 1 \times 0 = 2$，所以选择 a_2 是他的最优决策。又如，信号发送者在他的上方决策节点选择 m_1 的支付为 2，选择 m_2 的支付为 1，因此选择 m_1 是他的最优决策。其次容易验证，信号接收者的信念是由信号发送者的策略和贝叶斯推断得到的。

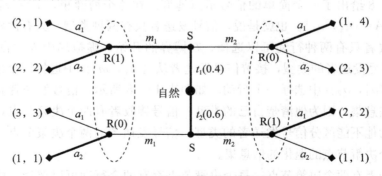

图表 10-9   信号示意博弈的分离均衡

在贝叶斯子博弈精炼纳什均衡（$\{m_1, m_2\}$，$\{a_2, a_1\}$；$\{1, 0; 0, 1\}$）中，不同类型的信号发送者选择不同的信号，t_1 型信号发送者选择发送信号 m_1，t_2 型信号发送者选择发送信号 m_2。所以，信号接收者能够根据信号发送者发送的信号来准确判别信号发送者的类型。换句话说，信号发送者通过信号将关于其类型的私有信息准确传达给信号接收者。我们把这个均衡称为**分离均衡**（separating equilibrium）。反过来，如果信号接收者无法根据信号来区分信号发送者的类型，我们就把相关的贝叶斯子博弈精炼纳什均衡称为**混同均衡**（pooling equilibrium）。图表 10-10 给出了信号示意博弈的一个混同均衡 $(s_S, s_R; p_R) = (\{m_1, m_1\}, \{a_1, a_1\}; \{0.4, 0.6; 0, 1\})$。在这个均衡中，两种类型的信号发送者都选择发送信号 m_1，所以信号接收者无法根据信号来判别信号发送者的类型。

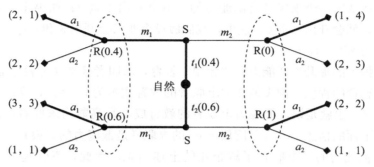

图表 10-10　信号示意博弈的混同均衡

信号示意博弈在经济学中有着广泛的应用。教育信号示意，就是其中一个典型的应用。我们下面讲述的教育信号示意模型的核心思想，取自斯彭思（Michael Spence）在 1973 年发表的一篇文章。[①]

教育能够提高受教育者的能力，是毋庸置疑的，它是教育原本就应该具有的"本位"功能。事实上，许多人为了使自己成为求职者队伍中能力较高的人，从而获得比较好的工作，都会争取接受更高级别的教育来进行人力资源投资，以求提高自身的能力。因此，企业自然就认为那些拥有较高学历的求职者更可能具有较强的生产能力，因而愿意支付给他们较高的工资。现代社会已经不是拼力气的社会。一般来说，学历较高的求职者生产能力也比较高，值得付给他们比较高的工资。此时，学历就成为一种信号，一种能够传递求职者生产能力这种私有信息的信号。这就是教育的信号功能。从这个角度看，教育的信号功能是由教育能够提高能力这种功能"衍生"出来的一种功能。但是，教育的信号功能一旦形成，即使教育不再具有提高能力这种功能，它本身也能够维持下去。

既然高学历作为一种信号与高工资相挂钩，那么，为什么并不是所有的求职者都通过获取高学历来获得更高的工资呢？这里的关键在于，"发送"学历这样的有价值的信号，是需要成本的。通过接受教育来发送教育信号，低能力的求职者比高能力的求职者要困难得多，成本要高得多。这种情况之所以会出现，最主要是因为在接受教育时，能力较低的求职者比能力较高的求职者更难通过各门课程的考试考核，从而较难拿到学分和学位。所以，低能力的求职者在面对投资教育的重大决策时可能会望而却步，而高能力的求职者就不会出现这样的犹豫。

现在我们把信号示意模型改造成教育信号的版本。假设市场上有两类求职者：低能力求职者和高能力求职者，分别用 "L" 和 "H" 表示，类型集合记为 $T = \{L, H\}$。这两类求职者的数量在市场上各占一半。每个求职者均了解自己的类型，但企业不能分辨求

---

① Spence，Michael，1973，"Job market signaling," *Quarterly Journal of Economics*，87：355-374.

职者的类型，只知道求职者类型的概率分布：低能力求职者和高能力求职者各占50%。

假设低能力求职者能够为企业创造出5的价值，同时他的保留收益为1，即如果没有被企业雇用，他能够从其他渠道获得1的收入。类似地，高能力求职者能够为企业创造出9的价值，同时他的保留收益为3。设想在制定工资时，企业和求职者的讨价还价能力相当，所以低能力求职者的工资为（5+1)/2=3，高能力求职者的工资为（9+3)/2=6。所以，如果企业认定一个求职者是低能力的，就会开出工资3；如果企业认定一个求职者是高能力的，就会开出工资6。这里，我们假设企业只会开出3和6这两种工资，即企业的工资集合为$W=\{3，6\}$。

假设有一种不能提升生产能力的"无用"教育，求职者接受这种教育需要耗费成本。用e表示接受教育的程度，假设低能力求职者的教育成本为$c_L=2e$，高能力求职者的教育成本为$c_H=e$。也就是说，低能力求职者的教育成本是高能力求职者的两倍。进一步设想企业具有下面的信念：教育程度低于e^*的求职者是低能力的，教育程度达到或超过e^*的求职者是高能力的。求职者了解企业的上述信念，因此，不管是能力低还是能力高，求职者都要么选择教育程度0，要么选择教育程度e^*。也就是说，求职者的教育信号集合为$E=\{0，e^*\}$。

综上所述，我们用图表10-11来表达**教育信号博弈**（education signalling game）。在博弈的开始，虚拟局中人"自然"从类型企业$\{L，H\}$中选择求职者的类型t。接着，求职者在清楚自己的类型的前提下，从教育信号集合$\{0，e^*\}$里选择教育程度e。最后，企业在观察到求职者的教育程度但不了解求职者类型的情况下，从工资集合$\{3，6\}$里选择一个工资w。求职者的策略可以记为$s_{求职者}=\{e_上，e_下\}$，$e_上$和$e_下$分别表示求职者在上方决策节点和下方决策节点选择的教育信号。企业的策略可以记为$s_{企业}=\{w_左，w_右\}$，$w_左$和$w_右$分别表示企业在左方信息集和右方信息集里选择的工资。

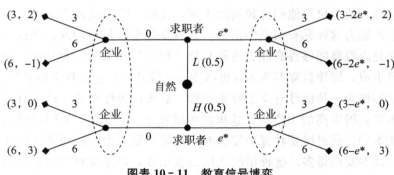

图表10-11 教育信号博弈

对于低能力求职者来说，因为其保留收益为1，所以不管企业开出工资3还是6，他都会接受工作。因此，低能力求职者的支付为$u_{求职者}(e，w；t=L)=w-2e$，这里的w表示工资。相应地，向低能力求职者提供工作的企业的支付为$u_{企业}(e，w；t=L)=5-w$。对于高能力求职者来说，如果企业开出工资6，他就会接受工作；如果企业开出工资3，工作和不工作是一样的，我们假设他会拒绝工作。因此，高能力求职者的支付如下：$u_{求职者}(e，w=3；t=H)=3$，$u_{求职者}(e，w=6；t=H)=6-e$。相应地，这时候企业的支付为：$u_{企业}(e, w=3; t=H)=0$，$u_{企业}(e, w=6; t=H)=3$。

前面我们假定企业具有下面的信念：教育程度低于 e^* 的求职者是低能力的，教育程度达到或超过 e^* 的求职者是高能力的。具体到图表 10-11 的教育信号博弈中，这个信念可以更精确地表达为：教育程度为 0 的求职者是低能力的，教育程度为 e^* 的求职者是高能力的，可以简单记为 $p_{企业}=\{p_{企业}(上|左), p_{企业}(下|左); p_{企业}(上|右), p_{企业}(下|右)\}=\{1, 0; 0, 1\}$。不难想象，上述信念是与分离均衡相对应的。这有两层含义：第一，只有 $(s_{求职者}, s_{企业}; p_{企业})=(\{0, e^*\}, \{3, 6\}; \{1, 0; 0, 1\})$ 是教育信号博弈的贝叶斯子博弈精炼纳什均衡，信念 $p_{企业}=\{1, 0; 0, 1\}$ 才是可信的；第二，企业能够根据教育程度来准确区分低能力求职者和高能力求职者，这是"无用"教育的有用之处。

在图表 10-12 中，我们来检验 $(\{0, e^*\}, \{3, 6\}; \{1, 0; 0, 1\})$ 能够成为贝叶斯子博弈精炼纳什均衡的条件。首先可以确定的是，信念 $p_{企业}=\{1, 0; 0, 1\}$ 是根据策略组合 $(\{0, e^*\}, \{3, 6\})$ 和贝叶斯推断得到的。接下来，我们只要验证策略组合 $(\{0, e^*\}, \{3, 6\})$ 在信念 $p_{企业}=\{1, 0; 0, 1\}$ 下是否符合序贯理性。根据倒推法，先考察企业的决策。在左方信息集里，企业选择工资 3 会得到期望支付 $2\times1+0\times0=2$，选择工资 6 会得到期望支付 $(-1)\times1+3\times0=-1$，所以选择工资 3 是最优的决策；在右方信息集里，企业选择工资 3 会得到期望支付 $2\times0+0\times1=0$，选择工资 6 会得到期望支付 $(-1)\times0+3\times1=3$，所以选择工资 6 是最优的决策。接着考察求职者的决策。在上方决策节点处，求职者选择教育程度 0 会得到支付 3，选择教育程度 e^* 会得到支付 $6-2e^*$，所以在 $3\geqslant6-2e^*$ 的条件下选择教育程度 0 是最优的决策；在下方决策节点处，求职者选择教育程度 0 会得到支付 3，选择教育程度 e^* 会得到支付 $6-e^*$，所以在 $6-e^*\geqslant3$ 的条件下选择教育程度 e^* 是最优的决策。综合上述分析，在条件 $3\geqslant6-2e^*$ 和 $6-e^*\geqslant3$ 同时满足的情况下，即在条件 $3/2\leqslant e^*\leqslant3$ 得到满足的情况下，$(\{0, e^*\}, \{3, 6\}; \{1, 0; 0, 1\})$ 是一个贝叶斯子博弈精炼纳什均衡，而且是一个分离均衡。由此可见，只要 e^* 处在一个适中的水平，教育就能够发挥出区分求职者能力的信号示意功能。

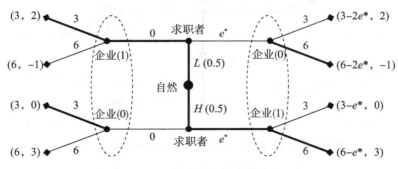

图表 10-12　教育信号博弈的分离均衡

在图表 10-13 中，我们令 $e^*=2$，从而得到分离均衡的一个具体示例。在这个示例中，低能力求职者选择教育程度 0，高能力求职者选择教育程度 $e^*=2$；因此，企业能够根据教育程度来辨别求职者的能力，并付给他们合理的工资，其中，付给教育程度为 0 的低能力求职者的工资为 3，付给教育程度为 $e^*=2$ 的高能力求职者的工资是 6。最后，低能力求职者得到支付 3，高能力求职者得到支付 4，企业得到期望支付 $2 \times 0.5 + 3 \times 0.5 = 2.5$。

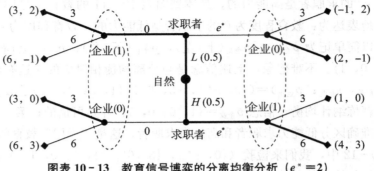

图表 10-13　教育信号博弈的分离均衡分析（$e^* = 2$）

我们已经知道，$3/2 \leqslant e^* \leqslant 3$ 是维持分离均衡的条件。如果 $e^* < 3/2$ 或 $e^* > 3$，分离均衡就不能维持。图表 10-14 给出了 $e^* = 1$ 的分析。我们发现，这时候（$\{0, e^*\}$，$\{3, 6\}$；$\{1, 0; 0, 1\}$）不再是博弈的贝叶斯子博弈精炼纳什均衡。这是因为，在上方决策节点处，求职者选择教育程度 0 会得到支付 3，选择教育程度 $e^* = 1$ 会得到支付 4，所以选择教育程度 $e^* = 1$ 是最优的决策。这样一来，求职者的策略就调整为 $\{e^*, e^*\}$。与之对应，企业的信念也要跟着调整为 $\{1, 0; 0.5, 0.5\}$。总合起来说，（$\{0, e^*\}$，$\{3, 6\}$；$\{1, 0; 0, 1\}$）是不稳定的，它会因为求职者的理性策略改变而调整为（$\{e^*, e^*\}$，$\{3, 6\}$；$\{1, 0; 0.5, 0.5\}$）。在图表 10-15 中，我们可以验证（$\{e^*, e^*\}$，$\{3, 6\}$；$\{1, 0; 0.5, 0.5\}$）是一个贝叶斯子博弈精炼纳什均衡。但是，这是一个混同均衡，因为两类求职者都选择教育程度 $e^* = 1$，企业无法区分低能力求职者和高能力求职者，教育不再具有信号示意的功能。

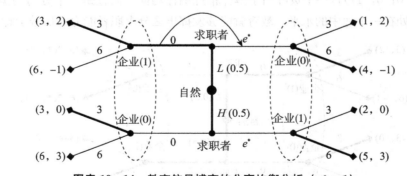

图表 10-14　教育信号博弈的分离均衡分析（$e^* = 1$）

类似地，当 $e^* > 3$ 时，分离均衡也是无法维持的。至于具体的分析，就留给读者做练习了。总的来说，有效的教育信号示意是需要成本的。但这个成本不能太低，否则低能力求职者就有动机冒充高能力求职者。同时这个成本也不能太高，否则高能力求职者也没有动力发送信号。

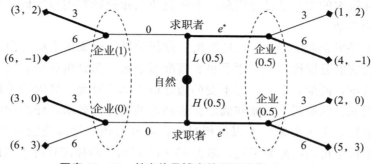

图表 10-15 教育信号博弈的混同均衡 ($e^* = 1$)

第四节 机制设计

机制设计在社会经济领域有大量的应用，如价格歧视、拍卖制度、激励制度、保险合同、税收设计等。最近三十年，诺贝尔经济学奖多次被授予机制设计的研究学者。1996 年诺贝尔经济学奖被授予剑桥大学的**莫里斯**（James Mirrlees）教授和哥伦比亚大学的维克里（William Vickrey）教授，以表彰他们对机制设计做出的开创性研究。莫里斯研究了最优非线性所得税和相关政策问题，维克里对拍卖等机制设计问题进行研究，并提出了我们在第九章介绍的维克里拍卖（第二价格密封拍卖）。2007 年诺贝尔经济学奖被授予明尼苏达大学的**赫维奇**（Leonid Hurwicz）教授、普林斯顿高等研究院的**马斯金**（Eric Maskin）教授和芝加哥大学的**迈尔森**（Roger Myerson）教授，以表彰他们将机制设计理论广泛应用到大量特定的情境中，如补偿金计划、保险合同等的设计。2020 年诺贝尔经济学奖再次被颁发给机制设计领域的两位学者——斯坦福大学的**米尔格罗姆**（Paul Milgrom）教授和威尔逊（Robert Wilson）教授，以表彰他们对拍卖理论的改进以及对新的拍卖形式的发明。

在这一节，我们通过两个简单的有代表性的例子来集中介绍**机制设计**（mechanism design）的基本原理。在信号示意博弈中，拥有私有信息的信息优势方（信号发送者）主动发布信号，以便向信息劣势方（信号接收者）传递关键的私有信息。机制设计则刚好相反，信息劣势方设计出一套规则，以求甄别出信息优势方的不同类型，或者促使信息优势方的理性行为与信息劣势方的目标保持一致。通常来说，机制设计分为三个步骤。第一步，信息劣势方设计一套规则或者一组合同；第二步，信息优势方决定是否接受这套规则或这组合同；第三步，如果信息优势方决定接受这套规则或这组合同，则双方按照这套规则或这组合同进行博弈。

下面，我们先讲解机制设计里很有代表性的一个例子——垄断企业的价格歧视。设想一个手机企业垄断了一个细分市场。市场上有 100 万个潜在顾客，其中 80 万个潜在顾客是普通顾客，20 万个潜在顾客是商务顾客，每个顾客都需要且只需要一台手机。手机企业只知道两类顾客的比重，但不能分辨具体某个顾客到底是普通顾客还是商务顾客。

也就是说，潜在顾客的类型是私有信息，手机企业只知道顾客类型的概率分布，但不能识别具体顾客的类型。

现在，这个手机企业生产并向市场推出一款新手机。这款新手机分为基本配置和高级配置，我们将它们分别称为低配版手机和高配版手机。为分析简单起见，假设手机的生产没有固定成本，低配版手机具有不变的边际成本0.2万元，高配版手机具有固定的边际成本0.4万元。低配版手机能够满足普通顾客的大部分要求，而高配版手机则能够满足商务顾客的特定业务要求。所以，相对而言，普通顾客觉得低配版手机已经很好，而商务顾客则更渴望得到高配版手机。图表10-16列出了两种配置的手机的边际成本和两类顾客的评价。

手机配置	边际成本（万元）	普通顾客评价（万元）	商务顾客评价（万元）
低配版手机	0.2	0.5	0.8
高配版手机	0.4	0.6	1.2

图表 10-16　手机的边际成本和顾客评价

由于手机企业垄断了这个细分市场，所以在完全信息的条件下，企业可以对顾客实施**完美价格歧视**（perfect price discrimination），即按照顾客的评价来进行定价。也就是说，面对普通顾客，低配版手机可以定价0.5万元，每台手机获得利润0.3万元；高配版手机可以定价0.6万元，每台手机获得利润0.2万元。类似地，面对商务顾客，低配版手机可以定价0.8万元，每台手机获得利润0.6万元；高配版手机可以定价1.2万元，每台手机获得利润0.8万元。因此，企业以0.5万元的价格将低配版手机卖给普通顾客，以1.2万元的价格将高配版手机卖给商务顾客，能够获得最高的垄断利润：$0.3 \times 80 + 0.8 \times 20 = 40$（亿元）。

但是由于信息不对称，手机企业不能区分两类顾客，因此当手机企业给低配版手机和高配版手机分别标价0.5万元和1.2万元时，不仅普通顾客会选择低配版手机，商务顾客也会选择低配版手机。这是因为，商务顾客选择高配版手机的消费者剩余为$1.2 - 1.2 = 0$（万元），选择低配版手机的消费者剩余为$0.8 - 0.5 = 0.3$（万元）。这样一来，包括普通顾客和商务顾客在内，所有顾客都会以0.5万元的价格购买低配版手机，手机企业的利润因而降低到$0.3 \times 100 = 30$（亿元）。

在只生产和销售低配版手机的前提下，手机企业可以将价格提高到商务顾客的评价，即0.8万元。这种做法可以使得每台手机的利润提高到$0.8 - 0.2 = 0.6$（万元），但会导致普通顾客退出市场，只剩下商务顾客。这时，手机企业的利润将变成$0.6 \times 20 = 12$（亿元）。此外，手机企业也可以考虑只生产和销售高配版手机，相应的定价可以是普通顾客的评价0.6万元，也可以是商务顾客的评价1.2万元。如果采用0.6万元的定价，每台手机的利润为$0.6 - 0.4 = 0.2$（万元），普通顾客和商务顾客都会购买，手机企业的利润为$0.2 \times 100 = 20$（亿元）。如果采用1.2万元的定价，每台手机的利润提高到$1.2 - 0.4 = 0.8$（万元），但只有商务顾客会购买，手机企业的利润会变为$0.8 \times 20 = 16$（亿元）。

下面，我们来讨论手机企业是否能够通过合理的定价设计来分离普通顾客和商务顾客，使得普通顾客自愿购买低配版手机，而商务顾客自愿购买高配版手机。手机企业面临的局面，可以用图表 10-17 的定价博弈来描述。在博弈的开始，虚拟局中人"自然"
选择顾客的类型，以 0.8 的概率选择普通顾客，以 0.2 的概率选择商务顾客。接着，普
通顾客或商务顾客在低配版手机和高配版手机之间进行二选一。最后，手机企业在不了
解顾客类型的情况下，单纯按照手机的配置进行定价，低配版手机定价为 p_L，高配版手
机定价为 p_H。手机的定价应当使得买卖双方都有利可图，因此定价范围介于手机边际成
本与商务顾客评价之间。具体来说，p_L 介于 0.2 万元和 0.8 万元之间，p_H 介于 0.4 万元
和 1.2 万元之间。按照局中人的出场顺序，支付向量的第一个分量表示顾客的支付（消
费者剩余），第二个分量表示企业的支付（利润）。

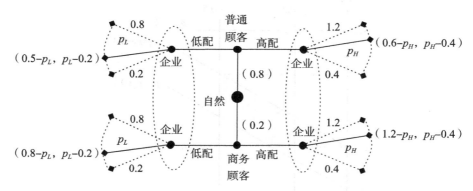

图表 10-17　定价博弈

面对图表 10-17 的定价博弈，手机企业希望制定合适的定价组合 $\{p_L, p_H\}$ 来实
现图表 10-18 的分离均衡，同时又尽量多地获取利润。为了实现图表 10-18 的分离均
衡，需要满足下述四个条件：

（1）参与约束：普通顾客愿意购买低配版手机，即 $0.5-p_L \geqslant 0$ 或 $p_L \leqslant 0.5$；

（2）激励相容约束：相比高配版手机，普通顾客更愿意购买低配版手机，即 $0.5-
p_L \geqslant 0.6-p_H$ 或 $p_H \geqslant p_L+0.1$；

（3）参与约束：商务顾客愿意购买高配版手机，即 $1.2-p_H \geqslant 0$ 或 $p_H \leqslant 1.2$；

（4）激励相容约束：相比低配版手机，商务顾客更愿意购买高配版手机，即 $1.2-
p_H \geqslant 0.8-p_L$ 或 $p_H \leqslant p_L+0.4$。

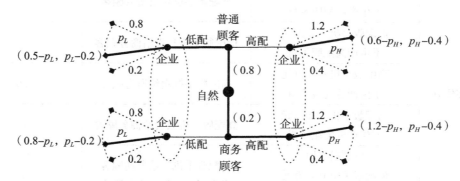

图表 10-18　价格歧视的机制设计（分离均衡）

综合上述四个条件，同时考虑到手机定价不低于边际成本，可以得到图表 10-19 阴影区域所示的能够实现价格歧视（分离均衡）的定价区间。为了尽量多地获取利润，手机企业会尽可能地给手机定高价。从图表 10-19 不难看出，在保障实施价格歧视（分离均衡）的前提下，低配版手机的最高定价是 0.5 万元，高配版手机的最高定价是 0.9 万元。这时候，每台低配版手机可以获得利润 $0.5-0.2=0.3$（万元），每台高配版手机可以获得利润 $0.9-0.4=0.5$（万元）。手机企业获得的总利润为 $0.3\times80+0.5\times20=34$（亿元）。

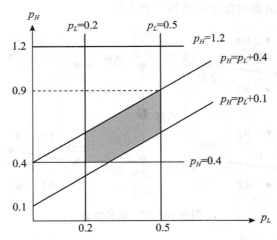

图表 10-19 价格歧视（分离均衡）的定价区间

总结前面手机企业在完全信息和不对称信息情形下手机定价、销售的各种情况，可以汇总得到图表 10-20。

信息结构	手机生产和定价	手机销售	企业利润（亿元）
完全信息	（完美价格歧视） 低配版手机 0.5 万元 高配版手机 1.2 万元	低配版手机卖给普通顾客 高配版手机卖给商务顾客	40
不对称信息	低配版手机 0.5 万元 不生产高配版手机	低配版手机卖给所有顾客	30
	低配版手机 0.8 万元 不生产高配版手机	低配版手机只卖给商务顾客	12
	高配版手机 0.6 万元 不生产低配版手机	高配版手机卖给所有顾客	20
	高配版手机 1.2 万元 不生产低配版手机	高配版手机只卖给商务顾客	16
	（机制设计） 低配版手机 0.5 万元 高配版手机 0.9 万元	低配版手机卖给普通顾客 高配版手机卖给商务顾客	34

图表 10-20 手机企业在各种情况下的定价和利润

接下来我们讲解机制设计里另一类有代表性的例子——企业激励员工努力工作的薪酬设计。设想一个企业正在开展一个新项目，为此聘用了一名项目经理。不考虑支付给项目经理的薪酬，如果项目成功，项目能够给企业带来一年300万元的利润；如果项目失败，利润将降低到0元。项目成功的概率，取决于项目经理管理项目的努力程度。假如项目经理用心努力管理项目，项目成功的概率为0.6；假如项目经理马虎不努力，项目成功的概率只有0.2。

项目经理的效用由其努力程度和获得的年薪决定，同时假设项目经理是风险厌恶者。具体来说，假设项目经理的效用函数为$u=\sqrt{y}-c$。其中，y表示年薪（万元）；c表示努力程度造成的效用损失。当项目经理用心努力管理项目时，c取值2；当项目经理马虎不努力时，c取值0。此外，假设项目经理如果不在这个企业管理这个新项目，能够在别的企业找到一份可以马虎不努力的工作，并获得年薪36万元，所产生的效用为$u=\sqrt{36}=6$。

如果企业的所有者能够观察到项目经理的努力程度，则可以按照下述两种情况制定项目经理的薪酬：（1）不要求项目经理用心努力管理项目，支付给项目经理的年薪y需要满足$\sqrt{y}\geqslant6$；（2）要求项目经理必须用心努力管理项目，支付给项目经理的年薪y需要满足$\sqrt{y}-2\geqslant6$。第一种情况，企业需要支付给项目经理的最低年薪为36万元，这时项目成功的概率为0.2，企业的期望利润为$0.2\times300-36=24$（万元）。第二种情况，企业需要支付给项目经理的最低年薪为64万元，此时项目成功的概率为0.6，企业的期望利润变为$0.6\times300-64=116$（万元）。

可是，由于项目管理常常涉及许多专业知识，所以项目经理的努力程度一般来说是其私有信息，企业的所有者观察不到，或者需要很高的监督成本才能获取可靠的信息。因此，当企业所有者给予项目经理固定年薪时，不管是36万元还是64万元，项目经理都会利用自己的信息优势偷懒不努力，这是典型的道德风险现象。那么，企业所有者应该如何设计合理的薪酬来激励项目经理努力管理项目呢？

企业面临的局面可以用图表10-21的项目管理博弈来描述。在博弈的开始，项目经理选择"努力"或者"不努力"管理项目。接着，虚拟局中人"自然"决定项目的"成功"与"失败"。如果项目经理选择"努力"，则项目"成功"的概率为0.6，"失败"的概率为0.4；如果项目经理选择"不努力"，则项目"成功"的概率为0.2，"失败"的概率为0.8。最后，企业在不了解项目经理是否努力的情况下，单纯根据项目是否成功来

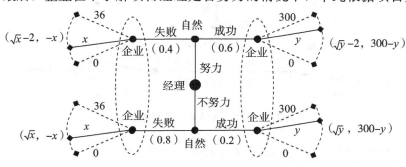

图表10-21　项目管理博弈

支付给项目经理薪酬，项目失败时的年薪记为 x，项目成功时的年薪记为 y。项目失败时的年薪 x 大于 0，但小于等于项目经理在其他企业获得的固定年薪；项目成功时的年薪 y 大于 0，但小于等于项目成功时的利润（不考虑支付给项目经理薪酬情况下的利润）。按照局中人的出场顺序，支付向量的第一个分量表示项目经理的支付（效用），第二个分量表示企业的支付（利润）。

面对图表 10-21 的项目管理博弈，企业所有者希望制定合适的薪酬组合 $\{x, y\}$ 来实现图表 10-22 的均衡结果，同时又尽量多地获取利润。为了实现图表 10-22 的均衡结果，需要满足下述两个条件：

（1）参与约束：项目经理愿意接受项目管理这份工作，即 $0.4(\sqrt{x}-2)+0.6(\sqrt{y}-2)\geqslant6$ 或 $0.4\sqrt{x}+0.6\sqrt{y}\geqslant8$；

（2）激励相容约束：项目经理努力比不努力更划算，即 $0.4(\sqrt{x}-2)+0.6(\sqrt{y}-2)\geqslant0.8\sqrt{x}+0.2\sqrt{y}$ 或 $0.4\sqrt{y}-0.4\sqrt{x}\geqslant2$。

在能够实现图表 10-22 的均衡结果的前提下，企业的期望利润为

$$E=0.4(-x)+0.6(300-y)$$
$$=180-(0.4\sqrt{x}+0.6\sqrt{y})^2-3(0.4\sqrt{y}-0.4\sqrt{x})^2/2$$

由上式可知，$0.4\sqrt{x}+0.6\sqrt{y}$ 和 $0.4\sqrt{y}-0.4\sqrt{x}$ 的绝对值越小，企业的期望利润就越高。因此，根据上述的条件（1）和（2），在确保经理努力管理项目的前提下，企业的最优薪酬组合 $\{x, y\}$ 由 $0.4\sqrt{x}+0.6\sqrt{y}=8$ 和 $0.4\sqrt{y}-0.4\sqrt{x}=2$ 组成的方程组决定。解方程组得：$\sqrt{x}=5$，$\sqrt{y}=10$。进而可得：$x=25$（万元），$y=100$（万元）。也就是说，项目失败时企业支付给经理的年薪为 25 万元，项目成功时企业支付给经理的年薪为 100 万元。或者说，企业支付给经理的基本工资是 25 万元，不管项目成败，经理都能拿到这笔基本工资；另外，企业还给经理设定了 75 万元的项目成功奖金，即项目成功时，经理还可以得到额外的 75 万元的绩效奖金。在上述薪酬组合下，企业能够成功激励经理努力管理项目，企业的期望利润为 $0.4\times(-25)+0.6\times(300-100)=110$（万元）。

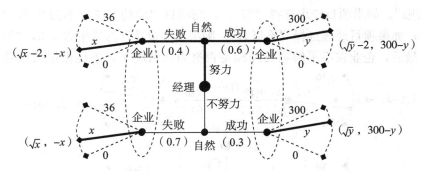

图表 10-22　激励努力的薪酬设计

总结上述分析，得到如图表 10-23 所示的汇总情况。

信息结构	薪酬设定	经理努力程度	企业期望利润（万元）
完全信息	（有效监督） 固定年薪 64 万元	努力管理项目	116
不对称信息	固定年薪 36 万元	不努力管理项目	24
	（机制设计） 项目失败年薪 25 万元， 项目成功年薪 100 万元	努力管理项目	110

图表 10-23　企业在各种情况下的薪酬设定和期望利润

第五节　对信号示意博弈和机制设计的进一步讨论

信号示意博弈和机制设计在经济社会领域有着广泛的应用。在这一节，我们以现实生活和历史典故为背景，对信号示意博弈和机制设计做进一步的讨论。

一、高等教育的品牌效应

我们前面讲教育信号示意，读者们不免会问，教育信号哪里会有这样整齐的标准？同样是学士，同样是硕士，或者同样是博士，水平和能力可以相差很远。的确，实际生活中的教育信号的确很不整齐，但是不做信号整齐的假设，我们就不能着手进行分析和讨论。现在在有了上面这样的分析基础以后，我们的确应该进一步考虑教育信号不整齐的因素了。

在前面的讨论中，企业的信念是把教育程度 e^* 作为辨别低能力求职者和高能力求职者的分界。现在我们做一些变化，看看结果会有怎样的变化。

首先，我们转而把这个 e^* 设想为含金量高的教育程度和含金量低的教育程度之间的分界，来思考类似的结果。所谓含金量高的教育程度，可以设想为名牌大学的学位，所谓含金量低的教育程度，可以设想为从教育水平相对较低的大学获得的学位。学校教育水平的高低，是客观存在的事实。比方说在美国，同样是在经济学方面获得"哲学博士"即"学术博士"学位的人，如果不是哈佛大学、普林斯顿大学、芝加哥大学、斯坦福大学、加州大学伯克利分校等少数几所名牌大学的毕业生，就很难在美国经济学人才市场上找到从事学术研究的理想位置。

社会越成熟，名牌效应就越明显。记得改革开放之初，管理、财贸方面的专门人才十分缺乏，一些三类的大学功底虽然薄弱，思想却特别开放。它们"船小好调头"，很快就办起这些热门专业，其毕业生一时也非常抢手。其实这些三类大学速办起来的热门专业，往往师资力量和培养方案、教学条件都不尽如人意。但是随着改革开放进程不断深入，随着社会不断向前发展，用人单位对于人才的品牌意识也逐渐增强。现在它们招聘人才，已经不像以前那样只认专业名称是否时髦，而要看毕业于什么学校。它们认识到，大学教育归根结底是素质教育，是提高和识别素质的教育。有了比较高的素质，专业或业务才容易上去。缺乏这样的素质，哪怕具体技巧一时学得比较多，最终也难以成大器。近年来在广州地区，中山大学和华南理工大学等名牌大学的毕业生，在人才市场上明显比过去被看好，而他们具体学的是什么专业，用人单位不太在乎。相反，一些教育水平相对较低的学校的毕业生，哪怕专业名称仍然热门，但是已经不像过去那样吃香。把"学位加品牌"作为上面讨论中的教育程度信号，我们就能预见到这样的前景。

上面说明的这种情况，在高考招生中也有很好的反映，因为品牌好的学校对学生的吸引力比较大。2004年，广东省高考录取实际分数线最高的七个专业，全部在中山大学，其中第一是国际经济与贸易专业，第二是八年制的临床医学专业，第三至第七为金融、经济学、财政税务等，都在岭南学院。也就是说，广东省全省录取分数线最高的七个专业全在中山大学，这七个专业当中包括第一名在内有六个在我们岭南学院。这种良好局面一直维持到大类招生的前一年即2010年。自2011年起，岭南学院把几个专业合并成大类招生，依然保持全省和全校的最高高考录取分数线。这是我们岭南学院最大的优势。有道是：得天下之英才而育之，不亦乐乎。学校业绩良好、品牌卓越，就能够吸引优秀的学生，反过来学生那么优秀，学校和教师自然不敢怠慢，这是一种压力。这样，就有条件进入良性循环。我们已经清楚逆向选择是恶性循环，现在很有条件发生的，当然可以对称地叫作正向选择了，虽然人们一般不会这样说。

如果一种制度使得低能力的人可以伪装成高能力的人，这种制度就不是好的制度。在我们讨论过的模型中，一共有三方面的主体人：企业，低能力求职者，高能力求职者。具有讽刺意味的是，由于滥竽充数这样的欺骗而遭受损失的，不是受骗的企业一方，而是被模仿的高能力的一方。因为按照上述模型，不论什么样的情况，企业总是按照具体人群的平均能力水平在相应的人群内支付"一视同仁"的工资。如果企业能够区分高能力求职者和低能力求职者，企业将按照高能力人群的（平均）能力水平支付"一视同仁"的工资，按照低能力人群的（平均）能力水平支付"一视同仁"的工资。如果企业不能区分高能力求职者和低能力求职者，那么企业只能对高能力求职者和低能力求职者混同在一起的整个人群"一视同仁"，向整个求职者人群支付平均工资。

二、 齐宣王不是滥竽充数的受害者

文凭制度、学位制度都是很好的制度，但是也为欺骗的发生提供了机会，低能力求职者可能找到办法伪装成高能力求职者。我国社会有过的和仍然存在的一些制度设置，例如滥用"同等学力"、滥用"破格录取"，也为这种取巧提供了方便。我们在上面还说明了，因为企业总是按照它所能区分的人群的平均能力水平支付相应的工资，所以因"滥竽充数"的欺骗而遭受损失的，并不是企业，而是被模仿的高能力求职者一方。这就是说，按照迄今的模型，"二吊子"乐手"滥竽充数"的受害者，不是喜欢几百人一起吹给他听的齐宣王，而是被"二吊子"乐手"滥竽充数"的合格乐手，这使他们应得的工资即奖赏下降。

有人可能会认为，只要"齐宣王"不昏庸，他应该也是受害者，因为他欣赏到的音乐水平降低了。但是据《韩非子·内储说上七术》，"齐宣王使人吹竽，必三百人"。这个"必"字非常关键。按照模型，作为企业的齐宣王，他是按照他欣赏到的音乐的总体水平来给予每个人一视同仁的奖赏即工资的。总体水平也就是平均水平。所以，虽然因为滥竽充数他欣赏到的音乐水平降低了，但是他付出的奖赏也随之降低了，正好抵消，从而他不是受害者。因为齐宣王喜欢的是大合奏，他面对的总是演出的整体水平即"平均"水平。对于我们来说，重要的是信号示意和信号甄别模型说明，被"二吊子"乐手滥竽充数的那些合格乐手，才是滥竽充数的受害者。

这个揭示是很深刻的。现在在我国，不要说假文凭了，就是真的文凭，有的水分也很大。前些年，学位制度刚刚恢复的时候，一方面人们对学士、硕士、博士等学位十分看重，另一方面在"多种形式办学"和"多层次办学"的招牌底下，一些高考时成绩差得太远的人，工作以后，却在业余、函授或者夜校学习的条件下，轻易取得了学士和硕士学位。这些大都以"在职攻读"名义出现的学位项目，良莠不齐，总的情况是真实水平没有保证。用过这样的学士和硕士的单位，在下一次招聘人才的时候，可能会这样想：学士、硕士也不过如此……这种"不过如此"的想法，这种"不过如此"的"信念"，实现为行动，就会使得待聘的那些比较有真才实学的学士、硕士成为受害者。

现在用人单位一般也明白，作为信号示意，通过夜校、业余、函授学习得到的学位，常常不能传递准确的信息，所以当在人才市场上招聘的时候，用人单位对这一类学位是要打一个问号的。但是在单位内部，在需要学位以便晋升或者用于其他用途的时候，因为不是企业招聘雇员，而是雇员自己"据历（履历）力争"，那些水分很大的学位就管用了。你说我不行，当初大学都考不上，我把通过读夜校拿下的硕士学位证书给你看。这是"国家承认"的学历，你还有什么话说？至于在"说你行你就行，不行也行"的人事环境中，这种水分很大的学位，甚至还可以让"你"和"说你行"的人拿来封堵别人的嘴。

劳动力市场信号示意均衡的具有决定性意义的一点，是企业的信念决定工资安排，工资安排导致相容的信号示意行为，而信号示意过程最终将证实企业最初的信念。在这样的环境中，要紧的是可行而合理的区分。

三、所罗门王断案

在日常生活中，人们常常隐藏自己的真实感受，在社会经济活动中，人们常常隐藏自己对交易标的物的真实评价。至于在谈判和讨价还价当中隐藏自己的真实信息，常常还受到各方的法律保护，不然就不会有泄露经济情报罪和盗窃经济情报罪了。

面对隐蔽信息，如何"设局"把它套出来，需要很高的技巧。下面的例子着重讨论如何"设局"来"侦破"隐蔽特征，换句话说，就是如何提取和甄别信息。

提取和甄别信息，是信息经济学必须面对的大问题。这方面被经常引用的一个例子，是所罗门王断案的故事。据《圣经·旧约·列王纪（上）》第三章，故事是这样的：两个女人为争夺一个孩子吵到所罗门王那里。一个女人说："陛下，我和这个妇人同住一个房间。我生了一个孩子，三天以后这个妇人也生了一个孩子，房间里再没有别的人。夜里这个妇人睡觉的时候，把自己的孩子闷死了。她半夜醒来，趁我睡着，把我的孩子抱去，把她已经死了的孩子放在我的怀里。天亮要喂奶的时候，我才发现怀里的孩子是死的，仔细察看，并不是我生的孩子。"另一个女人赶紧说："不对，活孩子是我的，死孩子才是她的。"两人吵得不可开交。

所罗门王调解无效，遂喝令她们别吵，吩咐下人拿刀来，告诉他们："如果她们还吵，就把孩子劈成两半，一半给这个妇人，一半给那个妇人。"

听到这个命令，一个女人平静地说，"这孩子既不归我，也不归她，劈了算了。"另一个女人却赶紧说，"大王把孩子给那个妇人算了，万不可劈杀他。"所罗门王知道心痛孩子的女人是活孩子的母亲，便吩咐下人把孩子给她。

现在我们分析这个故事，觉得很显然所罗门王并没有劈杀婴儿的意思。可见，他吩咐下人说如果两个妇人还要争吵就把孩子一劈两半一人一半，"设局"的性质其实非常清楚。我们看得那么清楚，是因为我们是旁观者，所谓"旁观者清"。何况，所罗门王最后是否劈杀婴儿，对于我们来说，如果不是完全虚构的情节，顶多也只是个远古的故事，我们并不会因为这个故事太动感情。

但是两个在所罗门王面前争夺一个孩子的妇女和我们不一样，她们的感情在故事中扮演重要的角色。闷死自己孩子的妇人，可以说是冷血妇人，她在亲生孩子夭折本应痛不欲生的时刻，竟然想出把别人的孩子据为己有的毒计，充分说明我们判断她比较冷血并不过分。这样冷血的妇人应该很少，所以，我们有足够的理由设想另外一位母亲很有人性，人性是朴素、普通但伟大的东西。特别是，有人性的母亲热爱她的孩子，如果不得不在孩子被人劈杀和孩子被人掠去之间做一选择，她一定只好选择孩子被人掠去。

相反，对于那个闷死孩子的冷血的母亲来说，如果对方投降，她赢得一个孩子，如果因为对方坚持是孩子的母亲而不放手致使孩子被杀，那么被杀的也"只是"别人的孩子。所以，她是一定要争持的。

所罗门王"设局"的时候，已经料到真假母亲会有截然不同的反应：一种反应是真母亲应有的反应，另外一种反应只能是假母亲的反应。所以，在"设局"之下，不待"执行"，真假已经分明。

这是获取和甄别信息的范例。一直到现在，博弈论专家还在继续讨论和发掘所罗门王断案的故事。例如，以色列一位教授和美国一位教授最近合写的一篇论文，就把向一项工程竞标的两个企业看作是两个"妇人"，其中一个企业实力可靠，另一个企业只是想夺标以后赚取转包的利益。问题是如何设计规则和制度，获取和甄别信息。

四、 指鹿为马的信息甄别模型

我们在所罗门断案中讨论的"信号甄别"经济学原理，其最毒辣、最登峰造极的运用，恐怕非秦二世时代赵高"指鹿为马"的典故莫属。

话说秦始皇统一中国以后仅十年多，便在出巡时病逝。这时候，宦官赵高用计说服丞相李斯，密不发丧，篡改诏书，逼死皇长子扶苏，拥立昏庸的皇二子胡亥为秦二世。后来，赵高进一步害死了李斯，自任丞相，把握秦国大权。虽然已经位极人臣，上面只有一个虚君，但赵高仍不满足，他必欲臣下唯自己马首是瞻，完全不把皇帝放在眼里，才能满足自己的野心。为此，他演出了"指鹿为马"的丑剧。

《史记·秦始皇本纪》记载："赵高欲为乱，恐群臣不听，乃先设验，持鹿献于二世，曰：'马也。'二世笑曰：'丞相误耶？谓鹿为马。'问左右，左右或默，或言马以阿顺赵高。或言鹿者，高因阴中诸言鹿者以法。"

这里关键是"设验"二字。赵高要考验清楚哪些大臣可以不顾常识真正唯自己马首是瞻，煞费苦心设局，把一只鹿牵上来，硬说是马。他当然知道这是骗不过皇帝的，事实上皇帝的回应是："丞相你弄错了吧？明明是鹿，却说是马。"问题在于他就是要这样颠倒黑白来考验，看哪些大臣能够宁愿冒"欺君"之骂名也盲从地追随他。

这时候，大臣们就面临一个非常严峻的测验：是"赵说是啥就是啥"地跟着说那只鹿是马，还是按照常识（也就是按照自己的认识）或者出于对皇帝的忠心说是鹿？说是马的，表明他们不怕颠倒黑白、不怕欺君妄上、不怕伤天害理，真正做到"赵叫干啥就干啥"，赵高可以放心。说是鹿的，表明他们敢于在赵高面前坚持己见，不是赵高的忠实奴才。结果，说是鹿的全部遭殃。

指鹿为马的测验，是可以模型化的：把"违心地追随赵高的程度"作为信号，将违心的心理成本和违心的利禄得益加起来作为支付。善良人有时候也会说违心的话，但是他们说违心话的心理成本非常高。表现在模型上，他们违心程度的"心理成本"很高。奸诈者可不一样，借用广东话来说就是，他们"骗人只当吃生菜"，没有什么心理成本，或者没有多少心理成本。所以，他们违心程度的"心理成本"很低。

赵高指鹿为马，明明是鹿，本来连昏庸的秦二世也骗不了，却偏偏说是马，以考验那些大臣。这个测验甄别出的违心追随程度值 e^* 真的很高，没有人可以想象比这更高的考验值了，因为能够通过考验的，只有那些为了追随赵高，不仅可以昧着良心而且不怕欺骗皇帝的人。好了，写到这里，你应该可以把"指鹿为马"测验的阶梯形"奖励曲线"，像教育信号模型的阶梯形工资曲线那样画出来，知道选择"赵说是啥就是啥"的，都是只要利禄、没有良心、没有忠心、死心塌地地追随赵高的小人。

中国历史上有许多可以作为博弈论和信息经济学例子的典故。欢迎读者参与开发这类经济学案例资源，这是一桩很有意义的工程。

五、 谁最需要比较先进的手提电脑？

在 20 世纪 90 年代末，广州某报社利用与某电脑公司的业务关系，争取到了一批当时比较先进的手提电脑，准备用来武装报社做文字工作的员工，因为他们一天到晚要写作、编辑，比较先进的手提电脑对于他们提高工作效率非常有效。他们的工作效率提高了，报社的工作效率和绩效乃至效益，通常也会跟着提高。

这批手提电脑数量不少，但是比起报社全体在岗员工的数目来，还是不足。这样，如何配置这批电脑以提高员工的工作效率，就是一件颇费思量的事情，因为如果"各取所需"，并且是否迫切需要只看员工自己是否说需要，那么大家都会说自己需要这种手提电脑来提高工作效率，这样你就无从判别谁真的非常需要、谁不那么需要。即使你非常英明，能够判别不同员工的不同迫切需要程度，并且做出排序，按照这个次序配置手提电脑，实行下来，也一定有一些人不服气。他们会想：凭什么你说我不迫切需要？

大家知道，报社员工的工作是多种多样的，不同岗位对手提电脑武装的迫切需要程度自然很不一样。勤杂员工的工作自不待说，就是拉广告的、坐办公室负责协调的、做财务会计的，虽然他们的工作都已经计算机化，但是对手提电脑的迫切需要程度，应该并不很高。即使在记者编辑队伍中，有些人跑新闻做采访比较多，有些人则做案头工作比较多，创作啦，编辑啦，就是这样。可以想象，跑新闻比较多的人对手提电脑的迫切需要程度比较高，相反，从事案头工作的人使用台式电脑应该没有什么不方便。问题是如果手提电脑是"免费午餐"，不要白不要，那么恐怕没有人表示他不想要。

上面这两段话，是我现在向你们介绍这个案例时的铺垫性的分析。相信大家更加关心的，一定是后来的故事。

后来发生的事情是这样的：报社公告员工说，为了提高文字工作效率，报社得到电脑公司的支持争取到一批比较先进的手提电脑，准备半价供应给有需要的员工。请愿意半价购买的员工报名。这款手提电脑的市场价格是 28 000 元，给报社员工的优惠价格是 14 000元。公告还详细说明了手提电脑的型号规格和基本配置。当然，每人最多只能要求得到一台这样的手提电脑。

购买半价电脑可以节省 14 000 元固然诱人，可是为了实现这个优惠需要付出的14 000元，并不是一个小数目。所以，面对这一"政策面前人人平等"的"政策"，即使不大跑新闻的编辑，也需要掂量一番，更不必说不做编辑记者工作的其他员工了。但如果你是常常跑新闻的记者，你一定觉得先进的手提电脑对于你提高工作效率是非常重要的条件，虽然 14 000 元不是一个小数目，但是你愿意付出 14 000 元来换取这种得心应手的工具。

实际上也是这样，一些员工报名承诺半价购买这种手提电脑，其他员工则不为所动。结果，报名的数目与可以半价供应的电脑数目相差不远，报社就把这种先进的手提电脑分发给了报名表示愿意半价购买的员工。

先进电脑在报社内部如何配置的大问题，就这样圆满解决了。真的迫切需要手提电脑的人通过报名发出"迫切需要"的信号，其他人在权衡之后并没有发出这种"迫切需要"的信号，结果报社按照员工各自发出的"迫切需要"还是"非迫切需要"的信号，把这种比较先进的手提电脑分发给了发出"迫切需要"信号的员工。对此，大家都比较满意。

在这个报社配置先进手提电脑的故事中，员工发出的信号是可信的，因为如果一名员工发出"迫切需要"的信号，这名员工需要准备支付 14 000 元。我们在前面说过，信号的高成本可以保证信号的可信性，手提电脑配置的案例再次验证了这个道理。

有趣的是，这个报社配置先进手提电脑的故事还没有完。现在我把它继续讲下去。

企业为员工购买，常常采用事后付费的做法，因为员工是企业的员工，不怕你溜号赖账。话说先进手提电脑被分发下去以后，得到这款先进手提电脑的员工都很高兴。半价就买了这么先进的手提电脑，有什么道理不高兴？他们的工作效率也的确提高了许多。

他们也都积极筹措这笔 14 000 元的半价电脑款。可是一个星期过去了，又一个星期过去了，报社还没有通知他们付款；一个月过去了，又一个月过去了，仍然没有人通知获得手提电脑的员工付款。至今事情已经过去很多年了，还是没有人通知这些得到那款当时先进的手提电脑的员工付款。大家知道，在这个科技日新月异的年代，电脑折旧是非常快的。当年先进的电脑，早已报废退出使用，但是在这整个过程中，一直没有完成付款的手续。

在这段漫长的岁月里，当初报名承诺半价购买那款先进手提电脑的员工，可能会窃喜，因为没有人要他们实践承诺付出半价。他们实际上是"白白"获得了报社分发给他们的那款当时先进的电脑，当然很高兴。当初没有报名承诺半价购买那款先进手提电脑的员工，有一些人比较大度，不大计较别人最后有没有付款的事情，但是也有一些人曾经心里嘀咕：怎么有那样的好事，没有人向他们索款？

对于报社后来并没有完账，可以有两种解释：一是报社当初是准备收回半价电脑款以便完账的，但是后来报社因为效益好，资金充裕，觉得值得投资手提电脑来武装最有需要的员工，所以决定不再收回原来确定的半价电脑款；二是报社原来就准备投资改善员工的工作条件，不准备向迫切需要手提电脑的员工收钱，但是苦于不十分清楚哪些员工最需要手提电脑，所以"设局"套取真实信息。这样做还有一个更大的好处，那就是没有分发到先进手提电脑的员工，是他们自己通过"不报名"表达了不迫切需要先进手提电脑的信号。这样一来，他们就不能埋怨报社不把先进手提电脑分发给他们了。

我们更加看重后一种解释。我们已经知道，需要成本的信号，特别是像名牌大学的学位那样需要高成本的信号，可以保证信号的真实性和可信性。现在重要的是，报社手提电脑配置这个案例告诉我们，即使只是预期的高成本，也有助于提高信号的可信性。你看，报社"只是"要求有需要的员工承诺半价购买电脑，并没有要求有需要的员工先期缴付这个半价款。可见，不是已经花费出去的高成本，而是信号预期的高成本，也的确有助于提高信号的可信性。

不管怎么说，报社成功地区分出哪些员工最迫切需要先进的手提电脑并且把电脑配置给了他们。这项投资，非常成功。也许个别没有报名的员工后来后悔了，不过，他们已经没有理由批评报社为什么"只"把电脑分发给报名的员工了。在前面我们说过，即使你非常英明，鬼使神差地能够判别不同员工的不同迫切需要程度，也一定有人不服气，问你凭什么说他不迫切需要。但是现在却是他自己不选择报名。既然这样，如果有怨气，也只好怪自己了。

极端的员工可能抱怨报社宣告半价收费结果却并不收费。可是这样的抱怨即使说了出来，也很容易化解。事实上，谁能够抱怨企业在条件容许的时候，拿出一部分资金，武装它最迫切需要手提电脑的员工呢？

六、　一些面试技巧的不可重复性

既然上述电脑配置是信号识别的成功例子，是设局套取真实信息的成功例子，有些人可能想到应该把它总结到如《面试技巧大全》这样的畅销书里面去。为明确起见，需要说明这里所说的面试技巧，指的是老板面试员工的技巧，企业面试求职者的技巧，而不是员工应付老板的技巧和求职者通过企业面试的技巧。当然，了解企业面试求职者的

372 博弈论教程（第四版 · 数字教材版）

技巧，也有助于求职者应付企业的面试，但这是另一方向的问题。

我们并不排除，把上述案例写入《面试技巧大全》之类的畅销书对读者有一定的启发性，但是如果老板型读者像应试教育那样准备熟读这些"技巧"以便依葫芦画瓢，多半不会成功。这里关键的问题是，这些依赖于最后并不实施的高成本来识别信号的技巧，这些依赖于虚拟高成本来识别信号的技巧，理应只能运用一次。在一次成功并且因为成功而广为人知以后，这些技巧将失去效力。

这个道理容易明白。实际上就是那个曾经成功地这么做的企业，如果它再次这么做，特别是在员工们对上次出色的实践尚记忆犹新的时候再次这么做，一些员工可能就不会发出真实信号了。假定除了员工的经验比以前丰富以外，其他情况与先前完全一样，那么对于一些员工来说，虽然可能的 14 000 元的成本固然不小，但是也不排除存在不必偿付的可能性，这个可能性的诱惑并不小。这样一来，他们可能就会倾向于发出迫切需要先进手提电脑的信号。

本书曾经一再谈到面临不确定性时当事人依照期望支付来做出选择，包括期望质量和期望价值等。现在，假定当事人的信念是有一半的可能未来不再收费，那么他心目中的期望成本就是 $14\,000 \times 50\% + 0 \times 50\% = 7\,000$ （元），而不是 14 000 元。原来14 000 元已经是五折的非常优惠的价格，现在 7 000 元更加是极其优惠的价格。在这个极其优惠的价格的激励之下，许多员工将转而选择报名，发出迫切需要先进手提电脑的信号。

其实，就是所罗门王断案这个非常成功的例子，原则上也只能给人以启发，而不是简单套用。试想：如果另外两个已经知道所罗门王断案故事的母亲同样争抢一个婴儿，并且还是吵到所罗门王面前，这时候所罗门王恐怕就不会故技重演了。我们有理由期盼所罗门王，或者我们的读者，能够提出全新的方法，表现出更加出色的技巧，把真假母亲判别清楚。

我在面试学生的时候，就有这样的体会。以前有一些本科专业为理工科专业的学生考我的研究生。如果原来是学电工的，我在面试中曾经作为一个小题目要求他写出他认得并且会读的全部希腊字母，因为电工学使用了不少希腊字母，电工学学得好的学生一定认识不少希腊字母。这个小题目的测试结果，与应试学生的学业情况吻合得不错。对于标榜自己数学分析学得很好的学生，我会请他讲讲一元实函数在一点不连续怎么表达。有趣的是，不少学生能够说好连续，却无法把握不连续。但是必须注意，这些成功的面试小题目，有些原则上只能用一次，例如希腊字母，其他一些也不能经常使用，这是因为一些精明的学生能够打听到过去的一些小题目。他们要是为了应试而专门记住一些希腊字母，实在不过是小菜一碟。

这些测试，带有原则上只适合一次使用的性质，因为通过这些测试所需的成本实际上非常微小，或者只是虚拟成本。如果要归纳一句，那就是虚拟成本甄别特别要注意不可重复性。所以，成功案例的意义主要是给我们以启发，在启发之下，我们应该有自己的创造。

在经济学方面也是这样。一些学生自以为自己微观经济学学得很好，于是我请他们在两人交换两种商品但是无差异曲线凹向原点的情况下，在埃奇沃思盒里画出帕累托集，即所有帕累托最优的配置的集合。结果，许多学生只会画无差异曲线凸向原点情形的那种帕累托集（所谓合同曲线或者契约曲线），不会应对无差异曲线凹向原点的情况。问题并没有技术难度，但是因为概念掌握得不好，许多学生只能依葫芦画瓢，拷贝无差异曲线凸向原点的情形的答案，因为只有这种图形，才是他们在课本上经常看到的图形，而对于这种图形是否符合无差异曲线凹向原点的情形，他们就缺乏判断了。

七、　考试学校的功过是非

考试是教育的重要环节，但是开展教育并不只是为了使学生通过考试。也许是因为升学考试就像"千军万马过独木桥"，我国的教育，特别是我国的中小学教育，在一定程度上表现出本末倒置、重在应试的弊端。人们对我国教育中存在的这种"应试教育"偏差感到忧虑。所谓应试教育所应付的考试，除了听力考试以外，一般只是卷面考试，并不注重实际技能，特别是动手技能和领导能力。这样一来，一方面每年毕业的大学生数量在成倍地增加，另一方面却出现了比较严重的技工荒。这里面自然有"万般皆下品，唯有读书高"的因素。

更值得注意的是，在我国，有一些专门训练学员通过别人主持的考试的学校，特别是训练学员通过外国入学测试的学校，这些入学测试包括 TOEFL、GRE、GMAT 等。这些学校非常火爆，甚至发出打败北大、清华这样的"豪言壮语"，一时蔚为壮观。

在发达国家，我们知道有一些权威的考试机构，比如普林斯顿考试中心。它们负责组织相关的考试，出题、发卷、考试、评分、报告、分析、改进等，一句话，主持考试，做好考试。但是在这些国家，并不存在成规模的考试学校，来专门训练学生如何应付考试。就说 TOEFL、GRE、GMAT 吧，它们的确是学生申请入学的基本测试。但是对于这些国家的中学毕业生申请进入大学、大学本科毕业以后申请进入研究生院，毕业学校的品牌和老师的推荐信，比 TOEFL、GRE、GMAT 之类的成绩更加重要。

在中国，为什么以考试技巧为主业的考试学校会应运而生呢？这首先自然是因为信息不对称。具体来说，中国学生申请到外国学校读书，相对来说目标学校对于中国学生的毕业学校了解不多，对为中国学生推荐的教师了解不多，从而难以解读申请入学的学生的教师为他们写的推荐信。以经济学学科为例，如果推荐信写这个学生微观经济学学得很好，那么首先，主要参考书是什么呢？是发达国家流行的和认可的教材，还是我们部颁统编的教材呢？如果不是发达国家流行的和认可的教材，那么分数再高、评语说学得再好，也要大打折扣。其次，成绩表上面 90 分的高分，是全班人人八九十分的 90 分，还是真的比平均线高很多的 90 分呢？所以，这些学校更加倾向于使用比例标尺，要求回答是最好的百分之二十，还是最好的百分之十。但是即使使用比例标尺，写推荐信的教师的推荐风格如何也是很重要的因素，如他们会不会把所有要求推荐的学生都写得很好，等等。

既然由于上述原因目标学校觉得推荐信未必传递可信信息，标准化考试如 TOEFL、GRE、GMAT 的成绩，就成为它们了解中国学生的首要资料。考试学校就这样应运而生。

我们不能够说主办 TOEFL、GRE、GMAT 等考试的国家的学生完全是在没有准备的情况下接受这些考试的，但是相对来说他们几乎没有为这些考试做专门的训练，却是个不争的事实。由于从这些考试学校出来的中国学生是接受过考试技巧的专门训练的，而这些考试的母语国家的学生没有接受过这样的训练，结果多年来在考试成绩方面一直显示出奇怪的反差：母语国家学生的考试成绩反而远远比不上中国的这些接受过考试技巧训练的学生。事实上，一些在美国出生并且在美国上学的中国孩子，在他们申请大学的时候，也会被他们的父母送回中国接受这些考试学校的训练。

这些考试学校的本事，是把学员的考试技巧发挥到极致。我们在前面谈过一些成功的测试。如希腊字母这样的测试，要预先训练好学生通过这些测试真是太容易了。就是如所罗门王断案那样的测试，要是预先送"母亲"们去考试学校训练好再让她们吵到所罗门王面前，也会叫所罗门王头痛。即使他能够想出别的更高明的办法，恐怕也没有原来的办法那么简单潇洒。

我们知道，每个人对自己的名字均特别敏感。要是在一个公众场合你依稀听到有人喊你的名字，多半你会有所反应。事实上，突然喊出一个人的名字，观察当事人的反应，是侦破许多牵涉身份伪装的案件的重要手法。但如果你是一个训练有素的特工，早已练就不动声色的本领，那么上述办法对你也就无所施其技。

前面说过，这些考试学校的本事，就是把学员的考试技巧发挥到极致。问题是单纯的考试技巧，对于人类发展和社会进步并没有什么贡献。结果遭殃的还是中国学生：当TOEFL、GRE、GMAT 考试的主办机构认识到我国这些考试学校能够大幅度提高学员的 TOEFL、GRE、GMAT 成绩的时候，它们实际上采取了折扣认识受训学生的考试成绩的应对措施。最终受到损害的，是广大准备留学的中国学生。

现在在我国，准备出国留学的学生面临是否参加考试学校训练的"囚徒困境"：不管别人是否参加考试学校的训练，参加考试学校训练都是你的优势策略。具体来说，别人参加你不参加，你一定会吃亏；别人不参加而你参加了，你就占了便宜。所以为了得到好的分数，你必须参加考试学校训练。这个囚徒困境的格局，迫使准备留学的学生参加考试学校，考试学校就这样红火起来。但是正如上面所述，这种花费并不提高学生的学习能力和实践能力，只是徒然增加学生的付出而已。从这个角度来说，这种设置还导致中国学生失去了"分数面前人人平等"的地位。

──────◀ 习　　题 ▶──────

1. 对于图表 10-2 的不完全信息序贯情侣博弈，如果 $t_{大海}$ 只有一个可能取值 $t_{大海}=1$，$t_{丽娟}$ 有三个可能取值 $t_{丽娟}=0，1，2$，其他条件保持不变，请画出这个新的不完全信息序贯情侣博弈的博弈树展开型表示。

2. 对于上一题的不完全信息序贯情侣博弈，如果 $t_{丽娟}=0，1，2$ 的概率分别为 30%、30% 和 40%，分析博弈的贝叶斯子博弈精炼纳什均衡。

3. 在图表 10-3 中标出策略组合 $(s_{大海}，s_{丽娟})=(\{芭蕾，芭蕾\}，\{芭蕾，芭蕾，足球，足球\})$。

4. 除了正文给出的贝叶斯子博弈精炼纳什均衡外，图表 10-3 中的不完全信息序贯情侣博弈还具有其他贝叶斯子博弈精炼纳什均衡吗？如果有，请你列出并证明。

5. 对于图表 10-3 的不完全信息序贯情侣博弈，假设 $P(t_{大海}=0, t_{丽娟}=0)=$ $P(t_{大海}=2, t_{丽娟}=0)=0.3$，$P(t_{大海}=0, t_{丽娟}=2)=P(t_{大海}=2, t_{丽娟}=2)=0.2$，其他条件保持不变，策略及信念组合 $(s_{大海}, s_{丽娟}; p_{大海}, p_{丽娟})=(\{芭蕾, 足球\}, \{足球, 芭蕾, 芭蕾, 芭蕾\}; \{0.4, 0.6; 0.6, 0.4\}, \{0, 1; 1, 0; 0, 1; 1, 0\})$ 是否仍是博弈的贝叶斯子博弈精炼纳什均衡？

6. 对于图表 10-3 的不完全信息序贯情侣博弈，假设 $P(t_{大海}=0, t_{丽娟}=0)=$ $P(t_{大海}=2, t_{丽娟}=0)=0.4$，$P(t_{大海}=0, t_{丽娟}=2)=P(t_{大海}=2, t_{丽娟}=2)=0.1$，其他条件保持不变，找出并证明博弈的贝叶斯子博弈精炼纳什均衡。

7. 对于图表 10-8 的信号示意博弈，如果 t_1 出现的概率为 0.8，t_2 出现的概率为 0.2，其他条件保持不变，请重新分析博弈的贝叶斯子博弈精炼纳什均衡。

8. 对于图表 10-8 的信号示意博弈，证明给出了两个贝叶斯子博弈精炼纳什均衡。你认为哪个均衡更可能出现？

9. 请设计一个只有分离均衡没有混同均衡的信号示意博弈。

10. 请设计一个只有混同均衡没有分离均衡的信号示意博弈。

11. 对于图表 10-11 的教育信号博弈，如果 $e^*=4$，分离均衡 $(\{0, e^*\}, \{3, 6\}; \{1, 0; 0, 1\})$ 是否会出现？

12. 对于图表 10-11 的教育信号博弈，请验证当 $e^*=1.5$ 和 $e^*=2.5$ 时，分离均衡 $(\{0, e^*\}, \{3, 6\}; \{1, 0; 0, 1\})$ 都会出现。

13. 比较上一题中的两个分离均衡。

14. 请用信号示意博弈分析一个经济社会现象。

15. 对于图表 10-18 的价格歧视机制设计，如果低配版手机的边际成本上升到 0.3 万元，高配版手机的边际成本上升到 0.5 万元，那么，手机企业应该如何调整定价组合 $\{p_L, p_H\}$ 才能有效区分普通顾客和商务顾客？手机企业的利润会发生什么变化？

16. 对于图表 10-18 的价格歧视机制设计，如果市场上的普通顾客和商务顾客各为 50 万个，那么，通过价格歧视机制设计区分普通顾客和商务顾客对手机企业是否有利可图？

17. 设想一个电信公司垄断了一个细分市场。市场上有 100 万个潜在用户，其中 70 万个潜在用户是一般用户，30 万个潜在用户是活跃用户。电信公司只知道两类用户的比重，但不能分辨具体某个用户到底是普通顾客还是商务顾客。现在，电信公司计划推出两款 5G 套餐，一款每月流量是 30G，另一款每月流量是 60G，两款套餐的边际成本都非常小，可以忽略不计。一般用户和活跃用户对两款 5G 套餐的评价如图表 10-24 所示。

套餐	一般用户评价（元）	活跃用户评价（元）
30G	80	90
60G	100	150

图表 10-24 用户评价

（a）如果电信公司只提供 30G 套餐，其最优定价是多少？电信公司的利润（不考虑固定成本）是多少？

（b）如果电信公司只提供 60G 套餐，其最优定价是多少？电信公司的利润（不考虑固定成本）是多少？

（c）如果电信公司同时提供 30G 套餐和 60G 套餐，如何定价才能够有效区分两类用户并获得尽可能多的利润？电信公司的利润（不考虑固定成本）是多少？

18. 对于图表 10-22 的激励经理努力的薪酬设计，如果项目经理努力能够使项目成功的概率提高到 0.8，那么企业如何调整薪酬组合 $\{x,y\}$ 才能保证项目经理努力管理项目？企业的期望利润会发生什么变化？

19. 请用机制设计的原理来分析一个经济社会现象。

应用的展望

在结束这本教材的时候，让我们在大轮廓上非常概括地回顾一下，我们具体讨论过的所有博弈中，比较难以让人信服的东西是什么。

我们自然可以从逐一审视博弈的三要素开始。

第一个要素是博弈的参与人。这好像没有什么可以挑剔的。如果连什么人参与一个博弈都弄不清楚，博弈的讨论实在无从谈起。

在明确了博弈的参与人以后，第二个要素就是可供参与人选择的策略。仔细回味之下，可能会浮现一幅图景，那就是我们讨论过的博弈，多是每个参与人只有两个策略选择的博弈。没有学过微观经济学的读者，可能会觉得这样的模型与现实的距离很大，从而对这些模型的信服力和解释力不大放心。

的确，就逼真描述博弈模型企图刻画的现实关系来说，每个参与人只有两个策略选择的简化是太厉害了一些。比如价格大战，为什么只有高价和低价两种策略选择呢？至少中间价格也应该是可行的策略选择啊。

但是对微观经济学有所体会的学生，不会产生这样的疑问。例如，中级微观经济学的消费者理论，主要就讨论二商品模型。从消极方面说，在现实生活中，人们可以选择的商品种类非常繁多，何止千万。如果我们在分析消费者的偏好或消费决策时，把日常生活中所有可以选择的商品都考虑进来，那么，没有哪个人也没有哪台最先进的机器能够承担得起这么复杂的分析和计算。从积极方面说，有关二商品市场或二商品模型的讨论，已经足以阐明消费者行为理论几乎所有的重要内容。例如，我们在讨论消费者对某种商品的偏好或需求时，可以把其他所有商品抽象地归结为一种被叫作"其他商品"的商品。

诚然，二商品模型与现实生活存在非常大的差距。但科学的意旨在于揭示真理，科学的方法讲究去芜存菁，抓住关键的实质的因素，而不是包罗万象，什么都往筐里装。如果简单的或简化的模型能够揭示深刻的道理，我们就不应该舍简就繁。如果若干模型都能够说明同一个经济学问题，那么越是简洁的模型就越应该受到推崇。博弈论的研究也是这样，所以我们常常只就每个参与人只有两个策略选择的情形展开讨论。何况，多策略选择情形的讨论方法，与二策略情形并无二致。既然这样，在初学方法的时候，为什么要一下子进入繁复分析的险境呢？

最后，值得回顾的是博弈参与人在博弈各方的各种策略组合之下得到的支付。这是下面我们将重点讨论的一个要素。

一、 博弈支付是不容易把握的要素

以我们在第二章熟悉的如图表 1 所示的情侣博弈为例，一些读者曾经感到困惑：为什么博弈参与人在某个策略组合之下的支付是 2 而不是 7 或者 10？实际上，赋值为 10 或者 7，并没有什么不可以，例如变成图表 2，甚至变成图表 3，并不会影响先前讨论的基本发现。不相信的读者可以自己试试。

图表 1　情侣博弈

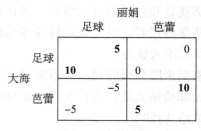

图表 2　情侣博弈

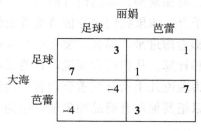

图表 3　情侣博弈

　　像图表 2 和图表 3 那样变动原来的支付赋值，并没有"伤筋动骨"，这首先是说至少各个位置的支付之间的大小关系仍然保持，原来这个位置的支付大，现在还是这个位置的支付大。如果支付赋值的变动"伤筋动骨"了，变成如图表 4 那样的博弈，博弈的结果也就不同。大家也可以自己验证试试，并且努力给它编写一个博弈故事。

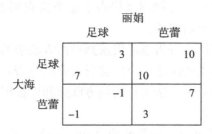

图表 4　不再是情侣博弈

　　的确，曾经有两位读者先后来信，说他们同学之间为面对的现实问题好不容易构造了一个自以为可令人信服的博弈模型以后，却为参与人在各种策略组合下的支付的具体赋值争论不休。我告诉他们，支付的赋值，不能依靠老师的课堂教学，只能依靠自己对具体问题的体验和把握。我还告诉他们，这正是博弈论应用的难点所在。模型构造和支付赋值的本事，只能在具体应用中修炼，哪怕你曾经在课程学习中取得过很好的成绩。

　　"经济学是一门科学，经济学的应用却是一种艺术"，说的就是这个意思。如果在学习我们这本教材的过程中，你从来没有想过参与人的支付为什么一定要这样赋值，那么，你可能欠缺科学需要的怀疑精神。我们不说怀疑一切，但是对任何事情都问一个为什么，总应该是起码的要求。问了为什么以后感到信服，与不问为什么就总是信服，是做学问的两个不同的境界。

二、　赫胥雷弗教授讨论慕尼黑谈判

　　下面，我们通过仔细介绍加州大学洛杉矶分校的赫胥雷弗（Jack Hirshleifer）教授在 2001 年美国经济学会年会上的论文 Appeasement：can it work?[①] 的前半部分，让大家体会支付赋值在博弈论讨论中的极端重要性。赫胥雷弗教授是张五常先生在加州大学洛杉矶分校攻读博士学位时的一位导师，在学术方面非常活跃，进入 21 世纪后他还因为在博弈论等方面的贡献，获得美国经济学会杰出学者奖。很可惜他于 2005 年离开了我们。

　　这篇论文讨论的是慕尼黑谈判中以英法为代表的"西方联盟"的策略考虑。慕尼黑谈判是博弈论讨论的一个热点，为此发表的论文，远比我们这本教材引用的这两例多。虽然这些都是事后的讨论，却都给我们带来了深刻的启示。

　　1938 年，希特勒领导下的德国在吞并奥地利之后，就以日耳曼人是捷克斯洛伐克苏台德地区人口的重要组成部分为由，向以英法为首的西方联盟提出了对该地区的领土要求，并且策略性地声称这是它"最后的领土要求"。当时，捷克斯洛伐克同英、法两国都

---

　　① Hirshleifer，J.，2001，"Appeasement：can it work?" *American Economic Review*，May，91（2）：342－346.

订有互助同盟条约。

1938 年 9 月，西方联盟与德国、意大利在慕尼黑展开谈判。结果是英、法同意割让苏台德地区，幻想以牺牲盟国捷克斯洛伐克利益的绥靖（appeasement）政策，来换取希特勒不发动战争的"承诺"。后来的发展证明，所谓"最后的领土要求"，完全是骗人的花招。半年以后，希特勒领导下的德国就侵占了整个捷克斯洛伐克，再过半年，就以侵略波兰而挑起了对英、法的全面战争。

赫胥雷弗怎样运用博弈论来分析慕尼黑谈判中西方联盟的策略考虑呢？

我们还是按照博弈三要素的次序，介绍赫胥雷弗的分析。

首先，博弈的参与人是以英、法为首的西方联盟和以德国为首的法西斯联盟。

其次是参与人的策略选择。

西方联盟的行动选择有两个：一是妥协（appease），接受希特勒的要求，出卖捷克斯洛伐克，简写为 A；二是反对（oppose），不接受希特勒的要求，简写为 O。

希特勒的行动选择也有两个：一是和平（peace），就是说限于和平诉求，简写为 P；二是西方联盟不接受他的要求就诉诸战争（war），简写为 W。

这样一来，这个博弈一共有四个（纯）策略组合，分别是（A，P），（A，W），（O，P）和（O，W）。

最后就是给双方参与人在各种策略组合之下的支付赋值。如果说前面这么叙述下来大家都觉得相当自然，下面的讨论就不是上面那样可以"一条路走到底"的了。这也是赫胥雷弗教授这篇论文强调的地方。

三、 双方的支付赋值

首先，博弈双方的支付或得益，是一个比较宽泛的概念，盟国领土的得失固然是重要的因素，但是还有国家的声望、信誉以及对未来局势的影响力等，这些都要概括在支付中。另外，博弈双方的支付或得益当然也跟各自的偏好相关，就是追求什么，看重什么。

以张伯伦为代表的西方联盟的偏好是明确的，就是千方百计避免战争，必要时做出让步甚至出卖盟友，也在所不惜。所以以张伯伦为代表的西方联盟的支付情况可以表述如下（见图表 5）。

	希特勒	
	和平P	战争W
西方联盟　妥协A	3	1
西方联盟　反对O	4	2

图表 5

这里，规定用 1、2、3、4 刻画参与人的得益情况，4 最高，1 最低。首先，如果因为西方联盟的反对，希特勒就退缩了，这是最理想的结局，不但希特勒的领土要求被遏制，而且西方联盟的威信得到提高，所以赋值为 4。其次是妥协，把苏台德地区拱手相让，但是因为没有打仗，所以赋值为 3。剩下两种情况（A，W）和（O，W）都打仗了，苏台德地区也丢了，但是后者好歹西方联盟还是表明了不妥协的态度，所以赋值为 2。最糟糕的是西方联盟委曲求全，希特勒还是不给面子，照样打你，只好赋值最低。上述这样的支付结构，鲜明地刻画了西方联盟和平至上的偏好，原则和盟国领土反而居次位。

论文是站在张伯伦的角度分析西方联盟的策略选择的，以张伯伦为代表的西方联盟是"己"，希特勒是"彼"，所以需要估计希特勒的偏好情况，才能适当地为希特勒的支付或得益赋值。这样，我们需要把希特勒的偏好作为未知的因素，考虑它的各种可能。

关于慕尼黑谈判中希特勒的偏好，赫胥雷弗教授提出了四种可以考虑的可能：

第一，如果在领土要求第一的前提下希特勒还是喜欢和平的（peace-loving），那么仍然按照 4 最高 1 最低赋值，希特勒的支付情况应该如图表 6 所示。

		希特勒	
		和平P	战争W
西方联盟	妥协A	4	3
	反对O	2	1

图表 6

在图表 6 中，不战就获得苏台德地区，是最理想的情况，赋值为 4。打了仗才获得苏台德地区次之，赋值为 3。打了仗也得不到苏台德地区，是最不理想的情况，所以赋值为 1。注意，在领土要求第一的前提下，德国选择和平（P）的得益始终要大于选择战争（W）的得益，这样来体现希特勒喜欢和平。

第二，如果希特勒是侵略成性的战争狂人，那么他的得益情况如图表 7 所示。

		希特勒	
		和平P	战争W
西方联盟	妥协A	3	4
	反对O	1	2

图表 7

从图表 7 我们看到，无论西方联盟是否容忍希特勒侵占苏台德地区，战争都能给希特勒带来更大的满足，德国选择和平（P）的得益始终要小于选择战争（W）的得益。

第三，如果希特勒是可以安抚的（appeasable），也就是说，假如满足了他"最后的领土要求"，他就会改变好战的本性，这时候，希特勒的得益情况如图表 8 所示。

		希特勒	
		和平P	战争W
西方联盟	妥协A	4	3
	反对O	1	2

图表 8

在图表 8 中，如果西方联盟选择妥协（A），同意割让苏台德地区，那么希特勒选择和平（P）的得益要大于选择战争（W）的得益；如果西方联盟选择反对（O），即不肯割让苏台德地区，那么希特勒选择和平（P）的得益要小于选择战争（W）的得益。这种支付赋值所描述的希特勒，变得有点"礼尚往来"的味道了：你把苏台德地区给他，他就"放下屠刀，立地成佛"；你不答应他的要求，他就向你开战。特别地，战争与和平，哪一个选择对希特勒更有诱惑力，变得与西方联盟的选择有关。

第四，如果希特勒是在讹诈（bluffing），则他的得益情况如图表 9 所示。

		希特勒	
		和平P	战争W
西方联盟	妥协A	3	4
	反对O	2	1

图表 9

理解图表 9 支付赋值的关键，是希特勒在西方联盟不肯割让苏台德地区的情况下，打了仗也得不到苏台德地区，比乖乖退缩更惨，前者赋值 1，后者赋值 2。至于在西方联盟满足希特勒的领土要求的情况下，炫耀武力得到的满意程度 4，比保持低调得到的满意程度 3 高，同样反映了希特勒的讹诈特性。你也可以理解这样的希特勒有点"欺软怕硬"。

如果你现在对这种情况为什么是"讹诈"还不大清楚，后面我们接着讨论下去的时候，你会看得更加明白。

四、 表达为静态博弈

在明确以张伯伦为代表的西方联盟"和平至上"的情况下，因为我们考虑了希特勒的所有四种可能，所以双方博弈的形势一共有以下四种情况（见图表 10 至图表 13）。

		希特勒	
		和平P	战争W
西方联盟	妥协A	4 / 3	3 / 1
	反对O	2 / 4	1 / 2

图表 10　希特勒喜欢和平

		希特勒	
		和平P	战争W
西方联盟	妥协A	3 / 3	4 / 1
	反对O	1 / 4	2 / 2

图表 11　希特勒是战争狂人

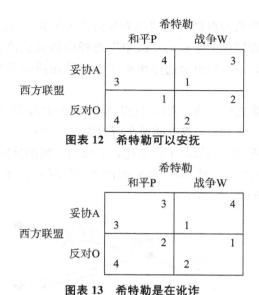

图表 12　希特勒可以安抚

图表 13　希特勒是在讹诈

五、 动态博弈的讨论

　　慕尼黑谈判中西方联盟策略的考虑，应当从设想西方联盟首先决定是否答应希特勒的领土要求开始，然后观察希特勒的相应行动。如果这样，这是一个西方联盟先行动、希特勒后行动的动态博弈。

　　现在，我们保持双方的策略选择不变，保持双方在各种策略组合之下的支付情况不变，但是把博弈表示成西方联盟先动的动态博弈。这样，采用倒推法，容易得到博弈的子博弈精炼纳什均衡。因为对希特勒的偏好有四种设想，所以一共是四个动态博弈的讨论。

　　首先讨论希特勒喜欢和平的情况（见图表 14）。

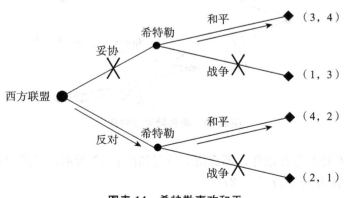

图表 14　希特勒喜欢和平

我们先看后选者希特勒的选择。给定西方联盟选择妥协（A），因为 4 大于 3，希特勒会选择和平（P），从而博弈上半枝的"战争"选择应该被砍掉。给定西方联盟选择反对（O），因为 2 大于 1，希特勒也会选择和平（P），从而博弈下半枝的"战争"选择也应该被砍掉。

至此，西方联盟如果选择妥协（A），只得 3，如果选择反对（O），得益为 4。可见，子博弈精炼纳什均衡是（O，P），双方的博弈所得为（4，2）。

其他三种情况的分析过程类似，不再赘述，下面的三幅图分别给出了博弈结果。

如果希特勒是战争狂人，博弈的情况如图表 15 所示。子博弈精炼纳什均衡是（O，W），双方的博弈所得为（2，2）。

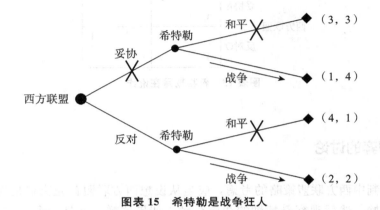

图表 15　希特勒是战争狂人

如果希特勒是可以安抚的，那么博弈情况如图表 16 所示。子博弈精炼纳什均衡是（A，P），双方的博弈所得为（3，4）。

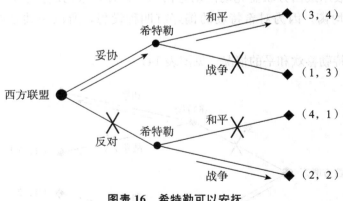

图表 16　希特勒可以安抚

最后，如果希特勒是在讹诈，那么博弈情况如图表 17 所示。子博弈精炼纳什均衡是（O，P），双方的博弈所得为（4，2）。

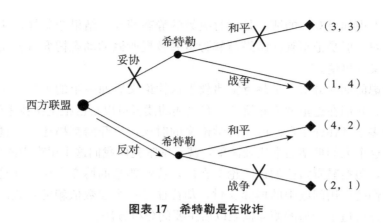

图表 17 希特勒是在讹诈

六、 模型的比较和思考

从以上模型我们知道，只有在希特勒是可以安抚的情况下，西方联盟选择妥协策略才是最好的选择。注意以张伯伦为代表的西方联盟觉得最好，不等于我们觉得最好，也不等于英、法诸国人民觉得最好，因为张伯伦为了虚幻的和平，宁愿牺牲国家的尊严和盟国的利益。问题在于，希特勒根本不是可以安抚的，吞并捷克斯洛伐克得手以后，他马上又侵略波兰。还有学者证实，实际上就在慕尼黑谈判的时候，口口声声说苏台德地区是他"最后的领土要求"的希特勒，就已经表露出对波兰的野心。

也有学者指出，当时希特勒的偏好，更像是在讹诈。他们的依据，就是当时的德军实力有限，准备攻打捷克斯洛伐克的军力只有 12 个师，而捷克斯洛伐克却有 35 个装备精良的师；如果英、法忠实地履行条约，坚决地站在捷克斯洛伐克一边，那么希特勒应该是没有胜算的可能的。反过来说，把苏台德地区拱手相让以后，希特勒将拥有更充足的资源在随后发动一场有利于自己的战争。

你看，赫胥雷弗教授为张伯伦的博弈对手设想了四种不同类型的偏好，弄清楚了只有在希特勒可以安抚的情况下，采取妥协策略才是对张伯伦自己有利的选择。可惜，希特勒既不喜欢和平，也不可安抚，这是除了张伯伦等少数政客以外人们的普遍共识。结果选择妥协的张伯伦，使自己走向了最坏的结局，即使按照他那损人利己的偏好也是最坏的结局。

回到我们这个尾声的宗旨。赫胥雷弗教授为张伯伦设想的希特勒的四种可能偏好，就是通过博弈支付的不同赋值来表达的。在所有四种策略组合之下，参与人的博弈所得究竟应该是 1、2、3 还是 4，仅仅在这四个数字中赋值，就已经颇费思量。我们还看到，即使设想得那么丰富，分析得那么细致，仍然很难断定希特勒是战争狂人，还是希特勒当时是在讹诈。这就充分说明，通过适当的支付赋值来描述现实的博弈问题，是建立博弈模型的一大难点。这种本事，只能在实践中修炼。在这里，我们当然也不排除人们的天赋不同。

　　读者可以考虑如果双方的博弈是同时决策的静态博弈，结果会怎样，这将作为一个非常简单的练习。但是把得到的结果与赫胥雷弗教授所做的动态博弈分析结果比较，却是一件颇有意义的事情。

　　对策略考虑的深入分析，是赫胥雷弗教授这篇论文后面一半的内容，主要依靠微观经济学的方法，我们在这里就不介绍了。有兴趣的读者可以自己把论文找来研读。

　　时下，许多学者在介绍自己的经济学论文的时候，一开始都描述一个博弈框架，然后展开讨论。这个大的框架通常比较简单，甚至常常就像我们这个尾声中的 2×2 动态博弈。区别在于，包括赫胥雷弗的这篇论文在内，我们熟悉的博弈支付，都是已经固定的数字，但是他们的应用问题中的博弈支付，却往往是一个参数依赖的算式。微观经济学的方法，仍然是构造了合适的博弈框架以后主要的分析方法。

主要参考文献

[1] Aliprantis, C. D. and S. K. Chakrabarti, 2000, *Games and Decision Making*, Oxford: Oxford University Press.

[2] Dixit, A. and S. Skeath, 1999, *Games of Strategy*, New York: W. W. Norton & Company.

[3] Franklin, J., 1980, *Methods of Mathematical Economics*, New York: Springer-Verlag.

[4] Fudenberg, D. and J. Tirole, 1991, *Game Theory*, Cambridge, MA: MIT Press.

[5] Gibbons, R., 1992, *Game Theory for Applied Economists*, Princeton: Princeton University Press.

[6] Kreps, D. M., 1990, *Game Theory and Economic Modelling*, Oxford: Oxford University Press.

[7] Mas-Colell, A., M. D. Whinston, and J. R. Green, 1995, *Microeconomic Theory*, Oxford: Oxford University Press.

[8] Schelling, T., 1960, *The Strategy of Conflict*, Cambridge, MA: Harvard University Press.

[9] Shubik, M., 1985, *A Game-Theoretic Approach to Political Economy*, Cambridge, MA: MIT Press.

[10] von Neumann, J. and O. Morgenstern, 1944, *Theory of Games and Economic Behavior*, Princeton: Princeton University Press.

索 引 *

---

* 按照汉语拼音字母顺序排列。后面注明的是章节位置，如 1-4 表示该术语出现在第一章第四节。多数条目后只注明首次出现的章节。

图书在版编目（CIP）数据

博弈论教程：数字教材版 / 王则柯等编著. -- 4 版
. -- 北京：中国人民大学出版社，2021. 7
新编 21 世纪经济学系列教材
ISBN 978-7-300-29399-8

Ⅰ. ①博… Ⅱ. ①王… Ⅲ. ①博弈论-高等学校-教
材 Ⅳ. ①O225

中国版本图书馆 CIP 数据核字（2021）第 096520 号

普通高等教育"十一五"国家级规划教材
新编 21 世纪经济学系列教材
博弈论教程（第四版·数字教材版）
王则柯　李　杰　欧瑞秋　李　敏　编著
Boyilun Jiaocheng

出版发行	中国人民大学出版社			
社　　址	北京中关村大街 31 号	**邮政编码**	100080	
电　　话	010 - 62511242（总编室）	010 - 62511770（质管部）		
	010 - 82501766（邮购部）	010 - 62514148（门市部）		
	010 - 62515195（发行公司）	010 - 62515275（盗版举报）		
网　　址	http://www.crup.com.cn			
经　　销	新华书店			
印　　刷	固安县铭成印刷有限公司	**版　　次**	2004 年 11 月第 1 版	
开　　本	787 mm×1092 mm　1/16		2021 年 7 月第 4 版	
印　　张	26　插页 1	**印　　次**	2024 年 12 月第 5 次印刷	
字　　数	619 000	**定　　价**	62.00 元	

教学支持说明

1. 教辅资源获取方式

为秉承中国人民大学出版社对教材类产品一贯的教学支持，我们将向采纳本书作为教材的教师免费提供丰富的教辅资源。您可直接到中国人民大学出版社官网的教师服务中心注册下载——http://www.crup.com.cn/Teacher。

如遇到注册、搜索等技术问题，可咨询网页右下角在线 QQ 客服，周一到周五工作时间有专人负责处理。

注册成为我社教师会员后，您可长期根据您所属的课程类别申请纸质样书、电子样书和教辅资源，自行完成免费下载。您也可登录我社官网的"教师服务中心"，我们经常举办赠送纸质样书、赠送电子样书、线上直播、资源下载、全国各专业培训及会议信息共享等网上教材进校园活动，期待您的积极参与！

2. 高校教师可加入下述学科教师 QQ 交流群，获取更多教学服务

经济类教师交流群：809471792

财政金融教师交流群：766895628

国际贸易教师交流群：162921240

税收教师交流群：119667851

3. 购书联系方式

网上书店咨询电话：010 - 82501766

邮购咨询电话：010 - 62515351

团购咨询电话：010 - 62513136

中国人民大学出版社经济分社

地址：北京市海淀区中关村大街甲 59 号文化大厦 1506 室　100872

电话：010 - 62513572　010 - 62515803

传真：010 - 62514775

E-mail：jjfs@crup.com.cn